论优德 并筑器件

致广大 而尽精微

中国科学院 白春礼院士 题

白春礼

戊戌 孟月

中国科学院科学出版基金资助出版

低维材料与器件丛书

成会明　总主编

纳米 MOF 及其复合物和衍生物

徐　强　庞　欢　邹如强　朱起龙　等　著

科　学　出　版　社

北　京

内 容 简 介

本书为"低维材料与器件丛书"之一。金属-有机框架（MOF）材料作为一种新兴的晶态多孔材料，具有丰富可调的组分和多孔结构。相较于早期围绕 MOF 材料的结构设计合成及常规性能研究，近年来，越来越多的研究开始转向具有可控形貌的 MOF 纳米材料及其复合物和衍生物，有效地克服了 MOF 材料本身的缺陷，提升了 MOF 性能并赋予更多的功能性，它们在吸附与分离、载药、催化、储能、传感及环境保护等应用领域表现出独特的优势。本书系统介绍了纳米 MOF 材料及其复合物和衍生物的制备策略，以及其在诸多领域的应用，同时还着重阐述了材料的结构与性能之间的构效关系，并对这类材料的制备与应用的发展趋势和面临的挑战做了前瞻。

本书适于从事 MOF 材料研究，特别是对纳米 MOF 材料及其复合物和衍生物的制备方法与应用感兴趣的科研人员、各大院校相关专业师生以及科研院所和企业专业技术人员参考。

图书在版编目（CIP）数据

纳米 MOF 及其复合物和衍生物/徐强等著. —北京：科学出版社，2021.11
（低维材料与器件丛书/成会明总主编）
ISBN 978-7-03-070230-2

Ⅰ. ①纳… Ⅱ. ①徐… Ⅲ. ①金属材料-有机材料-纳米材料-研究
Ⅳ. ①TB383

中国版本图书馆 CIP 数据核字（2021）第 212940 号

责任编辑：翁靖一　付林林 / 责任校对：杜子昂
责任印制：吴兆东 / 封面设计：耕者设计工作室

科 学 出 版 社 出版
北京东黄城根北街 16 号
邮政编码：100717
http://www.sciencep.com
北京建宏印刷有限公司 印刷
科学出版社发行　各地新华书店经销

＊

2021 年 11 月第　一　版　开本：720×1000　1/16
2023 年 1 月第二次印刷　印张：24
字数：450 000
定价：198.00 元
（如有印装质量问题，我社负责调换）

总　序

　　人类社会的发展水平，多以材料作为主要标志。在我国近年来颁发的《国家创新驱动发展战略纲要》、《国家中长期科学和技术发展规划纲要（2006—2020 年）》、《"十三五"国家科技创新规划》和《中国制造 2025》中，材料均是重点发展的领域之一。

　　随着科学技术的不断进步和发展，人们对信息、显示和传感等各类器件的要求越来越高，包括高性能化、小型化、多功能、智能化、节能环保，甚至自驱动、柔性可穿戴、健康全时监/检测等。这些要求对材料和器件提出了巨大的挑战，各种新材料、新器件应运而生。特别是自 20 世纪 80 年代以来，科学家们发现和制备出一系列低维材料（如零维的量子点、一维的纳米管和纳米线、二维的石墨烯和石墨炔等新材料），它们具有独特的结构和优异的性质，有望满足未来社会对材料和器件多功能化的要求，因而相关基础研究和应用技术的发展受到了全世界各国政府、学术界、工业界的高度重视。其中富勒烯和石墨烯这两种低维碳材料的发现者还分别获得了 1996 年诺贝尔化学奖和 2010 年诺贝尔物理学奖。由此可见，在新材料中，低维材料占据了非常重要的地位，是当前材料科学的研究前沿，也是材料科学、软物质科学、物理、化学、工程等领域的重要交叉领域，其覆盖面广，包含了很多基础科学问题和关键技术问题，尤其在结构上的多样性、加工上的多尺度性、应用上的广泛性等使该领域具有很强的生命力，其研究和应用前景极为广阔。

　　我国是富勒烯、量子点、碳纳米管、石墨烯、纳米线、二维原子晶体等低维材料研究、生产和应用开发的大国，科研工作者众多，每年在这些领域发表的学术论文和授权专利的数量已经位居世界第一，相关器件应用的研究与开发也方兴未艾。在这种大背景和环境下，及时总结并编撰出版一套高水平、全面、系统地反映低维材料与器件这一国际学科前沿领域的基础科学原理、最新研究进展及未来发展和应用趋势的系列学术著作，对于形成新的完整知识体系，推动我国低维材料与器件的发展，实现优秀科技成果的传承与传播，推动其在新能源、信息、光电、生命健康、环保、航空航天等战略新兴领域的应用开发具有划时代的意义。

　　为此，我接受科学出版社的邀请，组织活跃在科研第一线的三十多位优秀科学家积极撰写"低维材料与器件丛书"，内容涵盖了量子点、纳米管、纳米线、石墨烯、石墨炔、二维原子晶体、拓扑绝缘体等低维材料的结构、物性及制备方法，并全面探讨了低维材料在信息、光电、传感、生物医用、健康、新能源、环境保护等领域的应用，具有学术水平高、系统性强、涵盖面广、时效性高和引领性强等特点。本套丛书的特色鲜明，不仅全面、系统地总结和归纳了国内外在低维材料与器件领域的优秀科研成果，展示了该领域研究的主流和发展趋势，而且反映了编著者在各自研究领域多年形成的大量原始创新研究成果，将有利于提升我国在这一前沿领域的学术水平和国际地位、创造战略新兴产业，并为我国产业升级、国家核心竞争力提升奠定学科基础。同时，这套丛书的成功出版将使更多的年轻研究人员获取更为系统、更前沿的知识，有利于低维材料与器件领域青年人才的培养。

历经一年半的时间，这套"低维材料与器件丛书"即将问世。在此，我衷心感谢李玉良院士、谢毅院士、俞书宏教授、谢素原教授、张跃教授、康飞宇教授、张锦教授等诸位专家学者积极热心的参与，正是在大家认真负责、无私奉献、齐心协力下才顺利完成了丛书各分册的撰写工作。最后，也要感谢科学出版社各级领导和编辑，特别是翁靖一编辑，为这套丛书的策划和出版所做出的一切努力。

材料科学创造了众多奇迹，并仍然在创造奇迹。相比于常见的基础材料，低维材料是高新技术产业和先进制造业的基础。我衷心地希望更多的科学家、工程师、企业家、研究生投身于低维材料与器件的研究、开发及应用行列，共同推动人类科技文明的进步！

成会明

中国科学院院士，发展中国家科学院院士
清华大学，清华–伯克利深圳学院，低维材料与器件实验室主任
中国科学院金属研究所，沈阳材料科学国家研究中心先进炭材料研究部主任
Energy Storage Materials 主编
SCIENCE CHINA Materials 副主编

前　言

　　金属-有机框架（MOF）材料是一类由金属离子/团簇和有机配体通过有序连接构筑的具有多孔结构的配位聚合物，因此也称多孔配位聚合物，是多孔家族最重要的成员之一。MOF 材料丰富而又奇特的性质与其孔结构息息相关。经过近30 年的发展，已被报道的 MOF 材料超过了 2 万种，多数材料均表现出各种有趣的性能，如吸附与分离、荧光与传感和多相催化等。

　　为了克服 MOF 材料本身的缺陷，特别是化学稳定性，并拓展其功能性，具有可控形貌的纳米 MOF 材料以及继承了 MOF 优点的复合物和衍生物越来越吸引研究人员的注意。特别是人们对于可提升性能的形貌研究重要性的认知已成为探索该领域的主要动力。因此，合理设计和制备具有独特形貌和结构的纳米 MOF材料及其复合物和衍生物是 MOF 领域的重要研究方向，对推动 MOF 材料在气体存储和分离、药物负载与传递、催化和能源等领域的应用具有重要意义。本书围绕纳米 MOF 材料及其复合物和衍生物的形貌和结构调控，系统阐述了这些材料的合成策略和相关应用。

　　本书由南方科技大学/日本产业技术综合研究所-京都大学能源化学材料开放创新实验室徐强教授、扬州大学庞欢教授、北京大学邹如强教授和中国科学院福建物质结构研究所朱起龙研究员等著，系统介绍了纳米 MOF 材料及其复合物和衍生物的制备与应用。全书共 7 章，其中第 1 章为 MOF 材料简介，包括 MOF 材料相关基本概念、历史沿革和发展现状等；第 2 章介绍了 MOF 材料的特性、常见合成策略及表征方法等（魏永生、王昱、李彩霞、徐强等撰写）；第 3 章介绍了不同维度纳米 MOF 及复合物的合成策略（邹联力、侯春朝、陈立宇、徐强等撰写）；第 4 章介绍了纳米 MOF 及复合物在气体存储和分离、载药、催化及储能等领域的应用（张光勋、肖潇、庞欢等撰写）；第 5 章介绍了利用 MOF 作为模板剂和前驱体制备衍生纳米材料的主要合成方法，并对纳米衍生材料进行了分类讨论，包括新兴的单原子分散金属负载碳材料（梁子彬、郭文翰、邱天杰、唐彦群、邹如强等撰写）；第 6 章介绍了纳米 MOF 衍生材料在气体分离和存储、催化及储能等领域的应用（陈蔓蔓、何应春、田建军、朱起

龙等撰写）；第 7 章尝试给出了 MOF 及其复合物和衍生物领域的现状、挑战和
展望。

本书在撰写过程中得到了许多国内外同行的鼓励和大力支持，诚挚感谢成
会明院士和"低维材料与器件丛书"编委会专家对本书撰写的指导和建议。最
后，还要感谢科学出版社相关领导和编辑对本书出版的支持和帮助。

此外，在本书的撰写和出版过程中科学出版社编辑部翁靖一女士和付林林
女士给予了持续的支持，在校样过程中南方科技大学李淑敏女士给予了很大的
帮助，在此表示衷心感谢！

由于纳米 MOF 材料及其复合物和衍生物的研究仍在快速发展，其相关应用
涉及的体系和知识非常广泛，限于著者水平和精力，书中难免存在不足和疏漏，
恳请专家和读者批评指正。

著　者

2021 年 6 月

目　录

纳米材料（nanomaterials），一般指三维空间中至少有一个维度处于纳米尺度内（1nm 至数百纳米），或将其作为基本物质单元构成的材料。相比于大尺度块状材料，纳米材料凭借着独特的基本特性展现出许多新奇的物理和化学性质，如小尺寸效应、表面与界面效应、量子尺寸效应和宏观量子隧道效应等[1, 2]。以催化应用为例，纳米材料往往拥有高暴露易于接触反应底物的活性位点，从而经常表现出比大尺度块状类似物更加优异的催化活性。因此，对于特定应用的纳米材料应该具有均一的尺度。就目前而言，凭借许多稳定可靠的合成策略，无机纳米材料（如金属和半导体等）已被广泛应用于诸多领域中，而对于有机无机杂化材料的设计合成则方兴未艾[3]。

近年来，配位聚合物（coordination polymer，CP）材料（由金属离子/团簇和有机配体构筑）已经成为被广泛研究的晶态有机无机材料。早期人工合成的配位聚合物材料，可以追溯至 18 世纪德国化学家迪斯巴赫（Johann Jacob Diesbach）首先发现的六氰合铁酸铁{Fe$_4$[Fe(CN)$_6$]$_3$，俗称普鲁士蓝}。而在文献中，配位聚合物这一术语于 20 世纪 60 年代出现[4]。不过，此类配合物在当时并没有引起化学家们的广泛研究兴趣。直到 1990 年左右，澳大利亚化学家 R. Robson 才陆续报道了系列多孔配位聚合物的单晶结构及其离子交换性能等相关研究[5]。至此，由于配位聚合物潜在的结构和功能多样性，该领域迅速引起了大家的广泛注意，成为目前高速发展的新兴领域和重要的研究热点之一，相关论文数量呈现出了指数式增长趋势（图 1-1）。到目前为止（2020 年），人们在近三十年已经发表了超过 9 万篇相关的研究论文，已知的配位聚合物的总数已超过了 2 万种，多数材料均表现出各种有趣的性能，如吸附与分离、荧光与传感和多相催化等。

由于化学组成、结构多样性和历史等缘故，除了配位聚合物及其直接延伸而来的相关术语——多孔配位聚合物（porous coordination polymer，PCP）之外，目前已有多种术语被用来描述这一系列化合物，包括金属-有机框架（metal-organic framework，MOF）、配位网络（coordination network）、金属-有机材料（metal-organic

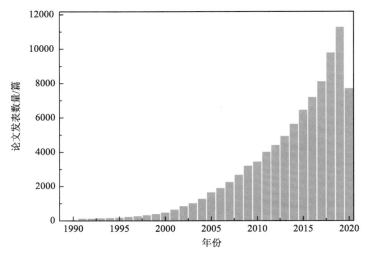

图 1-1　以"metal-organic framework"或"coordination polymer"为关键词，基于 Web of Knowledge 数据库粗略统计的近 30 年全球论文数量（2020 年 8 月检索）

material）和金属-有机杂化材料（metal-organic hybrid material）等。直至 2013 年，国际纯粹与应用化学联合会（International Union of Pure and Applied Chemistry，IUPAC）发表了相关术语建议[6]。根据该建议，通过重复的配体实体在一维、二维或三维延展成的配位化合物称为配位聚合物。经由配位实体在一个维度上延伸，并具有两条及以上相互交联在一起的链（chains）、环（loops）、螺旋（spiro-links），或者经由配位实体在二维或三维尺度上延展的配位化合物，则称为配位网络。而金属-有机框架则需要同时拥有有机连接体和含有潜在的孔隙（void）的配位网络。也就是说，配位聚合物所涵盖的范围最为广泛，而配位网络是配位聚合物的一个子集，MOF 则属于配位聚合物，并且是配位网络的一个子集。

　　在研究初期，MOF 材料研究主要围绕新型结构设计合成及常规性能研究，如气体吸附与分离、荧光与传感、催化和膜器件等[7-10]。最近，具有可控形貌的 MOF 纳米材料的制备引起了人们越来越多的研究兴趣[11, 12]。另外，MOF 材料由于丰富的组分和多孔结构，也可作为可设计的模板/前驱体，利用高温处理同样可以制备出形貌多样的 MOF 衍生纳米材料[13, 14]。该衍生材料往往具有可控的孔结构、较大的比表面积以及优异的化学稳定性等[15]。得益于上述可靠的合成方法，MOF 及其衍生物已被应用在诸多应用中，尤其在气体存储和分离、药物负载与传递、催化和能源等领域[16, 17]。显然，对于可提升性能的形貌研究，人们对其重要性的认知已成为该领域探索的主要动力。本书将着重介绍 MOF 及其衍生物纳米材料，内容涵盖了 MOF 的传统合成和特性、纳米 MOF 及其复合物的合成与应用、纳米 MOF 及其衍生物的合成与应用等多个方面。

参 考 文 献

[1] Marshall C R, Staudhammer S A, Brozek C K . Size control over metal-organic framework porous nanocrystals[J]. Chemical Science, 2019, 10 (41): 9396-9408.

[2] Majewski M B, Noh H, Islamoglu T, et al. NanoMOFs: little crystallites for substantial applications[J]. Journal of Materials Chemistry A, 2018, 6 (17): 7338-7350.

[3] Carné A, Carbonell C, Imaz I, et al. Nanoscale metal-organic materials[J]. Chemical Society Reviews, 2011, 40 (1): 291-305.

[4] Knobloch F W, Rauscher W H. Coordination polymers of copper (II) prepared at liquid-liquid interfaces[J]. Journal of Polymer Science, 1959, 38 (133): 261-262.

[5] Hoskins B F, Robson R. Infinite polymeric frameworks consisting of three dimensionally linked rod-like segments[J]. Journal of the American Chemical Society, 1989, 111 (15): 5962-5964.

[6] Batten S R, Champness N R, Chen X M, et al. Terminology of metal-organic frameworks and coordination polymers (IUPAC Recommendations 2013) [J]. Pure and Applied Chemistry, 2013, 85 (8): 1715-1724.

[7] Zhou H C, Kitagawa S. Metal-organic frameworks (MOFs) [J]. Chemical Society Reviews, 2014, 43 (16): 5415-5418.

[8] Lee J, Farha O K, Roberts J, et al. Metal-organic framework materials as catalysts[J]. Chemical Society Reviews, 2009, 38 (5): 1450-1459.

[9] Allendorf M D, Bauer C A, Bhakta R K, et al. Luminescent metal-organic frameworks[J]. Chemical Society Reviews, 2009, 38 (5): 1330-1352.

[10] Li J R, Kuppler R J, Zhou H C. Selective gas adsorption and separation in metal-organic frameworks[J]. Chemical Society Reviews, 2009, 38 (5): 1477-1504.

[11] Cai X C, Xie Z X, Li D D, et al. Nano-sized metal-organic frameworks: synthesis and applications[J]. Coordination Chemistry Reviews, 2020, 417: 213366.

[12] Xiao X, Zou L L, Pang H, et al. Synthesis of micro/nanoscaled metal-organic frameworks and their direct electrochemical applications[J]. Chemical Society Reviews, 2020, 49 (1): 301-331.

[13] Liu B, Shioyama H, Akita T, et al. Metal-organic framework as a template for porous carbon synthesis[J]. Journal of the American Chemical Society, 2008, 130 (16): 5390-5391.

[14] Dang S, Zhu Q L, Xu Q. Nanomaterials derived from metal-organic frameworks[J]. Nature Reviews Materials, 2018, 3 (1): 17075.

[15] Liu W X, Yin R L, Xu X L, et al. Structural engineering of low-dimensional metal-organic frameworks: synthesis, properties, and applications[J]. Advanced Science, 2019, 6 (12): 1802373.

[16] Wei Y S, Zhang M, Zou R Q, et al. Metal-organic framework-based catalysts with single metal sites[J]. Chemical Reviews, 2020, 120 (21): 12089-12174.

[17] Wang H F, Chen L Y, Pang H, et al. MOF-derived electrocatalysts for oxygen reduction, oxygen evolution and hydrogen evolution reactions[J]. Chemical Society Reviews, 2020, 49 (5): 1414-1448.

第2章

MOF 材料的合成和特性

金属-有机框架（metal-organic framework，MOF）作为一种功能性的晶体材料，在过去接近 30 年期间受到了越来越多的关注。时至今日，人们通过采用各种各样的金属离子以及有机配体，已经合成并报道了约 70000 多种不同的 MOF 结构[1]。不过，需要指出的是，无论经过怎样的精心设计、选择以及控制金属离子和有机配体，它们的连接（配位）模式总是呈现出或多或少的不确定性。而且，反应体系中的溶剂分子和添加剂等，也可能随时会参与 MOF 的组装。以合成中常见的 Zn（Ⅱ）离子为例，除了采用经典的四面体四配位和八面体六配位模式外，也可采用四方锥五配位模式，甚至可以与溶液中水或碱分子反应，形成 6-连接的氧心五核锌簇 Zn_4（μ_4-O）[2]。也就是说，对于 MOF 合成，控制产物的构筑走向实际上是一项艰巨的挑战。

基于拓扑网络设计的层面，相同的几何节点也往往可以形成不同的拓扑结构。例如，基于同一种六连接的氧心三核簇和线形二羧酸配体，MIL-88（**acs**）[3]和 MIL-101（**MTN**）[4]却展现出截然不同的拓扑结构、框架柔性、孔结构以及性能[5]。再如，对于平面四边形节点，构筑 MOF 过程中可以得到二维 **sql**、三维 **nbo** 和 **lvt** 三种典型的拓扑结构类型。从实践案例来看，多数情况下会得到孔结构较小的二维 **sql** 结构[6]。而基于四面体的连接点和弯曲的有机配体（如含有取代基的咪唑配体），可以得到多于 200 种的沸石拓扑结构。上述诸多现象可归属于超分子异构范畴，即有相同化学组分的金属有机配位体系却具有多种多样的超分子结构。另外，需要指出的是，即使合理选择金属离子和有机配体，如愿形成了目标拓扑网络的 MOF 结构，也未必能够预测与控制拓扑网络的穿插方式。例如，具有四重互相穿插的 **dia** 拓扑结构[Zn(Hmpba)₂][H₂mpba = 4-(3, 5-二甲基-1*H*-吡唑-4-基)苯甲酸]，可以展现出三种不同方向互穿的异构体，导致了不同的孔洞结构和吸附行为[7]。这些现象既凸显了 MOF 组装的合成不确定性，又为研究调控未知结构的组装提供了一个难得的机遇[8]。

　　因而，在 MOF 构筑中具体形成哪一种组成和网络结构，往往取决于采用的合成方法和所处化学环境。换句话说，充分了解 MOF 合成机理和掌握合成技巧对于开发未知 MOF 材料显得尤为重要。一般来说，MOF 合成可分为三个过程：底物分子反应、晶核的形成与生长。其中成核高度依赖于溶液中反应物的浓度，这种关系可以通过 LaMer 成核理论来描述（图 2-1）[1, 9]。通常，MOF 前驱体在低浓度下会形成稳定的溶液。一旦浓度增加到饱和阈值（c_{min}）以上，就会以一定速度发生成核，具体主要取决于合成所处环境。如果浓度达到临界极限过饱和阈值（c_{max}），则溶液中会立即发生成核作用。也就是说，通过调控成核过程中不同的关键因素，甚至直接提供特定的晶核[10]，就可能控制成核速度，进而最终实现控制产物的晶体种类和尺度。这些关键因素，如反应方法、溶剂、温度、pH、时间以及模板分子等参数均被证实对 MOF 的结晶起到至关重要的影响[11]。例如，根据众多实验结果可知，许多原合成的 MOF 晶体结构中均嵌合着模板客体分子[8]。有意思的是，当体系中不含有这些模板分子时，并不能获得上述 MOF 或其他结构。显然，在这种 MOF 晶体合成过程中，模板分子应该改变了反应体系的热力学行为，最终促使该特定的 MOF 结构结晶形成产物。但是，目前关于其他合成因素的研究比较少，不太可能总结出一种比较通用的实用规律。就时间

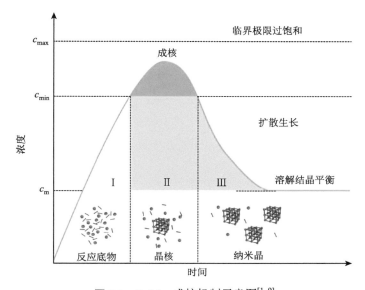

图 2-1　LaMer 成核机制示意图[1, 9]

该理论首先将成核和生长过程进行了概念性的分离，也即三个阶段：（Ⅰ）初始阶段：反应底物浓度逐渐增至饱和状态；（Ⅱ）成核阶段：底物浓度至过饱和时，开始大量地成核，此后底物浓度急剧地降低，成核减缓；（Ⅲ）生长阶段：以形成的晶核为晶种，通过底物分子扩散逐渐长大

和温度而言,长时间反应和高温倾向于得到热力学产物,而短时间反应和低温则有利于获得动力学产物。一般大孔的 MOF 材料归属于动力学产物,但长时间和高温却有利于结晶,所以具体情况需要具体分析,这要求采用其中一种或者综合的策略才能获得满意的目标 MOF 材料。

通常,MOF 的传统合成方法主要有普通溶液法、扩散法、水(溶剂)热法、固相反应以及电化学合成法等。另外,考虑到一些功能基元会与 MOF 苛刻的合成条件不相容,可以通过合成后修饰策略对已知的 MOF 进行化学修饰,最终实现 MOF 目标功能化的目的。这些方法特点各异,适用范围也有所不同,应该根据实际需要去选择合适的合成方法。一般而言,有用并理想的合成方法至少应该具有以下要点之一:

(1)能够生长出合适尺寸的质量良好的单晶,或者可用于后续性质表征的纯相微晶产物;

(2)合成操作简单,产率较高,易于重复,最好或有望实现大批量合成;

(3)绿色环保,原子经济性良好。

基于以上考虑,下面将简要地介绍几种较为常用的合成策略以及表征方法。

2.2 常规合成方法

2.2.1 普通溶液法

该方法采用简单的反应容器(如烧杯、培养皿等),将相应的金属盐和有机配体加入特定的溶剂中混合溶解,在室温或者稍高的温度下(<100℃),静置或者搅拌。随着反应的进行,溶剂蒸发或者温度降低,最终结晶出目标 MOF 材料。一般而言,静置法往往适合生长大单晶,搅拌法适合快速获得大量纯相微晶。必要时需要调节反应体系的 pH 或者加入氢氟酸和氨水等含有配位离子的其他试剂作为反应缓冲剂,从而实现调控晶核形成及其速度,最终获得具有不同尺寸的 MOF 晶体样品。显然,这种温和的溶液法优势在于操作简单、节能、方便大量和快速制备微晶态 MOF 样品,适合为实验室内的性质研究提供大量样品。不过,考虑到该方法的晶化温度过低,获得的较大尺寸的单晶 MOF 稳定性往往不佳,不引人瞩目。

2.2.2 扩散法

该方法指将反应原料分别溶解于两份溶剂中,通过相应的控制,让这两种溶液在特定的界面或者介质中扩散而接触,从而发生反应生成产物。由于反应物需要通过扩散才能实现相互接触,这样就会大大降低反应的速率,有利于难溶产物的晶相形成，最终获得足够尺寸的单晶。扩散法有不同的操作形式，其中最为简单的是溶液扩散（liquid diffusion）法。如果化合物是由两种原料反应而成，当两种反应物溶解于不同的溶剂中时，就可以采用这种方法。具体来说，利用普通试管或者 U 型管（图 2-2），将含有金属盐的 A 溶液加到含有配体的 B 溶液之上（反之亦可，取决于溶液密度大小），相互接触后，化学反应就会在它们的接触面开始。经历较长时间生长后，MOF 晶体就可能在此处附近产生。通常，为了避免两种反应物的直接接触出现沉淀，需要在 A、B 溶液之间加上一层密度适中的空白溶剂（一般为它们的混合溶剂）。显然，该方法是上述普通溶液法在制备大尺寸晶体样品时的一种有效补充。例如，SOD-[Zn(2-mim)$_2$]（MAF-4，也即 ZIF-8），最早是陈小明课题组通过扩散法合成得到[12]，即将配体的甲醇溶液置于 Zn(OH)$_2$ 的氨水溶液之上，数天后可以得到适合结构分析的大尺寸晶体样品。随着 MAF-4 的纳米尺度的样品在衍生碳制备领域的广泛应用，目前已有报道采用普通溶液搅拌法来制备形貌均一的纳米颗粒样品[13]。

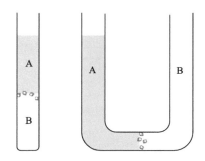

图 2-2　用于扩散法的普通试管或者 U 型管示意图

除了溶液法，气相扩散法也常被用来生长 MOF 晶体。这种方法适用于金属盐和有机配体溶解在一种溶液时不会立即产生 MOF 沉淀的情况。这时，将一种能改变合成反应平衡的物质（一般为不良溶剂或氨气等）通过气相扩散到反应液中，促使 MOF 成核并控制其生长。显然，这种方法也存在缺点，即由于扩散速率过低，反应时间不可控（数周或几个月）。因此，该方法常用于前期的结构分析所需晶体样品，较少用于 MOF 的大批量制备。

2.2.3　水（溶剂）热法

水热法（hydrothermal method）或溶剂热法（solvothermal method），通常采用密闭反应容器，将金属盐和有机配体加入其中后，密闭，将其置于烘箱或者油浴等装置中，在自产生压力下进行反应，一般一次反应需要一天至数天的时间，是目前合成 MOF 最为常用的合成手段。通常，在溶剂热反应中使用高溶解度的有机溶剂，如 N, N-二甲基甲酰胺（N, N-dimethylformamide，DMF）、N, N-二乙基甲酰胺（N, N-diethylformamide，DEF）、乙腈、丙酮、乙醇或甲醇等。为了解决初始试剂的不同溶解度问题，也可以使用混合溶剂。合成温度一般在 60～220℃之间。在温度较低和溶剂沸点高时，可以采用玻璃瓶，而在高于 130℃时，合成通常在具有特氟龙内衬的不锈钢高压釜中进行（图 2-3）。

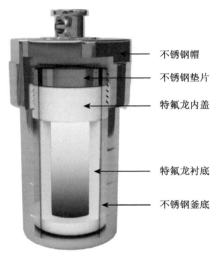

不锈钢帽

不锈钢垫片

特氟龙内盖

特氟龙衬底

不锈钢釜底

图 2-3　普通水热（溶剂热）反应釜的示意图

由于合成过程处于较高的温度和压力下，该方法利于 MOF 材料的大晶体样品的合成，即通过合理地控制反应温度（温度高低、保温时间以及升降温速率等）和酸碱度等条件，可望获得用于单晶 X 射线衍射测试的 MOF 晶体（一般需大于 0.1mm）。到目前为止，大多数 MOF 的早期结构解析所需晶体样品均通过该方法获得。例如，早期被报道的两例代表性的 MOF——HKUST-1[14] 和 MOF-5[2] 正是通过该方法合成出来的，这也奠定了 MOF 合成化学的基准。使用类似的合成方法，人们陆续获得了许多著名的 MOF，如 MIL-53[15]、MIL-100[4]、MIL-101、MOF-74[16]、UiO-66[17] 和 PCN[18] 系列。最近，该方法实现了采用预组装无机簇构筑目标拓扑网络的 MOF 的突破，展现出了巨大的合成优势。例如，周宏才课题组通过采用预组装的无机簇[$Fe_3O(OOCCH_3)_6$]构筑了一系列基于介孔金属卟啉的 MOF，即 PCN-600（M）（M = Mn、Fe、Co、Ni、Cu）。PCN-600 表现出纳米级一维孔道（高达 3.1nm）以及非常高的化学稳定性[19]。另外，他们还提出了一种动力学可控的尺寸增长的合成路线，采用预制单元[$Fe_2M(\mu_3\text{-}O)(CH_3COO)_6$]（M = Fe^{2+}、Fe^{3+}、Co^{2+}、Ni^{2+}、Mn^{2+}、Zn^{2+}），通过从热力学和动力学上合理化 MOF 的生长过程，获得了 34 种具有不同配体和簇连接方式的 Fe-MOF 的大单晶[20]。当然，利用常规方式加热的水（溶剂）热法也存在明显的缺点：能耗高、反应时间长和难以大批量合成样品。

除了电加热，微波也可以作为加热手段来实现水（溶剂）热合成 MOF 材料。微波加热合成凭借着高效节能等优点，已被广泛应用于无机物、有机物和分子筛等纳米尺寸样品的合成。当微波法辅助水（溶剂）热合成 MOF 材料时，则能够在短时间（数分钟到几个小时）和低能耗（几百瓦的功率）情况下高效合成出尺度均一的纳米纯相样品。当然，由于成核速度过快，这种方法难以生长出足以用于实验室型 X 射线单晶衍射仪测试的大尺寸晶体。

2.2.4 固相反应法

一般认为，溶剂有利于 MOF 的结晶，甚至可以充当多孔结构构筑的模板剂。因而，在目前已知的合成方法中，溶剂扮演着必不可少的角色。在这种背景下，考虑到环保和降低成本等要求，减少或不使用溶剂合成 MOF 成为研究热点。需要指出的是，无溶剂法，尤其是高温固相合成，已经被广泛用于无机材料的合成。基于此考虑，近年，有报道使用少量溶剂或者盐作为添加剂，通过机械球磨法使 ZnO 和氮唑配体反应合成 MOF 材料。例如，陈小明课题组将 ZnO 与 2-甲基咪唑加热至 180℃并保温 12h，可以得到高纯度的和颗粒大小均匀的 MAF-4（ZIF-8）微米级晶体（图 2-4）[21]。该类合成反应，除了放出少量水蒸气之外，几乎没有任何的副产物，所以产率接近 100%。另外，产品不需要任何纯化处理就能保持良好的多孔性，可直接进行后续实验。但是，该方法很难分离适用于 X 射线单晶衍射测试的晶体。这种合成方法无溶剂参与且可以灵活控制反应规模，易于大批量生产 MOF 材料，这对其实际应用的推广显得尤为重要。值得一提的

$$ZnO(s)+Hmim(l) \xrightarrow[12h]{180℃} SOD\text{-}[Zn(mim)_2](s)+H_2O(g)$$

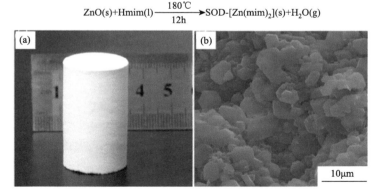

图 2-4　ZnO 与 2-甲基咪唑合成 MAF-4 的固相反应方程式以及宏观（a）和晶体（b）形貌[21]

是，目前一些化工公司已经开始将其用于商品化生产，几例著名的 MOF 材料已经可以通过试剂公司购买获得。

2.2.5　电化学合成法

首先被报道用于 MOF 的电化学合成的例子是 HKUST-1（又称 BasolitetC300）的工业生产，这是巴斯夫研究人员于 2005 年首先报道的，旨在排除阴离子干扰以便大规模生产 MOF[22]。此后，该合成路线已广泛应用于 MOF 合成化学中，包括 Zn 基、Cu 基和 Al 基 MOF 的合成[23]。在这一部分中，将简要讨论 MOF 薄膜的电化学合成中的一些最新进展，这些进展可用于传感和电化学设备。

2013 年，Campagnol 等首次报道了在高温高压下通过电化学沉积法合成 MIL-100（Fe）[24]。具体来讲，其电化学合成池内含有溶解有 1, 3, 5-苯三甲酸（H_3BTC）的乙醇和 Milli-Q 水溶剂混合物（2：1）的电解液。采用金属铁作为阳极，在不同温度（110～190℃）和电流密度（2～20mA/cm^2）下，它们最终在溶液中生长出了 MIL-100（Fe）晶体，也在阳极顶部形成了该 MOF 的均匀涂层。该课题组采用同样的方法也获得了晶体形貌独特的 HKUST-1 产品。

后来，Dincă 等在 2014 年报道了双相 MOF 薄膜的电化学形成（图 2-5）[25]。作者最初提出使用三乙铵作为前碱来形成三甲胺并促进 MOF 的阴极电沉积。在高浓度的三乙铵存在下，未观察到锌沉积，但形成了阴离子骨架 $(Et_3NH)_2Zn_3(BDC)_4$（BDC = 1, 4-苯二甲酸）。但随着三乙铵对锌层的腐蚀以及在较低有效浓度的三甲胺情况下，又导致 MOF-5 的产生。通过适当降低三乙铵的浓度，可以实现高电位的 $(Et_3NH)_2Zn_3(BDC)_4$ 和低电位的 MOF-5 形成。也就是说，通过控制电位实现了混合膜和双层膜的形成。该报道清楚地证明了使用电化学方法合成异相多层 MOF 薄膜的巨大潜力。

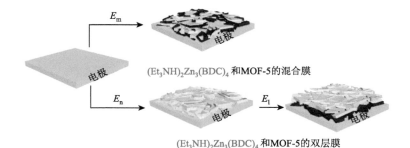

图 2-5　电化学方法合成异相多层 MOF 薄膜[25]

最近，Stassen 等报道了用锆箔作为唯一金属源的同时在阳极和阴极电化学膜沉积 UiO-66（图 2-6）[26]。首先，制备包含 BDC：HNO_3：H_2O：AA：DMF = 1：

2：4：5/10/50：130 的合成溶液（H₂BDC 为对苯二甲酸，AA 为冰醋酸），并加热到 383K。随后，通过施加 80mA 的电流完成 UiO-66 膜沉积。由于形成了氧化物桥接层，因此观察到 MOF 层对锆基底具有优异的附着力。另外，阴极沉积具有宽的基板柔性的优点。这种合成方法显示出图案化的沉积能力，并允许在微型吸附剂捕集阱中直接利用 UiO-66 进行在线分析采样以及稀释挥发性有机配合物的浓缩等应用。

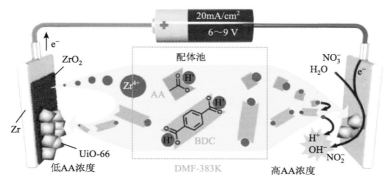

图 2-6　阴阳极电沉积机理[26]

2.3　合成后修饰

合成具有专一或复杂应用的 MOF 材料，关键在于如何将单一或多个功能集成到 MOF 中。改变 MOF 结构和孔腔的物理化学环境可以调控其与客体的相互作用，甚至能够改善结构的化学稳定性或反应性。常规 MOF 合成方法一般是在构筑单元前驱体中预先引入官能团来直接合成，但不是任何官能团都可以直接通过反应原料引入，这极大限制了 MOF 合成的适用范围。虽然一些配体取代基或金属离子/金属簇具有独特的物理性质（如导电性、磁性和发光性质等）和化学性质（如化学反应性和路易斯酸碱性等），可以对材料进行改性，但通过直接合成将这些功能基元纳入 MOF 难度较大。一方面这些活性官能团很可能会干扰 MOF 的结晶过程。例如，一些官能团会影响配体的配位能力或可能直接参与配位，而且一些金属离子因配位习性差异较大而具有不同的配位几何，这使得很难通过直接合成来获得目标结构。另一方面，有的功能基元会与 MOF 的合成条件不相容。由于化学或热不稳定性、溶解性不好及酸碱性等因素，一些官能团在合成过程中很难保持[27]。尽管如此，但也可以在晶体已经形成后，通过合成后修饰（post synthetic modification，PSM），即在保持其原有框架的前提下对合成后的 MOF 进行化学修饰，从而绕过上述的限制实现功能化。

最常见的合成后修饰形式是 MOF 客体分子的交换和除去。客体交换的目的通常是将高沸点客体交换成低沸点客体来避免 MOF 在较高的温度下活化。但并不是所有的 MOF 都能够完成客体交换或除去，尤其是一些早期报道的 MOF，在被交换或移去客体后，主体框架会发生坍塌使得晶态无法保持。离子型 MOF 框架外的抗衡离子交换是另一种简单常见合成后修饰[28]，被交换的离子类型取决于框架自身电性。这些离子通常在静电作用下游离在 MOF 的孔道中，不与框架发生配位，所以发生交换时对框架影响较小。此外，在 MOF 晶体中封装功能客体获得复合物的后修饰手段是 MOF 功能化的另一个重要分支，具体内容将在第 3 章着重介绍。而严格意义上的合成后修饰应该是对 MOF 配位框架的合成后修饰，包括对构筑单元（金属离子、有机配体和无机配体）的交换和进行化学反应的配位键和共价键修饰。

值得注意的是，MOF 必须同时具备足够高的稳定性和反应性，才能进行后修饰。而通常情况下，MOF 的化学稳定性、热稳定性和机械稳定性不高，这些缺点在与分子筛对比时尤为明显[29]。因此，可以进行合成后修饰的 MOF 种类是比较少的。

2.3.1　配位键合成后修饰

金属离子/簇与配体构成的配位键是 MOF 自组装过程中的主要化学作用。通常配位键具有比较明确的方向性，因此在对其修饰时需要考虑金属离子或金属簇的配位习性以及配体中配位原子或基团的配位方向和习性。对配位键的合成后修饰理论上可以分为两种方法：一种是基于配位键的可逆性，对 MOF 构筑单元进行交换，其中包括金属离子/簇和有机/无机配体；另一种是构筑单元的引入或除去。

1. 构筑单元的交换

在所有的框架构筑单元中，金属离子的尺寸最小，同时其配位方向存在一定柔性，是最容易被交换的组分。一般认为，如果离子具有相似的电荷和直径，就会发生配位键的二次分配。由于能够形成更强的配位键，配位数较多或者直径较小的金属离子更容易交换框架中配位数较少或直径较大的离子[28]。例如，在 MOF-5 的氧心四核锌簇中，四配位的 Zn^{2+} 可以被交换成具有更高配位的如 Ti^{3+}、$V^{2+/3+}$、$Cr^{2+/3+}$、Mn^{2+} 和 Fe^{2+} 等离子[30]。ZIF-8（也称 MAF-4）和 ZIF-71 中四配位的 Zn^{2+} 都能够被 Mn^{2+} 替代[31]。裸露的金属位点（open metal site，OMS）与吸附和催化密切相关。例如，MFU-4l 中五核锌簇外部四个伸向孔道的四配位 Zn^{2+} 能被轻易地交换成其他金属离子[32]。将 Zn^{2+} 交换成 Cu^{2+} 后，通过加热可以被还原成 Cu^+ 的 OMS，对 H_2 和 CO 等较惰性气体具有较强的吸附能力[33]。另外，MFU-4l

中的 Zn^{II} 还可以被交换成具有更多配位数的 V^{IV} 和 V^{II}（图 2-7）。具有 V^{IV} 的 MFU-4*l* 表现出优异的乙烯聚合催化性能[34]。

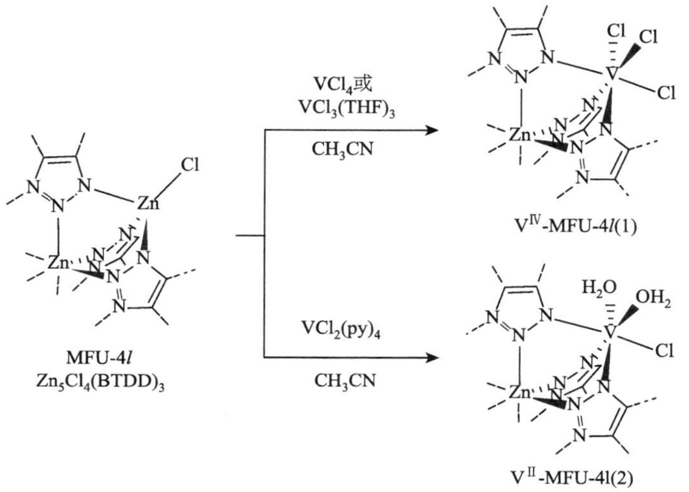

图 2-7　MFU-4*l* 中 Zn^{II} 交换[34]

相对于金属离子，金属簇的尺寸更大，因此实现交换的难度较大，相关报道不多。Co 离子的轮桨状双核金属簇 $[Co_2(RCOO)_4(L^T)_2]$（L^T = 末端配体）通常不稳定，这预示该配合物可能具有较高的催化活性。MCF-37 中能够稳定结构的轮桨状单核铁簇 $Fe(na)_4$ 可以被洗去，并能被交换成结构相同但催化活性更高的双核钴簇 $Co_2(na)_4$（图 2-8）[35]。通过两次单晶到单晶（single-crystal to single-crystal，SC-SC）的转换，不稳定的 $Co_2(na)_4$ 可以被稳定在框架中，生成对热和碱具有高稳定性的 MOF 催化剂。在 pH = 13 的反应条件下，具有 $Co_2(na)_4$ 的 MOF 在 $10mA/cm^2$ 时的氧析出反应（OER）过电位可低至 283mV，而原合成含 $Fe(na)_4$ 的 MOF 和被洗去 $Fe(na)_4$ 的 MOF 在 $10mA/cm^2$ 时的过电位最低只能到达 460mV。由于三例 MOF 均为同构，唯一的差异是嫁接的团簇不同，因此被引入且被稳定的 $Co_2(na)_4$ 是优异 OER 催化性能的关键。

无机配体由于结构简单且种类较少等常被忽略，而事实上它们对 MOF 的催化和吸附等性质同样有重要影响。由于无机配体尺寸比较小，它们的交换通常比金属簇更容易。Zhang 等发现，具有 OMS 的 MAF-X27-Cl 在碱性条件下的 OER 过程中，与 OMS 配位的无机配体 Cl^- 会被逐渐交换成 OH^-（图 2-9）。生成的 MAF-X27-OH 催化中心的配位环境发生变化使得活化能降低，随着电解时间增加而性能变好[36]。随后他们还发现 MAF-X27-OH 具有优异的光催化 CO_2 还原性能。计算机模拟和同位素示踪/动力学实验表明 OH^- 为稳定 CO_2 还原过程中形成的 Co(Ⅰ)—CO_2 中间体提供了氢键从而提高了反应选择性，并且提升了催化中心局部质子浓度而加速了反应[37]。类似的氢键作用还可以改善 MOF 的吸附性质，例如，将 MOF 中的封端配体 OAc⁻ 交换成 OH⁻ 可以得到 $Zn^{Ⅱ}$—OH 基元。在吸附 CO_2 时，Zn—OH 可以通过氢键作用完成到 Zn—O_2COH 的化学转化，从而能够实现在痕量分压 400mbar（1bar = 10^5Pa）下快速捕获 CO_2[38]。

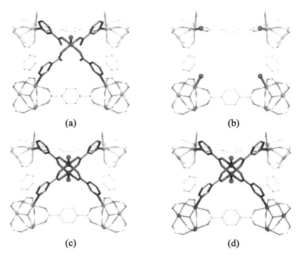

图 2-8　MCF-37 后修饰的主要局部结构[35]

（a）Fe_3-Fe；（b）Fe_3；（c）Fe_3-Co_2；（d）Co_3-Co_2

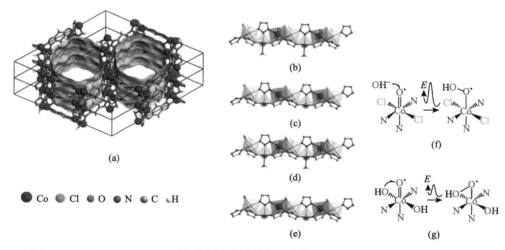

● Co　● Cl　● O　● N　● C　● H

图 2-9　（a）MAF-X27-OH 的配位网络及孔表面结构；MAF-X27-Cl[（b）和（c）]和 MAF-X27-OH[（d）和（e）]中金属离子的配位环境；MAF-X27-Cl（f）和 MAF-X27-OH（g）催化过程中的耦合途径[39]

有机配体交换可以实现 MOF 网络结构延伸以及有机功能基团的引入。在所有构筑单元中，有机配体的尺寸最大且其配位原子的分布方向也比较明确，其交换难度也较大。虽然零维金属簇和二维层配合物的有机配体交换早有报道[40, 41]，但真正意义上的三维 MOF 的配体交换直到 2011 年才有突破性进展。PPF-20 是一例具有柱层式结构的三维 MOF，其中轮桨双核 Zn^{2+} 簇连接的卟啉层由 dpni（N, N'-4-二吡啶基-1, 4, 5, 8-萘四甲酰基二酰亚胺）支撑[42]。将 PPF-20 浸泡在与 dpni 具有相似配位习性但长度较短的 bpy（2, 2′-联吡啶）的溶液中，bpy 柱子可以取代 dpni 柱子，以单晶到单晶的结构转变方式生成同网络的 PPF-4，层间距由 21.2Å 减小到 12.8Å，但保持了原有的拓扑结构。除柱层式结构外，笼状结构也被证实可以进行有机配体交换。例如，Kitagawa 等通过交换将具有光催化 CO_2 还原活性基元的有机配体引入了 UiO-67（图 2-10）[43]。光照时，原合成 MOF 没有催化活性，而配体交换后的 MOF 能高效地将 CO_2 还原成 CO 和 HCOOH。值得注意的是，当 CO_2 浓度降低到 5%[1atm（1atm = 1.01325×10^5Pa）]时，仍能保持近 65% 的催化活性。

2. 构筑单元的引入或除去

构筑单元的引入或除去通常伴随着氧化还原反应过程，这涉及金属离子价态变化，故而会导致阴离子的加入或离去。一些阴离子的变化直接影响 MOF 孔道表面

(a)

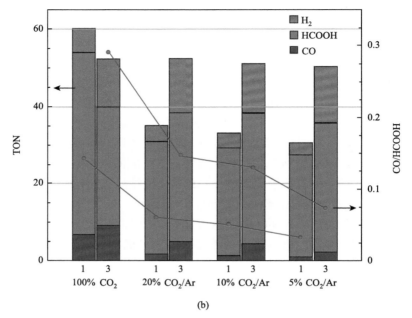

图 2-10　UiO-67 的有机配体交换策略（a）和不同 CO_2 浓度下光催化还原性能（b）[43]

的化学环境，从而影响吸附性质。典型地，例如，Volkmer 等报道的 Cu^{II}-MFU-4*l* 中的 Cu^{II} 原本端基配位的—OAc 会随着加热离去，Cu^{II} 会被还原为配位活性非常高的 Cu^{I} OMS，对 O_2、N_2 和 H_2 的吸附热可分别达 53kJ/mol、42kJ/mol 和 32kJ/mol，还能够对 C_2H_4 和 CO 进行化学吸附[33]。Zhang 等使用 H_2O_2 分别将 MAF-X25 和 MAF-X27 中的 Mn^{II} 和 Co^{II} OMS 氧化[39]，溶液中的 OH⁻ 伴随着金属离子化合价上升而参与配位，生成单齿配位的 Co^{III}—OH 和 Mn^{III}—OH，实现了 CO_2 物理吸附到化学吸附的转变。

　　气-固相反应要比液-固相的氧化反应修饰更加清洁。例如，使用 Cl_2 和 Br_2 蒸气将 MAF-X27*l* 中配位不饱和的 Co^{II} 氧化成 Co^{III} 的同时，生成的 Cl^- 和 Br^- 会被保留在框架中，与 Co^{III} 发生配位[44]。加热后框架又会重新释放 Cl_2 和 Br_2，Co^{III} 又被还原成 Co^{II}。重要的是，这种构筑单元引入和除去的过程可以循环多次，并能维持 MOF 的结晶性和多孔性，为此类毒性气体的储存提供可能。Long 等发现 Fe-MOF-74 对 O_2 的低温/室温化学吸附能让框架中的配位不饱和的 Fe^{II} 被氧化成具有 O^{2-}/O_2^{2-} 的 Fe^{III}—O_2 加合物[45]。在低温下加成的 Fe^{III}—O_2 通过真空处理可以发生消除并且过程可逆，而在室温下生成的 Fe^{III}—O_2 则不可逆，继续升高温度至 200℃ 可以释放氧气，但结构框架却无法保持。上述 Fe-MOF-74 的氧气氧化随后被 Chen 等应用于烃类气体分子的分离，实现了 C_2H_4/C_2H_6 吸附选择性的反转。中子粉末衍射研究和理论计算表明，铁过氧位点与 C_2H_6 更强的氢键作用是吸附反转的主要原因（图 2-11）[46]。

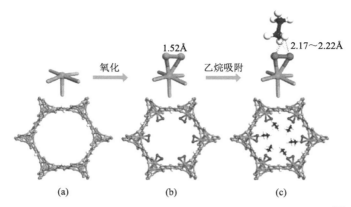

图 2-11　过氧化 Fe-MOF-74 的合成及其与乙烷的主-客体结构[46]

2.3.2　共价键合成后修饰

　　有机配体中的官能团直接影响 MOF 孔道性能，甚至能影响框架中金属离子的配位。通过对配体中的官能团进行共价键修饰能够按需引入特定功能基元来实现功能化。需要指出的是，共价键的键能一般比配位键的大，因此在进行框架共价键反应时，很难完全避免影响或破坏构筑单元的配位。尽管如此，一些具有较高热/化学稳定性的 MOF 被证实可以进行相关的反应修饰，且有的共价键反应条件也并不十分苛刻，因此近年来相关报道也越来越多[47]。下面将从溶剂反应和无溶剂反应的类型来对 MOF 共价键合成后修饰来进行介绍。

1. 溶剂反应

　　早期 MOF 的共价键合成后修饰大多需要在溶液中进行，其中较为常见的是一些反应条件温和且底物适应性强的有机反应。例如，—NH_2 取代的 IRMOF-3 可以与乙酸酐进行酰基化反应[48]。利用 IRMOF-3 中的—NH_2 与亚水杨基进行醛胺缩合反应可以在结构中引入席夫碱[49]。又如，具有—N_3 的 MOF 可以发生 Click 反应引入尺寸较大的侧基[50]。

　　近年来，人们发现通过共价键反应引入的有机官能团对 MOF 功能的影响十分显著。例如，对具有—NH_2 的有机配体进行酰基化反应，在孔道中引入烷基链后能够使得框架对多种气体产生"呼吸效应"，实现对框架的柔性调控。特别地，修饰后的 MOF 在低温下对 CO_2 的吸附会表现出明显的两步台阶型吸附和脱附滞后现象[51]。使用 2-醛基咪唑配体的 ZIF-90 与 ZIF-8（配体为 2-甲基咪唑）同构，将 ZIF-90 膜放置在乙醇胺的甲醇溶液中加热时会发生醛胺缩合反应，能够在引入尺寸较大的乙醇胺基团的同时保持膜形貌完好。较大的配体侧基使得 ZIF-8 笼子窗口变得更加拥挤，CO_2 扩散受限，导致被修饰后的 ZIF-90 膜能够选择性地透过 H_2（图 2-12）[52]。

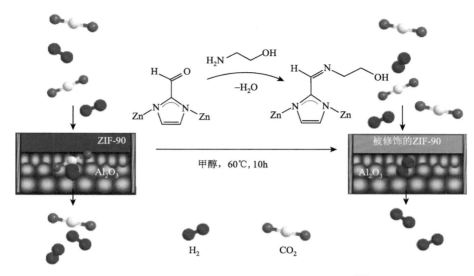

图 2-12 共价修饰后的 ZIF-90 膜 H_2/CO_2 分离[52]

2. 无溶剂反应

无溶剂反应，对于 MOF 而言即在固相中发生反应，能够通过一系列原位分析检测手段来随时监测反应以理解并控制反应程度。这类反应可以分为 MOF 自身反应以及其与气体发生的反应。MOF 自身反应中典型的是光诱导反应。例如，具有光致变色配体的[$Zn_2(ZnTCPP)(BPMTC)_{0.85}(DEF)_{1.15}$]在紫外光（UV）照射下，结构中的配体能够自身发生关环反应，猝灭 MOF 的荧光（图 2-13）。当没有 UV 照射时，配体上生成的环又会打开，表现出荧光性质[53]。又如，CAU-10-NO_2 配体上的—NO_2 光照后会反应生成顺磁性的—NO，生成的—NO 会进一步氧化孔道中的醇类分子。通过固态电子顺磁共振波谱能够观测到生成和消耗—NO 发生的顺磁变化，从而得到不同时间氧化转化率等反应信息[54]。

早期报道的共价键气-固相反应多是在反应物蒸气（通常需要加热获得）中进行的。例如，第一例 MOF 的共价键合成后修饰便是在加热产生的三氟乙酸酐蒸气中进行的，当 MOF 暴露在三氟乙酸酐的蒸气中时，有机配体上的—OH 会与酸酐发生酰化反应，生成酯基，并能保持结晶性[55]。又如，乙酸蒸气能够与 MOF 中的—NH_2 反应生成酰胺[56]。而使用清洁气体作为反应物显然更加环保。例如，光照下 CID—N_3 中—N_3 被激发可以被氧气氧化成—NO_2 和—NO。光照和无光照的 MOF 对氧气表现出不同的吸附行为，并且能够通过原位氧气气氛的红外光谱观察到不同光照时间时反应的变化[57]。Zhang 等发现 Cu^I 离子和亚甲基桥联配体组成的柔性 MOF（MAF-42）在氧气或空气中就能够被氧化[58]。由于 Cu^I 离子距离亚甲基很近，原合成 MOF 能够发生自催化氧化，亚甲基在室温下就能被氧化

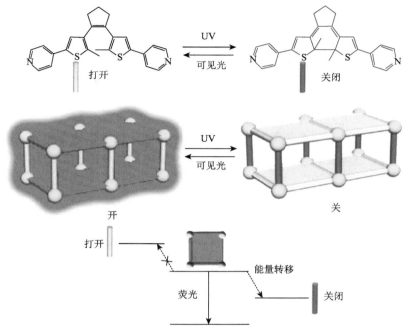

图 2-13　[Zn$_2$(ZnTCPP)(BPMTC)$_{0.85}$(DEF)$_{1.15}$]实现光功能开关的反应机理[53]

生成羰基。使用热重分析仪可以观察到氧化过程中的固体增重现象，从而可以通过控制氧化时间来控制框架的氧化程度，使得氧化后的 MOF 能够表现出反转的 CH$_4$/C$_2$H$_6$ 吸附选择性和 CO$_2$/CH$_4$ 分子筛效应。此外，使用相同的有机配体与 Zn^{II} 离子组成的 MAF-23 在较高温度下也能够被氧气氧化[59]。值得注意的是，MAF-23 中的配体氧化具有选择性，只有方向指向孔道的亚甲基才会被氧化（图 2-14）。由于引入了新的客体结合位点且框架柔性减小，氧化生成的 MAF-23-O 对丙烯/丙烷的热力学和动力学吸附选择性同时增强。

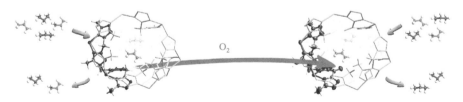

图 2-14　氧气氧化 MAF-23 提升丙烯/丙烷选择性示意图[59]

2.4　特性

不同于多孔有机聚合物和多孔碳材料，MOF 通常以高度有序的晶态固体形式存在，结构规整是其最重要的特点。因此，能够通过单晶 X 射线衍射（SCXRD）等表征手段精确测定其结构，从分子水平来研究其构效关系，为设计性质优良的 MOF 提供思路。此外，区别于传统的无机沸石材料，组成 MOF 的金属离子/金属簇和配体的种类丰富且连接方式多样，能够形成各种定向组装的网络结构以适应不同场合的应用。由于能够很大程度上继承构筑单元的特性，MOF 能够表现出丰富的性质，甚至可能具有独特或优异的性质，这包括多孔、框架柔性、发光、导电和磁性等。经过二十多年的发展，人们已经在催化、气体储存和分离、传感以及能量存储等领域展开了广泛的探索[60-65]。本节将根据 MOF 的结构特点，着重介绍其各类特性的调控。

2.4.1 多孔性

MOF 又称多孔配位聚合物（porous coordination polymer，PCP），多孔性是其最本征的特性之一[66]。通常 MOF 是由较长的有机配体连接而成，配体与金属节点的连接导致了间隙空间的存在。因此，类似沸石，MOF 被认为是具有潜在永久多孔性的。永久多孔性的证明通常需要在低压和低温下测量可逆气体吸附等温线[67]。S. Kitagawa 和 O. M. Yaghi 等在这一方面做出了奠基性的贡献[68, 69]。作为目前研究最热的多孔材料，MOF 的孔隙率可达 90%，比表面积可达 $8000m^2/g$[67]。更重要的是，MOF 出色的可设计性和可修饰性使其具有优于其他多孔材料的孔道属性调控能力。可以从两方面来描述多孔性，一方面是孔道结构，包含孔道的形状和尺寸；另一方面是孔表面性质。

1. 孔道结构

选择吸附质时需要首先考虑的因素是孔道的形状和尺寸，它直接影响吸附质在 MOF 孔道中的动力学扩散行为。吸附质的动力学扩散不仅影响 MOF 在吸附分离上的性质，同样也会影响其在催化、荧光传感等方面的应用。孔径使用需要根据具体情况而定，例如，微孔 MOF 往往对吸附质作用力较强，紧密的孔道超分子环境甚至能够表现出反常的吸附行为[70]。又如，一些尺寸较大的金属团簇、金属纳米颗粒和蛋白质就需要中孔 MOF 甚至介孔 MOF 才能够吸附或扩散[71]。一般而言，微孔材料常表现出 I 型吸附行为，而 II 型和 IV 型吸附则通常分别需要在大孔材料和介孔材料中获得。因此，在预先设定的拓扑网络下，设计合成具有合适孔径的 MOF 应用于不同场合是目前研究者思考的核心问题之一。

调控 MOF 孔径可以通过更改构筑单元的大小来实现。通过更换有机配体及其侧基、无机配体和金属离子可以实现不同程度的孔径调控。其中增加有机配体的长度是增加孔径延伸配位网络最直接的方法，更长的配体能够提供更多的储存空间和吸附位点。例如，具有一维蜂窝状孔道的 MOF-74 中配体的苯环单元就可以扩展至 11 个之多（图 2-15），能够实现在孔径 14～98Å 之间进行调控，甚至足够容纳维生素 B_{12}、球状团簇和蛋白质等直径达 45 Å 的大分子[72]。需要指出的是，晶体在自组装过程中往往更倾向于生成紧密的配位网络，扩大孔径也常常会导致结晶性差和网络穿插等问题。结晶于立方空间群的 MFU-4 系列的 MOF 在使用较短配体 H_2bbta 和 H_2btdd 时能够得到贯通的 MFU-4 和网络延伸版的 MFU-4l，而当使用具有相同配位官能团但尺寸更长的配体 H_2tqpt 时，始终无法得到非穿插相的同网络 MOF，而非常容易生成具有二重穿插结构的 CFA-7[73]。

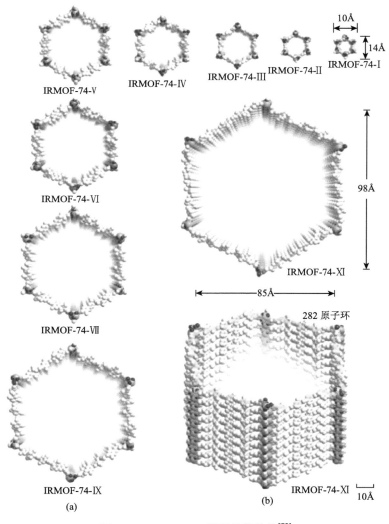

图 2-15　IRMOF-74 系列晶体结构[72]

相比于孔径的调控，孔道的形状则很难进行控制。这是因为无论是金属离子还是配体的配位模式都十分丰富且复杂，且反应体系中总是存在能够影响配位的溶剂分子和抗衡阴离子等复杂因素，所以很难按需设计合成具有特定配位网络的超分子结构。因此通过孔道形状来影响吸附行为的研究相对较少，但仍有一些实例。例如，$Fe_2(BDP)_3$ 由于具有特殊一维三角形孔道，可以选择性吸附具有不同支链数的 C_6 烃类分子。在实测的多组分气体突破实验中，客体分子的支链越多，在吸附床上越容易脱出[74]。Chen 等发现，$[Ca(C_4O_4)(H_2O)]$ 由于具有与乙烯分子大小和形状相似的方形超微孔（图 2-16），能够实现只吸附乙烯不吸附乙烷的分子筛效应[75]。需要指出的是，对于上述两个例子，只有在适合大小的孔径范围内（相对吸附质），孔道的形状效应才能表现出来。

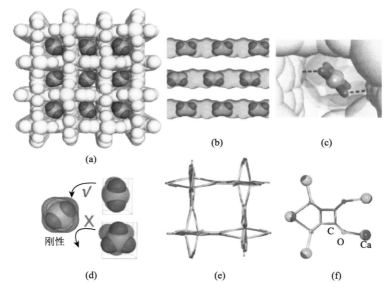

图 2-16 $[Ca(C_4O_4)(H_2O)]$吸附乙烯分子的主-客体结构[（a）～（c）]及客体（d）和主体[（e）和（f）]结构的对比[75]

2. 孔表面性质

无论是吸附还是催化，都存在表面吸附过程。孔表面的电性和极性直接影响多孔材料的吸附能力。例如，具有亲油性孔道的 MOF 通常具有很强的疏水性，可以用来捕获水中的油性分子[76]。而具有亲水性孔道的 MOF 则会选择性吸附极性较大客体分子，例如，Xu 等利用具有亲水性孔表面 MOF 发展的"双溶剂法"（double-solvent method，DSM）可以让被吸附的客体分子能够均匀分布在 MOF 孔道中[77]。孔表面功能化的关键在于引入或改变能够与吸附质产生相互作用的位点来改变其热力学吸附行为。位点的引入或改变可以通过构筑单元预装，也可以通过合成后修饰来实现。

　　MOF 中分布在孔表面的 OMS 是最强的吸附位点。这类具有 OMS 的 MOF 通过活化操作后，失去端基配位分子（通常为水分子）的金属离子能够表现出很强的路易斯酸性，与吸附质产生强的亲和作用。例如，MOF-74 系列结构就可以利用其 OMS 对烯烃和烷烃作用力的不同进行选择性吸附（图 2-17），从而达到分离效果[78]。此外，一些具有特殊配位环境的 OMS 还能够表现出优异的催化活性。例如，MAF-X27-Cl 是一例具有桥连无机配体和有机配体的三组分 MOF。当结构中用于桥连 OMS 的—Cl 被后修饰交换成—OH 时，由于氢键作用和—OH 的弱布朗斯特酸性，还原态的 OMS 能够表现出更强的 CO_2 结合和快速转化能力，因而具有非常好的光催化 CO_2 还原活性[37]。

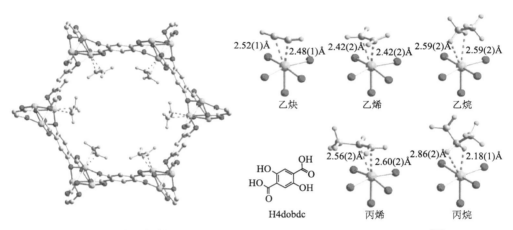

图 2-17　中子衍射分析 Fe-MOF-74 中 OMS 对 C_2 和 C_3 烃类分子作用[78]

　　除了 OMS 外，有机配体中分布在孔表面的官能团也是影响孔表面性质的重要因素。在一些超微孔材料中，此类超分子化学环境对吸附行为的影响尤为明显。例如，桥连的 1,2,4-三氮唑配体 H_2btm 在与 Zn^{2+} 组装成具有超微孔的 MAF-23 时，三氮唑中的部分氮原子没有参与配位而是分布在孔表面，使得孔道能够表现出很强的亲水性[79]。这些具有路易斯碱性的 N 原子可以螯合 CO_2 分子形成独特的主-客体结构（图 2-18），吸附热可达 71kJ/mol。此外，MAF-23 独特的孔道超分子环境对 C_4 烃类分子也表现出特殊的选择性吸附行为。孔表面的 N 原子可以和 C_4 烃类分子形成紧密的氢键，使得被吸附的 1,3-丁二烯在孔道中会发生构象转变（顺式到反式）而消耗巨大的能量，导致 MAF-23 对 1,3-丁二烯的吸附较弱（相对于正丁烯、异丁烯和正丁烷），在混合气体突破实验中会优先脱附 1,3-丁二烯[80]。

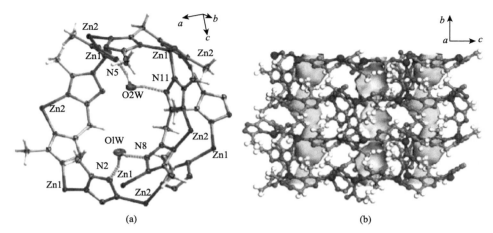

图 2-18　MAF-23 吸附 CO$_2$ 的主-客体单晶结构（a）及孔道结构（b）示意图[79]

2.4.2　框架柔性

由于 MOF 构筑单元中的配位键和一些有机配体中的共价键存在伸缩、弯曲和旋转等动态变化，且一些 MOF 的配位网络中还可能存在弱相互作用力，MOF 框架或多或少会具有一定柔性，而这在沸石和氧化物等无机多孔材料中是十分罕见的。在客体分子、温度、机械力和光照等外界条件下，柔性 MOF 会产生一系列的响应变化而直接影响其性质[81]。研究和控制 MOF 的柔性变化是选择 MOF 材料必须考虑的重要因素。对柔性的控制手段可以分为化学调控和物理调控两大类。

1. 柔性的化学调控

通过对有机配体的修饰和金属离子/金属簇的合理选择可以有效控制 MOF 的柔性。例如，Kitagawa 等报道的 CID-5 是一例由 5-硝基间苯二甲酸和 4, 4-联吡啶与 Zn^{2+}组装而成的三维 MOF[82]。由于取代基尺寸较小，CID-5 表现出较大的柔性，脱客体后可收缩成无孔状态。当使用极性较大且动力学半径较小的 CO$_2$ 作为探针时，CID-5 能在 1～2kPa 之间实现开门；使用极性较小且动力学半径较大的 CH$_4$ 作为探针时，CID-5 在 1.0MPa 时都无法吸附；而使用 5-甲氧基间苯二甲酸合成的同构化合物 CID-6，由于具有更大的取代基，则表现出更强的刚性，可以对 CO$_2$ 和 CH$_4$ 实现在较低压力下的吸附。此外，通过固溶体（solid solution）策略将这两种配体按比例混合，混配的 MOF 可以按需调控其对 CO$_2$ 的开门压力。有的 MOF 由于具有较大的配位柔性，通过 SCXRD 分析，可以在不同温度下观察到非常明显的正/负热膨胀现象。由于羧酸根中氧原子的配位方向性较弱，在配位时能够发生较大的弯曲。例如，MIL-88 和 MCF-18 都具有 M$_3$(μ_3-O)(RCOO)$_6$(L^T)$_3$ 簇，MIL-88 的体积伸缩振幅和 MCF-18 的轴向伸缩振幅分别可达 230%和 121%（图 2-19）[3, 83]。

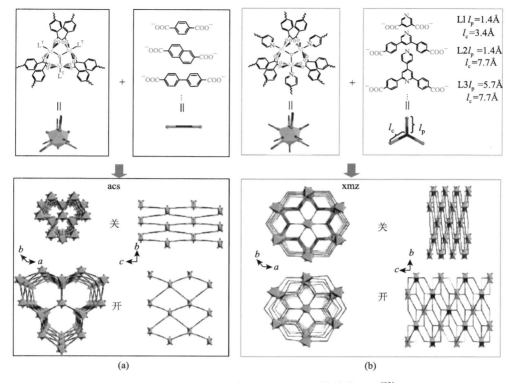

图 2-19　MIL-88（a）和 MCF-18（b）的结构对比[83]

2. 柔性的物理调控

除了构筑单元的选择之外，一些物理因素对 MOF 的柔性也有影响，如晶体尺寸的大小和温度。晶体柔性的尺寸效应最早是由 Kitagawa 等发现的。CID-1 是一例具有穿插二维层的三维锌离子 MOF，通过粉末 X 射线衍射（PXRD）可以观察到块状微米级 CID-1（5μm×20μm）和纳米级 CID-1（50nm×320nm）在真空加热下脱客体后会表现出不同的框架收缩现象[84]。具有两步台阶型 N_2 吸附等温线的 ZIF-8 则表现出更明显的柔性变化[85, 86]。当颗粒尺寸变小时，其对 N_2 吸附的第二步起跳需要更高压力（图 2-20）。除晶体尺寸外，Zhang 等发现温度对 MOF 的柔性也存在影响。3, 5-二乙基-1, 2, 4-三氮唑与 Cu（Ⅰ）组装而成的 MAF-2 是一例具有三维笼状孔道的 MOF，其中体积较大的笼子由直径较小的孔相互连接贯穿起来，但孔窗被配体上的乙基阻挡[87]。被阻挡的窗口尺寸要远小于包括 N_2 在内的所有气体分子，因此 MAF-2 在 77K 时几乎不吸附 N_2。而在 195 K 时，由于温度上升，MAF-2 中乙基的热运动程度变大，使得孔窗表现出柔性，能够通过瞬间开门行为来允许 N_2 通过。

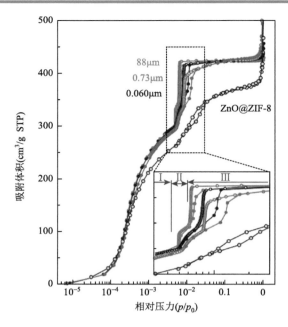

图 2-20　不同颗粒尺寸的 ZIF-8 在 77K 下的 N_2 吸附等温线[86]

2.4.3　发光

基于发光材料的光学传感器因为具有超高灵敏度、超快的响应速度，且无检测消耗和无电学连接等优势而备受关注。MOF 是三维有序连接的配合物，因此它的发光机制与普通配合物相似，过程包括金属到配体的电荷转移（metal-to-ligand charge transfer，MLCT）和配体到金属的电荷转移（ligand-to-metal charge transfer，LMCT），金属中心发光（metal-centered luminescence），配体内的电荷转移（intraligand charge transfer，ILCT）等。

MOF 的发光既可以通过具有发光特性的构筑单元来实现框架自身发光，也可以通过负载荧光物质客体在 MOF 中形成主客体化合物来实现。由于许多 MOF 的有机配体含有芳香族单元或共轭 π 体系，在光照时，框架中的有机发光基团能够被有效激发，产生光致发光[88]。此外，金属离子也可以促进光致发光。由于镧系金属离子/金属簇固有的光致发光特性，镧系金属离子 MOF（Ln MOF）是此类发光机理中最常见的[89]。通常镧系元素可以通过"天线效应"被有机色团敏化，表现出尖锐而强烈的发光特性。

1. 化学传感

与其他发光材料不同，MOF 因其较大的比表面积和较强的吸附亲和力可以有效富集客体分子。客体分子则可以与主体框架通过范德瓦耳斯相互作用、氢键、π-π

堆积或配位等作用形式，来改变主体框架的激发态能量、非辐射途径和效率，以及基态和激发态的主体框架结构，从而改变主体的发光强度和颜色[90]。基于发光 MOF 的化学传感器通常表现为溶剂变色或蒸气变色，可为检测特定化学物质（如挥发性有机化合物、气体、离子或爆炸物等）提供直接且方便的手段。离子可以与 MOF 发生配位或形成范德瓦耳斯作用而产生能量传递或者重原子效应，促使框架的荧光被猝灭。使用含有卟啉单元的羧酸配体与 Zr^{4+} 组装的 PCN-225，由于结构中卟啉单元含有路易斯碱性位点，且具有良好的酸碱稳定性，可以和 H^+ 在不同 pH 时形成多种结合产物并表现出不同的荧光变化，使其能够进行 pH 检测（图 2-21）[91]。类似的位点还可以用来检测重原子。例如，同样由卟啉羧酸配体与 Zr^{4+} 组装的 PCN-224 便可以用来检测缓冲溶液中的 Hg^{2+}。Hg^{2+} 可以与卟啉中心结合，在可见光区域产生荧光猝灭效应[92]。

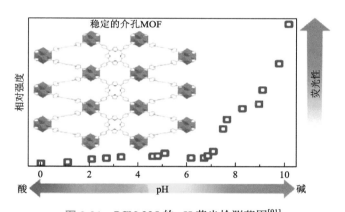

图 2-21　PCN-225 的 pH 荧光检测范围[91]

　　传统的气体传感材料通常需要分散在多孔基底中来进行工作，而由于 MOF 本身具有丰富且可调控的孔道，它可以被直接使用。此外，较大的比表面积可以增加其与气体分子的接触概率，提高检测效率。例如，与均二苯乙烯复合的 MOF 可以利用框架的柔性与 CO_2 发生"呼吸作用"，从而产生荧光变化[93]。具有 OMS 的 MOF 可以与 NH_3 发生配位，发生荧光猝灭，能够对氨气进行检测[94]。由于化工、医药和生命科学等领域对氧气检测的迫切需求，氧气传感近年来备受关注。首个将 MOF 应用于氧气传感领域的例子是在 2009 年报道的，Lin 等将 2, 2′-联吡啶铱结构基元引入 MOF 当中，在 1 bar O_2 下磷光猝灭效率为 60%。随后该领域有了长足的发展。2014 年，Zhang 等发现由 3, 5-二乙基-1, 2, 4-三氮唑与 Cu（Ⅰ）组装而成的 MAF-2 能够发射磷光且孔隙率达 30%，在 1 bar O_2 下的猝灭效率达到 99.7%，检测限为 47ppm（1ppm = 10^{-6}）[95]。此外，还可以使用比乙基更大或更小基团取代的三氮唑通过"固溶体"策略与乙基取代的三氮唑构筑 Cu（Ⅰ）的三氮唑固溶体，从而实现孔隙率在 0%~50% 之间调控[96]。其中孔隙率最大的 MOF 的 K_{SV}（系统荧光被猝灭效率总系数，是衡量材料氧气传感灵敏度最重要参数[97]）高达 14 8000bar^{-1}，检测限可达 68ppb（1ppb = 10^{-9}）（图 2-22）。

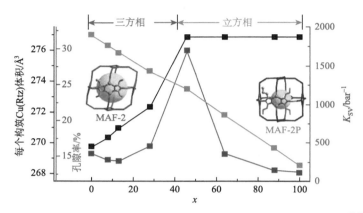

图 2-22　混配 MAF-2 的晶体体积、孔隙率和氧气传感灵敏度关系[96]

2. 温度传感

除特定分子的化学传感外，一些 LnMOF 也具有温度传感功能。含混合金属离子的 LnMOF 被广泛应用于温度计的设计中，通过对金属离子比例的调控，可以有效探测目标范围内的温度变化。温度的变化可能会干涉混合镧系金属离子之间的能量转换，导致光致发光性质的变化。例如，Chen 等合成的[Eu$_{0.0069}$Tb$_{0.9931}$DMBDC] MOF 温度计可在 10~300K 之间对温度作出瞬时响应（图 2-23）[98]。Bouwman 等发现掺杂铕离子的 MOF [Tb$_{0.95}$Eu$_{0.05}$HL10]在低温温度范围（4~50K）时具有很高的灵敏度，在 4 K 时灵敏度可达 31%[99]。

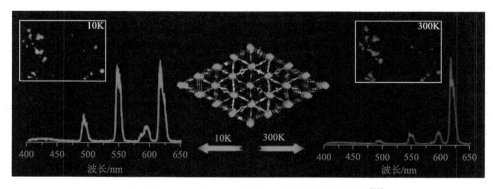

图 2-23　[Eu$_{0.0069}$Tb$_{0.9931}$DMBDC]的温度传感范围[98]

2.4.4　导电性

MOF 导体可以分为两类。一类是电子导体，类似于金属导体。这类导体的电流载体是自由电子，在电场作用下电子流动的反方向是电流的方向；另一类是离子导体，电流载体为离子，阳离子向负极移动，阴离子向正极迁移。

1. 电子导电

MOF 本质上是由有机配体与金属离子/金属簇间的配位键合形成的多孔固体。而由于大多数 MOF 中配位键/离子键较大的禁带宽度和受限的金属离子化合价及电子态，以及高孔隙率所导致的框架中分子间疏松排布，高电子导电性在 MOF 中较罕见。尽管这一研究领域才刚刚起步，但在导电 MOF 的设计、合成和表征方面已经取得了许多进展，这为今后在电催化、能量存储和化学传感等多种方面应用奠定了基础[100]。

由于 MOF 由分子模块组成，Dincă 等认为导电 MOF 可以被看作多孔分子导体[101]。在 MOF 中实现高电导率的方法一般也来源于这些相对发展更成熟的领域。其中两个关键的策略是通过化学键和空间的相互作用来实现能量转移。前者侧重于改善金属离子与配体之间的键合，以及延长有机配体中的 π 共轭体系，来实现电荷离域。后者则侧重于共价有机基元之间的相互作用，特别是 π-π 堆积作用，从而引入连续的电荷传输通道[101]。

具有连续次级构筑单元（second building unit，SBU）结构的 MOF 通常具有匹配性较好的能级和轨道重叠的金属及配体基团，可以获得较小的带隙和较高的电荷流动性。在羧酸类的 MOF 中，一般具有一维链状 SBU $\left(\!-\text{M}\!-\!\text{O/S}\!-\!\right)_{\infty}$ 的 MOF 的导电性较好。例如，具有一维 $\left(\!-\text{M}\!-\!\text{O}\!-\!\right)_{\infty}$ 链的 M-MOF-74（$[\text{M}_2^{\text{II}}(\text{dobdc})\text{DMF}_2]$，M = Mg、Mn、Fe、Co、Ni、Cu 和 Zn，dobdc^2 = 2, 5-dioxidobenzene-1, 4-dicarboxylate）系列 MOF 都能表现出一定的导电性[102, 103]。其中，脱客体后的 Fe-MOF-74（$[\text{Fe}_2(\text{dobdc})]$）的电导率最高，为 $3.2 \times 10^7 \text{S/cm}$，比 Mn-MOF-74（$[\text{Mn}_2(\text{dobdc})]$）高 6 个数量级。与 Fe-MOF-74 同构的 $[\text{Fe}_2(\text{dsbdc})]$（$\text{dsbdc}^2$ = 2, 5-disulfidobenzene-1, 4-dicarboxylate），由于具有一维 $\left(\!-\text{M}\!-\!\text{S}\!-\!\right)_{\infty}$ 链，电导率达 $3.9 \times 10^6 \text{S/cm}$，比 Fe-MOF-74 高一个数量级（图 2-24）。

在有机氮唑类配体与金属离子组装成的 MOF 中，由于氮唑类配体一般具有强 σ 电子赋予能力和 π 电子接受能力，这类 MOF 通常能够表现出明显的电感耦合作用[104]，且其较短的桥连距离和较强配位能力对导电都是有利的。其中具有 $\left(\!-\text{Fe}\!-\!\text{N}\!-\!\text{N}\!-\!\right)_{\infty}$ 链的铁氮唑 MOF 的导电性尤为突出。例如，$[\text{Fe}(1, 2, 3\text{-triazolate})_2]$ 是具有 $\left(\!-\text{Fe}^{\text{II}}\!-\!\text{N}\!-\!\text{N}\!-\!\right)_{\infty}$ 链的三维钻石网络结构[105]，电导率可达 $7.7 \times 10^5 \text{S/cm}$。使用 I_2 蒸气熏蒸后的 $[\text{Fe}(1, 2, 3\text{-triazolate})_2]$ 中部分 Fe^{2+} 被氧化成 Fe^{3+}，增强了不同价态

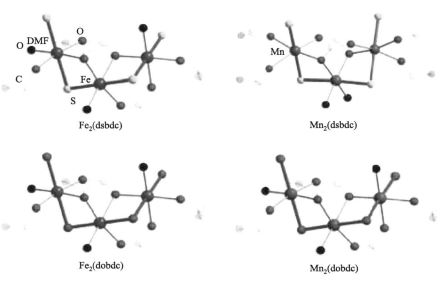

图 2-24　[M$_2$(dsbdc)]和[M$_2$(dobdc)]（M = Fe^{2+}或 Mn^{2+}）中金属离子的配位构型[103]

金属离子间的电子转移，电导率大幅提升至 $1×10^3$S/cm。而通过四氟硼酸噻蒽盐氧化得到的[Fe(1, 2, 3-triazolate)$_2$(BF$_4$)$_{0.33}$]电导率则可高达 0.3（1）S/cm（图 2-25）。穆斯堡尔谱分析表明，其优异的导电性来源于八面体低自旋 Fe^{2+}和 Fe^{3+}中心之间的高电荷离域化程度[106]。

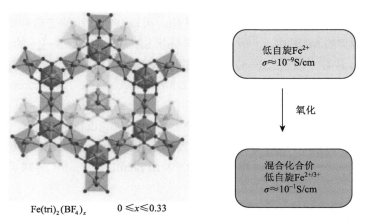

图 2-25　[Fe(1, 2, 3-triazolate)$_2$]合成后氧化提高电导率[106]

　　自身具有良好氧化还原性质的有机配体也可以成为 MOF 导电性的来源。常见的有二羟基苯醌（H$_2$dhbq）和氯代二羟基苯醌（H$_2$Cl$_2$dhbq）。例如，以二甲胺阳离子为抗衡离子，Cl$_2$dhbq^{2-}与 Fe^{2+}组装成的(Me$_2$NH$_2$)$_2$[Fe$_2$(Cl$_2$dhbq)$_3$]中[107]，易

被氧化的 Fe^{2+} 中电子会转移到配体中，导致三分之二的配体转化成自由基态的 Cl_2dhbq^{3-}（图 2-26）。在配体存在混合化合价的状态下，$(Me_2NH_2)_2[Fe_2(Cl_2dhbq)_3]$ 的电导率可达 $1.4(7)\times10^2 S/cm$。

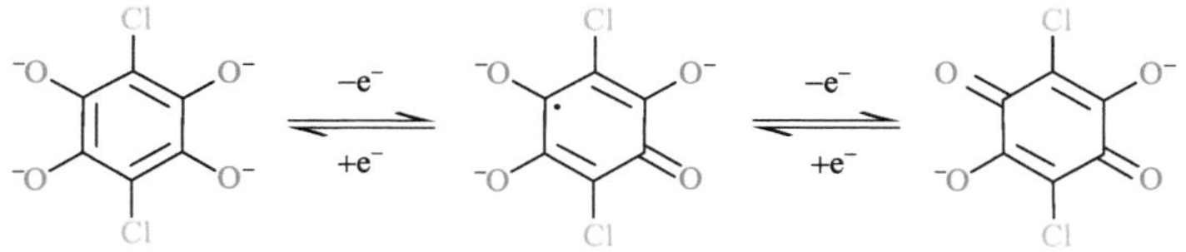

图 2-26　$(Me_2NH_2)_2[Fe_2(Cl_2dhbq)_3]$ 中 Cl_2dhbq^{2-} 的氧化还原变化[107]

通过空间相互作用来实现电子传递一般需要具有二维层的 MOF。理论上，层间的 π-π 堆积作用对这类 MOF 的导电性是有贡献的。但由于二维层本身也具有导电性，因此其对电导率的贡献大小仍然有待探究。Dincă 等的研究对这个问题提供了一定的参考。他们使用一系列的镧系金属离子（La^{III}、Nd^{III}、Ho^{III}、Yb^{III}）与六羟基三亚苯配体（H_6HHTP）组装成了系列同构的 $LnMOF$[108]。结构中的金属离子和配体不在同一平面，但层间有极其密切的 π-π 相互作用（3.0～3.1Å），且 π-π 堆积的距离与金属离子的半径直接相关（图 2-27）。尽管结构中的层内缺乏共轭效应，但其电导率最高能达到 0.05S/cm（HoHHTP）。而电导率会随配体间距的增大而减小，如由尺寸较大的 La^{3+} 组装成的 LaHHTP 的电导率只有 $1\times10^3 S/cm$。

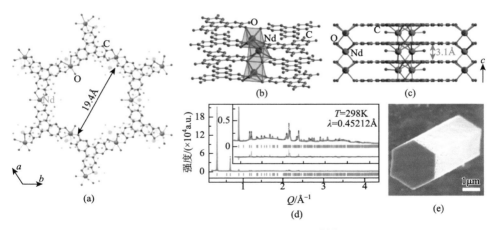

图 2-27　NdHHTP 的晶体结构[108]

2. 离子导电

固态离子导体广泛应用于固态电池、燃料电池以及电致变色器件等领域，而这些领域发展的关键是寻找高效的固态离子导体。有效的离子传导需要电荷在材料中能够迅速移动，这要求离子通道的能垒尽可能小且亲和位点均一。由于具有规整的孔道结构和孔表面超分子环境以及出色的孔道可修饰性，MOF 离子导体近来备受关注，尤其是其质子导电性[109]。

质子交换膜燃料电池（PEMFC）之所以能够发电，是因为氢和氧的反应所产生的电子必须经过一个外部电路，而其中膜电解质只传输质子。膜材料的选择至关重要，目前商业化的多为离子型聚合物，例如，杜邦公司开发的全氟磺酸树脂（Nafion）的质子导电性可达 1S/cm。但这些材料通常需要保持水化才能工作，这就限制了它们的工作温度和效率。而 MOF 的多样性为解决这些挑战提供了可能[110]。例如，由于稀土配合物中的配位水分子通常需要在较高温度下才能脱除，Liu 等合成的 LnMOF [Eu$_2$(CO$_3$)(C$_2$O$_4$)$_2$(H$_2$O)$_2$]·4H$_2$O 在 160℃时才会失去配位水[111]。在温度高达 150℃时，虽然[Eu$_2$(CO$_3$)(C$_2$O$_4$)$_2$(H$_2$O)$_2$]·4H$_2$O 中的晶格水已经完全脱除转变为[Eu$_2$(CO$_3$)(C$_2$O$_4$)$_2$(H$_2$O)$_2$]，但配位水仍能保持且维持了原有的氢键链，质子电导率可达 2.08×10^{3}S/cm（图 2-28）。此外，还能通过增加 MOF 孔道中质子酸性位点来提高质子载流子浓度从而实现在无水条件下的质子导电。例如，将高沸点且具有类似水分子质子传导行为的咪唑分子载入具有一维孔道（7.7Å×7.7Å）的[Al(OH)(ndc)]组装成 MOF 复合物，可实现在 120℃下进行质子传导[112]，电导率从室温的 5.5×10^{-8}S/cm 提升至 120℃时的 1×10^{-5}S/cm。如果将客体分子换成具有更多质子给体/受体位点的组胺分子[113]，[Al(OH)(ndc)]在 150℃时电导率可达1.7×10^{-3}S/cm。

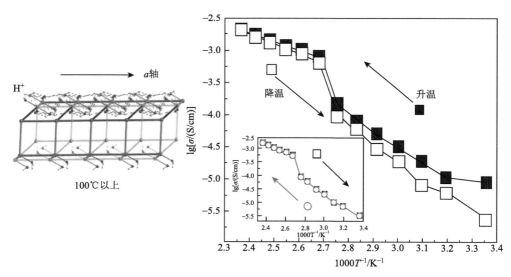

图 2-28　[Eu$_2$(CO$_3$)(C$_2$O$_4$)$_2$(H$_2$O)$_2$]沿 *a* 轴方向的氢键链及质子电导率[111]

其他离子导体的研究开发也同样重要，如电池隔膜材料锂离子导体的电导率和寿命是获取高性能锂电池的重要因素[114]。目前除质子外的其他 MOF 离子导体的相关报道较少，但仍有一些实例。Long 等使用[Mg$_2$(dobdc)](Mg-MOF-74)作为载体，通过溶液[1mol/L LiBF$_4$ 的碳酸乙二酯(EC)和碳酸二乙酯(EDC)混合溶液]浸泡，获得的 MOF 复合物[Mg$_2$(dobdc)]·0.05LiBF$_4$·xEC/DEC 在室温下的电导率可达 1.8×10^{-6}S/cm。为进一步提升 MOF 中 Li$^+$的浓度，他们先将[Mg$_2$(dobdc)]中的 OMS 通过配位修饰上 LiO^{i}Pr，再经过上述溶液浸泡（图 2-29），可将电导率提升至室温下的 3.1×10^{-4}S/cm[115]。沿用类似的复合策略，他们还使用与 Mg-MOF-74 同网络但孔径更大的[Mg$_2$(dobpdc)]作为载体来制备镁离子导体，合成得到的 MOF 复合物在室温下的电导率可达 2.5×10^{-4}S/cm[116]。

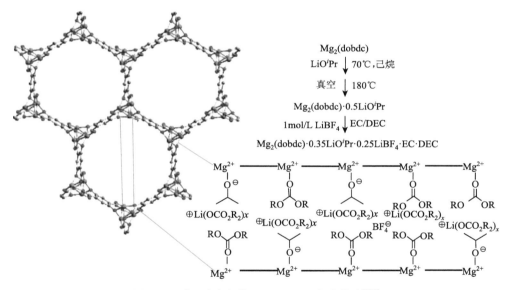

图 2-29　高 Li$^+$浓度的[Mg$_2$(dobdc)]合成策略[115]

2.4.5　磁性

在分子磁性领域，配位聚合物被广泛用于制备具有协同性能的磁性材料。结构多样的分子磁体能够在实现媲美无机磁体磁性的同时，兼具如力、光和电学等性能。这在传统固态磁体中通常是较难实现的。磁性 MOF 可调的孔道性质和构筑单元使其可以集成更多功能。MOF 的磁性通常来自磁性框架本身或孔道中有序排列的磁性客体分子[117, 118]。

近年来，通过气体吸附等化学刺激来影响 MOF 磁性能已经得到广泛的发展。由于结构变化（如柔性变化）对主-客体相互作用十分敏感，多孔磁体中客体分子的吸附/解吸可以用来调控磁性。这些结构变化可能涉及配体变化或金属离子配位。例如，2008 年报道的第一例具有气体响应功能的磁性 MOF[Cu(F-pymo)₂]·nH₂O] 在 24K（奈尔温度，T_N）以下时表现出倾斜反铁磁性，活化移除孔道中的水分子后 T_N 会降至 22K。当活化后的 MOF 再吸附 CO₂ 时，由于 CO₂ 与配体的强相互作用，柔性框架会发生倾斜，使得 T_N 上升至 29K（图 2-30）[119]。能够通过金属离子配位调控磁性的 MOF 常具有 OMS，配位作用的强弱会导致不同的磁性变化。例如，Fe-MOF-74 中一维 $\left(\!-\!Fe\!-\!O\!-\!\right)_\infty$ 链上的 Fe²⁺ OMS 在与不同碳氢化合物配位时会产生不同的磁性变化。配位较弱的烷烃分子（甲烷、乙烷和丙烷）会降低磁交换强度，而那些配位更强的烯烃分子（丙烯、乙烯等）会导致铁磁到反铁磁的变化[78]。

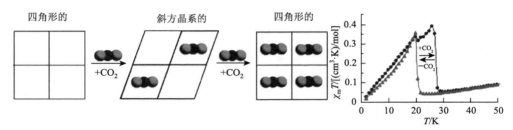

图 2-30 CO₂ 客体对[Cu(F-pymo)₂]结构影响示意图及对磁性行为的影响[119]

自旋交叉（spin-crossover，SCO）是指过渡金属离子的电子构型受到外界刺激时（温度、压力、光照射、磁场、电场和客体吸附等）在高自旋（HS）和低自旋（LS）状态之间进行切换而产生磁性、颜色和结构变化的现象。利用气体吸附可以改变自旋交叉 MOF 的转变温度。例如，{Fe(pz)[Pt^{II}(CN)₄]}·SO₂ 中被吸附的 SO₂ 分子通过硫原子与 Pt²⁺ 中心协同作用可以稳定 Fe²⁺ 的低自旋态，使自旋转变温度升高 8K（图 2-31）[120]。此外，使用卤素气体可以将 {Fe(pz)[Pt^{II}(CN)₄]} 中的

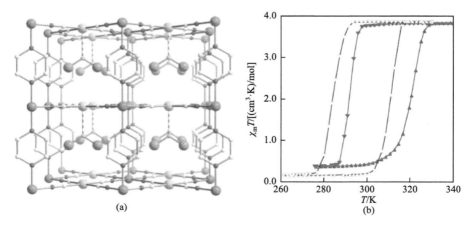

图 2-31 {Fe(pz)[Pt^{II}(CN)₄]}·SO₂ 的结构框架（a）和吸附 SO₂ 前（黑）后（红）磁性变化（b）[120]

Pt^{2+} 氧化成 Pt^{4+}，生成 $\{Fe(pz)[Pt(CN)_4(X)_n]\}$ [X = Cl^-（$n = 1$），Br^-（$n = 1$），I^-（$0 < n < 1$）]。卤离子较大的电负性会影响 Pt^{4+} 与氮原子的配位，使得自旋转变温度降低[121]。通过引入不同比例的 I^- 控制氧化程度实现自旋转变温度在 300～400K 范围内的精确调控[122]。

MOF 的周期性孔道可以在结构上控制多功能客体的排布。将磁性分子（如自旋交叉配合物和单分子磁体）作为客体引入 MOF 孔道可以按需合成多功能磁体。例如，通过离子交换，在具有介孔（直径约 2.2nm）的 $Na_4\{Mn_4[Cu_2(Me_3pba)_2]_3\}\cdot60H_2O$ 中装入自旋交叉配合物 $[Fe^{III}(sal_2\text{-}trien)]^+$，会增强 MOF 反铁磁相互作用，导致磁转变温度从 14K 升至 19K[123]。使用抗磁性的 MOF 来容纳磁性分子可以获得相互孤立的磁纳米结构。例如，将 Mn_{12} 单分子磁体有序排布在抗磁性的介孔 MOF[Al(OH)(SDC)] 中，可以保持其原有的磁性行为且能有效增强热稳定性能（图 2-32）[124]。

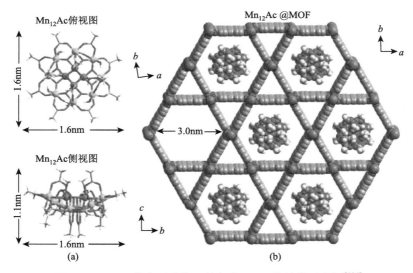

图 2-32　Mn_{12} 单分子磁体及其复合 MOF 的结构示意图[124]

2.5　表征

2.5.1　X 射线测试

众所周知，物质的结构决定物理化学性质以及性能，物理化学性质和性能也反映了物质的结构。因此充分理解和认识物质的结构，是促进其进一步研究和应用的基础。X 射线衍射（X-ray diffraction，XRD）常用于材料晶体结构的研究和分析，包括粉末 X 射线衍射（powder X-ray diffraction，PXRD）以及单晶 X 射线衍射（single-crystal X-ray diffraction，SCXRD）。PXRD 指的是采用单色 X 射线照射粉末或多晶样品，通过记录测试过程中角度变化信息，利用布拉格方程得到样品的晶面间距大小。PXRD 是材料研究中一种基础的表征手段，常被用来检测已知结构的粉末样品纯度，其测试和分析较为简便，在 MOF 晶体结构分析中起到重要作用[125-127]。为获得 2D 超薄碳材料，Xu 等对 MOF-74-Zn 的微观结构进行了调控，获得了一维棒状的 MOF-74。PXRD 测试表明，普通结构与一维结构的材料均具有与模拟相一致的结果，微观形貌的调控并未改变材料的晶体结构[图 2-33（a）～（b）][128]。

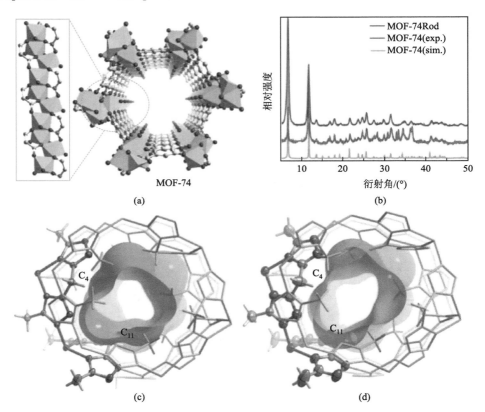

图 2-33　（a）MOF-74-Zn 的晶体结构示意图；（b）PXRD 测试结果[130]；MOF 单晶的晶体结构和孔道信息：（c）MAF-23；（d）MAF-23-O[129]

　　SCXRD 指的是利用高强度 X 射线照射单晶样品，结合理论计算以及模型等，获得样品准确的晶体结构信息。单晶衍射实验所用的 X 射线，通常是在真空 10^4Pa 的 X 射线管内，由高压（30～60kV）加速的电子冲击阳极金属靶面时产生的。金属靶为高纯金属，如钼或者铜，所产生的 X 射线也被相应地称为钼的 X 射线与铜的 X 射线。对于具有晶态结构的 MOF 而言，SCXRD 可以帮助我们精准地了解框架结构，甚至是主-客体结构。利用 SCXRD 等表征手段，Zhang 等进行了 MAF-23 对烃类有机物的选择性吸附特征的研究与改善，如图 2-33（b）和（c）所示[129]。MAF-23 虽然具有超常的 C_4 烃类吸附选择性，但对 C_2/C_3 烃类的选择性则较差，这是因为缺乏合适的结合位点而且框架柔性过大。研究者采用选择性氧化的方法制备了 MAF-23-O，通过 SCXRD 分析可以观察到 MOF 中只有一半配体被氧气氧化。虽然最小独立单元中的两个有机配体化学同性，但在晶体学上是不同性的。仔细分析结构可以发现，只有弯曲伸向孔道的亚甲基被氧化，而另一个亚甲基被甲基包围而无法与氧气接触。因为亚甲基和羰基具有相似的尺寸大小，因此在氧化前后，结构单元的体积、孔隙比和孔道尺寸与形状没有发生明显改变。在混合气体突破实验中，氧化后 MOF 的 C_3H_6/C_3H_8 选择性高达 15，明显高于原合成 MOF（1.5）。除框架晶体结构外，他们还获得了吸附丙烯/丙烷的主-客体单晶结构，并通过氢键作用解释了氧化后 MOF 对客体的吸附热力学。需要指出的是，获得主-客体单晶结构，尤其是当客体是气体时，通常需要一系列的复杂操作，包括真空、加热和吸附等，并不是所有 MOF 都在这些操作中能够保持单晶性，因此主-客体单晶结构的报道是比较少的。

　　X 射线光电子能谱是目前应用最为广泛的表面分析方法之一，主要用于成分和化学态分析。X 射线光电子发射分为三步：利用单色 X 射线照射样品表面，具有一定能量的入射光子与样品原子发生相互作用，随后光致电离产生了光电子，这些光电子从产生之处运输到样品表面并克服逸出功而发射。由于内层电子既受到原子核的库仑作用又受到外层电子屏蔽作用，元素的价态或周围元素的电负性会发生改变，从而导致内层电子的结合能改变。X 射线光电子能谱（XPS）是一种基于光电效应的电子能谱，它是利用 X 射线光子激发出物质表面原子的内层电子，通过对这些电子进行能量分析而获得的一种能谱。在 MOF 研究中，XPS 常用来研究晶体表面元素的相对含量、价态以及化学结合状态等信息[131]。例如，在 Xu 等的工作中，他们合成出一种单晶结构胶囊状的 MOF，命名为 FeNi-MIL-88B，并利用其作为前驱体衍生获得磷化物[132]。在该工作中，通过 XPS 检测获得衍生物中的 N 原子存在着吡咯 N、吡啶 N、石墨化 N 等不同形式，同时也证实了 Fe—P 与 Ni—P 化学键的存在，证明实现了对衍生物的磷化。XPS 在分析 MOF 以及其衍生物中元素的存在状态时经常被使用，起到了重要作用。

　　20 世纪 70 年代才建立了对于 X 射线吸收精细结构（XAFS）的本质的正确认识，形成了理论公式及结构参数的解析方法。高强度同步辐射光源的发展使 XAFS 方法发展成为一种实用的分析物质几何结构和电子排布的有效手段。XAFS 方法可以提供配位距离、配位数、近邻原子种类等吸收原子的近邻几何结构信息以及吸收原子的氧化态及配位化学等信息。由于该方法对样品的形态要求不高且应用广泛而备受重视，近几年来，在生物、环境、催化、材料、物理、化学、地学等学科领域发展迅速[133]。XAFS 可以分为 X 射线吸收近边结构（XANES）以及扩展长 X 射线吸收精细结构（EXAFS）。XANES 可以提供重要的信息，包含吸收原子的价态与结构信息。EXAFS 则可以反映出吸收原子周围的结合状态，如与其成键的原子种类和数目及其与目标原子的距离等信息。到目前为止，XAFS 已经成为一种用来表征 MOF 材料本征结构以及其负载的异原子的有效方法。

Lin 等报道了通过化学键合方式将金属催化剂固定到 UiO-68 金属节点的方法，获得 UiO-CoCl 和 UiO-FeBr 作为有机合成中的高效催化剂。为了表征金属原子在 MOF 节点的负载情况，进行了 X 射线吸收谱测试，如图 2-34（a）和（b）所示。结果表明 UiO-CoCl 和 UiO-FeBr 中金属的氧化价态为 +2。通过 EXAFS 表征与拟合证实，由于 MOF 具有严格的晶体结构，没有实现 Co 与 MOF 周围原子的化学键合，却意外发现 Co 与周围三个氧原子成键形成金属活性位点。在另一个工作中，Li 等报道了一种将 Ni 原子精确均匀结合在 Zr-MOF 节点上的方法，并且获得

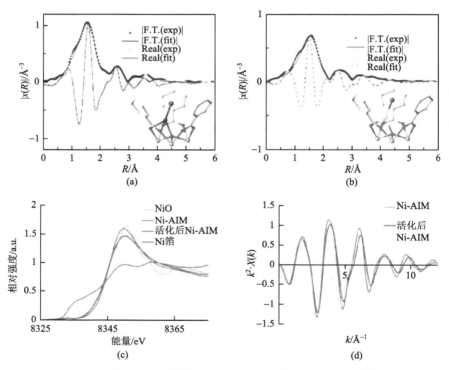

图 2-34 （a）UiO-CoCl 的 EXAFS 谱图；（b）UiO-FeBr 的 EXAFS 谱图[134]；（c）Ni-AIM 样品活化前后的 XANES 测试谱图，Ni 以及 NiO 作为对照；（d）Ni-AIM 样品在活化前后 EXAFS 谱图[133]

的材料耐烧结，可作为高活性催化剂[133]。原位 X 射线吸收实验被用来检测在 H_2 活化前后 Ni-AIM 材料的电子以及结构状态。X 射线近边吸收谱表明，Ni 在 H_2 活化前后均保持 + 2 价，如图 2-34（c）和（d）所示。峰强度的细微变化对应着活化后 1s-4p 电子的转移。总体来说，大多数的 Ni 在活化之后保持了原有的结构对称性。从 X 射线精细谱可以看出在活化后峰的强度发生变化，位置也有轻微的移动，说明 Ni 壳层的配位数从 5.4 ± 0.6 变成了 5.0 ± 0.5。XANES 和 EXAFS 结果表明，Ni 在 H_2 活化前后发生了变化，有部分氢化物生成。EXAFS 结果表明，在反应过程中，材料存在着中间状态，而不是稳定的初始态。

2.5.2　吸脱附测试

氮气吸脱附等温线是分析材料多孔性和比表面积常用的方法，利用了气体在固体表面可逆吸附的原理。在吸附质的饱和蒸气压下，被测样品颗粒对气体分子具有可逆物理吸附作用，并对应一定条件下的热力学平衡或饱和吸附量。利用理论模型对测试所得到的平衡吸附量进行分析，可以得到样品的比表面积及孔道信息。由于 MOF 是一种多孔材料，其金属节点和配体之间的连接构成了丰富的孔道，并具有较高的比表面积。材料的孔道以及比表面积等信息对于化学活性有很大影响，在 MOF 孔道结构分析中，吸脱附测试是一种有效手段[135]。例如，为构筑有序大孔结构的 MOF 材料，Li 等报道了利用聚苯乙烯（PS）球作为模板制备 ZIF-8 单晶的方法，并采用多种测试手段对其结构进行了解析[136]。其中，氮气吸脱附测试表明，单晶三维有序结构 ZIF-8[SOM-ZIF-8（3，0.5）]和普通 ZIF-8（C-ZIF-8）都具有 I 型等温线，在低压区具有非常高的 N_2 吸附量，说明材料中存在大量的微孔，对应的孔径分布曲线如 2-35（a）内图所示。并且，基于测试结果，利用 BET（由 Brunauer、Emmett 和 Teller 提出）方法进行分析，得出 SOM-ZIF-8（3，0.5）的比表面积以及孔体积分别为 $1540 m^2/g$ 以及 $0.59 cm^3/g$，相对于 C-ZIF-8（比表面积 $1397 m^2/g$ 与孔体积 $0.55 cm^3/g$）显著提升。三维有序大孔体系的形成没有改变 MOF 材料原本具有的微孔结构，并且在材料结构中构筑了足够的大孔空间。在该工作中所制备的三维有序大孔 ZIF-8 的孔道结构可以在透射电子显微镜（TEM）图像中观察到，如图 2-35（b）所示。利用气体吸脱附测试，分析了单晶有序大孔 ZIF-8 孔道与比表面积信息，基于 BET 理论进行计算，对于了解材料的结构特点以及结构与性能的关系提供了依据。

吸脱附测试在 MOF 研究中应用相当广泛，除了氮气作为吸附质而进行的物理吸脱附分析，研究者还进行了基于 CO_2、CH_4 等气体进行的化学吸脱附测试[137, 138]。多孔材料气体扩散过程的设计具有挑战性，材料孔道设计是先决条件，而客体分子的孔道由材料的柔性和动力学特性决定[139]。Kitagawa 等提出了一种基于 MOF 材料实现扩散-调节过程的气体吸附与储存方法。在其设计的框架结构内，触发器

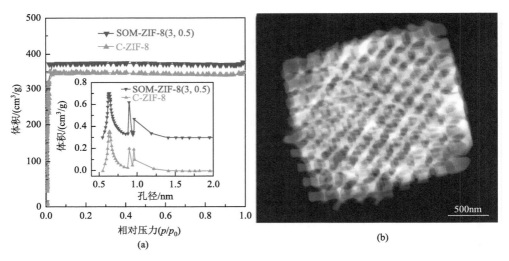

图 2-35 （a）SOM-ZIF-8 样品的 BET 测试结果，内图为孔径分布曲线；（b）SOM-ZIF-8 样品的 TEM 图像[136]

分子运动提供了动力学可控功能，可实现有效的气体吸附和存储。为了表征 MOF 对于不同气体的吸附能力，研究者测试了其对 H_2、O_2、Ar、N_2、CO、CH_4、C_2H_4，以及 C_2H_6 的吸脱附水平。并且，进一步测试结果表明，随着温度升高，其吸附气体的能力增强。对于这种结构柔性较大的 MOF 材料而言，在加热过程中，材料内部的笼子会发生变化而扩张，高温下有助于气体进入笼子内部，促进吸附；在低温条件下可以有效阻止气体从笼子中逸出，实现存储。通过气体吸附测试等表征手段，证明了具有纳米孔道的柔性晶体吸附分子和储存气体的机制。

2.5.3　光谱测试

　　红外光谱技术已经非常成熟并且应用广泛，具有测定方法简便、迅速、所需试样量少、得到的信息量大的优点，可以鉴定有机物的官能团以及推断分子结构。红外光区可以分为近红外、中红外和远红外区域，其中远红外区的振动主要是分子的骨架弯曲振动及无机物重原子之间的振动，以及金属有机物、金属络合物的伸缩和变角振动等引起，可用于金属有机骨架化合物结构分析。对 MOF 而言，当客体分子被吸附到金属中心位点时，将会展现出不同的振动频率和强度，因此红外光谱能够用来精确分析结晶材料以及无定形材料中的单金属活性位点。基于此，红外光谱可以通过监测气体分子（如 CO、CO_2、NO、H_2 等）在金属位点的吸附行为引起的振动变化，为结构解析提供可靠的信息。此外，借助红外光谱技术还可以帮助解析 MOF 中构筑单元的结构细节。2018 年，Chen 等利用 MOF 作为催化剂实现光催化 CO_2 还原过程，结合红外光谱及其他表征结果，提出配体给出质子参与还原过程的机理[140]。在该过程中，研究者利用红外光谱以及同位素示踪方法，进行了系列光催化对比试验（图 2-36）。为证明—OH 质子参与了光催化 CO_2 还原的过程，具有—OD 配体的 MAF-X27-OD 被合成。进行光催化反应之后，通过红外光谱表征—OD 中 D/H 交换来观察质子在反应时的踪迹。位于 2671cm^{-1} 处的峰对应着 MAF-X27-OD 中—OD 的红外伸缩振动。通过对比可以发现仅仅在一定时间光催化 CO_2 还原反应后，该峰出现明显的变化甚至消失。然而在无光照或无 CO_2 反应物条件下，—OD 的红外振动峰则会稳定存在。红外实验结果证明，在光催化过程中，—OH 配体给出的质子直接参与了光催化反应。在上述实验中，红外光谱作为直接有效的手段，为光催化 CO_2 还原过程提供了证据。

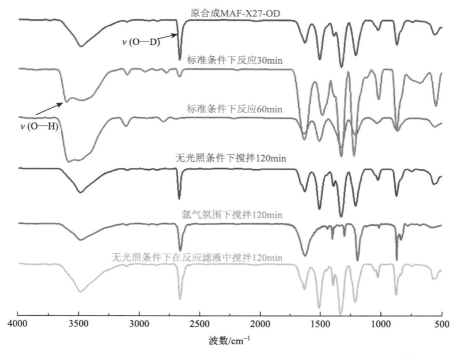

图 2-36　MAF-X27-OD 在不同条件下光催化 CO_2 还原红外测试结果[140]

当光照射到分子并与分子中的电子云及分子键发生相互作用时，就会发生拉曼效应。拉曼光谱可以用来检测和研究材料中的晶格模式以及振动方式等，由于化学键以及对称分子都有其特殊振动的光谱信息，以此提供作为分子鉴别时的重要特征。拉曼效应包含表面增强拉曼效应、针尖增强拉曼效应、偏极拉曼光谱等多种。在 MOF 研究中，为了确定 MOF 材料复杂的结构以及金属与配体之间的连接方式，拉曼光谱是一种常用的表征手段，且可与红外光谱相互补充，将材料更多的结构信息反映出来。早在 2004 年，Bordiga 等利用拉曼光谱对 MOF-5 的电子和振动特性进行了研究[141]。如图 2-37 中拉曼光谱曲线展示了对苯二甲酸、对苯二甲酸二钠盐以及 MOF-5 的测试结果。对苯二甲酸（曲线 1）具有位于 1650cm^{-1}以及位于 1285cm^{-1} 的峰，分别对应着 C＝O 以及 C—O 键的振动。另外，位于 1614cm^{-1}、1445cm^{-1}、1176cm^{-1} 以及 1120cm^{-1} 位置的峰是由苯环上的 C—H 键在平面内的振动引起的，而位于 827cm^{-1}、798cm^{-1} 和 627cm^{-1} 的峰可归因于 C—H 键在苯环平面外其他方向的振动。曲线 2 是对苯二甲酸二钠盐的拉曼光谱曲线，相比较而言，在此曲线中检测到了羧基在苯环平面外的拉伸振动以及变形的 C—C 键振动。因此，拉曼光谱可以对材料中化学结合方式给出敏感准确的检测结果。曲线 3～5 是 MOF-5 在不同激发波长下的测试结果，其中，激发波长为 514nm 和 442nm 的测试曲线类似。然而在激发波长为 325nm 测试条件下，仅有位于 1155cm^{-1}和 578cm^{-1} 的峰被检测到。因此，拉曼测试可以表征分析 MOF 材料的结构、化学结合状态等信息，在测试过程中需要选择合适波长的激发光。

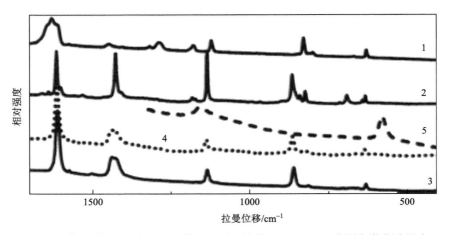

图 2-37　拉曼光谱：对苯二甲酸（1），对苯二甲酸二钠盐（2），MOF-5 分别在激发波长为 514nm、442nm 以及 325nm 条件下[（3）～（5）]的拉曼光谱[141]

2.5.4　电子显微镜表征

扫描电子显微镜（SEM）是利用细聚焦电子束在样品表面扫描时激发出来的各种物理信号（包括背散电子、二次电子、吸收电子、透射电子、特征 X 射线以及俄歇电子信号）来调制成像。近年来，对于 MOF 晶粒大小与形貌的调控是一个研究热点。MOF 的微观尺寸（微米级、纳米级等）与微观结构（规则多面体、空心结构、层次组装结构等）影响着其催化活性、电化学储能特性，以及药物靶向释放能力等，因此调控 MOF 的结构和形貌具有重要意义[142]。SEM 是直观观察样品微观形貌最为有效的方法之一，在 MOF 研究领域得到了广泛的应用。Xu 的课题组通过对 Zn-MOF-74 合成过程的调控，获得由一维纳米棒组装形成的微米级球状超结构，该结果在控制 MOF-74 结构方面是一个突破。如图 2-38 所示，球状Zn-MOF-74 由直径为 30～50nm 的纳米棒组装而成，并具有约 10nm 的直径[128]。另外，Yin 等利用外延生长的方法，合成出 UiO-66@UiO-66-NH$_2$ 的复合 MOF 结构，并经过退火处理获得多孔碳材料[142]。研究者通过 SEM 明确观察到样品呈现均匀的八面体，表面光滑，尺寸约为 470nm。SEM 作为一种常见的表征手段，在MOF 研究中起重要作用[65]。通过 SEM 观察，可以直接有效得到 MOF 的结构形貌以及成分信息，为其可控合成和制备奠定了基础。

图 2-38　（a）、（b）UiO-66@UiO-66-NH$_2$ 衍生获得的多孔碳的 SEM 图像[142]；（c）、（d）Zn-MOF-74 的 SEM 图像[128]

　　透射电子显微镜（TEM）是利用加速和聚集的电子束投射到非常薄的样品上，电子与样品中的原子碰撞而改变方向或透过样品，从而获取其结构信息的表征手段。TEM 可以直接观察到材料的分散程度、尺寸、表面特性以及晶体结构信息，是后续研究分析的基础，在 MOF 材料合成和研究领域起到十分重要的作用。Xu

等通过对 Co-MOF-74 合成过程精细准确控制,实现了超长单晶纳米管的可控合成制备,并利用 TEM 对其结构进行表征。如图 2-39(a)所示,从 TEM 图片中可清楚地观察到细长的 Co-MOF-74 纳米结构。经统计可知,样品的直径为 66.8nm 左右,长度可达 30μm。该超长纳米晶的形成与其晶格结构有着密切关系。在此,选取电子衍射用来分析样品的晶体结构信息。图 2-39(b)是样品沿<110>晶向的单晶衍射斑点,纳米管的长轴与晶面($00\bar{3}$)平行,并沿着[001]晶带轴。此外高分辨透射电子显微镜(HR-TEM)可直接观察样品的晶面间距信息,结合其他表征手段可知间距为 1.3nm 和 0.73nm 的晶面分别对应着{110}和{$\bar{3}$30}晶面,如图 2-39(c)~(d)所示。该晶面族与超长 MOF-74 纳米管的轴向平行,说明单晶沿[001]方向生长。通过 TEM 测试分析,研究者不仅获得了样品准确的结构信息,也对 MOF 晶体生长机理进行了分析。

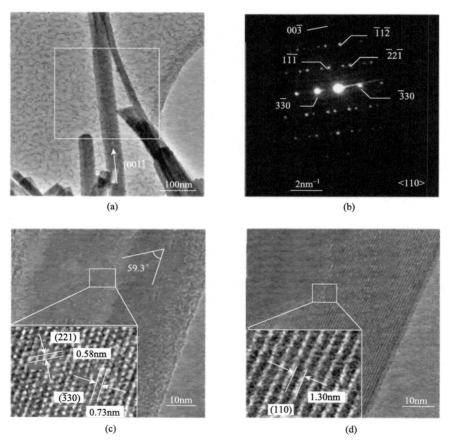

图 2-39 Co-MOF-74 的 TEM 图像(a)、单晶衍射花样(b)、HR-TEM 图像[(c)~(d)][143]

常规的 TEM 由于放大倍数有限，无法观测到更精细的晶体表面结构，近年来一些具有超高分辨率的电镜技术快速发展，为 MOF 表面性质的进一步观测提供了可能。例如，Han 的课题组采用高分辨率的 TEM 对含有氢氟酸、乙酸等不同添加剂条件下合成的 MIL-101（Cr）进行了观测[144]。利用 TEM 可以直接观察到，MIL-101 最表面的介孔笼子在真空 150℃加热条件下会被打开。不同添加剂条件下合成出的 MIL-101（Cr）样品具有一致的整体结构，但是表面结构具有明显不同。如图 2-40（a）～（c）所示<110>晶向的 HR-TEM 图像，没有添加剂的 MIL-101-NA 和氢氟酸作为添加剂的 MIL-101-HF 具有相似的{111}晶面，以几乎封闭的介孔笼子结尾。这两种样品的表面完整性为 80%，而乙酸添加剂合成的 MIL-101-Ac 样品表面完整性接近 100%。该结果表明酸性添加剂对调整 MOF 表面结构的重要性。进行 150℃真空加热之后，MIL-101-HF、MIL-101-NA 以及 MIL-101-Ac 三种样品表面笼子的完整性分别为 60%、80%以及 100%，说明 HF 作为添加剂时，表面的介孔笼子最容易被打开。

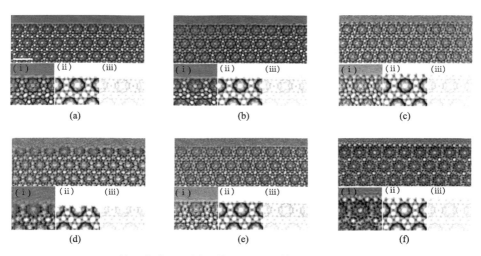

图 2-40　（a）～（c）CTF 修正的未处理样品的 HR-TEM 结果：（a）MIL-101-HF、（b）MIL-101-NA、（c）MIL-101-Ac；（d）～（f）CTF 修正的经 150℃真空干燥样品的 HR-TEM 测试结果：（d）MIL-101-HF、（e）MIL-101-NA、（f）MIL-101-Ac[144]

图像中，（ⅰ）为处理的测试图像，（ⅱ）为模拟结构势能图，（ⅲ）为预测结构模型

原子力显微镜（AFM）是利用微悬臂感受和放大悬臂上尖细探针与受测样品原子之间的作用力，来检测样品厚度与表面粗糙度、弹性、塑形、硬度、黏着力、摩擦力等信息的测试手段，具有原子级别的分辨率并可用于绝缘样品的分析。在 MOF 的结构研究中，尤其是具有 2D 超薄层结构的 MOF 的结构分析中，AFM 发挥了重要作用[21, 145]。例如，张等报道了一种利用表面活性剂自下而上合成 2D 超薄

MOF 的方法，获得了厚度在 10nm 以内的 Zn-TCPP[TCPP = tetrakis（4-carboxyphenyl）porphyrin]材料。对于 PVP 引导合成的 2D-MOF 进行测试，可以观察到其 TEM 图像呈现出薄片状，利用 AFM 进一步表明薄片的厚度为（7.6±2.6）nm，如图 2-41 所示[146]。基于 XRD 结果可以知道 Zn-TCPP 样品的晶面间距为 0.93nm，因此纳米片是由 8±3 层晶面堆叠而成的。除了测试样品的厚度之外，AFM 还可以进行表面粗糙度的检测，可对表面修饰或刻蚀处理之后的样品的表面状态与结构进行深入的分析。在 MOF 结构设计方面，为了充分利用活性位点增大接触面积，对于块体 MOF 进行剥离获得 2D 结构纳米材料是一种常用的策略。AFM 可以给出所获得材料准确的厚度信息，对 2D 材料的堆叠状态进行分析表征。

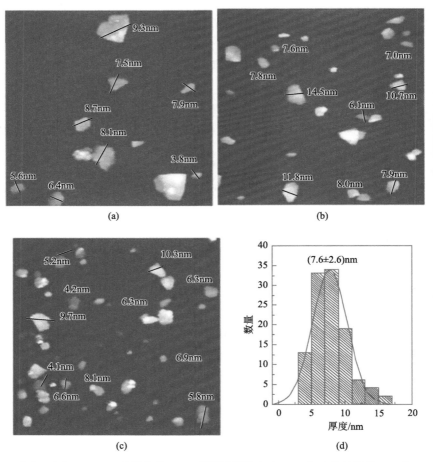

图 2-41　（a）～（c）Zn-TCPP 纳米片的 AFM 图像（标尺大小：2μm）；（d）对于约 110 片 Zn-TCPP 纳米片进行厚度分析[146]

2.5.5　其他表征

热重分析（thermogravimetric analysis，TGA）是一种利用程序来控制温度变化，同时测试样品质量与温度变化关系的热分析技术，通常用来研究材料的热稳定性和组分。热重分析仪通常由三部分组成，包括温度控制系统、监测系统和记录系统，能够检测并记录物质在加热过程中发生的质量变化，如蒸发、吸附、解吸以及分解等，可以进行准确的定量分析。TGA 测试也可以用在 MOF 材料相关研究中，分析 MOF 随温度升高而发生的结构转变信息。2018 年，Xu 等提出 quasi-MOF 的概念，是一种介于 MOF 与其碳化产物之间的一种中间状态，通过可控的热分解过程而获得，quasi-MOF 材料基本保持了 MOF 晶格结构[147]。在该工作中，通过 TGA 分析，获得了 Au/MIL-101 样品随温度变化的信息，确定了 quasi-MOF 的制备条件，有效提升催化性能。在热重分析过程中，研究者将温度分别控制在 373K、473K、573K、673K 以及 1073K，并保温 1h，获得在每个温度条件下的质量损失，分析在该条件下材料所发生的转变。结果表明，在 673K 条件下，MIL-101 开始发生结构破坏和分解，因此，将制备 quasi-MOF 的温度确定为 573K。通过制备 quasi-MOF 有效改善了 MOF 基体和金属纳米颗粒的接触，提升催化活性。在 quasi-MOF 制备过程中，温度控制至关重要。而热重分析可以准确分析材料在加热过程中随着温度的变化过程，为热解温度的确定提供可靠依据。

中子衍射（neutron diffraction）是研究物质结构的重要手段之一，与 X 射线衍射具有很多相似之处。特别地，中子衍射指德布罗意波长为约 1Å 的中子（热中子）通过晶态物质时发生的布拉格衍射。不同于 X 射线衍射，中子衍射对轻元素、邻近元素以及同位素具有很高分辨率，在研究有机分子方面具有明显优势。由于 MOF 中广泛存在主-客体弱作用，如氢键和 π-π 堆叠相互作用，因此相关应用在 MOF 研究中越来越常见。为了研究 C_2H_2、C_2H_4 和 C_2H_6 的结合位点，Schröder 等进行了原位同步 X 射线辐射以及中子衍射测试，并用氘代物基底用于中子衍射实验[148]。结果表明，在每种情况下存在两个独立键合位点（Ⅰ和Ⅱ），位于位置Ⅰ处的不饱和 C_2 烃类分子表现出与 HO—Al 官能团通过氢键而存在相互作用（芳香族 H 原子之间的超分子作用），以及苯环之间的 π-π 堆叠相互作用。位于位置Ⅱ处的 C_2 烃类分子处于孔道的中心位置，与位置Ⅰ存在分子间偶极作用。除了静态的晶体学分析，研究者还通过弹性中子衍射对 C_2H_2、C_2H_4 和 C_2H_6 与 NOTT-300 之间的结合进行了动力学分析。

材料表征技术的迅速发展支撑着材料科学与化学的进步，为社会更好地发展打下基础。近几年来，MOF 材料得到了广泛的关注，被应用在能源、催化、医学等众多领域。对于 MOF 更深入的认识和更广泛的应用还需要借助先进的表征手段。

2.6 小结

经过二十多年的快速发展，MOF 材料已成为当前配位化学科学中的一个研究热点，并吸引了诸多领域研究者们的高度关注与积极参与。通常，为了获取新型拓扑网络的 MOF 材料，会采用一些常规的方法，如静置法、扩散法和水（溶剂）热法等。但在合成过程中应考虑各种因素，如起始原料的浓度、溶剂、pH、反应温度和反应时间等。基于此，目前新兴的高通量方法可实现并行化、小型化和自动化，提供了理想的途径来系统地合成与研究 MOF。另外，考虑到一些功能基元会与 MOF 苛刻的合成条件不相容，我们可以通过合成后修饰法对已知的 MOF 进行化学功能化修饰，从而绕过传统方法的合成限制最终实现 MOF 目标功能化的目的。当然，后修饰法经常面临框架修饰不完全的问题，因此，还需要进一步了解该合成所运用的化学原理，以便更好地指导具有所需功能的 MOF 的合成。随着各种合成方法的发展以及对其深入的了解，有望和各种合成途径有效结合，从而实现具有各种新结构和有趣特性的稳定的 MOF 材料的合成。

另外，随着持续深入的研究，新型 MOF 结构的构筑以及性能的发掘似乎难以出现像 MOF 发展初期那样的局面。因此，其设计与合成也面临着诸多新的挑战以及机遇，主要有以下两点：

（1）能否通过理论计算结合实验结果，提升 MOF 功能性设计水平，合成出具有特定性能的精细结构，以便揭示结构和功能的内在关联。

（2）能否在重要工业应用价值，如高性能 MOF 发现、高效 MOF 的复合材料的合成以及器件化等方面实现进一步突破，达到工业化要求。

参 考 文 献

[1] Luo Y，Ahmad M，Schug A，et al. Rising up: hierarchical metal-organic frameworks in experiments and simulations[J]. Advanced Materials，2019，31（26）：1901744.

[2] Li H L，Eddaoudi M，O'Keeffe M，et al. Design and synthesis of an exceptionally stable and highly porous metal-organic framework[J]. Nature，1999，402（6759）：276-279.

[3] Serre C，Mellot-Draznieks C，Surblé S，et al. Role of solvent-host interactions that lead to very large swelling of hybrid frameworks[J]. Science，2007，315（5820）：1828-1831.

[4] Latroche M，Surblé S，Serre C，et al. Hydrogen storage in the giant-pore metal-organic frameworks MIL-100 and MIL-101[J]. Angewandte Chemie International Edition，2006，45（48）：8227-8231.

[5] Zhang J P，Zhou H L，Zhou D D，et al. Controlling flexibility of metal-organic frameworks[J]. National Science Review，2018，5（6）：907-919.

[6] Liu S Y，Zhang J P，Chen X M. Cu（Ⅰ）3, 5-diethyl-1, 2, 4-triazolate（MAF-2）: from crystal engineering to multifunctional materials[J]. Crystal Growth & Design，2017，17（4）：1441-1449.

[7] He C T，Liao P Q，Zhou D D，et al. Visualizing the distinctly different crystal-to-crystal structural dynamism and

sorption behavior of interpenetration-direction isomeric coordination networks[J]. Chemical Science，2014，5（12）：4755-4762.

[8]　Zhang J P，Huang X C，Chen X M. Supramolecular isomerism in coordination polymers[J]. Chemical Society Reviews，2009，38（8）：2385-2396.

[9]　LaMer V K，Dinegar R H. Theory，production and mechanism of formation of monodispersed hydrosols[J]. Journal of the American Chemical Society，1950，72（11）：4847-4854.

[10]　Xu H Q，Wang K C，Ding M L，et al. Seed-mediated synthesis of metal-organic frameworks[J]. Journal of the American Chemical Society，2016，138（16）：5316-5320.

[11]　Stock N，Biswas S. Synthesis of metal-organic frameworks（MOFs）：routes to various MOF topologies，morphologies，and composites[J]. Chemical Reviews，2012，112（2）：933-969.

[12]　Huang X C，Lin Y Y，Zhang J P，et al. Ligand-directed strategy for zeolite-type metal-organic frameworks：zinc（II）imidazolates with unusual zeolitic topologies[J]. Angewandte Chemie International Edition，2006，118（10）：1587-1589.

[13]　Wang Q J，Chen L Y，Liu Z，et al. Phosphate-mediated immobilization of high-performance AuPd nanoparticles for dehydrogenation of formic acid at room temperature[J]. Advanced Functional Materials，2019，29（39）：1903341.

[14]　Chui S S，Lo S M，Charmant J P，et al. A chemically functionalizable nanoporous material[J]. Science，1999，283（5405）：1148-1150.

[15]　Serre C，Millange F，Thouvenot C，et al. Very large breathing effect in the first nanoporous chromium（III）-based solids：MIL-53 or Cr（III）(OH)·[O_2C—C_6H_4—CO_2]·[HO_2C—C_6H_4—CO_2H]$_x$·H_2O_y[J]. Journal of the American Chemical Society，2002，124（45）：13519-13526.

[16]　Millward A R，Yaghi O M. Metal-organic frameworks with exceptionally high capacity for storage of carbon dioxide at room temperature[J]. Journal of the American Chemical Society，2005，127（51）：17998-17999.

[17]　Kandiah M，Nilsen M H，Usseglio S，et al. Synthesis and stability of tagged UiO-66 Zr-MOFs[J]. Chemistry of Materials，2010，22（24）：6632-6640.

[18]　Feng D W，Gu Z Y，Li J R，et al. Zirconium-metalloporphyrin PCN-222：mesoporous metal-organic frameworks with ultrahigh stability as biomimetic catalysts[J]. Angewandte Chemie International Edition，2012，51（41）：10307-10310.

[19]　Wang K C，Feng D W，Liu T F，et al. A series of highly stable mesoporous metalloporphyrin Fe-MOFs[J]. Journal of the American Chemical Society，2014，136（40）：13983-13986.

[20]　Feng D W，Wang K C，Wei Z W，et al. Kinetically tuned dimensional augmentation as a versatile synthetic route towards robust metal-organic frameworks[J]. Nature Communications，2014，5（1）：5723.

[21]　Lin J B，Lin R B，Cheng X N，et al. Solvent/additive-free synthesis of porous/zeolitic metal azolate frameworks from metal oxide/hydroxide[J]. Chemical Communications，2011，47（32）：9185-9187.

[22]　Mueller U，Puetter H，Hesse M，et al. Method for electrochemical production of a crystalline porous metal organic skeleton material[P]. 2005：WO20050498922A1.

[23]　Martinez Joaristi A，Juan-Alcañiz J，Serra-Crespo P，et al. Electrochemical synthesis of some archetypical Zn^{2+}，Cu^{2+}，and Al^{3+}metal organic frameworks[J]. Crystal Growth & Design，2012，12（7）：3489-3498.

[24]　Campagnol N，Van Assche T，Boudewijns T，et al. High pressure，high temperature electrochemical synthesis of metal-organic frameworks：films of MIL-100（Fe）and HKUST-1 in different morphologies[J]. Journal of Materials Chemistry A，2013，1（19）：5827-5830.

[25] Li L N, Zhang S Q, Xu L J, et al. Effective visible-light driven CO_2 photoreduction via a promising bifunctional iridium coordination polymer[J]. Chemical Science, 2014, 5 (10): 3808-3813.

[26] Stassen I, Styles M, Van Assche T, et al. Electrochemical film deposition of the zirconium metal-organic framework UiO-66 and application in a miniaturized sorbent trap[J]. Chemistry of Materials, 2015, 27 (5): 1801-1807.

[27] Cohen S M. Postsynthetic methods for the functionalization of metal-organic frameworks[J]. Chemical Reviews, 2012, 112 (2): 970-1000.

[28] Brozek C K, Dincă M. Cation exchange at the secondary building units of metal-organic frameworks[J]. Chemical Society Reviews, 2014, 43 (16): 5456-5467.

[29] Howarth A J, Liu Y Y, Li P, et al. Chemical, thermal and mechanical stabilities of metal-organic frameworks[J]. Nature Reviews Materials, 2016, 1 (3): 1-15.

[30] Brozek C K, Dincă M. Ti^{3+}-, $V^{2+/3+}$-, $Cr^{2+/3+}$-, Mn^{2+}-, and Fe^{2+}-substituted MOF-5 and redox reactivity in Cr- and Fe-MOF-5[J]. Journal of the American Chemical Society, 2013, 135 (34): 12886-12891.

[31] Zhang Z J, Shi W, Niu Z, et al. A new type of polyhedron-based metal-organic frameworks with interpenetrating cationic and anionic nets demonstrating ion exchange, adsorption and luminescent properties[J]. Chemical Communications, 2011, 47 (22): 6425-6427.

[32] Denysenko D, Jelic J, Reuter K, et al. Postsynthetic metal and ligand exchange in MFU-4l: a screening approach toward functional metal-organic frameworks comprising single-site active centers[J]. Chemistry—A European Journal, 2015, 21 (22): 8188-8199.

[33] Denysenko D, Grzywa M, Jelic J, et al. Scorpionate-type coordination in MFU-4l metal-organic frameworks: small-molecule binding and activation upon the thermally activated formation of open metal sites[J]. Angewandte Chemie International Edition, 2014, 126 (23): 5942-5946.

[34] Comito R J, Wu Z W, Zhang G H, et al. Stabilized vanadium catalyst for olefin polymerization by site isolation in a metal-organic framework[J]. Angewandte Chemie International Edition, 2018, 130 (27): 8267-8271.

[35] Shen J Q, Liao P Q, Zhou D D, et al. Modular and stepwise synthesis of a hybrid metal-organic framework for efficient electrocatalytic oxygen evolution[J]. Journal of the American Chemical Society, 2017, 139 (5): 1778-1781.

[36] Lu X F, He C T, Wang J W. An alkaline-stable, metal hydroxide mimicking metal-organic framework for efficient electrocatalytic oxygen evolution[J]. Journal of the American Chemical Society, 2016, 138 (27): 8336-8339.

[37] Wang Y, Huang N Y, Shen J Q, et al. Hydroxide ligands cooperate with catalytic centers in metal-organic frameworks for efficient photocatalytic CO_2 reduction[J]. Journal of the American Chemical Society, 2018, 140 (1): 38-41.

[38] Bien C E, Chen K K, Chien S C, et al. Bioinspired metal-organic framework for trace CO_2 capture[J]. Journal of the American Chemical Society, 2018, 140 (40): 12662-12666.

[39] Liao P Q, Chen H Y, Zhou D D. et al. Monodentate hydroxide as a super strong yet reversible active site for CO_2 capture from high-humidity flue gas[J]. Energy & Environmental Science, 2015, 8 (3): 1011-1016.

[40] Kitaura R, Iwahori F, Matsuda R, et al. Rational design and crystal structure determination of a 3-D metal-organic jungle-gym-like open framework[J]. Inorganic Chemistry, 2004, 43 (21): 6522-6524.

[41] Li J R, Zhou H C, Zhou H C. Bridging-ligand-substitution strategy for the preparation of metal-organic polyhedra[J]. Nature Chemistry, 2010, 2 (10): 893-898.

[42] Burnett B J, Barron P M, Hu C H, et al. Stepwise synthesis of metal-organic frameworks: replacement of structural

organic linkers[J].Journal of the American Chemical Society，2011，133（26）：9984-9987.

[43] Kajiwara T，Fujii M，Tsujimoto M，et al. Photochemical reduction of low concentrations of CO_2 in a porous coordination polymer with a ruthenium（Ⅱ）-CO complex[J]. Angewandte Chemie International Edition，2016，55（8）：2697-2700.

[44] Tulchinsky Y，Hendon C H，Lomachenko K A，et al. Reversible capture and release of Cl_2 and Br_2 with a redox-active metal-organic framework[J]. Journal of the American Chemical Society，2017，139（16）：5992-5997.

[45] Bloch E D，Murray L J，Queen W L，et al. Selective binding of O_2 over N_2 in a redox-active metal-organic framework with open iron（Ⅱ）coordination sites[J]. Journal of the American Chemical Society，2011，133（37）：14814-14822.

[46] Li L B，Lin R B，Krishna R，et al. Ethane/ethylene separation in a metal-organic framework with iron-peroxo sites[J]. Science，2018，362（6413）：443-446.

[47] Yin Z，Wan S，Yang J，et al. Recent advances in post-synthetic modification of metal-organic frameworks：new types and tandem reactions[J]. Coordination Chemistry Reviews，2019，378：500-512.

[48] Wang Z Q，Cohen S M. Postsynthetic covalent modification of a neutral metal-organic framework[J]. Journal of the American Chemical Society，2007，129（41）：12368-12369.

[49] Ingleson M J，Perez Barrio J，Guilbaud J B，et al. Framework functionalisation triggers metal complex binding[J]. Chemical Communications，2008，（23）：2680-2682.

[50] Goto Y，Sato H，Shinkai S，et al. "Clickable" metal-organic framework[J]. Journal of the American Chemical Society，2008，130（44）：14354-14355.

[51] Wang Z Q，Cohen S M. Modulating metal-organic frameworks to breathe：a postsynthetic covalent modification approach[J]. Journal of the American Chemical Society，2009，131（46）：16675-16677.

[52] Huang A S，Caro J. Covalent post-functionalization of zeolitic imidazolate framework ZIF-90 membrane for enhanced hydrogen selectivity[J]. Angewandte Chemie International Edition，2011，50（21）：4979-4982.

[53] Williams D E，Rietman J A，Maier J M，et al. Energy transfer on demand：photoswitch-directed behavior of metal-porphyrin frameworks[J]. Journal of the American Chemical Society，2014，136（34）：11886-11889.

[54] Reinsch H，Hinterholzinger F M，Jäker P，et al. Unexpected photoreactivity in a NO_2^- functionalized aluminum-MOF[J]. The Journal of Physical Chemistry C，2015，119（47）：26401-26408.

[55] Kiang Y H，Gardner G B，Lee S，et al. Variable pore size，variable chemical functionality，and an example of reactivity within porous phenylacetylene silver salts[J]. Journal of the American Chemical Society，1999，121（36）：8204-8215.

[56] Costa J S，Gamez P，Black C A，et al. Chemical modification of a bridging ligand inside a metal-organic framework while maintaining the 3D structure[J]. European Journal of Inorganic Chemistry，2008，（10）：1551-1554.

[57] Sato H，Matsuda R，Sugimoto K，et al. Photoactivation of a nanoporous crystal for on-demand guest trapping and conversion[J]. Nature Materials，2010，9（8）：661-666.

[58] Liao P Q，Zhu A X，Zhang W X，et al. Self-catalysed aerobic oxidization of organic linker in porous crystal for on-demand regulation of sorption behaviours[J]. Nature Communications，2015，6（1）：6350.

[59] Wang Y，Huang N Y，Zhang X W，et al. Selective aerobic oxidation of a metal-organic framework boosts thermodynamic and kinetic propylene/propane selectivity[J]. Angewandte Chemie International Edition，2019，58（23）：7692-7696.

[60] Falcaro P，Ricco R，Doherty C M，et al. MOF positioning technology and device fabrication[J]. Chemical Society

Reviews，2014，43（16）：5513-5560.

[61] Li D D，Xu H Q，Jiao L，et al. Metal-organic frameworks for catalysis：state of the art，challenges，and opportunities[J]. EnergyChem，2019，1（1）：100005.

[62] Li H，Li L B，Lin R B，et al. Porous metal-organic frameworks for gas storage and separation：status and challenges[J]. EnergyChem，2019，1（1）：100006.

[63] Zhou D D，Zhang X W，Mo Z W，et al. Adsorptive separation of carbon dioxide：from conventional porous materials to metal-organic frameworks[J]. EnergyChem，2019，1（3）：100016.

[64] Wang K B，Xun Q，Zhang Q C. Recent progress in metal-organic frameworks as active materials for supercapacitors[J]. EnergyChem，2020，2（1）：100025.

[65] Liang Z B，Qu C，Xia D G，et al. Atomically dispersed metal sites in MOF-based materials for electrocatalytic and photocatalytic energy conversion[J]. Angewandte Chemie International Edition，2018，57（31）：9604-9633.

[66] Batten S R，Champness N R，Chen X M，et al. Coordination polymers，metal-organic frameworks and the need for terminology guidelines[J]. CrystEngComm，2012，14（9）：3001.

[67] Furukawa H，Cordova K E，O'Keeffe M，et al. The chemistry and applications of metal-organic frameworks[J]. Science，2013，341（6149）：1230444.

[68] Kondo M，Yoshitomi T，Matsuzaka H，et al. Three-dimensional framework with channeling cavities for small molecules：$\{[M_2(4, 4'\text{-bpy})_3(NO_3)_4] \cdot xH_2O\}_n$（M=Co，Ni，Zn）[J]. Angewandte Chemie International Edition，1997，36（16）：1725-1727.

[69] Li H L，Eddaoudi M，Groy T L，et al. Establishing microporosity in open metal-organic frameworks：gas sorption isotherms for Zn（BDC）（BDC = 1, 4-benzenedicarboxylate）[J]. Journal of the American Chemical Society，1998，120（33）：8571-8572.

[70] Liao P Q，Zhang W X，Zhang J P，et al. Efficient purification of ethene by an ethane-trapping metal-organic framework[J]. Nature Communications，2015，6（1）：8697.

[71] Mo Z W，Zhou H L，Zhou D D，et al. Mesoporous metal-organic frameworks with exceptionally high working capacities for adsorption heat transformation[J]. Advanced Materials，2017，30（4）：1704350.

[72] Deng H X，Grunder S，Cordova K E，et al. Large-pore apertures in a series of metal-organic frameworks[J]. Science，2012，336（6084）：1018-1023.

[73] Schmieder P，Grzywa M，Denysenko D，et al. CFA-7：an interpenetrated metal-organic framework of the MFU-4 family[J]. Dalton Transactions，2015，44（29）：13060-13070.

[74] Herm Z R，Wiers B M，Mason J A，et al. Separation of hexane isomers in a metal-organic framework with triangular channels[J]. Science，2013，340（6135）：960-964.

[75] Lin R B，Li L B，Zhou H L，et al. Molecular sieving of ethylene from ethane using a rigid metal-organic framework[J]. Nature Materials，2018，17（12）：1128-1133.

[76] Wang J H，Li M，Li D. An exceptionally stable and water-resistant metal-organic framework with hydrophobic nanospaces for extracting aromatic pollutants from water[J]. Chemistry—A European Journal，2014，20（38）：12004-12008.

[77] Aijaz A，Karkamkar A，Choi Y J，et al. Immobilizing highly catalytically active Pt nanoparticles inside the pores of metal-organic framework：a double solvents approach[J]. Journal of the American Chemical Society，2012，134（34）：13926-13929.

[78] Bloch E D，Queen W L，Krishna R，et al. Hydrocarbon separations in a metal-organic framework with open iron（Ⅱ）coordination sites[J]. Science，2012，335（6076）：1606-1610.

[79] Liao P Q, Zhou D D, Zhu A X, et al. Strong and dynamic CO_2 sorption in a flexible porous framework possessing guest chelating claws[J]. Journal of the American Chemical Society, 2012, 134 (42): 17380-17383.

[80] Liao P Q, Huang N Y, Zhang W X, et al. Controlling guest conformation for efficient purification of butadiene[J]. Science, 2017, 356 (6343): 1193-1196.

[81] Zhang J P, Zhou H L, Zhou D D, et al. Controlling flexibility of metal-organic frameworks[J]. National Science Review, 2017, 5 (6): 907-919.

[82] Kitaura R, Fujimoto K, Noro S, et al. A pillared-layer coordination polymer network displaying hysteretic sorption: $[Cu_2(pzdc)_2(dpyg)]_n$ (pzdc=pyrazine-2, 3-dicarboxylate; dpyg=1, 2-di(4-pyridyl)glycol)[J]. Angewandte Chemie International Edition, 2002, 114 (1): 141-143.

[83] Wei Y S, Chen K J, Liao P Q, et al. Turning on the flexibility of isoreticular porous coordination frameworks for drastically tunable framework breathing and thermal expansion[J]. Chemical Science, 2013, 4 (4): 1539-1546.

[84] Hijikata Y, Horike S, Tanaka D, et al. Differences of crystal structure and dynamics between a soft porous nanocrystal and a bulk crystal[J]. Chemical Communications, 2011, 47 (27): 7632.

[85] Zhang C, Gee J A, Sholl D S, et al. Crystal-size-dependent structural transitions in nanoporous crystals: adsorption-induced transitions in ZIF-8[J]. The Journal of Physical Chemistry C, 2014, 118 (35): 20727-20733.

[86] Tanaka S, Fujita K, Miyake Y, et al. Adsorption and diffusion phenomena in crystal size engineered ZIF-8 MOF[J]. The Journal of Physical Chemistry C, 2015, 119 (51): 28430-28439.

[87] Zhang J P, Chen X M. Exceptional framework flexibility and sorption behavior of a multifunctional porous cuprous triazolate framework[J]. Journal of the American Chemical Society, 2008, 130 (18): 6010-6017.

[88] Allendorf M D, Bauer C A, Bhakta R K, et al. Luminescent metal-organic frameworks[J]. Chemical Society Reviews, 2009, 38 (5): 1330-1352.

[89] Müller-Buschbaum K, Beuerle F, Feldmann C. MOF based luminescence tuning and chemical/physical sensing[J]. Microporous and Mesoporous Materials, 2015, 216: 171-199.

[90] Lin R B, Liu S Y, Ye J W, et al. Photoluminescent metal-organic frameworks for gas sensing[J]. Advanced Science, 2016, 3 (7): 1500434.

[91] Jiang H L, Feng D W, Wang K C, et al. An exceptionally stable, porphyrinic Zr metal-organic framework exhibiting pH-dependent fluorescence[J]. Journal of the American Chemical Society, 2013, 135 (37): 13934-13938.

[92] Yang J, Wang Z, Li Y S, et al. Porphyrinic MOFs for reversible fluorescent and colorimetric sensing of mercury (Ⅱ) ions in aqueous phase[J]. RSC Advances, 2016, 6 (74): 69807-69814.

[93] Yanai N, Kitayama K, Hijikata Y, et al. Gas detection by structural variations of fluorescent guest molecules in a flexible porous coordination polymer[J]. Nature Materials, 2011, 10 (10): 787-793.

[94] Shustova N B, Cozzolino A F, Reineke S, et al. Selective turn-on ammonia sensing enabled by high-temperature fluorescence in metal-organic frameworks with open metal sites[J]. Journal of the American Chemical Society, 2013, 135 (36): 13326-13329.

[95] Liu S Y, Qi X L, Lin R B, et al. Porous Cu (Ⅰ) triazolate framework and derived hybrid membrane with exceptionally high sensing efficiency for gaseous oxygen[J]. Advanced Functional Materials, 2014, 24 (37): 5866-5872.

[96] Liu S Y, Zhou D D, He C T, et al. Flexible, luminescent metal-organic frameworks showing synergistic solid-solution effects on porosity and sensitivity[J]. Angewandte Chemie International Edition, 2016, 128 (52): 16021-16025.

[97] Demas J N, DeGraff B A, Xu W Y. Modeling of luminescence quenching-based sensors: comparison of multisite and nonlinear gas solubility models[J]. Analytical Chemistry, 1995, 67 (8): 1377-1380.

[98] Cui Y, Xu H, Yue Y, et al. A luminescent mixed-lanthanide metal-organic framework thermometer[J]. Journal of the American Chemical Society, 2012, 134 (9): 3979-3982.

[99] Liu X, Akerboom S, de Jong M, et al. Mixed-lanthanoid metal-organic framework for ratiometric cryogenic temperature sensing[J]. Inorganic Chemistry, 2015, 54 (23): 11323-11329.

[100] Li X R, Yang X C, Xue H G, et al. Metal-organic frameworks as a platform for clean energy applications[J]. EnergyChem, 2020, 2 (2): 100027.

[101] Xie L S, Skorupskii G, Dincă M. Electrically conductive metal-organic frameworks[J]. Chemical Reviews, 2020, 120 (16): 8536-8580.

[102] Sun L, Hendon C H, Park S S, et al. Is iron unique in promoting electrical conductivity in MOFs?[J]. Chemical Science, 2017, 8 (6): 4450-4457.

[103] Sun L, Hendon C H, Minier M A, et al. Million-fold electrical conductivity enhancement in Fe_2 (DEBDC) versus Mn_2 (DEBDC) (E = S, O) [J]. Journal of the American Chemical Society, 2015, 137 (19): 6164-6167.

[104] Katritzky A R, Ramsden C A, Joule J A, et al. Handbook of Heterocyclic Chemistry [M]. 3rd ed. Boston: Elsevier, 2010: 473-604.

[105] Gándara F, Uribe-Romo F J, Britt D K, et al. Porous, conductive metal-triazolates and their structural elucidation by the charge-flipping method[J]. Chemistry—A European Journal, 2012, 18 (34): 10595-10601.

[106] Park J G, Aubrey M L, Oktawiec J, et al. Charge delocalization and bulk electronic conductivity in the mixed-valence metal-organic framework $Fe(1, 2, 3$-triazolate$)_2(BF_4)_x$[J]. Journal of the American Chemical Society, 2018, 140 (27): 8526-8534.

[107] DeGayner J A, Jeon I R, Sun L, et al. 2D Conductive iron-quinoid magnets ordering up to T_c=105 K via heterogenous redox chemistry[J]. Journal of the American Chemical Society, 2017, 139 (11): 4175-4184.

[108] Skorupskii G, Trump B A, Kasel T W, et al. Efficient and tunable one-dimensional charge transport in layered lanthanide metal-organic frameworks[J]. Nature Chemistry, 2020, 12 (2): 1-6.

[109] Shimizu G K H, Taylor J M, Kim S. Proton conduction with metal-organic frameworks[J]. Science, 2013, 341 (6144): 354-355.

[110] Wei Y S, Hu X P, Han Z, et al. Unique proton dynamics in an efficient MOF-based proton conductor[J]. Journal of the American Chemical Society, 2017, 139 (9): 3505-3512.

[111] Tang Q, Liu Y W, Liu S X, et al. High proton conduction at above 100℃ mediated by hydrogen bonding in a lanthanide metal-organic framework[J]. Journal of the American Chemical Society, 2014, 136(35): 12444-12449.

[112] Bureekaew S, Horike S, Higuchi M, et al. One-dimensional imidazole aggregate in aluminium porous coordination polymers with high proton conductivity[J]. Nature Materials, 2009, 8 (10): 831-836.

[113] Umeyama D, Horike S, Inukai M, et al. Confinement of mobile histamine in coordination nanochannels for fast proton transfer[J]. Angewandte Chemie International Edition, 2011, 50 (49): 11706-11709.

[114] Yan M, Wang W P, Yin Y X, et al. Interfacial design for lithium-sulfur batteries: from liquid to solid[J]. EnergyChem, 2019, 1 (1): 100002.

[115] Wiers B M, Foo M L, Balsara N P, et al. A solid lithium electrolyte via addition of lithium isopropoxide to a metal-organic framework with open metal sites[J]. Journal of the American Chemical Society, 2011, 133 (37): 14522-14525.

[116] Aubrey M L, Ameloot R, Wiers B M, et al. Metal-organic frameworks as solid magnesium electrolytes[J]. Energy

& Environmental Science，2014，7（2）：667-671.

[117] Mínguez Espallargas G，Coronado E. Magnetic functionalities in MOFs：from the framework to the pore[J]. Chemical Society Reviews，2018，47（2）：533-557.

[118] Coronado E，Mínguez Espallargas G. Dynamic magnetic MOFs[J]. Chemical Society Reviews，2013，42（4）：1525-1539.

[119] Navarro J A R，Barea E，Rodríguez-Diéguez A，et al. Guest-induced modification of a magnetically active ultramicroporous，gismondine-like，copper（Ⅱ）coordination network[J]. Journal of the American Chemical Society，2008，130（12）：3978-3984.

[120] Arcís-Castillo Z，Munoz-Lara F J，Munoz M C，et al. Reversible chemisorption of sulfur dioxide in a spin crossover porous coordination polymer[J]. Inorganic Chemistry，2013，52（21）：12777-12783.

[121] Agustí G，Ohtani R，Yoneda K，et al. Oxidative addition of halogens on open metal sites in a microporous spin-crossover coordination polymer[J]. Angewandte Chemie International Edition，2009，48（47）：8944-8947.

[122] Ohtani R，Yoneda K，Furukawa S，et al. Precise control and consecutive modulation of spin transition temperature using chemical migration in porous coordination polymers[J]. Journal of the American Chemical Society，2011，133（22）：8600-8605.

[123] Abhervé A，Grancha T，Ferrando-Soria J，et al. Spin-crossover complex encapsulation within a magnetic metal-organic framework[J]. Chemical Communications，2016，52（46）：7360-7363.

[124] Aulakh D，Pyser J B，Zhang X，et al. Metal-organic frameworks as platforms for the controlled nanostructuring of single-molecule magnets[J]. Journal of the American Chemical Society，2015，137（29）：9254-9257.

[125] Wu H，Simmons J M，Srinivas G，et al. Adsorption sites and binding nature of CO_2 in prototypical metal-organic frameworks：a combined neutron diffraction and first-principles study[J]. The Journal of Physical Chemistry Letters，2010，1（13）：1946-1951.

[126] Haraguchi T，Otsubo K，Sakata O，et al. Guest-induced two-way structural transformation in a layered metal-organic framework thin film[J]. Journal of the American Chemical Society，2016，138（51）：16787-16793.

[127] Fei H，Shin J，Meng Y S，et al. Reusable oxidation catalysis using metal-monocatecholato species in a robust metal-organic framework[J]. Journal of the American Chemical Society，2014，136（13）：4965-4973.

[128] Zou L L，Kitta M，Hong J H，et al. Fabrication of a spherical superstructure of carbon nanorods[J]. Advanced Materials，2019，31（24）：1900440.

[129] Wang Y，Huang N Y，Zhang X W，et al. Selective aerobic oxidation of a metal-organic framework boosts thermodynamic and kinetic propylene/propane selectivity[J]. Angewandte Chemie International Edition，2019，131（23）：7692-7696.

[130] Pachfule P，Shinde D，Majumder M，et al. Fabrication of carbon nanorods and graphene nanoribbons from a metal-organic framework[J]. Nature Chemistry，2016，8（7）：718-724.

[131] Zhou T H，Du Y H，Borgna A，et al. Post-synthesis modification of a metal-organic framework to construct a bifunctional photocatalyst for hydrogen production[J]. Energy & Environmental Science，2013，6（11）：3229.

[132] Wei Y S，Zhang M，Kitta M，et al. A single-crystal open-capsule metal-organic framework[J]. Journal of the American Chemical Society，2019，141（19）：7906-7916.

[133] Li Z，Schweitzer N M，League A B，et al. Sintering-resistant single-site nickel catalyst supported by metal-organic framework[J]. Journal of the American Chemical Society，2016，138（6）：1977-1982.

[134] Manna K，Ji P F，Lin Z K，et al. Chemoselective single-site earth-abundant metal catalysts at metal-organic framework nodes[J]. Nature Communications，2016，7：12610.

[135] Zhang X, Lin R B, Wang J, et al. Optimization of the pore structures of MOFs for record high hydrogen volumetric working capacity[J]. Advanced Materials, 2020, 32 (17): 1907995.

[136] Shen K, Zhang L, Chen X D, et al. Ordered macro-microporous metal-organic framework single crystals[J]. Science, 2018, 359 (6372): 206-210.

[137] Xiang S C, He Y B, Zhang Z J, et al. Microporous metal-organic framework with potential for carbon dioxide capture at ambient conditions[J]. Nature Communications, 2012, 3 (1): 954.

[138] Serre C, Bourrelly S, Vimont A, et al. An explanation for the very large breathing effect of a metal-organic framework during CO_2 adsorption[J]. Advanced Materials, 2007, 19 (17): 2246-2251.

[139] Díaz-Ramírez M L, Sánchez-González E, Álvarez J R, et al. Partially fluorinated MIL-101 (Cr): from a miniscule structure modification to a huge chemical environment transformation inspected by ^{129}Xe NMR[J]. Journal of Materials Chemistry A, 2019, 7 (25): 15101-15112.

[140] Wang Y, Huang N Y, Shen J Q, et al. Hydroxide ligands cooperate with catalytic centers in metal-organic frameworks for efficient photocatalytic CO_2 reduction[J]. Journal of the American Chemical Society, 2018, 140 (1): 38-41.

[141] Bordiga S, Lamberti C, Ricchiardi G, et al. Electronic and vibrational properties of a MOF-5 metal-organic framework: ZnO quantum dot behaviour[J]. Chemical Communications, 2004, (20): 2300-2301.

[142] Li C X, Dong S H, Wang P, et al. Metal-organic frameworks-derived tunnel structured $Co_3(PO_4)_2$ @C as cathode for new generation high-performance Al-ion batteries[J]. Advanced Energy Materials, 2019, 9 (41): 1902352.

[143] Zou L L, Hou C C, Liu Z, et al. Superlong single-crystal metal-organic framework nanotubes[J]. Journal of the American Chemical Society, 2018, 140 (45): 15393-15401.

[144] Li X H, Wang J J, Liu X, et al. Direct imaging of tunable crystal surface structures of MOF MIL-101 using high-resolution electron microscopy[J]. Journal of the American Chemical Society, 2019, 141 (30): 12021-12028.

[145] Zhao M T, Huang Y, Peng Y W, et al. Two-dimensional metal-organic framework nanosheets: synthesis and applications[J]. Chemical Society Reviews, 2018, 47 (16): 6267-6295.

[146] Zhao M T, Wang Y X, Ma Q L, et al. Ultrathin 2D metal-organic framework nanosheets[J]. Advanced Materials, 2015, 27 (45): 7372-7378.

[147] Tsumori N, Chen L Y, Wang Q J, et al. Quasi-MOF: exposing inorganic nodes to guest metal nanoparticles for drastically enhanced catalytic activity[J]. Chem, 2018, 4 (4): 845-856.

[148] Yang S H, Ramirez-Cuesta A J, Newby R, et al. Supramolecular binding and separation of hydrocarbons within a functionalized porous metal-organic framework[J]. Nature Chemistry, 2015, 7 (2): 121-129.

第3章

纳米 MOF 及复合物的合成

3.1 概论

传统的 MOF 研究主要集中于新结构的设计合成与晶体的表征分析，以及其在吸附分离等方面的应用，研究对象一般为块状粉末或单晶，而对其在微观尺度上晶体的生长和应用缺少关注。近年来，随着纳米技术的发展，微纳米尺寸的 MOF 材料的合成和应用受到广泛关注，这一定程度上促进了纳米 MOF 科学的发展。广义上讲，纳米 MOF 主要指其三维尺寸中至少有一维处于纳米尺度范围（<100nm）或者由纳米 MOF 为基本结构单元所构成的微米尺寸 MOF 材料。受纳米效应的影响，这些材料不仅能够继承 MOF 的固有特性，还能够表现出一系列新的物理化学性能，在气体吸附和分离、药物负载、催化和传感等方面展现出诱人的应用前景。一般而言，纳米 MOF 可分为零维（0D）、一维（1D）、二维（2D）、三维（3D）或其杂化结构。

0D 纳米 MOF 主要指其三维尺度都在纳米级别的 MOF，如 MOF 纳米颗粒。在本章中，1D 和 2D MOF 重点指几何结构沿一维或二维方向延展的 MOF 材料。而 3D MOF 主要是具有特定的空间结构或成分分布的纳米 MOF，这类 MOF 可以是由 0D MOF 纳米颗粒、1D MOF 纳米线或 2D MOF 纳米片组装的复合结构，也可以是采用特定的设计手段使原有的单晶 MOF 显现出不同的空间异质结构。

传统 MOF 的合成主要采用自下而上的合成策略，使金属离子（簇）与配体分子在特定的反应条件下自组装成有序的空间结构。通常，这些产物的尺寸可达到微米或毫米级别。为了制备尺寸更小的 MOF 材料，一般通过控制 MOF 的成核过程、生长速率和生长时间来实现纳米级 MOF 的制备。随着材料制备技术的进步，近年来发展了不少新型的合成方法。除了传统的 MOF 合成方法外（主要指溶剂热相关方法），还衍生出一系列新的纳米 MOF 合成策略，如微波加热合成、超声法和室温调控等策略。在这些纳米 MOF 的合成方法中，通过调节反应物浓度或合成条件来加速 MOF 的成核过程是制备尺寸均匀的纳米 MOF 最常用策略。

另外，引入调节剂或模板剂也是控制纳米 MOF 结构和尺寸的有效方法。与 0D 纳米 MOF 的制备相比，1D、2D 或 3D 纳米 MOF 的合成相对较少。模板法、液相外延法、重结晶法和声化学剥离等方法是用来制备具有特定形貌的 1D、2D 或 3D 纳米 MOF 结构的有效手段。我们将通过具体的实例详细讲解这些合成策略。

MOF 材料除了其本身特有的高比表面积、高孔隙率、化学多样性和结构可调性以外，还可以与其他功能材料结合形成新的复合材料。由于纳米 MOF 与功能材料之间产生的协调效应，这些 MOF 复合材料除了继承 MOF 和功能材料的优势外，还能够产生一些新的物理化学性质，使之在催化、光电、电磁等领域有着更好的应用前景。本章所讲的纳米 MOF 复合物主要是微纳米尺寸的 MOF 结构与其他纳米材料（金属纳米颗粒、量子点、金属氧化物、碳纳米材料、聚合物等）组成的复合材料。这类纳米材料主要分为两类，一类是以 MOF 为基体，通过原位合成或后处理修饰过程，使功能纳米材料依附在 MOF 表面或镶嵌到 MOF 内部；另一类则是以功能纳米材料为基体，在其表面包覆或沉积 MOF 材料来优化功能材料的物理化学性能。

3.2 ▶ 零维 MOF 的合成

0D MOF，指的是三维尺度都在纳米级别的 MOF 结构。与传统的块状 MOF 相比，0D MOF 凭借其独特的物理特性和较高的化学反应性，得到了极大的关注。0D MOF 的合成关键在于控制 MOF 晶体生长过程中成核和生长过程的空间分离，这一般取决于合成时的反应条件，如所用的溶剂、反应温度、反应时间、前驱体的浓度等控制因素。例如，Horcajada 等详细研究了反应溶剂、反应温度和时间对生成 nano-MIL-88A、nano-MIL-89 以及 nano-MIL-53 的影响，最终制备出 200nm 以下的 MOF 材料[1]。

目前，加入额外的配位调制剂是比较理想的合成方法之一。所加的配位调制剂一般是单边配位的有机配体，利用其可以快速与合成 MOF 所需的金属盐进行单边配位的特性，从而与 MOF 原有机配体形成配位竞争，进而有效调控 MOF 的成核和生长动力学过程，最后达到尺寸控制的效果。例如，Kitagawa 等通过加入配位调制剂可以有效地控制 HKUST-1 晶体尺寸从 20nm 到 1μm。通常来说，这些配位调制剂包括具有羧基基团的配体（十二酸、乙酸等）[2]。Cravillon 等通过加入额外的甲酸钠和正丁胺试剂，合成了 nano-ZIF-8（<20nm）[3]，所加入的这两种试剂可以有效地影响 MOF 生长过程中的配位平衡和配体去质子化过程，进而影响 MOF 的生长动力过程。另外，表面活性剂也经常被用来合成 nano-MOF。表面活性剂除了能调控所合成的 nano-MOF 的尺寸外，还对生成得到的 nano-MOF 起到一定的保护作用，可以有效地阻止其进一步团聚与堆叠。Ranft 等利用快速溶

剂热合成法制备了 nano-HKUST-1 和 nano-IRMOF-3，其所用的表面活性剂分别为 PAA 和 PVP-CTAB[4]。研究发现，所使用的表面活性剂类型、浓度、合成温度和反应时间都对所形成的 MOF（30～300nm）尺寸有很大影响。Nune 等报道了用阳离子表面活性剂合成 nano-ZIF-8[（57±7）nm][5]。此外，微波化学合成法也广泛被用来合成 nano-MOF 颗粒，它有着合成快速、成核生长容易控制、合成产率较高等诸多优势。Ni 和 Masel 利用这一方法合成了 IRMOF-1、IRMOF-2 以及 IRMOF-3 纳米晶，所用的合成时间比传统方法相比大大缩短。他们利用溶有金属盐和配体的 DEF 溶剂来合成 MOF，在 150W 条件下反应时间仅需要 25s[6]。

3.3　一维 MOF 的合成

1D MOF 材料凭借其独特的各向异性特性，在生产、生活等多方面得到了广泛的应用。一般来说，通过筛选特定的有机配体和金属离子进行合成，经常可以得到纳米线、纳米棒、纳米管等各种形貌的 1D MOF。目前来说，主要是通过有机配体和金属离子的自组装一锅法合成 1D MOF。然而，与常规的 0D MOF 合成相比，很难有效地控制其形貌、尺寸和均匀性。1D MOF 的合成方法目前主要包括调制剂合成法、模板法、重结晶法、微乳液法以及化学微液流法。

3.3.1　调制剂合成法

本方法是指通过加入外在的配位调制剂来参与 MOF 的成核与生长过程，进而最终达到调控 1D MOF 尺寸和形貌的目标。例如，Tsuruoka 等使用乙酸作为配位调制剂来影响 MOF 合成过程中的配位平衡，成功促进一维[{Cu$_2$(ndc)$_2$-(dabco)}$_n$]纳米棒的生长[7]。研究发现，溶液中高浓度的乙酸会显著降低 MOF 结晶过程中的生长速度，抑制 MOF 沿着[100]方向生长。因而在不同的乙酸浓度下可以得到纳米棒、纳米立方体、纳米片等不同形貌的 MOF 晶。除了上面提到的乙酸外，水杨酸也可被用作调制剂来合成 1D MOF，其合成的 Zn-MOF-74 纳米棒直径为 30～60nm，长度可达 200～500nm[8]。此外，水杨酸还可以有效对 MOF 晶体表面的金属节点进行封端，起到保护 MOF、防止进一步团聚的作用。得到的这些 MOF 纳米棒可以进一步进行煅烧得到一维纳米碳棒或者纳米带等各种功能化纳米材料。

3.3.2　模板法

模板法经常被用来调控纳米材料的形貌，是一种简单有效的常用方法。利用这一方法也可以合成一维功能化 MOF 材料。我们知道，常规的有机聚合物或者阳极氧化制备的氧化铝（AAO）具有丰富的定向孔道。可以利用这一特点，让

MOF 在其孔道中生长，在去掉模板后，就可以得到具有特定形貌的 1D MOF 纳米材料。例如，Arbulu 等利用聚碳酸酯薄膜作为模板合成了一系列 1D ZIF-8 纳米结构，如纳米管、纳米棒、纳米线（图 3-1）[9]。该方法是让 ZIF-8 首先生长在聚碳酸酯薄膜的孔道中，因而其形貌取决于所用的模板孔道分布。纳米管和纳米棒 MOF 结构可以在具有 100nm 孔道的模板中合成，而单晶 ZIF-8 纳米线可以生长在约 30nm 的孔道模板中。得到的 1D MOF 长宽比超过 60，并且仍然具备晶体生长取向。虽然该方法取得了不错的结果，但受限于模板的厚度、孔径大小和形状等因素，很难得到人们所希望 MOF 尺寸。另外，模板的加工成本也很高，导致该方法很难实现大规模实际生产。而且由于在模板去除过程中，经常会造成 MOF 的部分损伤，甚至完全塌陷，难以实现高纯度 MOF 纳米材料的合成。除了一般的介孔氧化铝或者硅基模板外，1D MOF 纳米棒也可以用来作模板合成 1D MOF 纳米管。利用三乙胺为去质子化剂，通过超声处理，可以有效溶解内部的 MOF 框架，最终得到一种全新的中空 MOF 结构。

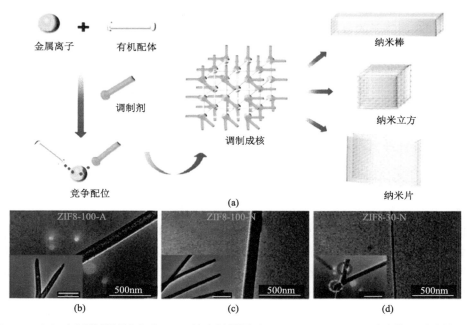

图 3-1 （a）自牺牲模板法合成 MOF 纳米材料图示；（b）～（d）MOF 纳米管、纳米棒以及纳米线的 TEM 图像[9]

3.3.3 重结晶法

最近，重结晶法用来制备一维 MOF 材料，取得了不错的进展。例如，Xu 等采用非晶态 MOF 再结晶方法成功制备了超长单晶一维 MOF 纳米管（图 3-2）[10]。

该合成方法包括两个基本步骤。首先，将金属离子和配体溶在溶剂中先生成非晶态的 MOF 中间产物。然后，将其重新分散在新鲜的水溶剂中，在特定的优化实验条件下，该 MOF 中间产物会逐渐转变成另一种高结晶化、具有特定形貌的 MOF 晶体。在该工作中，研究人员直接将非晶态纳米 MOF 颗粒分散在水中，在合适的反应温度和时间下，定向重结晶生长成超长的一维单晶 MOF-74 纳米管。所合成的 MOF 纳米管的长度达到了 30μm，长宽比达到了 400，该纳米管的尺寸也可以通过简单的调节 pH 来控制。优异的纳米尺寸赋予了该纳米管优异的性能，应用于有机大分子分离中取得了不错的效果。此外，该 MOF 纳米管也可以经过煅烧制得碳纳米管等材料。总之，该制备方法简单有效，适合规模化生产，为未来一维 MOF 的大规模应用打下了坚实的基础，但目前来说，对其生长机理的研究及形貌的调控还存在着很大挑战。

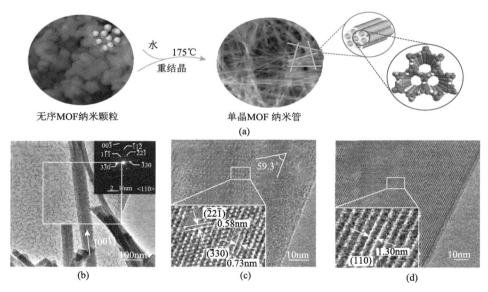

图 3-2　（a）无序重结晶法制备单晶 MOF 纳米管图示；（b）～（d）单晶 MOF 纳米线的 TEM 图像[10]

3.3.4　微乳液法

微乳液法也经常被用来控制 MOF 的定向生长，从而得到一维 MOF 纳米结构。例如，通过使用水油微乳液作为混合溶剂可以获得均匀的 MOF 纳米棒[Gd(BDC)$_{1.5}$(H$_2$O)$_2$][11]。该纳米棒长为 100～125nm，宽大约为 40nm。当然，MOF 的尺寸和形貌都可以通过调节水和表面活性剂的摩尔比来实现。利用该方法所合成的基于镧系金属（如 Eu 和 Tb）的荧光 MOF 复合物在多模态成像方面具有良好的潜在应用前景。

3.3.5 化学微液流法

化学微液流法也被报道用来合成一维纳米 MOF 材料。2011 年，Puigmartí- Luis 等利用该方法制备了一维 MOF 材料[12]。正如图 3-3 所示，在一个微液流平台上设计了四个液体通道，通过可控的注射传递装置加入两种反应溶剂来合成了一维 Cu(Ⅱ)-Asp 纳米纤维，生长的纳米纤维直径可控制在 50～200nm。更有意思的是，该方法还可以进一步拓展合成其他 MOF 纳米纤维，如 Ag-Cys 纳米纤维和 Zn(Ⅱ)-BY 纳米纤维。它们的直径都可以控制到 100nm 以下。流线型的液流控制装置可以有效地控制 MOF 材料在生长过程中的反应区域，进而得到功能化的纳米 MOF 材料。该方法简单且容易控制，在未来合成一维纳米材料方面不仅限于 MOF 材料，具有广阔的应用前景。

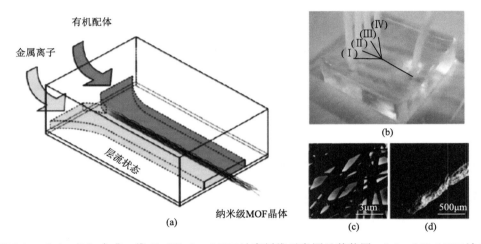

图 3-3　（a）、（b）合成一维 Cu(Ⅱ)-Asp MOF 纳米纤维示意图及其装置；（c）、（d）MOF 纳米纤维的 TEM 和 SEM 图像[12]

除了上面所提到的合成方法外，常规的水（溶剂）热和静电纺织法也经常被用来合成一维 MOF 材料。水（溶剂）热是利用 MOF 配体和金属离子在液相中的自组装配位过程，而静电纺织法是基于 MOF 和其他额外的有机材料的电喷涂技术。不过，对于静电纺织来说，其合成一维材料中的 MOF 成分通常都不是真正意义上的一维 MOF 纳米结构。

3.4 ▶ 二维 MOF 的合成

自石墨烯被发现以来，因其独特的物理和化学特性，如超大的比表面积、优异的光学透明度、超高的电热传导性等，二维纳米材料的研究引起了人们的极大兴趣。二维 MOF 材料作为二维材料家族中的一员，也有着以上潜在的优异特性。迄今，二维 MOF 材料在气体分离、能源存储与转化、化学催化、传感器等方面具有良好的应用前景。因此，二维 MOF 的研究具有极高的基础研究和广泛应用价值。然而，二维 MOF 材料的合成是一项极大的挑战。这是因为在控制 MOF 材料的生长时要限制其某一维在纳米尺度生长，同时不影响其他晶面沿特定方向生长是很困难的。尽管如此，目前已经有不少有效合成方法，如超声剥离法、机械剥离法、锂离子嵌入剥离法、化学剥离法、界面合成法、表面活性剂辅助合成法、调制剂合成法以及超声合成法等。如果按照其生成方式分类，主要包括自上而下合成方法、自下而上合成方法，以及其他合成方法。正如名字所涵盖的意思，自上而下合成法囊括了二维 MOF 的剥离方法，而自下而上合成法指的是直接基于金属盐和配体合成二维 MOF 的策略。对于层状 MOF 而言，层内之间具有较强的金属配位键，而层与层之间具有较弱的范德瓦耳斯力或者氢键等。通过自上而下的方式，这些较弱的层间作用力很容易被破坏，进而生成超薄的二维 MOF 纳米材料。相反，二维层状 MOF 纳米片也可以通过自下而上合成，使其在层层堆叠过程中沿着一个方向定向生长。有意思的是，自下而上方法还可以合成一些非二维层状材料，如 UiO-67、OX-1、ZIF-8，以及 ZIF-67 纳米片。基本上所有的非层状二维 MOF 都是基于自下而上方法合成出来的，这也表明了该方法的灵活性与便捷有效性。本节将按照自上而下合成法、自下而上合成法来分类论述。

3.4.1　自上而下合成法

层状 MOF 材料，主要通过二维配位层定向堆叠而成。层间作用力主要包括范德瓦耳斯力、氢键作用以及π-π堆叠作用等，这些层间弱作用方式使得层状 MOF 可以很容易地利用自上而下方法进行层间剥离。这种合成方式类似于对于石墨烯和过渡金属硫化物等层状物质的传统剥离方法。自上而下合成方法又包括超声剥离、机械剥离、锂离子嵌入剥离以及化学剥离方法。

1. 超声剥离法

2010 年，Zamora 等报道了一种超声处理方法成功剥离二维层状$[Cu_2Br(IN)_2]_n$ MOF[13]。$[Cu_2Br(IN)_2]_n$ MOF 中的一组双核铜节点分别与一个溴离子和四个异烟酸配体（其中两个 Cu—O 配位，两个 Cu—N 配位）配位（图 3-4）。这些层状材料按照 a 轴方向通过π-π作用堆叠形成二维 MOF 晶体。剥离过程使用了超声操作，它能有效地破坏层与层之间的π-π相互作用。2011 年，Xu 等也利用超声剥离法对 MOF-2 [Zn(BDC)·H_2O·DMF] 进行处理[14]。室温下，将 MOF-2 块体（1mg/mL）在丙酮溶液中超声 1h 以后，就会得到二维 MOF-2 纳米薄片。原子力显微镜 AFM 结

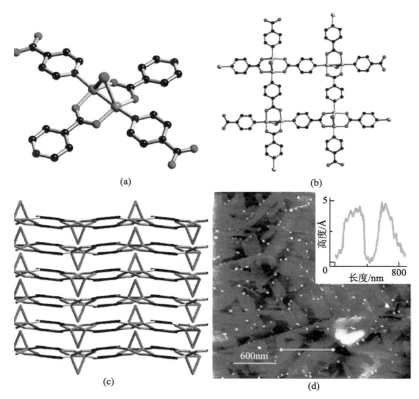

图 3-4　（a）Cu 原子在 [Cu$_2$Br(IN)$_2$]$_n$ 晶体中的配位形式；（b）一层[Cu$_2$Br(IN)$_2$]$_n$ MOF 结构；
（c）MOF 晶体沿着 a 轴堆叠结构；（d）[Cu$_2$Br(IN)$_2$]$_n$ 的 AFM 图像[13]

果证实其纳米片厚度为 1.5～6nm，横向尺寸为 100 nm 到几微米级别。该纳米片由于其晶体取向和长程有序不足，跟 MOF-2 块状晶体比，PXRD 表征很难得到一些有用的结构信息。但是，将用于分散 MOF-2 纳米片的溶剂蒸发掉后，二维 MOF-2纳米片会重新堆叠。PXRD 表明，重新堆叠的 MOF-2 具有两个强烈的衍射峰，分别对应于（001）晶面和（002）晶面，这也再次证明了其二维层状结构。超声剥离时溶剂的选取对剥离过程相当关键，Cheetham 等系统研究了一系列基于丁二酸二甲酯（dimethyl succinate，DMS）配体的 MOF 材料[MnDMS[15]、ZnDMS[16]、M（2, 3-DMS），M＝Mn、Co 和 Zn][17]。在这项工作中，多种溶剂被用来进行晶体剥离，包括水、甲醇、乙醇、丙醇、正己烷、四氢呋喃，其中乙醇是最有效的剥离溶剂。另外，研究者也利用吸收光谱表征，研究了剥离的动力学和超声时间对不同 MOF 剥离效果的影响。研究发现，对于所有 MOF 来说，20min 足够实现 MOF 二维晶体大部分的剥离（＞70%）。此外，MOF 配体中甲基基团的存在也对剥离效果有很大影响，这是因为甲基基团可以有效降低层之间的作用力，使剥离过程更容易进行。利用这一原理，Foster 等专门设计了配体中具有甲氧基/丙氧基基团的 MOF 结构，发现其在不同溶剂（水、DMF、乙腈、丙酮、乙醇）中都可以很容易地实现剥离[18]。

Yang 等结合球磨和超声操作成功剥离了一种层状 MOF [$Zn_2(bim)_4$]。该 MOF 结构为 Zn 离子与四个苯并咪唑配位形成 $Zn_2(bim)_4$ MOF 配位层[19]。这些二维 MOF 配位层又进一步沿着 c 轴堆叠，利用范德瓦耳斯力最终形成了层状 MOF 纳米片，其层间距为 0.988nm。为了剥离 $Zn_2(bim)_4$ 块状 MOF，首先，将 MOF 块状晶体放到球磨机中在 60r/min 下进行湿球磨，然后将球磨后的纳米晶体再进行超声处理。研究表明，1∶1 的甲醇和丙醇混合溶剂是最适合的剥离溶剂。在此过程中，湿球磨操作有利于小分子在 MOF 晶体层间的扩散，而丙醇则可以吸附在 MOF 纳米片疏水的烷基链上，可以稳定所剥离得到的纳米片。最终得到的二维 MOF 片厚度大约为 1.12nm，横向宽度可以达到几微米，透射电子显微镜和选区电子衍射表征都证实了 MOF 的超薄纳米片结构。

需要强调的是，溶剂在超声剥离中起到至关重要的作用。当使用不合适的溶剂进行剥离操作时，其效果会大大下降。举例来说，对于剥离 MOF-2 和 MDMS 晶体最合适的溶剂分别是丙酮和乙醇。合适的溶剂不仅可以快速实现剥离，还可以有效地稳定所得到的纳米片结构。为了实现快速剥离和较好的稳定性，经常会选择混合溶剂，一种用来实现剥离，另一种则起到稳定 MOF 层的作用。对于何种 MOF，选择何种溶剂，目前来说，具体作用机理尚不清楚，但可以认为这跟它们剥离过程中的表面能大小有关。例如，剥离石墨是获得高质量的石墨烯的常用方法，所用溶剂表面能很接近于石墨烯的表面能，理论计算表明石墨烯纳米片可以有效地稳定在某些溶剂中，此时团聚的驱动力很弱。

2. 机械剥离法

除了超声剥离外，机械剥离法也经常用来制备超薄的二维 MOF 纳米片。例如，Coronado 等报道了利用透明胶通过机械剥离法得到了层状 MOF 材料[20]。Maeda 等报道了利用摇晃剥离的操作得到了二维 La(BTP) 层状材料[21]。Zamora 等报道了可以利用溶剂诱导自发地实现 $Cu(\mu\text{-}pym_2S_2)(\mu\text{-}Cl)\cdot nH_2O$ 的剥离[22]。通过将块状 $Cu(\mu\text{-}pym_2S_2)(\mu\text{-}Cl)\cdot nH_2O$ 晶体浸入水中不同的时间就可以控制二维 MOF 纳米片的厚度。例如，要得到 2 nm 厚度 MOF 纳米片需要浸泡 4 天。最近，Zhao 等利用冷冻-解冻的机械操作，成功地剥离了 $Ni_8(5\text{-}BBDC)_6(\mu\text{-}OH)_4$ (MAMS-1) 晶体（图 3-5）[23]。在此项工作中，首先将 MAMS-1 晶体分散在正己烷中，将溶液冷冻在 −196℃ 的液氮里，随后放入 80℃ 热水中进行解冻。正己烷由固态转变为液态后，体积的急速变化会对 MAMS-1 晶体产生剪切力，从而导致晶体的层状剥离。由此得到的 MOF 纳米片厚度大约为 4nm，平均的横向尺寸为 10.7μm。

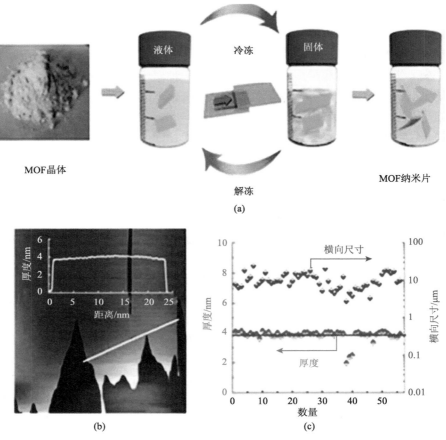

图 3-5 　（a）冷冻-解冻机械操作法制备 MAMS-1 晶体示意图；（b）MAMS-1 的 AFM 图像；
（c）剥离后的 MAMS-1 纳米片的厚度及横向尺寸变化[23]

3. 锂离子嵌入剥离法

尽管诸如上述的多种方法均可以有效制备二维 MOF 材料，但得到高产率层状 MOF 目前仍然是这一领域极大的挑战。举例来说，MOF-2 和 $Zn_2(bim)_4$ 的剥离产率不超过 10% 和 15%。最近，一些混合剥离方法被用来制备二维 MOF 材料，大大提高了产率，如超声剥离法和锂离子嵌入剥离法的结合。Xia 等利用超声和锂离子嵌入剥离操作，成功地将 $La_2(TDA)_3$ 块状晶体实现了层状剥离。首先，通过超声操作，可以得到多层的 MOF 纳米片晶体[24]。然后，通过锂离子嵌入操作可以得到单层的 MOF 纳米薄片。研究认为，锂离子的嵌入有助于撑开 MOF 层间距离，弱化其层间相互作用，进而很容易实现二维 MOF 层状材料的剥离。该剥离方法之前一直应用在剥离石墨烯和二维过渡金属硫化物上。相似地，Song 等也利用超声/锂离子嵌入法实现了对 MnDMS 晶体的层状剥离[25]。

4. 化学剥离法

化学剥离也经常被用在剥离二维层状 MOF 上，最近，Zhou 等发展了一种嵌入/化学剥离的方式得到了超薄的二维 MOF 纳米片（图 3-6）[26]。在本项工作中，有机配体首次作为嵌入成分来取代锂离子。研究者首先合成了一种层状 MOF [Zn₂(PdTCPP)]晶体，然后插入一种化学不稳定的 DPDS 配体，得到了一种全新的 Zn₂(PdTCPP)(DPDS)晶体。DPDS 配体与金属节点的配位大大弱化了 MOF 块状晶体层间的相互作用，在被三甲基膦选择性还原后，Zn₂(PdTCPP)(DPDS)晶体被剥离成单层 MOF 纳米片。其厚度大约为 1nm，产率达到了约 57%，是目前产率最高的合成方法。而作为对比，单纯靠超声 Zn₂(PdTCPP)晶体得到二维 MOF 纳米片的产率仅约为 10%。而且，TEM 显示该方法得到的二维 MOF 晶体仍然具有很强的生长取向。

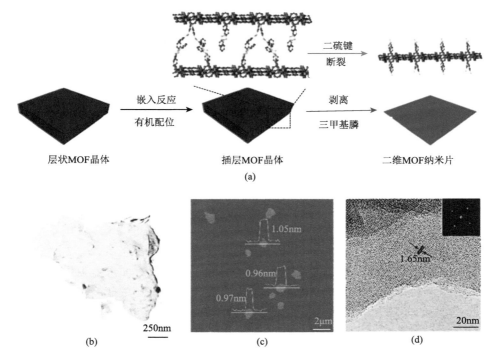

图 3-6　（a）化学剥离法制备二维 MOF 纳米片示意图；剥离的 MOF 的 TEM 图像（b）、AFM 图像（c）及 HR-TEM 和 SAED（d）[26]

综上，自上而下合成法是一种有效的制备高结晶性二维 MOF 片的合成策略。尽管如此，其相对较低的产率和较慢的合成速度依然极大地限制了其大规模实际应用。因此，发展具备高产率、更接近实用化的合成方法在未来更具有现实意义。另外，对 MOF 层状材料的稳定性探索和对溶剂的作用机理研究都是未来需要努力的研究方向。

3.4.2 自下而上合成法

本方法不同于前面的自上而下剥离得到二维 MOF 纳米片的方法，而是基于金属离子和有机配体直接配位合成得到。本方法的制备关键在于如何在 MOF 晶体生长的过程中选择性地限制其某一个维度的生长，而不影响其他两个维度的生长。对于层状 MOF 晶体而言，纵向生长很容易通过限制 MOF 层的堆叠而控制。但是，对于一些非层状的二维 MOF，选择性地限制 MOF 某一个维度的生长是非常困难的。目前来说，已经发展的自下而上的方法主要包括界面合成法、表面活性剂辅助合成法、调制剂合成法、超声合成法以及其他合成方法。

1. 界面合成法

界面合成法是目前比较常用的制备二维 MOF 的方法之一。顾名思义，其中的界面指的是在 MOF 合成过程中，促进金属源和有机配体反应的界面。由于 MOF 仅生长在二维限域界面处，因而很容易得到二维 MOF 纳米片材料。目前为止，总共三种类型的界面被用于合成二维 MOF，包括液-液界面、液-气界面以及液-固界面。

液-液界面一般是指不混溶的两种溶剂分别用来溶解金属盐和有机配体，如水/二氯甲烷以及水/乙酸乙酯体系。举例来说，Zhu 等利用水/二氯甲烷体系成功地合成了 Cu-BHT 二维 MOF 晶体[27]。首先将 BHT 配体溶解在二氯甲烷中，然后将水滴滴在上面，形成一层水油界面，最后将铜离子逐渐加入水中，二维 MOF 最终会在水油界面处生成得到。类似地，Marinescu 等利用水/乙酸乙酯体系研究了二维 Cu-NHT 和 Cu-THT MOF 的合成[28, 29]。尽管该方法可以通过调节配体的浓度来控制二维 MOF 纳米片的厚度，但其合成的 MOF 纳米片厚度通常大于 100nm。如果想要合成出超薄甚至单层的 MOF 纳米片，利用液-气界面可能更为有效。例如，将少量的有机溶剂滴加到水的表面，待有机溶剂挥发完全，水气界面就形成了。在这一过程中，反应仅发生在水气界面处，可以有效控制 MOF 的成核和生长过程。如果能实现在水气界面处分散单层有机配体就有可能得到单层的二维 MOF 纳米片。另外，只要容器足够大，本方法就很容易实现高产率的 MOF 纳米片。Makiura 和 Kitagawa 等报道了基于特定配体的一系列 MOF 纳米片的合成，所选用的界面就是水气界面[30]。以 NASF-1 为例来阐述其具体的合成步骤。首先用氯仿/甲醇（3 : 1）的混合溶剂来溶解 CoTCPP 和吡啶两种配体，然后将之平铺在 $CoCl_2 \cdot 2H_2O$ 水溶液的表面。为了保证其为单层分散体系，水的表面被覆盖大约 50%。蒸发掉氯仿和甲醇后，二维单层 MOF 纳米片最终会在水气界面处生成。如果将这一过程重复几次就可以得到多层的二维 MOF 纳米片，从而可以轻易地控制 MOF 的层数。该方法合成的 20 层厚的 MOF 纳米片大约为 20nm。基于此方法的简单便捷和普适性，他们又将这一方法拓展到合成其他二维 MOF 材料，如 NASF-2[31]、PdTCPP-Cu[32]、ZnTPyP-Cu[33] 以及 DCPP-Cu[34]。

利用水气界面还可以合成出许多有意思的二维 MOF 系列，如六配位 Ni 基层状 MOF 材料。Nishihara 等在水气界面处合成出了单层/多层的 Ni-BHT MOF[35]，大大丰富了二维 MOF 家族。他们将溶有 BHT 有机配体的乙酸乙酯溶液平铺在溶有 Ni 盐的水溶液的表面，等乙酸乙酯挥发后，一层有机配体就会均匀地分布在水的表面。反应 2h 后，就可以得到二维 MOF 纳米片。作者利用原子力显微镜证实所合成的 Ni-BHT 纳米片可以为单层或者多层，单层厚度大约为 0.6 nm，多层厚度为几纳米。

除此之外，液-固界面也经常被用来合成二维 MOF 纳米材料。举例来说，Otsubo 和 Kitagawa 等利用液-固界面，通过 MOF 二维层的生长堆叠制备得到了 Fe(py)$_2$[Pt(CN)$_4$]纳米片[36]。该 MOF 的二维层是由[Pt(CN)$_4$]$^{2-}$和 Fe^{2+}配位结合组成的，两个 py 配体沿 b 轴连接 Fe^{2+}，层间通过吡啶环的π-π相互作用沿着 b 轴堆叠，最终生成 MOF 纳米片。如图 3-7 所示，在 Au/Cr/Si 基底首先覆盖一层 4-巯基吡啶配体吸附层，然后分别将之浸泡在 Fe^{2+}和[Pt(CN)$_4$]$^{2-}$乙醇溶液中，重复 30 次。在每次操作中，一层 MOF 会生长在其表面，重复 30 次操作后所生长的 MOF 层厚度大约为 16nm。利用此方法，他们又合成了其他 MOF 纳米片，如 Fe(py)$_2$[Ni(CN)$_4$]、Fe[Pt(CN)$_4$]等。Terfort 等采用同样的方法制备了 Cu(F$_4$bdc)$_2$（dabco）MOF 纳米片[37]。研究发现，采用不同的配体吸附层，如吡啶类和羧酸类的配体，最后生长的 MOF 的晶体取向是不同的。另外，传统的化学气相沉积法（CVD）也经常用来制备 MOF 纳米片。总而言之，界面合成法是一种非常简单有效的生长二维 MOF 纳米

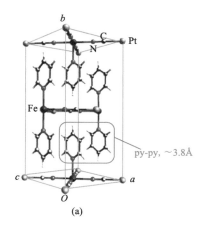

(a)

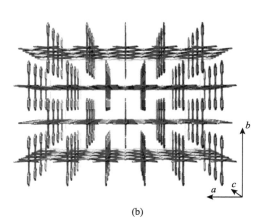

(b)

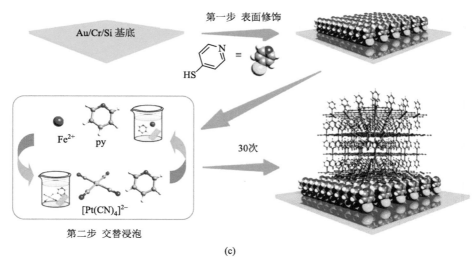

图 3-7 （a）、（b）Fe(py)$_2$[Pt(CN)$_4$]的晶体结构；（c）在液固界面处界面合成法制备
Fe(py)$_2$[Pt(CN)$_4$][36]

薄片的方法。在实际应用中，尤其基于液-气表面，可以方便快捷地得到单层/几层的 MOF 纳米片。虽然该方法成效显著，但也存在一些不足之处。例如，该方法不适合合成高温条件下才能生成的 MOF 材料，此外，该方法产率很低，不适合大规模应用。

2. 表面活性剂辅助合成法

由于高的表面能，合成得到的 MOF 纳米片经常会发生团聚与聚集。因此，合成高稳定性的 2D MOF 材料是目前这一领域的一大挑战。最近，Zhang 等报道了利用表面活性剂辅助合成法制备了一系列基于 TCPP 的 2D MOF 纳米片[38]，合成的 MOF 纳米片厚度可以达到 10nm 以下。所选用的 PVP 表面活性剂在 2D MOF 合成中起到了两个重要作用。首先，它的存在可以有效地限制 MOF 层的纵向生长，得到超薄的纳米片。其次，PVP 可以稳定所合成的纳米级 MOF 薄片，使其不易发生团聚。具体来说，Zn-TCPP MOF 是通过纵向堆叠 2D MOF 层得到的[39]，每一层是通过 Zn$_2$(COO)$_4$ 金属节点与 TCPP 配位而成的。而在表面活性剂 PVP 的存在下，超薄的 Zn-TCPP 纳米片可以生成得到。研究发现，PVP 可以配位到 Zn$_2$(COO)$_4$ 上，进而有效地弱化层间相互作用，阻止层-层的定向堆叠生长。另外，PVP 表面活性剂的加入并不影响 MOF 在层内的生长。最终，可以得到超薄的 MOF 纳米片。原子力显微镜显示该纳米片厚度为（7.6±2.6）nm，其晶体结构被 XRD 和 SAED 等表征所证实。除此之外，利用这一方法，其他 MOF 纳米片也可以很容易地合成得到，如 Cd-TCPP、Co-TCPP 以及 Cu-TCPP[38]。除了 PVP，其他表面活性剂，如十二烷基硫酸钠（SDS）、十二烷基苯磺酸钠（SDBS）以及十六烷基三甲基溴化铵（CTAB）等都被报道用来合成 2D MOF。

3. 调制剂合成法

除了常规的表面活性剂外，其他小分子如乙酸、吡啶等都可以用来有效合成 2D MOF。这些小分子也被称为调制剂，它们在 MOF 生长过程中也会参与 MOF 金属节点的配位过程，最终影响 MOF 的生长动力学过程。更重要的是，选择性地将调制剂配位于 MOF 的晶面上，可以有效地限制某些晶面的生长，进而使得生成的 MOF 晶体表现出不同的外观形貌，如纳米管、纳米棒和纳米片。最近，Kitagawa 等利用两步合成法制备了 $[Cu_2(BDC)_2(BPY)]_n$ 纳米片[40]。第一步，2D $[Cu_2(BDC)]_n$ 首先经由 Cu 源与 BDC 配体配位得到。在此过程中，乙酸的加入可以有效地调控 MOF 晶体的生长。然后，BPY 配体加入后会嵌入 2D MOF 配位层中，最终得到 $[Cu_2(BDC)_2(BPY)]_n$ 纳米片。另外，MOF 纳米片的尺寸可以通过调制剂的浓度进行有效控制。当其乙酸/乙酸铜盐的体积比从 20 增长到 50 时，纳米片的尺寸会从 60nm 长大到 300nm。Do 等利用乙酸和吡啶两种调制剂合成出了 $[Cu_2(NDC)_2(DABCO)]_n$[41]，MOF 纳米片可以通过加入吡啶调制剂得到，这是因为吡啶可以有效地抑制铜盐和 DABCO 配体的配位。而乙酸可以抑制铜与 NDC 配体的配位，最终得到 MOF 纳米棒。因此，在特定条件下，加入不同的配位调制剂，可以对应得到不同形貌的 MOF 纳米材料。

4. 超声合成法

超声合成法作为一种简单有效的快速合成法也经常被用来合成 MOF 材料。最近，这种方法被直接用来制备二维 MOF 纳米片。Tang 等利用这种方法合成了 UMOFNs 纳米片（图 3-8）[42]。以 NiCo-UMOFNs 为例，其合成步骤如下：首先将 Ni、Co 盐和 BDC 配体分别溶于 DMF 和水/乙醇中，然后将三乙胺加入其中。在室温搅拌 5min 后，会得到 MOF 悬浮液。继续超声 8h 后，MOF 纳米片最终合成。利用这一方法，其他 MOF 纳米片也很容易合成出来，如 Mn-UMOFNs[43]以及 $[Zn(BDC)(H_2O)]_n$ 纳米片[44]等。

5. 其他合成法

除了上面提及的合成方法外，其他一些自下而上的合成方法也经常被用来制备二维 MOF 纳米材料。例如，Tang 等利用反向微乳液法合成了手性 MOF（CMOF）纳米片[45]。微乳液是通过将水在 NaAOT 表面活性剂的帮助下加入异辛烷溶剂之中形成的，MOF 生长被限域在微乳液中的水相之中。另外，NaAOT 表面活性剂在合成的 MOF 纳米片表面也可以阻止 MOF 纳米片的进一步团聚。在另外

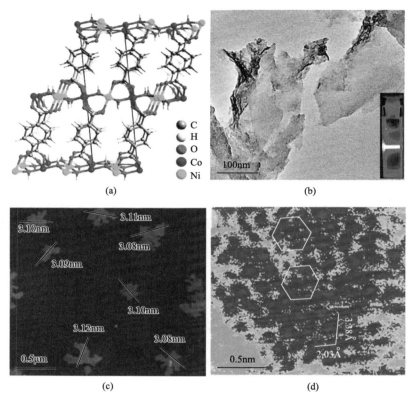

图 3-8 NiCo-UMOFNs 的晶体结构（a）、TEM 图像（b）、AFM 图像（c）以及高角环形暗场
扫描透射电子显微镜（HAADF-STEM）图像（d）[42]

一个例子中，Dongle 等利用无机盐模板法，使 ZIF-67 沿着 NaCl 微晶的表面生长
合成出了 ZIF-67 纳米片[46]。相似地，为了在 MOF 合成中延缓金属盐的配位速度，
金属氧化物也经常用来提供金属源。Zhang 课题组于 AAO 孔道中合成了
MIL-53-NH$_2$ 和 Al$_2$(OH)$_2$(TCPP)纳米片[47]，利用 AAO 表面的氧化铝作为金属源
来合成 MOF。少量的 HCl 加入其中，来释放一部分 Al^{3+}调控 MOF 的生长动力
学过程，最终得到了 MIL-53-NH$_2$ 纳米片，而传统的方法只能得到 MIL-53-NH$_2$
纳米颗粒。

3.5 三维纳米 MOF 的合成

三维纳米 MOF 结构主要可分为三大类：①由低维纳米 MOF 材料[如零维纳
米颗粒、一维纳米线（管、带等）、二维纳米片]组装成的具有特定形貌的 MOF
超结构；②具有特定孔分布的多孔 MOF 结构，包括单晶 MOF 或多晶 MOF，一般

具有分级多孔特性；③由不同组分构筑的非均相 MOF 结构，如核壳结构。三维 MOF 纳米结构的合成可采用自组装、模板法、化学刻蚀、分步外延生长等策略。

3.5.1　自组装超结构

由低维纳米 MOF 结构组装为三维 MOF 超结构时，其组装个体一般需要具有均一的尺寸和几何形状，以便于其能够形成有序的密堆积结构。对于零维 MOF 纳米颗粒而言，受粒子间相互作用的影响，MOF 纳米颗粒能够自发组装成特定形貌的三维 MOF 复杂结构。如图 3-9（a）所示，利用范德瓦耳斯力的影响，在特定的溶剂中，使适当浓度的 ZIF-8 纳米颗粒分散液自发组装成线形、三角形、菱形和方形等二级结构，甚至堆积成面心立方结构[48]。2017 年，Avci 等成功制备了 ZIF-8 纳米颗粒密堆积成的毫米级超结构，并研究了其光学性质[图 3-9（b）]。纳米颗粒超结构的光子带隙可以通过 ZIF-8 纳米颗粒的大小进行调节，并可在 ZIF-8 纳米颗粒微孔中吸附客体粒子，从而实现其在不同领域的应用。更有趣的是，不同晶格的超结构可以通过不同形貌的 ZIF-8 或者八面体形状的 UiO-66 实现[49]。除了利用粒子间固有的相互作用，选择性施加外力场来控制纳米颗粒的堆积形式，对超结构形貌的控制更为有效。如图 3-9（c）所示，Yanai 等通过施加电场将 ZIF-8 菱形十二面体纳米颗粒定向组装成直链，且在去除电场后，线形结构能够保留。简单来讲就是通过电场的作用，使改性过的 MOF 纳米颗粒在两块涂有氧化铟锡的盖玻片间定向移动，使其聚集、接触，并组装成链条结构。研究发现，施加电场后的几秒内，纳米粒子趋向于面与面的定向接触，逐渐变成细长的六边形轮廓。继续施加电场至几分钟，这些纳米 MOF 颗粒将沿电场方向形成一个形貌完整的一维链结构。当然，采用该方法制备纳米颗粒超结构时，超结构的稳定性受纳米颗粒的几何形状影响。当采用立方体结构的 ZIF-8 纳米颗粒为组装单体时，受布朗运动的影响，所得到的链结构在去除电场后会随着时间延长逐渐解体，最终变成离散的 ZIF-8 纳米颗粒。这一现象的真正原因在于菱形十二面体的各个面十分平整，使其能够紧密接触。而立方体状 ZIF-8 的接触面存在一个极小的曲面，导致其在去除电场后会逐渐解体[50]。

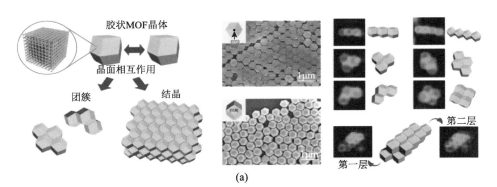

(a)

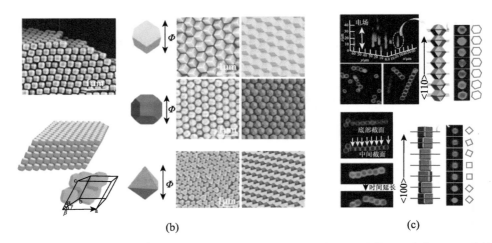

(b)　　　　　　　　　　　　　　　　　(c)

图 3-9　（a）MOF 纳米颗粒通过毛细管或范德瓦耳斯力自组装成三聚体、四聚体、面心结构以及六角堆积体超结构[48]；（b）不同结构尺寸的 MOF 纳米颗粒组装成三维超结构[49]；（c）电场诱导 MOF 纳米颗粒组装成链状超结构[50]

　　除了零维的 MOF 纳米颗粒外，一维 MOF 纳米线/管/棒也能组装成三维有序空间结构。然而，由于一维纳米结构的各向异性，一维 MOF 纳米超结构的合成比零维纳米颗粒更加困难。另外，由于一维纳米 MOF 的报道本身较少，一维纳米 MOF 超结构的示例并不常见。下面将通过具体的示例来对此进行说明。2019年，Zou 等通过在不同溶剂中的转变再结晶方式，以 Zn-MOF-74 纳米颗粒为前驱体材料，首次合成了一维 MOF 纳米棒球形超结构[图 3-10（a）]。该研究表明：在水热过程中，MOF 纳米颗粒首先转变成一维 MOF 纳米棒，然后自组装成三维板栗壳状的微米级 MOF 球形超结构。其中，一维 MOF 纳米棒朝三维空间有序排列，并且在内部形成了一个空腔。为了得到更加均匀的球形超结构，研究人员通过使用尿素为调节剂对其形貌进行优化。在一定范围内，尿素的使用量对球体的形貌和尺寸影响并不大。所得到的球形超结构直径均在 10μm 左右，而 MOF 纳米棒的直径为 50～60μm。当采用 PVP 或 CTAB 为调节剂时，该球形超结构的形貌和尺寸受调节剂量的影响比较明显。在研究范围内，PVP 的用量越大，三维 MOF 超结构的几何形状越规则。而在使用 CTAB 的情况下，用量越少，球状结构越明显。在高温条件下，MOF 球形超结构将转变为多孔碳纳米材料，并保持原有的几何形貌。该研究也给出了一个制备碳纳米棒球形超结构的方案[51]。自牺牲模板法是一种制备一维 MOF 纳米阵列或其复合物的有效策略。在这一合成过程中，基体材料（氧化物或氢氧化物）对 MOF 的种类或形貌有着至关重要的影响。

　　如图 3-10（b）所示，Jiang 等利用该方法获得定向 MOF 纳米阵列，通过热处理后可直接用作电化学催化的电极。该研究为制备三维 MOF 材料复合物提供

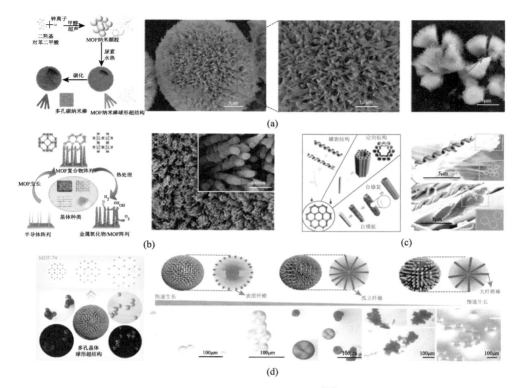

图 3-10　（a）水热转变法制备板栗壳状 MOF 球形超结构[51]；（b）模板法制备 1D MOF 纳米棒阵列[52]；（c）温度控制策略制备不同形貌 MOF 纳米管及螺旋结构[53]；（d）混合溶剂控制策略制备三维纳米球晶粒[54]

了良好借鉴[52]。最近，Zhou 课题组研究了溶剂热条件下 MOF-74-II 的温度-形态演变过程[图 3-10（c）]。在不同温度下，MOF-74-II 表现出不同的组合方式。例如，在 70℃时，MOF-74 纳米线表现出优异的柔性，与其他纳米线缠绕在一起形成螺旋状复合结构。而当反应温度为 85℃时，该 MOF 首先变成刚性 MOF 纳米管，然后聚集形成多通道分级结构。在更高的温度下，该材料将经历自模板修复过程，最终形成微米级 MOF 管[53]。利用混合溶剂控制晶体成核和生长速度来控制超结构演化的动力学也是合成 MOF 球形超结构的一种典型方法。在 Feng 等的研究中，改变反应溶剂中 DMF 与 DEF 的比例，可有效地控制 MOF-74 晶体球的生长[图 3-10（d）]。该工作中，作者还研究了不同成分和不同孔径尺寸的 MOF-74 球形超结构。这些球形超结构在偏振光下呈现出典型的球晶马耳他十字（Maltese cross）消光模式。另外，这种分级球形超结构能用来封装不同的客体分子，在有机催化反应方面有着良好的应用前景[54]。

　　二维 MOF 纳米结构可以通过特定的合成方法组装成具体的三维空间结构。

如图 3-11（a）所示，2017 年，Falcaro 等通过一步合成法，在温和条件下利用异质外延生长策略来快速制备厘米级定向多晶 MOF 膜阵列。该方法采用晶态氢氧化铜作为基体合成具有定向孔道的 Cu 基 MOF 膜，薄膜的大小主要取决于基材的尺寸。由于薄膜各向异性的晶态结构，改变 MOF 膜与光线的夹角则可以实现荧光信号的关、开[55]。Alizadeh 等首次采用电化学辅助自组装技术，在电极表面合成介孔 MOF 薄膜。该薄膜由二维 MOF 片堆积成中空的三维六角形晶体，形成蜂窝状介孔结构[图 3-11（b）]。研究人员首先将碳、玻璃碳或氧化铟锡电极置于含有金属盐、配体、表面活性剂 CTAB 的硝酸钾电解液中，在一定电流条件下合成 MOF/CTAB 复合物，随后去除表面活性剂得到纯相介孔 MOF 晶体。在该合成过程中，配体与表面活性剂的协同机制对介孔的形成至关重要。由于该方法适用于各种导电基体，在 MOF 电极材料的制备方面具有代表性意义[56]。另外，以 CTAB 作为调节剂，Zeng 等在室温条件下合成了二维纳米 MOF 超结构，该结构由厚度在 90nm 左右的层状 HKUST-1 纳米片构筑成 1μm 左右的三维环状纳米空间材料。如图 3-11（c）所示，首先，CTAB 形成的囊泡有利于金属 Cu 离子与配体在其表面结晶成二维薄片，去除该软模板后会得到一个尺寸在 340nm 左右的空腔，从而得到一个环状结构的 MOF 超结构。由于模板分子产生的结构缺陷，通过阳离子交换过程，该 MOF 环状结构可用于制备不同金属离子负载（如 Ce、Co、Zn、Cu）的 MOF 复合物，并形成介孔结构。该二维超结构可应用于一氧化碳的催化氧化[57]。

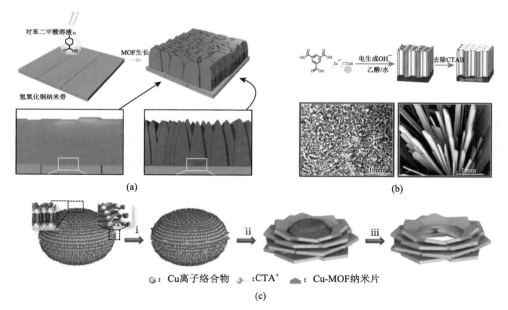

图 3-11　（a）异质外延生长法合成二维 MOF 纳米片阵列[55]；（b）电化学辅助合成二维 MOF 超结构[56]；（c）模板调节策略制备环状纳米空间超结构[57]

3.5.2　分级多孔结构

多数 MOF 的孔属于微孔，由于孔径较小，会影响物质的扩散过程，同时阻碍大分子通过孔通道进入反应中心，这限制了 MOF 的应用。如果能在原有 MOF 微孔结构的基础上引入介孔结构，则可以得到分级多孔结构 MOF(H-MOF)。其中微孔结构能够提供超高的比表面积和较大的孔体积，而介孔结构能够促进扩散过程和分子进入结构中心。这些 MOF 材料能够结合微孔和介孔两者的优势，更好地利用材料的多孔特性。但目前对于合成介孔结构 MOF 的方法一般采用模板或者更为复杂的合成工艺，而且这些方法主要针对特定的 MOF 合成，难以在其他 MOF 体系中实现相同的效果。因此急需发展新的有效合成方法，来得到稳定、高质量的 H-MOF 结构。从 MOF 的晶体结构来看，金属离子（簇）和配体的有序构筑使得 MOF 内部形成了尺寸均匀的孔结构。这些由配体和金属的空间结构来决定的孔大小，一般在几埃到几纳米范围内。理论上可以继续增加配体的长度来实现孔尺寸的增长，然而过长的配体使得材料的结构极不稳定，这也使得大孔 MOF 的制备一直难以实现。目前对介孔或大孔 MOF 的制备主要采用模板法或化学刻蚀。

1. 模板法制备多孔纳米 MOF

在 MOF 的合成过程中，使用模板能够很好地控制材料的微观结构，包括软模板法、硬模板法和自模板法。硬模板法对纳米结构的形貌和尺寸控制十分精准，且用作硬模板材料的来源非常广泛。硬模板可以是非晶态材料如聚合物，也可以是晶态的氧化物或无机盐等。例如，2012 年，Oh 采用 PS 小球模板首先制备了核-壳结构 PS@ZIF-8 复合微米球，然后将其浸泡在 N,N-二甲基甲酰胺溶剂中去除模板，最终得到中空的 ZIF-8 微米小球[58]。采用同样的策略，可以制备均匀的 MIL-100（Fe）中空球[59]。2018 年，Shen 等用 PS 小球为模板，成功合成了首个单晶大孔 MOF[图 3-12（a）]。在其制备过程中，研究人员首先合成了 PS 小球块状单体，通过渗透的方式使配体和金属离子进入 PS 模板缝隙中，然后使其在甲醇和氨水的混合溶液中结晶形成 MOF@PS 混合物，最终去除 PS 模板得到微孔-大孔有序共存的单晶 MOF。由于其特定的空间结构，该单晶 MOF 展现出优异的催化性能[60]。随后，其他课题组在该策略的基础上，发展和合成了其他相应的 MOF 结构和衍生材料，可分别用于高性能铝离子[61]和钾离子电池[62]。

使用软模板法中合成多孔结构材料的原理在于利用多相界面作为模板促进 MOF 的成核、生长、组装。和硬模板法类似，该方法获得的 MOF 材料的形貌和尺寸受模板的形状限制。2011 年，Vos 等利用水和有机溶剂的界面作为模板，研究了聚乙烯醇（PVA）的比例对 HKUST-1 中空胶囊形成的影响[63]。胶体也是一

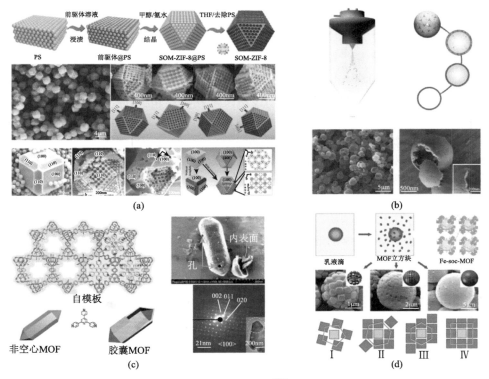

图 3-12　（a）PS 小球为硬模板制备大孔径单晶 MOF[59]；（b）喷雾干燥法制备中空微米 MOF 球结构[64]；（c）自模板法制备单晶开孔 MOF 胶囊[65]；（d）微乳液法合成球形 MOF 中空超结构[66]

种良好的软模板，Fe-MOF 纳米颗粒能够在其表面组装成壳层状异质结构，同时还可以通过控制单体的尺寸来控制三维 MOF 构筑的形貌。如图 3-12（d）所示，2013 年，Eddaoudi 等通过微乳液法在表面活性剂的作用下，将 Fe-soc-MOF 纳米块组装成了微米尺寸的中空球体。其研究表明，在溶剂热条件下，叔丁胺和 PVP 的共同作用可有效控制 Fe-soc-MOF 晶体生长，得到形貌均一的、尺寸约 900nm 的立方晶块。有趣的是，当合成过程中用聚氧乙烯（20）山梨糖醇三油酸酯（吐温 85）替代 PVP 时，得到的 Fe-soc-MOF 立方块将自发组装成中空球体。该球体是由一层立方块 MOF 纳米颗粒在乳液微球表面聚集而成，并且可以通过控制加入吐温 85 的浓度来调节球体的大小[66]。气液界面也可以作为多孔 MOF 合成模板。为了获得空心 MOF 超结构，Maspoch 等报道了一种喷雾干燥的方法，对 14 种常见的纳米 MOF 进行了研究[图 3-12（b）]。该方法可以被看作是一种普适的、廉价的、快速的、可批量合成的策略。其原理是利用干燥过程中的气液界面作为模板促进 MOF 的自组装，而微滴形成的密闭环境则有利于 MOF 的生长。得到的中空球形超结构小于 5μm，当置于溶液中超声后可得到分散均匀且稳定的纳米 MOF

胶体。此外，该方法还适用于制备不同成分的 MOF 超结构，易于对客体分子进行封装以适应其不同的应用[64]。2014 年，Li 等在二氧化碳-离子液界面合成了中空 Zn-BTC 多面体结构，其研究表明，MOF 颗粒的形貌可以通过控制二氧化碳的分压进行调控。2016 年，Zhang 等利用细胞壁作为模板获得了 MOF 微米胶囊[67]。一般而言，软模板的去除比较容易，但是其对 MOF 的形貌结构控制比较困难，在一定程度上限制了其应用。

　　除此之外，自模板法也是制备多孔 MOF 材料的一种有效方案。2014 年，Kitagawa 课题组以[Zn$_2$(ndc)$_2$(bpy)]$_n$（bpy = 4, 4-bipyridyl）为母晶体，将其与有机配体对苯二甲酸共同置于 DMF 中，快速升温到 80℃时，母晶体开始溶解并在其表面与配体再结晶生成新的空盒状 MOF 超结构([Zn$_2$(bdc)$_{1.5}$(ndc)$_{0.5}$(bpy)]$_n$）[68]。2015 年，Lah 等利用有机-金属多面体为自模板，制备了单晶中空 MOF 结构，该结构的空腔尺寸由几微米到几百微米不等[69]。2017 年，Choe 等的研究中，他们将线形配体（dabco）插入名为 UMOM-1 的 Cu 基 MOP 中，可以实现单晶到单晶的转变，从而得到 UMOM-2 的单晶 MOF。该 MOF 的转变遵循由外向内的转变过程，可以观察到中间产物 MOP@MOF 的生成，随着 MOP 的逐步溶解，这种核壳结构的中间产物最终转变成单壳的中空结构。在特定的反应条件中，该核壳结构也可以用作模板，在其表面生长 MOP，从而得到更加复杂的多孔 MOF 材料[70]。最近，Xu 课题组以 FeNi-MIL-88B 为模板，通过溶出再结晶过程，制得单晶开孔 MOF 胶囊[图 3-12（c）]。该 MOF 呈现出优异的硫、碘负载能力，而且可以用来制备多孔碳纳米材料，在电催化方面展现出良好的应用前景[65]。

2. 刻蚀法制备多孔纳米 MOF

　　通过后期修饰对 MOF 的孔结构进行调整是制备分级多孔 MOF 的有效措施。以 Cr-MIL-101 为例，如图 3-13（a）所示，通过合理设计晶体中的成分分布，然后在酸性溶液中刻蚀去除非稳定相，从而得到具有核壳结构的三维 MOF 结构。结合分步合成路线，重复以上步骤则可以得到多层核壳形貌的三维异质结构。如果想要控制壳的厚度或者腔的大小，可以通过控制刻蚀时间或者结晶过程来实现。例如，当刻蚀时间为 1h，所得到的空腔大小约 40nm，当刻蚀时间分别达到 2h 和 6h，其空腔大小分别变为 90nm 和 140nm。对于多层结构，壳的厚度可以在不同反应物浓度下通过调节外延生长的时间达到精确控制。使用该方法的前提在于 MOF 结构中至少存在两相或多相成分不均匀结构，利用它们在不同溶剂中的稳定性，部分溶解或消除其中的一个相成分，从而实现对 MOF 孔结构的二次构筑。当然，由于 MOF 本身的稳定性限制，对刻蚀试剂过程中 pH 的控制相当关键[71]。相同的方法还可以用来制备 ZIF 多孔结构。在 AVci 等的研究中，他们采用湿法-化学刻蚀对 ZIF-8 和 ZIF-67 进行了研究[图 3-13（b）]。利用酸化或碱化的二甲苯酚橙对 ZIF 各个晶面的选择性程度不同，使这些多孔材料重塑成其他形态，包括立方结构或四面体结构的晶体，甚至是空心盒状结构。蚀刻结果表明，蚀刻优先发生在富含金属-配体键的晶体学方向上。沿着这些方向，高指数晶面上的蚀刻速率更快。同时，还可以通过调节蚀刻剂溶液的 pH 来调节蚀刻过程[72]。

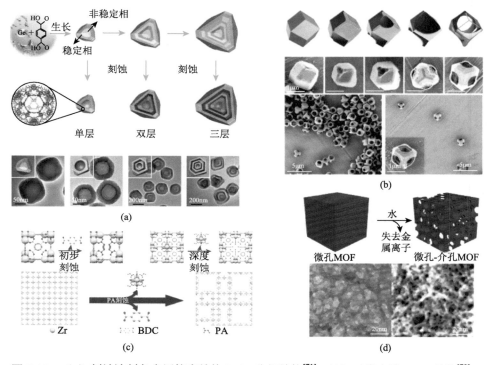

图 3-13　（a）刻蚀法制备多层核壳结构 MOF 分级结构[71]；（b）三维大孔 MOF 结构[72]；（c）单元羧酸刻蚀制备介孔 MOF 的制备[74]；（d）水解法制备分级多孔 MOF[73]

　　2015 年，Kim 等开发了一种水解后处理方法来制备分级多孔 MOF 结构。如图 3-13（d）所示，首先制备了一个名为 POST-66（Y）微孔 MOF，将其置于水中浸泡 24h 后，该 MOF 的晶态和形貌能够得到保留，但是其氮气吸附曲线由原来的 I 型吸附等温线变为了 IV 型吸附等温线。水解后的 MOF 比表面积急骤下降，然而其总的孔体积并没有明显变化。TEM 分析发现处理后的样品存在大量的介孔结构，其空腔尺寸主要分布在 10～20nm。为了调节最终产物中微孔和介孔的比例，可以通过调节水解时间和水解温度控制。由于介孔结构的生成，该 MOF 能更好地用来封装纳米级蛋白质等客体粒子[73]。同样，通过单边羧酸的刻蚀手段，也可以将微孔结构的 MOF 转变为介孔 MOF。该策略是基于单边羧酸不完全取代 MOF 中的连接配体，导致部分配体和金属簇的缺失而在 MOF 中产生介孔。如图 3-13（c）所示，Yang 等研究了多种单元羧酸对 UiO-66 的刻蚀反应。其中，丙酸对 UiO-66 中介孔的形成最为合适。产物的孔径分布、比表面积、孔体积可以通过对羧酸浓度和反应温度进行控制。刻蚀后的产物很好地继承了母体材料优异的稳定性。产生的介孔可以极大地促进客体物质的转移，在大分子物质的吸附和酶固定等方面的应用具有良好的应用前景[74]。

3.5.3　核壳结构

核壳 MOF 结构主要指成分或结构在三维空间的分布上内外不一致的纳米 MOF。合成这类 MOF 的方法主要有外延法和表面活性剂诱导法。外延生长策略是一种简单有效的方法，它经常被用来制备一些特定的复杂结构。在 MOF 体系中，通常采用外延生长法来制备核壳结构 MOF 晶体，利用其相似的晶体结构和匹配的晶格常数，核壳结构的 MOF 很容易得到。以 MOF-5-NH_2@MOF-5 为例，将两种不同的配体加入反应体系中，先形成的 MOF-5 晶体能够充当晶核，通过外延生长，其外围能够再次形成 MOF-5-NH_2[75]。由于其相同的晶体结构及相近的晶格常数，ZIF-8@ZIF-67 或者 ZIF-67@ZIF-8 也可以采用相同的合成策略，通过多次重复还可以得到更加复杂的多层核壳结构。2018 年，Zhan 等采用分步液相外延生长策略，成功制备了$(ZIFs@)_{n-1}ZIFs$ 核壳结构，其中 n 可多达 8，如图 3-14（a）所示。以 CTAB 为封端剂，室温条件下首先制得立方块状 ZIF-67 结构，使其六个暴露表面均为{100}晶面。随后以该立方晶块为晶核，将其浸泡在含有 Zn^{2+}和二甲基咪唑的水溶液中，室温继续反应得到 ZIF-67@ZIF-8 核壳结构。重复上面步骤，经过多步反应最终可获得层数达八层的核壳结构[76]。此外，利用分步外延生长策略，改变晶核的种类就可以控制 MOF 结构内部和外部元素的种类。类似的核壳结构如 bio-MOF-14@bio-MOF-11[77]、MIL-68@MIL-68-Br[78]也可以通过液相外延的方法获得。值得注意的是，这些 MOF 结构的内部（核）以及

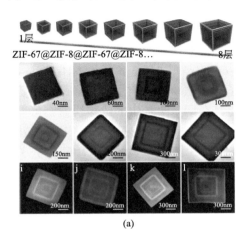

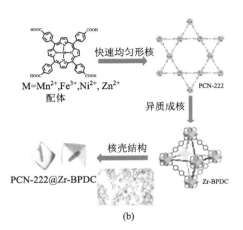

(a)　　　　　　　　　　　　　　(b)

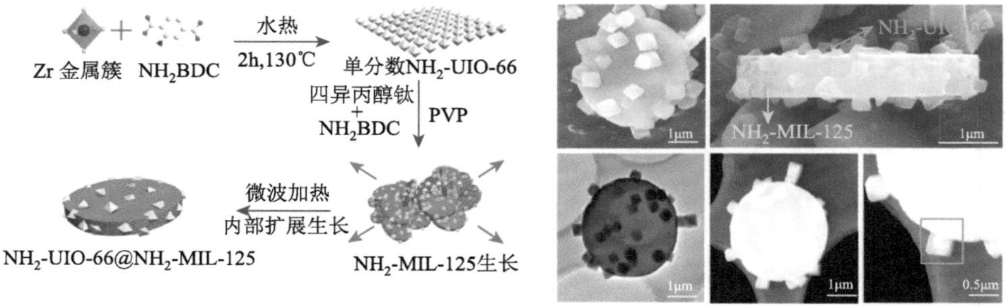

图 3-14 （a）分步合成策略制备多层核壳结构的 ZIF[76]；（b）一锅法制备 PCN-222@Zr- BPDC 核壳结构[79]；（c）NH₂-UiO-66@NH₂-MIL-125 制备策略及其相应的电子显微镜图片[80]

外部（壳）配体和金属簇具有相同的配位方式和晶体结构，一般只是改变了配体上的功能基团或者金属簇的种类。所以采用逐步合成策略制备核壳 MOF 结构时，是在具有匹配晶格参数的预制核 MOF 之上生长壳 MOF。这一烦琐的逐步合成过程和严格的晶格匹配要求限制了核壳 MOF 的制备。因此，更多情况下我们希望开发出简单的一步法合成策略来制备核壳结构的纳米 MOF。先前的研究表明，采用一锅法制备不同晶胞参数的核壳结构 MOF 时，其内部 MOF 和外部 MOF 的金属必须一致，且这两种 MOF 的形成条件必须类似。

然而，近年来的研究表明，晶胞参数不一样的两种 MOF 也能形成核壳结构。如图 3-14（c）所示，Kitagawa 课题组通过在 MOF 表面引入相关基团，成功将 MIL-125 嵌入 UiO-66 的表面，制备了核壳结构的 NH₂-UiO-66(Zr)@NH₂- MIL-125（Ti）。这种独特的向内扩展生长方法，是将制备好的 NH₂-UiO-66（Zr）晶体分散在含有表面活性剂 PVP 和 NH₂-MIL-125（Ti）的前驱体溶液中，在微波加热的条件下，PVP 首先吸附在 NH₂-UiO-66(Zr)的表面利于 Ti⁴⁺的附着；同时 NH₂-MIL-125（Ti）晶核开始形成，随着反应的进行，NH₂-MIL-125（Ti）晶核开始团聚形成胶束。随后的自组装过程使得晶体能继续扩展生长至所需的 3D 纳米片形状，从而穿插通过 NH₂-UiO-66（Zr），最终获得包裹形态的复合 MOF 结构。此外，作者还对 MIL-101（Cr）、MOF-76（Tb）、NH₂-UiO-66（Zr）等 MOF 负载于 NH₂-MIL-125（Ti）基体上的复合材料进行了研究，证明了该方法广泛的实用性[80]。最近的研究表明，通过控制 MOF 的形核动力学，优化其在同一溶剂中的成核快慢则可以实现晶格参数不匹配的异类 MOF 核壳结构的生长。Zhou 等课题组采用一锅法策略，成功制备了一系列的核壳 MOF 纳米结构，如图 3-14（b）所示，配体分子如 TCPP[H₄TCPP = tetrakis（4-carboxyphenyl）porphyrin]与金属离子具有很强的结合能力，在溶剂热条件下能够快速均相成核。而相同条件下，配体分子如 BPDC（BPDC = biphenyl-4, 4′-dicarboxylate）的成核速率比 TCPP 慢得多，这使得 PCN-222

能够首先在溶液中充当晶核。随后，由于异相成核的速率远高于均相成核，一旦溶液中的 PCN-222 达到一定尺寸，异相成核则在该晶体的表面快速发生，从而阻止了 PCN-222 的继续生长，使得 UiO-67 晶核在原晶体的表面聚集长大得到核壳结构的 PCN-222@UiO-67。不仅如此，作者还研究了其他金属种类的 MOF 结构。通过相同的控制手段，一次性合成了 PCN-134@Zr-BTB、PCN-222@NU-1000、La-TCPP@La-BPDC 等核壳 MOF 结构[79]。

3.6 纳米 MOF 复合物的合成

MOF 可以与金属纳米颗粒、量子点、多金属氧酸盐、有机分子、酶、硅、聚合物等功能材料结合形成 MOF 复合物[81-83]。在 MOF 复合物中，MOF 的优势（如多孔结构、化学多样性和结构可调变性）和各种功能材料的优势（如独特的催化、光、电子、磁特性和机械强度）可以有效地结合起来。并且，MOF 和功能材料之间会产生协同效应，从而表现出一些新颖的物理和化学性质。

MOF 和功能材料进行的复合可以通过两种方式来实现，一是将功能材料封装在 MOF 的孔道、框架或插层中，二是将 MOF 封装在功能材料中或是在 MOF 外层沉积上功能材料层。在第一种方式中，MOF 作为多孔的载体封装各种功能材料，如金属纳米颗粒、量子点和多金属氧酸盐，防止功能材料的流失和团聚。在第二种方式中，各种功能材料，如硅、碳和聚合物，可以作为保护层来提高 MOF 的化学稳定性和机械强度，并促进 MOF 复合物加工成型。在 MOF 复合物中，MOF 和功能材料之间界面的相容性和相互作用对复合物的成功组装和协同效应具有关键的作用。对 MOF 和功能材料的界面的理解可以更好地控制封装过程，包括成核和生长，并诱发它们之间的相互协同效应。

在本节中，我们总结了各类 MOF 复合物，包括金属-MOF 复合物、量子点-MOF 复合物、多金属氧酸盐-MOF 复合物、酶-MOF 复合物、有机分子-MOF 复合物、二氧化硅-MOF 复合物和聚合物-MOF 复合物。

3.6.1 金属-MOF 复合物

金属纳米颗粒由于具有高的化学活性和特异性，近年来受到了广泛的关注。然而，金属纳米颗粒尺寸小，比表面积大，具有很高的表面能，容易发生团聚现象。将金属纳米颗粒封装在金属氧化物、沸石、介孔硅、多孔碳等多孔材料中，能通过限域作用有效防止金属纳米颗粒的团聚。作为一类新型的多孔材料，MOF 具有高的比表面积和孔隙率，非常适合作为金属纳米颗粒的载体。

金属-MOF 复合物的合成方法可以分为三类，分别为"瓶中造船"法、"船外造瓶"法和"一锅"法（图 3-15）[84]。这些方法能有效调控金属纳米颗粒的位置、组成和形貌，成功将单金属、双金属合金、双金属核壳和金属多面体负载在 MOF 中。

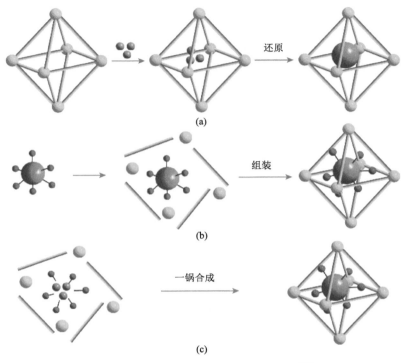

图 3-15 合成金属-MOF 复合物的方法[84]

（a）"瓶中造船"法；（b）"船外造瓶"法；（c）"一锅"法

　　"瓶中造船"法通过气相沉积、溶液浸渍、固体研磨、微波等技术将金属前驱体引入 MOF 中，再将金属前驱体还原成金属纳米颗粒。然而，由于 MOF 固有的微孔结构，将金属前驱体完全引入 MOF 的孔中是非常困难的，难以避免部分金属纳米颗粒沉积在 MOF 的外表面。沉积在 MOF 外表面的金属纳米颗粒没有受到 MOF 孔道限域作用的保护，因此稳定性较低，容易发生团聚。为了克服该问题，Xu 等发展了一种双溶剂法，成功将金属纳米颗粒完全封装在 MOF 的孔道内部，避免金属纳米颗粒沉积在 MOF 的外表面[85]。MIL-101($Cr_3F(H_2O)_2O[(O_2C)C_6H_4(CO_2)]_3 \cdot nH_2O$，$n = 25$)被选为载体来封装铂金属纳米颗粒。该双溶剂法使用与载体（MIL-101）孔体积相同或更少的亲水溶剂（如水）来溶解金属前驱体（H_2PtCl_6），并使用大量的疏水溶剂（如正己烷）来分散吸附质以促进浸渍过程。该方法利用毛细管力将所有的 H_2PtCl_6 水溶液引入 MIL-101 的亲水孔道中，避免 H_2PtCl_6 沉积在外表面上。Pt^{4+}@MIL-101 进一步在 200℃、H_2/He 氛围下处理，形成平均尺寸为（1.8±0.2）nm 的细小铂纳米颗粒均匀地分布在 MIL-101 的孔道内部。该工作表明，双溶剂法结合氢气还原法可以成功在 MOF 中合成贵金属纳米颗粒。然而，对于在 MOF 中合成非贵金属纳米颗粒，与贵金属相比，氢气热还原非贵金属前驱体需要更高的温度，这容易造成 MOF 结构的坍塌。针对该问题，Xu 等进一步发展了一种液相浓度控制还原法，并结合双溶剂法，实现了在 MIL-101 中调控 AuNi 合金纳米颗粒的尺寸和位置（图 3-16）[86]。HAuCl$_4$ 和 NiCl$_2$ 首先通过双溶剂法引入 MOF 中，在还原步骤中，当使用高浓度 NaBH$_4$ 的快速还原法时，平均粒径为 1.8nm 的超细 AuNi 合金纳米颗粒完全封装在 MIL-101 的孔道中。然而，当使用低浓度 NaBH$_4$ 的温和还原法时，AuNi 合金纳米颗粒呈现严重的团聚现象。结果表明，快速还原法可以完全还原 MOF 孔内的金属前驱体，避免金属前驱体重新溶解并扩散到孔外，从而防止金属纳米颗粒在外表面团聚。

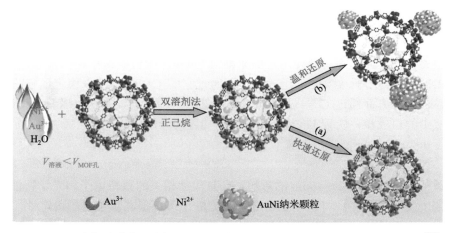

图 3-16　双溶剂法结合浓度控制还原法在 MIL-101 中合成 AuNi 合金纳米颗粒[86]

"船外造瓶"法是在金属纳米颗粒上组装 MOF。合成金属@MOF 核壳结构的关键是要避免金属纳米颗粒在 MOF 组装过程中发生团聚和 MOF 在溶液中自身的均相成核。引入表面活性剂或者小配体不仅可以稳定金属纳米颗粒，并且可以降低金属纳米颗粒和 MOF 间的界面能差，从而促使 MOF 在金属纳米颗粒表面生长。例如，Huo 等使用聚乙烯吡咯烷酮（PVP）作为封端剂促使 ZIF-8 在一系列金属纳米颗粒（如金和铂）的表面结晶[87]。另外，在 MOF 的组装过程中，通过调控加入金属纳米颗粒的时间，能进一步调控金属纳米颗粒在 ZIF-8 中的空间分布。然而，这些表面活性剂在金属@MOF 复合物合成后较难从金属纳米颗粒的表面去除，因此容易阻碍金属活性位点的暴露。针对该问题，硬模板法是一种替代方法。该方法使用活性的金属氧化物或者惰性的硅作为硬模板来制备金属-MOF

复合物。将活性的金属氧化物，如氧化亚铜、氧化铝，包裹金属纳米颗粒后作为模板，进一步合成 MOF 壳层[88]。该活性的金属氧化物在有机配体溶液中逐渐被刻蚀，溶出的金属离子与有机配体配位合成 MOF，最终得到具有蛋黄-蛋壳结构的金属-MOF 复合物。另外，惰性的氧化硅也被用作硬模板来合成蛋黄-蛋壳结构的金属-MOF 复合物[89]。该复合物的合成过程可分为三步，首先在金属纳米颗粒的表面包裹一层二氧化硅，接着在二氧化硅的表面生长 MOF，形成金属@SiO$_2$@MOF 的三明治结构，最后使用氢氧化钠溶液选择性去除二氧化硅层，最终得到具有蛋黄-蛋壳结构的金属-MOF 材料。

"一锅"法是将金属和 MOF 的前驱体直接混合，得到金属@MOF 复合材料。一锅法可以减少合成费用，缩短合成时间，且容易规模化生产，因而在近年来受到了广泛的关注。使用一锅法需要同时控制金属纳米颗粒和 MOF 的成核及生长速率，从而使 MOF 在金属纳米颗粒的表面组装。Li 等发展了一种速率调控的一锅法，即通过调节剂和溶剂来控制封装的过程，从而合成具有核壳结构的 Pt@UiO-66 复合物[90]。该方法使用氢气（H$_2$）和 N, N-二甲基甲酰胺（DMF）来加快铂离子的还原速率，并使用乙酸来减慢 UiO-66 的合成速率。在合成过程中，溶剂 DMF 起到"桥梁"的作用，一方面通过它的 C—N 基团来稳定形成的铂纳米颗粒，另一方面通过 C＝O 基团来锚定 Zr^{4+}。因此，该方法可以避免 UiO-66 在溶液中的自成核，实现 UiO-66 在铂表面的各向异性生长。

3.6.2　量子点-MOF 复合物

量子点是尺寸为 2～10nm 的颗粒，具有尺寸相关的独特电子和光学特性，因此受到了广泛的关注。将量子点封装在 MOF 中可以提高量子点的稳定性，并且降低电子-空穴的复合速率。不同类型的量子点，如氧化物量子点、卤化物量子点、氮化物量子点和碳量子点，都可以和 MOF 进行组装。量子点-MOF 复合物往往表现出比单组分更优异的性能。

量子点-MOF 复合物可以通过"瓶中造船"法和"船外造瓶"法合成。"瓶中造船"法通过溶液或气相浸渍将量子点前驱体引入 MOF 中，并进一步使用高温热处理或低温化学还原将前驱体转化为相应的量子点。对于该方法，MOF 载体必须在高温或者还原性条件下保持稳定。并且，采用该方法时，较难在 MOF 的微孔结构中调控量子点的位置、尺寸和形貌等特征。由于这些特征与量子点的表现密切相关，这将严重制约它们的应用。"船外造瓶"法是在先形成的量子点表面组装MOF。该方法需要使用封端剂来稳定量子点和促使MOF 在量子点表面异相生长。该方法可以较容易地针对特定的应用来优化量子点的形貌和尺寸。但是，使用封端剂可能会钝化量子点，减弱它们的荧光性能。为了克服这个问题，Banerjee 等开发了一种无封端剂的制备方法将硫化镉（CdS）

封装在 MOF 中（图 3-17）[91]。该方法首先将无封端剂保护的 CdS 量子点封装在低分子量的金属水凝胶中，接着通过氯化钠将水凝胶转化为干凝胶并进一步转化为 MOF，从而得到 MOF 封装的 CdS 材料。

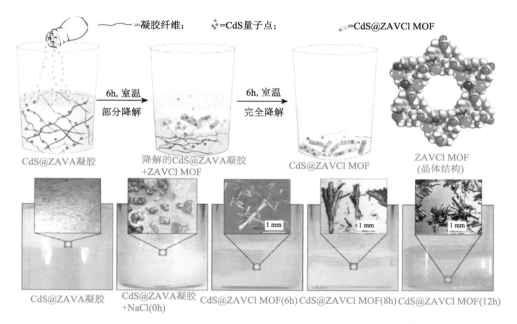

图 3-17　无封端剂法合成 CdS@MOF 复合物的过程示意图[91]

3.6.3　多金属氧酸盐-MOF 复合物

多金属氧酸盐（POM）是一类离散和带负电的金属氧化簇合物，具有丰富的化学多样性以及可调变的形貌、尺寸、氧化还原电位和较强的酸性。这些特性为它们在一系列的催化转化，特别是酸性和氧化反应中提供了巨大的机遇。然而，它们的实际应用受限于较低的比表面积和稳定性。将 POM 固载在 MOF 上是一种稳定并优化 POM 性能的有效方法。由于 POM 的组分和结构多样性，它们可以作为 POM 基 MOF 的结构单元，包括节点、支撑体和孔中模板。另外，POM 可以通过载体-客体间相互作用被包裹在 MOF 的孔道中，形成 POM-MOF 复合物。

POM 基 MOF 材料可以通过水热法、溶剂热法和离子热法，用 POM 前驱体和 MOF 前驱体（金属离子和有机配体）来合成。POM 基 MOF 材料的合成与许多反应因素相关，包括浓度、pH、还原剂、配体和反应温度，因此给全面控制反应过程带来巨大的挑战。

另外，封装在 MOF 的孔道内部的 POM 在近年来受到了广泛的关注。许多有效的方法已成功制备出 POM@MOF 复合物，包括将 POM 簇浸渍扩散到 MOF 孔内、在 MOF 孔内合成 POM 和在 POM 上合成 MOF。浸渍法较为直接，但该方法需要 MOF 具有比 POM 尺寸更大的窗口，并且很难避免 POM 沉积在 MOF 的外表面，从而稳定性降低。在 MOF 中合成 POM 需要在强酸性的条件下进行，因而只有在强酸性条件下稳定的 MOF 才能作为载体。在 POM 上组装 MOF 被证明是一种合成 POM@MOF 复合物的有效方法。使用 POM 作为模板合成 MOF，会改变合成溶液中金属离子和有机配体的平衡，从而影响 MOF 的成核和生长模式，最终影响合成 MOF 的形貌[92]。

3.6.4 酶-MOF 复合物

酶是一类高效的生物催化剂，在温和的条件下对许多催化反应表现出高活性以及高的化学、区域和立体选择性。然而，酶的规模化工业应用受制于其低稳定性，如低的热稳定性、狭窄的适宜 pH 范围、低的有机溶剂和杂原子耐受性。并且，为了去除酶在最终产物中的残留，需要复杂的纯化和分离步骤。MOF 已被证实是具有应用前景的酶的载体。MOF 可以保护酶在反应条件下不失活，提高酶的重复利用性能，并减少酶在最终产物中的残留。通过精确调控 MOF 孔道的尺寸、形状和结构，可以使其容纳相应尺寸的酶，从而有效防止酶的团聚和流失。并且，MOF 的无机金属簇和有机配体上的官能团可以与酶通过配位键、共价键、氢键和范德瓦耳斯力等形成相互作用，从而稳定孔道中的酶分子。

在以往的研究中已报道了许多在 MOF 中固载酶的方法，包括物理吸附法、共价连接法、扩散法和共沉淀法。物理吸附法是通过 MOF 和酶之间的静电吸附、氢键和范德瓦耳斯力等相互作用将酶固定在 MOF 表面的方法。这些相互作用可以提高酶的稳定性，并保留酶的结构和活性，但极易发生酶的脱附。为了进一步提高酶的稳定性，可以通过共价键将酶锚定在 MOF 晶体上。例如，MOF 的羧酸基团可以和酶表面的氨基基团形成稳定的肽键，从而防止酶从载体上流失。另外，将酶通过扩散法引入 MOF 孔内也是一种有效的方法。该方法需要使用介孔 MOF 来实现高的酶负载量。除了将酶引入预先合成的 MOF 孔内，酶也可以通过共沉淀法在 MOF 的合成溶液中被原位包裹起来。为了避免酶在 MOF 合成过程中失活，可以选用合成条件较为温和的 ZIF 作为壳层[93]。并且，ZIF 具有小的孔径，可以减少酶从孔中流失，同时其柔性的结构可以让底物扩散到框架内部并接触封装在内部的酶。

3.6.5 有机分子-MOF 复合物

均相有机分子，如染料小分子、salen 配体、卟啉和金属卟啉等，在均相催化中有着广泛的应用。然而，这些有机分子会因活性位点间的相互作用而易发生自团聚或在催化过程中被破坏分解，从而使得这些有机分子的寿命较短。将有机分子固载在 MOF 中可以有效分离并保护活性位点，从而实现均相催化剂异相化。有机分子可以通过共价键固载在 MOF 的骨架上，或者通过非共价键封装在 MOF 的孔道中。封装的方法不会影响到有机分子的配位层，因此能够保持有机分子结构和特性的完整性。并且，封装的方法可以一定程度地保留有机分子的流动性，使得它们可以与 MOF 的骨架发生协同作用。三维 MOF 具有由小窗口连接的大孔结构，特别适合作为稳定有机分子的载体。三维 MOF 的大孔道可以容纳有机分子，而小窗口可以防止有机分子的流失和团聚。

有机分子-MOF 复合物可以通过简单的浸渍法制备。该方法要求 MOF 的窗口比有机分子的尺寸大，从而使得有机分子可以扩散到 MOF 中。Farrusseng 等使用液相浸渍法在 MIL-101 中引入不同尺寸大小的金属酞菁配合物（MPc）[95]。尺寸小的 $FePcF_{16}$ 和 $RuPcF_{16}$ 配合物能够成功地引入 MIL-101 中，负载量分别为 2.1% 和 3.6%。尺寸大的 $(FePc^tBu_4)_2N$（～2.0nm×2.0nm）不能通过 MIL-101 的窗口（1.47nm× 1.6nm），因此只能沉积在 MIL-101 的外表面上。为了克服浸渍法的局限性，Tsung 等发展了配体溶解交换法来封装尺寸是 MOF 窗口 3～4 倍大的客体分子（图 3-18）[94]。该方法是利用了 MOF 在配体溶解交换时会形成短暂的配体空缺，使得窗口短暂变大后可以让尺寸较大的分子（罗丹明 6G 和三苯基膦）进

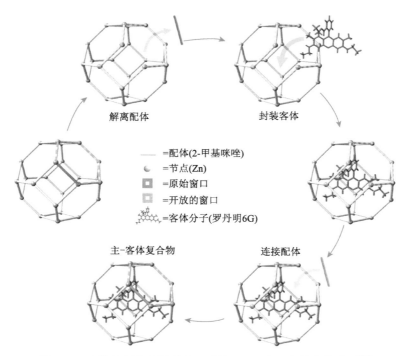

图 3-18　配体溶解交换法封装尺寸比 MOF 窗口大的客体分子[94]

入 ZIF-8 的孔中。另外，MOF 可以作为一个纳米反应器让有机分子在它的孔中进行组装。Ma 等发展了"从头合成"法，在 bio-MOF-1 中组装客体分子酞菁钴化合物[96]。该方法首先将酞菁钴化合物的组分碎片（钴化合物和邻苯二甲腈）引入 bio-MOF-1 中，再让组分碎片在 MOF 中组装成酞菁钴化合物。通过该方法可以让尺寸比 MOF 窗口大的客体分子成功被封装在 MOF 中。

有机分子-MOF 复合物也可以通过"船外造瓶"法合成，即在有机分子的周围合成 MOF。为了避免有机分子在 MOF 的组装过程中发生团聚和分解，需要选择能够在温和条件下合成的 MOF 作为载体。例如，将卟啉分子加入 MOF 的合成溶液中，从而将卟啉分子原位封装在 MOF 中。Eddaoudi 等利用该方法将卟啉分子（[H$_2$TMPyP] [p-tosyl]$_4$）封装在铟咪唑羧酸基 MOF 中[97]。另外，Zaworotko 等发现卟啉分子可以作为结构引导剂合成 MOF[98]。在没有卟啉分子的条件下，MOF 则不能被合成出来。

3.6.6 二氧化硅-MOF 复合物

二氧化硅纳米颗粒和纳米结构可以提供强有力的平台来实现许多功能特性，如多孔性、稳定性和亲水性，因此受到了广泛的关注。将 MOF 和二氧化硅进行组装可以结合这两种材料独特的性质从而扩展新型的应用。目前报道的二氧化硅-MOF 复合物可以分为两类，分别为 SiO$_2$@MOF 和 MOF@SiO$_2$。

SiO$_2$@MOF 复合物是在 MOF 的孔腔或孔道中合成分散的二氧化硅纳米颗粒或者在预先形成的二氧化硅球表面生长 MOF 外层。例如，Kitagawa 等利用多孔的 CPL-5 作为模板，在其一维的孔道中以四甲基硅烷为前驱体合成二氧化硅纳米颗粒[99]。Oh 等将表面羧基功能化的二氧化硅球加入 In-MOF 的合成溶液中，从而合成具有核壳结构的 SiO$_2$@In-MOF 复合物[100]。

MOF@SiO$_2$ 复合物是在硅载体上生长 MOF 纳米颗粒或在 MOF 表面生长二氧化硅层。外层的二氧化硅可以提高封装在内部的 MOF 的稳定性和生物相容性。例如，Lin 等在 MOF 纳米颗粒表面修饰亲水的聚合物（PVP），使 MOF 纳米颗粒高度分散在水中，接着将其加入二氧化硅的合成溶液中，从而在 MOF 纳米颗粒表面生长二氧化硅层[101]。

3.6.7 聚合物-MOF 复合物

聚合物具有许多独特的性质，如柔性、热稳定性和化学稳定性。将 MOF 和聚合物结合可形成新型的复合材料，从而可以结合 MOF 和聚合物共同的优势，并提高 MOF 的稳定性和活性。

MOF 具有规整和可调节的孔结构，因此可以作为纳米反应器控制聚合过程。并且，MOF 骨架上的活性位点可以催化聚合物的合成。Kitagawa 等利用 Cu、Zn

基 MOF$_n$ 的一维孔道（7.5Å×7.5Å）作为模板控制苯乙烯的聚合反应[102]。该方法与无模板法相比，得到的聚苯乙烯的分子量分布更为集中。

另外，聚合物可以作为载体分散 MOF 纳米颗粒或作为涂层包裹 MOF 颗粒，得到 MOF@聚合物复合物。通过该方法可以提高 MOF 的稳定性、生物相容性和形状可塑性。Boyes 等在 Gd 基 MOF[Gd(benzenedicarboxylate)$_{1.5}$(H$_2$O)$_2$]表面修饰一系列聚合物。在该复合物中，聚合物的末端巯基基团可以与 Gd-MOF 的 Gd^{3+} 配位，从而促使聚合物包裹 MOF 颗粒[103]。Bradshaw 利用毫米级的大孔聚丙烯酰胺作为模板，将其加入 MOF 的合成溶液中，从而将 HKUST-1 封装在聚丙烯酰胺孔中[104]。通过调节 MOF 合成溶液的浓度，可以改变复合物中 MOF 的负载量。在该复合物中，聚丙烯酰胺内表面上的官能团可以与 MOF 发生相互作用，从而稳定孔中的 MOF 颗粒。

3.6.8 其他功能材料-MOF 复合物

碳具有多种同素异形体（包括无定形碳、碳纳米管、富勒烯和石墨烯）、不同形态（粉末、纤维和泡沫）、不同维度和石墨化程度，在许多领域得到了广泛的研究。将 MOF 和碳复合可以得到许多新型的功能材料，从而提高 MOF 的热稳定性、化学稳定性、机械稳定性和导电性。

碳-MOF 复合物可以将 MOF 作为载体负载碳材料或将碳材料作为载体负载 MOF 颗粒。例如，MOF 包裹碳纳米管复合物的合成方法是将碳纳米管分散在 MOF 的合成溶液中，从而在 MOF 合成过程中原位封装碳纳米管。为了提高碳纳米管的溶解性和促进 MOF 的异向成核，需要对碳纳米管的表面进行化学预处理。Park 等将化学处理后的多壁碳纳米管分散在 DMF 中，并加入 MOF-5 的前驱体，最终得到纳米管@MOF-5 复合物[105]。对于氧化石墨烯负载 MOF 复合物，可以将氧化石墨烯分散在 MOF 的合成溶液中，从而使 MOF 颗粒生长在石墨烯的表面。对氧化石墨烯的表面进行功能化，如嫁接羧基或吡啶等官能团，可以促使 MOF 在氧化石墨烯上生长。

其他功能材料，包括离子液体和金属多面体，也可以和 MOF 结合形成多功能复合材料。复合材料不仅能结合各组分的优势，并且能因协同效应表现出比单组分更优异的性能。

3.7 小结

纳米 MOF 及其复合物的合成和应用一定程度上补充和完善了传统块状 MOF 在应用方面的不足，有效促进了 MOF 科学的发展。本章通过示例对一维、二维和三维纳米 MOF 的合成方法做了分析和总结。适当控制晶体生长过程中的动力学和热力学参数，可以有效调控 MOF 纳米结构的尺寸和形貌。目前，针对一维、二维和三维纳米结构的合成已开发了不少有效方法。但在大批量合成和普适性方面还有待深入研究，这些合成策略往往只对特定纳米 MOF 结构甚至是特定金属有效，且产率较低。探索和开发新的合成技术以满足大多数纳米 MOF 结构的合成至关重要。后期研究中，我们需要对这些 MOF 结构的形成和控制进行统筹分析，深入、系统地研究其形成机理以实现在不同合成条件下对 MOF 结构和形貌的精准控制。作为一种全新的材料，纳米 MOF 复合物可以有效改善MOF 材料在热稳定性、导电性、催化活性方面的不足，使 MOF 材料的应用更加广泛。因而，对纳米 MOF 复合材料的合成和研究也将受到越来越多研究者的关注。

参 考 文 献

[1] Horcajada P，Chalati T，Serre C，et al. Porous metal-organic-framework nanoscale carriers as a potential platform for drug delivery and imaging[J]. Nature Materials，2010，9（2）：172-178.

[2] Diring S，Furukawa S，Takashima Y，et al. Controlled multiscale synthesis of porous coordination polymer in nano/micro regimes[J]. Chemistry of Materials，2010，22（16）：4531-4538.

[3] Cravillon J，Nayuk R，Springer S，et al. Controlling zeolitic imidazolate framework nano- and microcrystal formation：insight into crystal growth by time-resolved in situ static light scattering[J]. Chemistry of Materials，2011，23（8）：2130-2141.

[4] Ranft A，Betzler S B，Haase F，et al. Additive-mediated size control of MOF nanoparticles[J]. CrystEngComm，2013，15（45）：9296-9300.

[5] Nune S K，Thallapally P K，Dohnalkova A，et al. Synthesis and properties of nano zeolitic imidazolate frameworks[J]. Chemical Communications，2010，46（27）：4878-4880.

[6] Ni Z，Masel R I. Rapid production of metal-organic frameworks via microwave-assisted solvothermal synthesis[J]. Journal of the American Chemical Society，2006，128（38）：12394-12395.

[7] Tsuruoka T，Furukawa S，Takashima Y，et al. Nanoporous nanorods fabricated by coordination modulation and oriented attachment growth[J]. Angewandte Chemie，Internarional Edition，2009，121（26）：4833-4837.

[8] Pachfule P，Shinde D，Majumder M，et al. Fabrication of carbon nanorods and graphene nanoribbons from a metal-organic framework[J]. Nature Chemistry，2016，8（7）：718-724.

[9] Arbulu R C，Jiang Y B，Peterson E J，et al. Metal-organic framework（MOF）nanorods，nanotubes，and nanowires[J]. Angewandte Chemie International Edition，57（20）：5813-5817.

[10] Zou L L，Hou C C，Liu Z，et al. Superlong single-crystal metal-organic framework nanotubes[J]. Journal of the American Chemical Society，2018，140（45）：15393-15401.

[11] Rieter W J，Taylor K M L，An H Y，et al. Nanoscale metal−organic frameworks as potential multimodal contrast enhancing agents[J]. Journal of the American Chemical Society，2006，128（28）：9024-9025.

[12] Puigmartí-Luis J，Rubio-Martínez M，Hartfelder U，et al. Coordination polymer nanofibers generated by microfluidic synthesis[J]. Journal of the American Chemical Society，2011，133（12）：4216-4219.

[13] Amo-Ochoa P，Welte L，González-Prieto R，et al. Single layers of a multifunctional laminar Cu（Ⅰ，Ⅱ）coordination polymer[J]. Chemical Communications，2010，46（19）：3262-3264.

[14]　Li P Z，Maeda Y，Xu Q. Top-down fabrication of crystalline metal-organic framework nanosheets[J]. Chemical Communications，2011，47（29）：8436-8438.

[15]　Tan J C，Saines P J，Bithell E G，et al. Hybrid nanosheets of an inorganic-organic framework material：facile synthesis，structure，and elastic properties[J]. ACS Nano，2012，6（1）：615-621.

[16]　Saines P J，Tan J C，Yeung H H，et al. Layered inorganic-organic frameworks based on the 2，2-dimethylsuccinate ligand：structural diversity and its effect on nanosheet exfoliation and magnetic properties[J]. Dalton Transactions，2012，41（28）：8585-8593.

[17]　Saines P J，Steinmann M，Tan J C，et al. Isomer-directed structural diversity and its effect on the nanosheet exfoliation and magnetic properties of 2，3-dimethylsuccinate hybrid frameworks[J]. Inorganic Chemistry，2012，51（20）：11198-11209.

[18]　Foster J A，Henke S，Schneemann A，et al. Liquid exfoliation of alkyl-ether functionalised layered metal-organic frameworks to nanosheets[J]. Chemical Communications，2016，52（69）：10474-10477.

[19]　Peng Y，Li Y，Ban Y，et al. Metal-organic framework nanosheets as building blocks for molecular sieving membranes[J]. Science，2014，346（6215）：1356-1359.

[20]　Abhervé A，Mañas-Valero S，Clemente-León M，et al. Graphene related magnetic materials：micromechanical exfoliation of 2D layered magnets based on bimetallic anilate complexes with inserted $[Fe^{III}(acac_2\text{-trien})]^+$ and $[Fe^{III}(sal_2\text{-trien})]^+$ molecules[J]. Chemical Science，2015，6（8）：4665-4673.

[21]　Araki T，Kondo A，Maeda K. The first lanthanide organophosphonate nanosheet by exfoliation of layered compounds[J]. Chemical Communications，2013，49（6）：552-554.

[22]　Gallego A，Hermosa C，Castillo O，et al. Solvent-induced delamination of a multifunctional two dimensional coordination polymer[J]. Advanced Materials，2013，25（15）：2141-2146.

[23]　Wang X R，Chi C L，Zhang K，et al. Reversed thermo-switchable molecular sieving membranes composed of two-dimensional metal-organic nanosheets for gas separation[J]. Nature Communications，2017，8：14460.

[24]　Wang H S，Li J，Li J Y，et al. Lanthanide-based metal-organic framework nanosheets with unique fluorescence quenching properties for two-color intracellular adenosine imaging in living cells[J]. NPG Asia Materials，2017，9（3）：e354.

[25]　Song W J. Intracellular DNA and microRNA sensing based on metal-organic framework nanosheets with enzyme-free signal amplification[J]. Talanta，2017，170：74-80.

[26]　Ding Y J，Chen Y P，Zhang X L，et al. Controlled intercalation and chemical exfoliation of layered metal-organic frameworks using a chemically labile intercalating agent[J]. Journal of the American Chemical Society，2017，139（27）：9136-9139.

[27]　Huang X，Sheng P，Tu Z，et al. A two-dimensional π-d conjugated coordination polymer with extremely high electrical conductivity and ambipolar transport behaviour[J]. Nature Communications，2015，6：7408.

[28]　Clough A J，Skelton J M，Downes C A，et al. Metallic conductivity in a two-dimensional cobalt dithiolene metal-organic framework[J]. Journal of the American Chemical Society，2017，139（31）：10863-10867.

[29]　Clough A J，Yoo J W，Mecklenburg M H，et al. Two-dimensional metal-organic surfaces for efficient hydrogen evolution from water[J]. Journal of the American Chemical Society，2015，137（1）：118-121.

[30]　Makiura R，Motoyama S，Umemura Y，et al. Surface nano-architecture of a metal-organic framework[J]. Nature Materials，2010，9（7）：565-571.

[31]　Motoyama S，Makiura R，Sakata O，et al. Highly crystalline nanofilm by layering of porphyrin metal-organic framework sheets[J]. Journal of the American Chemical Society，2011，133（15）：5640-5643.

[32]　Makiura R，Konovalov O. Interfacial growth of large-area single-layer metal-organic framework nanosheets[J]. Scientific Reports，2013，3：2506.

[33]　Makiura R，Konovalov O. Bottom-up assembly of ultrathin sub-micron size metal-organic framework sheets[J]. Dalton Transactions，2013，42（45）：15931-15936.

[34]　Makiura R，Usui R，Sakai Y T，et al. Towards rational modulation of in-plane molecular arrangements in metal-organic framework nanosheets[J]. ChemPlusChem，2014，79（9）：1352-1360.

[35]　Kambe T，Sakamoto R，Hoshiko K，et al. π-Conjugated nickel bis（dithiolene）complex nanosheet[J]. Journal of the American Chemical Society，2013，135（7）：2462-2465.

[36]　Sakaida S，Otsubo K，Sakata O，et al. Crystalline coordination framework endowed with dynamic gate-opening behaviour by being downsized to a thin film[J]. Nature Chemistry，2016，8（4）：377-383.

[37]　Zhuang J L，Kind M，Grytz C M，et al. Insight into the oriented growth of surface-attached metal-organic frameworks：surface functionality，deposition temperature，and first layer order[J]. Journal of the American Chemical Society，2015，137（25）：8237-8243.

[38]　Zhao M T，Wang Y X，Ma Q L，et al. Ultrathin 2D metal-organic framework nanosheets[J]. Advanced Materials，2015，27（45）：7372-7378.

[39]　Choi E Y，Wray C A，Hu C H，et al. Highly tunable metal-organic frameworks with open metal centers[J]. CrystEngComm，2009，11（4）：553-555.

[40]　Sakata Y，Furukawa S，Kondo M，et al. Shape-memory nanopores induced in coordination frameworks by crystal downsizing[J]. Science，2013，339（6116）：193-196.

[41]　Pham M H，Vuong G T，Fontaine F G，et al. Rational synthesis of metal-organic framework nanocubes and nanosheets using selective modulators and their morphology-dependent gas-sorption properties[J]. Crystal Growth & Design，2012，12（6）：3091-3095.

[42]　Zhao S L，Wang Y，Dong J C，et al. Ultrathin metal-organic framework nanosheets for electrocatalytic oxygen evolution[J]. Nature Energy，2016，1：16184.

[43]　Li C，Hu X S，Tong W，et al. Ultrathin manganese-based metal-organic framework nanosheets：low-cost and energy-dense lithium storage anodes with the coexistence of metal and ligand redox activities[J]. ACS Applied Materials & Interfaces，2017，9（35）：29829-29838.

[44]　Li Z Q，Qiu L G，Wang W，et al. Fabrication of nanosheets of a fluorescent metal-organic framework [Zn(BDC)(H$_2$O)]$_n$(BDC=1, 4-benzenedicarboxylate)：ultrasonic synthesis and sensing of ethylamine[J]. Inorganic Chemistry Communications，2008，11（11）：1375-1377.

[45]　Guo J，Zhang Y，Zhu Y F，et al. Ultrathin chiral metal-organic-framework nanosheets for efficient enantioselective separation[J]. Angewandte Chemie International Edition，2018，57（23）：6873-6877.

[46]　Huang L，Zhang X P，Han Y J，et al. In situ synthesis of ultrathin metal-organic framework nanosheets：a new method for 2D metal-based nanoporous carbon electrocatalysts[J]. Journal of Materials Chemistry A，2017，5（35）：18610-18617.

[47]　Yu Y F，Wu X J，Zhao M T，et al. Anodized aluminum oxide templated synthesis of metal-organic frameworks used as membrane reactors[J]. Angewandte Chemie International Edition，2017，56（2）：578-581.

[48]　Yanai N，Granick S. Directional self-assembly of a colloidal metal-organic framework[J]. Angewandte Chemie，International Edition，2012，124（23）：5736-5739.

[49]　Avci C，Imaz I，Carné-Sánchez A，et al. Self-assembly of polyhedral metal-organic framework particles into three-dimensional ordered superstructures[J]. Nature Chemistry，2017，10（1）：78-84.

[50] Yanai N，Sindoro M，Yan J，et al. Electric field-induced assembly of monodisperse polyhedral metal-organic framework crystals[J]. Journal of the American Chemical Society，2013，135（1）：34-37.

[51] Zou L L，Kitta M，Hong J H，et al. Fabrication of a spherical superstructure of carbon nanorods[J]. Advanced Materials，2019，31（24）：1900440.

[52] Cai G R，Zhang W，Jiao L，et al. Template-directed growth of well-aligned MOF arrays and derived self-supporting electrodes for water splitting[J]. Chem，2017，2（6）：791-802.

[53] Feng L，Li J L，Day G S，et al. Temperature-controlled evolution of nanoporous MOF crystallites into hierarchically porous superstructures[J]. Chem，2019，5（5）：1265-1274.

[54] Feng L，Wang K Y，Yan T H，et al. Porous crystalline spherulite superstructures[J]. Chem，2020，6（2）：460-471.

[55] Falcaro P，Okada K，Hara T，et al. Centimetre-scale micropore alignment in oriented polycrystalline metal-organic framework films via heteroepitaxial growth[J]. Nature Materials，2017，16（3）：342-348.

[56] Alizadeh S，Nematollahi D. Electrochemically assisted self-assembly technique for the fabrication of mesoporous metal-organic framework thin films：composition of 3D hexagonally packed crystals with 2D honeycomb-like mesopores[J]. Journal of the American Chemical Society，2017，139（13）：4753-4761.

[57] Tan Y C，Zeng H C. Defect creation in HKUST-1 via molecular imprinting：attaining anionic framework property and mesoporosity for cation exchange applications[J]. Advanced Functional Materials，2017，27（42）：1703765.

[58] Lee H J，Cho W，Oh M. Advanced fabrication of metal-organic frameworks：template-directed formation of polystyrene@ZIF-8 core-shell and hollow ZIF-8 microspheres[J]. Chemical Communications，2012，48（2）：221-223.

[59] Li A L，Ke F，Qiu L G，et al. Controllable synthesis of metal-organic framework hollow nanospheres by a versatile step-by-step assembly strategy[J]. CrystEngComm，2013，15（18）：3554.

[60] Shen K，Zhang L，Chen X D，et al. Ordered macro-microporous metal-organic framework single crystals[J]. Science，2018，359（6372）：206-210.

[61] Hong H，Liu J L，Huang H W，et al. Ordered macro-microporous metal-organic framework single crystals and their derivatives for rechargeable aluminum-ion batteries[J]. Journal of the American Chemical Society，2019，141（37）：14764-14771.

[62] Zhou X F，Chen L L，Zhang W H，et al. Three-dimensional ordered macroporous metal-organic framework single crystal-derived nitrogen-doped hierarchical porous carbon for high-performance potassium-ion batteries[J]. Nano Letters，2019，19（8）：4965-4973.

[63] Ameloot R，Vermoortele F，Vanhove W，et al. Interfacial synthesis of hollow metal-organic framework capsules demonstrating selective permeability[J]. Nature Chemistry，2011，3（5）：382-387.

[64] Carné-Sánchez A，Imaz I，Cano-Sarabia M，et al. A spray-drying strategy for synthesis of nanoscale metal-organic frameworks and their assembly into hollow superstructures[J]. Nature Chemistry，2013，5（3）：203-211.

[65] Wei Y S，Zhang M，Kitta M，et al. A single-crystal open-capsule metal-organic framework[J]. Journal of the American Chemical Society，2019，141（19）：7906-7916.

[66] Pang M L，Cairns A J，Liu Y L，et al. Synthesis and integration of Fe-soc-MOF cubes into colloidosomes via a single-step emulsion-based approach[J]. Journal of the American Chemical Society，2013，135（28）：10234-10237.

[67] Peng L，Zhang J L，Li J S，et al. Hollow metal-organic framework polyhedra synthesized by a CO_2-ionic liquid interfacial templating route[J]. Journal of Colloid and Interface Science，2014，416：198-204.

[68] Hirai K，Reboul J，Morone N，et al. Diffusion-coupled molecular assembly：structuring of coordination polymers across multiple length scales[J]. Journal of the American Chemical Society，2014，136（42）：14966-14973.

[69] Kim H，Oh M，Kim D，et al. Single crystalline hollow metal-organic frameworks：a metal-organic polyhedron single crystal as a sacrificial template[J]. Chemical Communications，2015，51（17）：3678-3681.

[70] Lee J，Kwak J H，Choe W. Evolution of form in metal-organic frameworks[J]. Nature Communications，2017，8：14070.

[71] Liu W X，Huang J J，Yang Q，et al. Multi-shelled hollow metal-organic frameworks[J]. Angewandte Chemie，International Edition 2017，129（20）：5604-5608.

[72] Avci C，Ariñez-Soriano J，Carné-Sánchez A，et al. Post-synthetic anisotropic wet-chemical etching of colloidal sodalite ZIF crystals[J]. Angewandte Chemie International Edition，2015，54（48）：14417-14421.

[73] Kim Y，Yang T，Yun G，et al. Hydrolytic transformation of microporous metal-organic frameworks to hierarchical micro- and mesoporous MOFs[J]. Angewandte Chemie International Edition，2015，54（45）：13273-13278.

[74] Yang P F，Mao F X，Li Y S，et al. Hierarchical porous Zr-based MOFs synthesized by a facile monocarboxylic acid etching strategy[J]. Chemistry—A European Journal，2018，24（12）：2962-2970.

[75] Koh K，Wong-Foy A G，Matzger A J. MOF@MOF：microporous core-shell architectures[J]. Chemical Communications，2009，（41）：6162-6164.

[76] Zhan G，Zeng H C. Hydrogen spillover through Matryoshka-type(ZIFs@)$_{n-1}$ZIFs nanocubes[J]. Nature Communications，2018，9（1）：3778.

[77] Li T，Sullivan J E，Rosi N L. Design and preparation of a core-shell metal-organic framework for selective CO_2 capture[J]. Journal of the American Chemical Society，2013，135（27）：9984-9987.

[78] Choi S，Kim T，Ji H，et al. Isotropic and anisotropic growth of metal-organic framework（MOF）on MOF: logical inference on MOF structure based on growth behavior and morphological feature[J]. Journal of the American Chemical Society，2016，138（43）：14434-14440.

[79] Yang X Y，Yuan S，Zou L F，et al. One-step synthesis of hybrid core-shell metal-organic frameworks[J]. Angewandte Chemie International Edition，2018，57（15）：3927-3932.

[80] Gu Y F，Wu Y N，Li L C，et al. Controllable modular growth of hierarchical MOF-on-MOF architectures[J]. Angewandte Chemie International Edition，2017，56（49）：15658-15662.

[81] Zhu Q L，Xu Q. Metal-organic framework composites[J]. Chemical Society Reviews，2014，43（16）：5468-5512.

[82] Chen L Y，Xu Q. Metal-organic framework composites for catalysis[J]. Matter，2019，1（1）：57-89.

[83] Chen L，Luque R，Li Y. Controllable design of tunable nanostructures inside metal-organic frameworks[J]. Chemical Society Reviews，2017，46（15）：4614-4630.

[84] Chen L Y，Chen H R，Luque R，et al. Metal-organic framework encapsulated Pd nanoparticles：towards advanced heterogeneous catalysts[J]. Chemical Science，2014，5（10）：3708-3714.

[85] Aijaz A，Karkamkar A，Choi Y J，et al. Immobilizing highly catalytically active Pt nanoparticles inside the pores of metal-organic framework: a double solvents approach[J]. Journal of the American Chemical Society，2012，134（34）：13926-13929.

[86] Zhu Q L，Li J，Xu Q. Immobilizing metal nanoparticles to metal-organic frameworks with size and location control for optimizing catalytic performance[J]. Journal of the American Chemical Society，2013，135（28）：10210-10213.

[87] Lu G，Li S，Guo Z，et al. Imparting functionality to a metal-organic framework material by controlled nanoparticle encapsulation[J]. Nature Chemistry，2012，4（4）：310-316.

[88] Kuo C H，Tang Y，Chou L Y，et al. Yolk-shell Nanocrystal@ZIF-8 nanostructures for gas-phase heterogeneous catalysis with selectivity control[J]. Journal of the American Chemical Society，2012，134（35）：14345-14348.

[89] Li B，Ma J G，Cheng P. Silica-protection-assisted encapsulation of Cu_2O nanocubes into a metal-organic

framework（ZIF-8）to provide a composite catalyst[J]. Angewandte Chemie International Edition，2018，57（23）：6834-6837.

[90]　Liu H L，Chang L N，Bai C H，et al. Controllable encapsulation of "clean" metal clusters within MOFs through kinetic modulation: towards advanced heterogeneous nanocatalysts[J]. Angewandte Chemie International Edition，2016，55（16）：5019-5023.

[91]　Saha S，Das G，Thote J，et al. Photocatalytic metal-organic framework from CdS quantum dot incubated luminescent metallohydrogel[J]. Journal of the American Chemical Society，2014，136（42）：14845-14851.

[92]　Xu X B，Lu Y，Yang Y，et al. Tuning the growth of metal-organic framework nanocrystals by using polyoxometalates as coordination modulators[J]. Science China Materials，2015，58（5）：370-377.

[93]　Lyu F J，Zhang Y F，Zare R N，et al. One-pot synthesis of protein-embedded metal-organic frameworks with enhanced biological activities[J]. Nano Letters，2014，14（10）：5761-5765.

[94]　Morabito J V，Chou L Y，Li Z H，et al. Molecular encapsulation beyond the aperture size limit through dissociative linker exchange in metal-organic framework crystals[J]. Journal of the American Chemical Society，2014，136（36）：12540-12543.

[95]　Kockrick E，Lescouet T，Kudrik E V，et al. Synergistic effects of encapsulated phthalocyanine complexes in MIL-101 for the selective aerobic oxidation of tetralin[J]. Chemical Communications，2011，47（5）：1562-1564.

[96]　Li B Y，Zhang Y M，Ma D X，et al. Metal-cation-directed de novo assembly of a functionalized guest molecule in the nanospace of a metal-organic framework[J]. Journal of the American Chemical Society，2014，136（4）：1202-1205.

[97]　Alkordi M H，Liu Y L，Larsen R W，et al. Zeolite-like metal-organic frameworks as platforms for applications: on metalloporphyrin-based catalysts[J]. Journal of the American Chemical Society，2008，130（38）：12639-12641.

[98]　Zhang Z J，Zhang L P，Wojtas L，et al. Template-directed synthesis of nets based upon octahemioctahedral cages that encapsulate catalytically active metalloporphyrins[J]. Journal of the American Chemical Society，2012，134（2）：928-933.

[99]　Uemura T，Hiramatsu D，Yoshida K，et al. Sol-gel synthesis of low-dimensional silica within coordination nanochannels[J]. Journal of the American Chemical Society，2008，130（29）：9216-9217.

[100]　Jo C，Lee H J，Oh M. One-pot synthesis of silica@coordination polymer core-shell microspheres with controlled shell thickness[J]. Advanced Materials，2011，23（15）：1716-1719.

[101]　Rieter W J，Taylor K M L，Lin W B. Surface modification and functionalization of nanoscale metal-organic frameworks for controlled release and luminescence sensing[J]. Journal of the American Chemical Society，2007，129（32）：9852-9853.

[102]　Uemura T，Kitagawa K，Horike S，et al. Radical polymerisation of styrene in porous coordination polymers[J]. Chemical Communications，2005，（48）：5968-5970.

[103]　Rowe M D，Chang C C，Thamm D H，et al. Tuning the magnetic resonance imaging properties of positive contrast agent nanoparticles by surface modification with RAFT polymers[J]. Langmuir，2009，25（16）：9487-9499.

[104]　O'Neill L D，Zhang H F，Bradshaw D. Macro- /microporous MOF composite beads[J]. Journal of Materials Chemistry，2010，20（27）：5720.

[105]　Yang S J，Choi J Y，Chae H K，et al. Preparation and enhanced hydrostability and hydrogen storage capacity of CNT@MOF-5 hybrid composite[J]. Chemistry of Materials，2009，21（9）：1893-1897.

第4章

纳米 MOF 及复合物的应用

4.1 概论

　　近几十年来，纳米 MOF 及其复合材料凭借着可设计的网络结构、超大的比表面积和均匀分散的活性金属中心等优点，已经被广泛应用于光/电化学、药物负载与传递、气体存储和分离等领域。随着纳米技术的发展，通过结构优化，将 MOF 晶体缩至纳米尺度，正引起了人们极大的兴趣[1-5]。本章将介绍一维（1D）、二维（2D）和三维（3D）纳米 MOF 及 MOF 复合材料的具体的设计与制备，并重点讨论低维纳米 MOF 结构在气体存储和分离、药物负载与传递、热/电/光催化以及电池和超级电容器领域的应用。

4.2 气体存储和分离

4.2.1 气体存储

　　随着化石能源短缺和温室效应问题的日益严峻，如何将 MOF 材料应用于能源与温室气体（如 CH_4、H_2 和 CO_2）的吸附储存是一个值得深入研究的课题[1, 2]。MOF 材料不仅可以有效地利用孔隙空间进行气体存储，还可以调节孔隙大小以识别和吸收气体[3]。与微米以上尺寸的块体 MOF 材料相比，纳米 MOF 由于其纳米级的尺寸和表面上暴露更多的活性位点而更易与被吸收的气体发生相互作用，从而有望获得高吸附储存能力。本节将介绍不同维度的纳米 MOF 及其复合材料在气体储存中的应用。

　　在 2012 年，Bataille 等[4]合成了一例 1D MOF 纳米棒材料并将其用于 CO_2 吸收的研究。他们探讨了溶剂对所获得 1D MOF 尺寸的影响。通过扫描电子显微镜观察发现，以水为溶剂时可合成针状微晶，而以乙醇为溶剂时则制备了 MOF 纳米棒。MOF 纳米棒的长度在 200～1000nm，如图 4-1（a）所示；在 195K 下的 CO_2 吸附等温线显示出典型的微孔材料特征。当相对压力为 0.94 时，1D MOF 纳米棒呈现出 100mg/g 的 CO_2 吸收量，相当于 $51cm^3/g$。此外，相对于 CH_4，1D MOF 纳米棒对 CO_2 的亲和力更大，如图 4-1（b）所示。

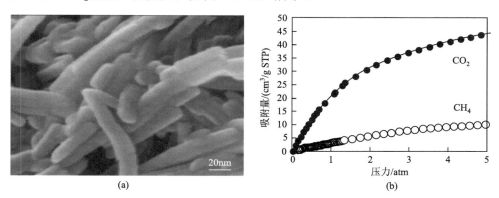

（a）　　　　　　　　　　　　　　　　　　（b）

图 4-1　以乙醇为溶剂制备的 MOF 纳米棒的扫描电子显微镜图（a）及在室温条件下的微晶吸附等温线（b）[4]

STP 表示标准状况，即标准温度与标准压力（standard temperature and pressure）

　　2D MOF 纳米片由于其较高的比表面积和更多的活性位点的暴露也常表现出优异的气体吸附能力。通常，超薄 2D MOF 纳米片的合成采用基于 2D 本体层 MOF 的自上而下剥离法。然而，这种方法常常导致混合的 MOF 纳米片厚度较大且呈现出横向分布的尺寸。此外，由于强烈的层间相互作用，这些剥落的 MOF 纳米片很容易发生再次堆叠。为了解决这些问题，Zhao 等[5]以 1, 3, 5-三（4-羧基苯基）苯甲酸为有机配体，采用自下而上的合成方法制备了具有高结晶度的超薄 2D MOF（MF-ZrBTB）纳米片，并对其进行高压气体吸附研究，如图 4-2（a）所示。与常规溶剂热条件下合成的块状 2D MOF（ST-ZrBTB）相较，在微滴流动反应条件下制备的超薄 2D MOF 纳米片具有更高的比表面积和更好的气体吸附性能。

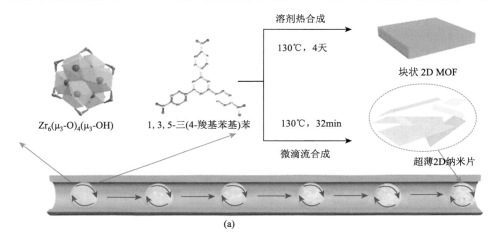

（a）

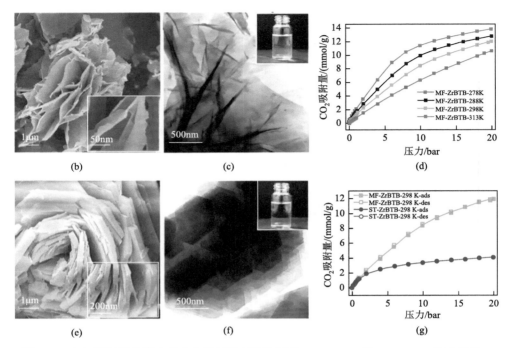

图 4-2　（a）通过微滴流动反应和常规溶剂热法制备 MF-ZrBTB 和 ST-ZrBTB 的示意图；
MF-ZrBTB 的场发射扫描电子显微镜图（b）、透射电子显微镜图（插图显示了 MF-ZrBTB 的丁
铎尔效应）（c）及在不同温度下的 CO_2 吸附等温线（d）；ST-ZrBTB 的场发射扫描电子显微镜
图（e）、透射电子显微镜图（插图显示了 ST-ZrBTB 的丁铎尔效应）（f）；（g）ST-ZrBTB 和
MF-ZrBTB 的 CO_2 吸附和解吸等温线[5]

如图 4-2（b）和（c）所示，电子显微镜观察显示 MF-ZrBTB 为 2D 超薄纳米片；
ST-ZrBTB 为由六边形紧密堆叠在一起形成的花状结构，如图 4-2（e）和（f）所
示。原子力显微镜测试表明超薄 2D MOF 纳米片的横向尺寸约为 3μm，厚度为 3～
4nm，而块状 2D MOF 的厚度高达 45nm。如图 4-2（g）所示，超薄 2D MOF 具
有出色的 CO_2 吸附量。当压力达到 20bar 时，超薄 2D MOF 显示出 12.01mmol/g
的高 CO_2 吸附量，几乎是 ST-ZrBTB 的三倍（4.09mmol/g），如图 4-2（g）所示。
　　3D MOF 是在三维空间中具有特定形态的中空或多孔 MOF 结构。这些由简
单组件构成的 3D 结构既可以继承其构造块的卓越性能，也具有某些非常规的优
势。Wang 等[6]通过水热法合成了 ZIF-L 分层纳米结构。所获得的 ZIF-L 表现出由
数个叶片组装而成的对称十字形形态。ZIF-L 显示出大的比表面积（304m²/g）和
高的 CO_2 吸附量（1.56mmol/g）。此后，Chen 等[7]通过配位控制方法合成了花状
ZIF-L 纳米结构，如图 4-3（a）和（b）所示。由于分层花状纳米结构，在 273K
和 1bar 下的 CO_2 吸附容量达到 1.34mmol/g，CO_2 吸附能力显著提高，如图 4-3（c）

图 4-3　花状 ZIF-L 的场发射扫描电子显微镜图（a）、透射电子显微镜图（b）和 CO₂ 吸附-
解吸等温线（c）[7]；（d）UiO-66 的场发射扫描电子显微镜图；（e）DES@UiO-66-COOH（0.05）
的场发射扫描电子显微镜图；（f）在 298K 时 DES@UiO-66-COOH（n）MOF 的 CO₂ 吸附曲
线[12]；（g）HKUST-1 的场发射扫描电子显微镜图；（h）HKUST-1@rGO 的场发射扫描电子显
微镜图；（i）HKUST-1、HKUST-1@GO、HKUST-1@fGO 和 HKUST-1@rGO 的 CH₄ 总体积
吸附等温线[13]

所示。Zhong 等[8]合成了一种 MOF-5 与氨化氧化石墨烯（AGO）复合的材料并用于

CO_2 吸附。由于氨基可以附着在 GO 表面的酸基上，这种特定的相互作用使得 AGO 比纯 GO 具有更高的 CO_2 吸附能力。此外，AGO 还能改变复合材料的孔结构，使 GO 和 MOF 界面处的孔更加活跃。与 MOF-5 形貌相比，复合材料的形貌出现了一些缺陷。当压力达到 4 bar 时，由于其适当的微孔直径，均相反应器中所制备的 MOF-5/GO-H 展现高的 CO_2 吸附量（1.06mmol/g）。这种结果也表明，具有与被吸附气体的尺寸相似的孔的 MOF 会产生优异的气体吸附性能。在介孔 MOF 上进行的气体存储表明介孔 MOF 不仅具有高的气体吸附能力，而且具有可调节的几何形状或功能，可以选择性地吸附不同的客体分子[9]。利用介孔二氧化硅球（MSS）和 NH_2-MIL-53（Al）合成了直径约 4μm 的介孔 MSS-NH_2-MIL-53（Al）[10]。MSS-NH_2-MIL-53（Al）具有核壳结构，在约 3.5MPa 下，CO_2 吸附量可达 10mmol/g。

碱性的氨基对酸性 CO_2 基有优异的亲和力，因此氨基官能化的 MOF 材料是捕集 CO_2 的优秀候选者。Khan 等[11]采用 2-氨基对苯二甲酸（2-amino-1, 4-benzenedicarboxylic acid，ABDC）作为有机配体合成了新型氨基官能化 3D Cu-ABDC。Cu-ABDC 具有良好的热稳定性，表现出可用于 CO_2 吸附的能力。尽管 Cu-ABDC 中存在的氨基稍微降低了 MOF 比表面积，但与其他各种基于苯二甲酸配体的 MOF 材料相比，CO_2 吸附量明显增加。Cu-ABDC 在 25℃下的 CO_2 吸附量达到 5.85mmol/g，是初始 Cu-ABDC 的 5.087 倍。低共熔溶剂（DES）是一种类似于离子液体的良好的 CO_2 吸附剂。Guan 等[12]用两种有机配体构建了一种功能化的 UiO-66（Zr）并用 DES 对其进行改性，改性后 UiO-66 在强低压下依旧表现出良好的 CO_2 吸附性能。与配体 1, 3, 5-苯三甲酸相比，1, 2, 4-苯三甲酸中游离的—COOH 可以将 DES 接枝到 UiO-66 的孔中并保留稳定性的八面体结构，如图 4-3（d）和（e）所示。掺入的 DES 中的活性—NH_2 和—OH 基团与固有的开放金属位点带来的协同作用使得 CO_2 吸附性能显著提高。DES@UiO-66-COOH（n）在 298 K 下的 CO_2 等温线如图 4-3（f）所示。随着 DES 掺入量的增加，CO_2 吸附得到明显改善。当 DES 的摩尔分数达到 0.05 时，样品 DES@UiO-66-COOH（0.05）表现出最高的 CO_2 吸附量，在 1 bar 下达到 51.8cm³/g。与散装 UiO-66 的 CO_2 吸附量相比（41.1cm³/g），DES@UiO-66-COOH（0.05）上的 CO_2 吸附增长率高达 26%。

由 HKUST-1 和氧化石墨烯（GO）、还原型氧化石墨烯（rGO）或羧基官能化石墨烯（fGO）组成的三种 MOF-GO 纳米复合材料可通过高压甲烷吸附量评估其甲烷存储特性[13]。三种类型的纳米复合材料均比原始 MOF 表现出更高的比表面积和孔隙率。如图 4-3（g）和（h）所示，通过扫描电子显微镜观察到 HKUST-1 具有光滑的小平面，而 HKUST-1@rGO 呈现出花边状结构。而且 HKUST-1@rGO 纳米复合材料表现出最佳性能，在 65bar 下总 CH_4 吸附量可达到 270cm³/cm³ STP，如图 4-3（i）所示。

3D 纳米 MOF 应用于气体储存领域的研究更加广泛。目前，Li^+ 掺杂的 RHA-

MIL-101（RHA 是稻壳灰）对氢吸收性能的影响被报道[14]。与未掺杂 Li^+ 的 RHA-MIL-101 相比，掺杂 Li^+ 的 RHA-MIL-101 不仅可以保持原有的八面体拓扑结构，并且氢气吸收量要高得多，这归因于 Li^+ 与 H_2 的相互作用以及 MIL-101 中掺入的富含二氧化硅的 RHA 的协同效应。结果表明，拥有最低的 Li^+ 含量的 0.06Li-RHA-MIL-101 在吸收 H_2 上提高了 72%[2.65wt%（质量分数）]。Huang 等[15]制备了葡萄糖改性的 MOF-5/GO 复合材料并评估其对 H_2S 的吸附能力。葡萄糖的引入可以增强结构稳定性，GO 和葡萄糖之间的结合会导致多孔结构的形成，从而通过增强物理吸附和反应吸附来实现出色的 H_2S 吸附能力，最大吸收量高达 130.1mg/g。

　　表面卤化是调节或改善固态材料功能的重要手段。通过使卤化锆（ZrX_4；$X = Cl$、Br、I）与乙炔二羧酸反应，研究者开发了一种富马酸锆（MOF-801）卤代官能化衍生物的简便合成方法[16]。通过一锅反应将 HX 添加到—C≡C—中转化为卤代富马酸酯。原位生成的卤化连接基与溶液中的锆离子反应生成微孔的 HHU-2-X。与未卤化的 MOF-801 相比，HHU-2-Cl 增加了 21% SO_2、24% CH_4、44% CO_2 和 154% N_2 的气体吸收量。用 UiO-66（Zr）和沸石模板碳（ZTC）为原料构建了基于 PIM-1 的复合材料[17]。结果表明，复合后的材料仍能保持微孔结构特性和增强的 H_2 吸收性能。此外，通过改变添加剂三乙胺（TEA）的浓度，实现了叶状 ZIF-L 到 3D ZIF-8 的形态变化[18]。TEA/总摩尔比为 0.0006 被证明是两相之间的临界态。而且，样品的颗粒和晶体尺寸随着 TEA/总摩尔比的增加而减小。所得到的最小的 ZIF-L 和 ZIF-8 颗粒粒径分别为 1.6μm 和 177nm，并显示出优异的热稳定性。随着 TEA 的增加，CO_2 的吸收量也增加，且 ZIF-8 的 CO_2 吸收量大于 ZIF-L。

4.2.2　气体分离

　　混合物的分离是化学工业的关键步骤之一，可以占到许多工业过程总能量的一半。在所有的混合物中，气体混合物的分离对于工业过程是非常重要的，如氢气纯化（H_2/N_2、H_2/CO、H_2/CO_2、H_2/烃类）[19-22]、空气分离（N_2/CO_2）[23, 24]、天然气脱硫（CO_2/CH_4）[25, 26]、CO_2 捕集（CO_2/H_2）[27-29]。对于尺寸大小或物理性质相似的分子组成的气体混合物尤其难以分离。金属-MOF 是通过强键（网状合成）连接无机单元和有机单元而形成的，具有独特的孔隙率、高比表面积、出色的可设计性和灵活性，这些优点使 MOF 在吸附气体时的自扩散系数和晶内扩散系数均大于常规碳材料和沸石材料[30]。因此，MOF 成为气体分离的理想候选材料。

　　全球气候变化被认为主要是由二氧化碳排放到大气中引起的"温室效应"导致的，目前已经成为环境问题的焦点。将生产生活中产生的有害气体经过物理、化学方法吸收、过滤等分离步骤后再排放到空气中已经成为常态，因此，研制具有较好气体分离能力的纳米 MOF 及其复合材料成为研究人员越来越关注的课题。根据图 4-4（a），An 等[31]采用静电纺丝的方法制备了 ZIF-7/PAN（聚丙烯腈）纳米复合纤维，图 4-4（b）中扫描电子显微镜显示了光滑的 ZIF-7/PAN 纳米纤维，图 4-4（c）中透射电子显微镜则表明 ZIF-7 均匀分布在聚合纤维上。不同温度下合成的 ZIF-7/PAN 纳米纤维对 CO_2 吸附/解吸等温线的滞后现象，如图 4-4（d）所示，可以看出 ZIF-7 的加入显著提高了 CO_2 的吸附效果，并且提高合成温度会影响 ZIF 的形成，CO_2 吸附结果也证实了这一点，随着合成温度的升高，促进了 ZIF-7

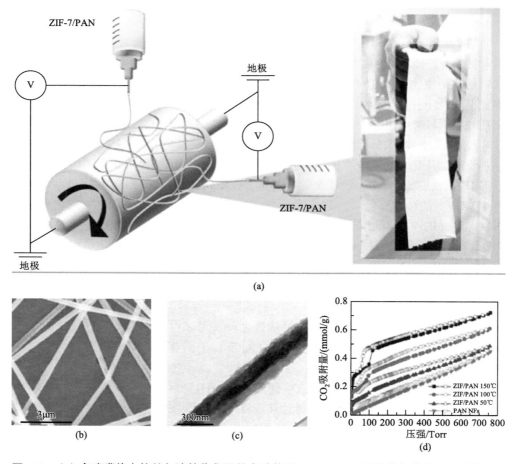

图 4-4　（a）多喷嘴静电纺丝与滚筒收集器的实验装置；ZIF-7/PAN 纤维的扫描电子显微镜（b）和透射电子显微镜图像（c）；（d）PAN NFs 与在 50℃、100℃和 150℃下合成的 ZIF-7/PAN 纳米纤维对 CO_2（196K）的吸附/解吸等温线[31]

$$1\text{Torr} = 1.33322 \times 10^2 \text{Pa}$$

的形成。但温度不能提高到 150℃以上，因为其中含有的 DMF（*N, N*-二甲基甲酰胺）溶液在高温合成过程中会蒸发。值得注意的是，随着合成温度的升高，即在 150℃临界温度时 ZIF-7/PAN 纳米纤维对 CO_2 吸收增加的幅度变得更加显著。另外，MOF 纤维的力学性能对各种技术应用也很重要。例如，ZIF 的固有孔隙率应在吸附/解吸循环中保持，而在宏观尺度上，纤维纳米复合材料作为一个整体必须具有机械回弹性，以承受使用过程中产生的应力和应变。

　　除此之外，Chen 等[32]成功地合成了 MIL-101（Cr）@MCM-41 复合材料，并将其用于 CO_2 捕集。如图 4-5（a）所示，介孔分子筛 MCM-41 的引入赋予复合材

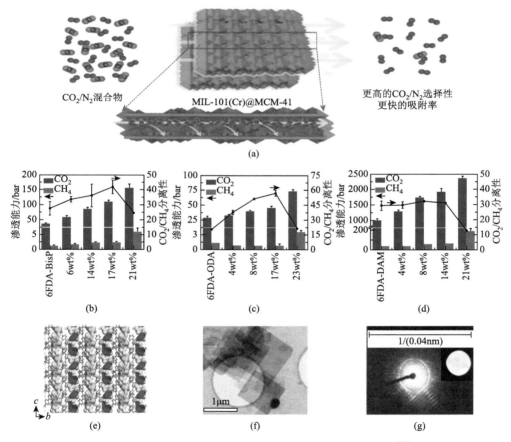

图 4-5　（a）MIL-101（Cr）/介孔二氧化硅复合材料的 CO_2 捕集性能示意图[32]；6FDA-BisP（b）、6FDA-ODA（c）和 6FDA-DAM MMMs（d）CO_2/CH_4 渗透性和选择性[33]，横坐标代表 Uio-66 在混合基质膜中的质量分数；（e）由 BF_4 阴离子分离的一维孔隙中的纳米结构（Cu：橙色；C：灰色；H：白色；N：蓝色；B：粉色；F：浅蓝色），忽略乙腈分子，内外孔表面分别为蓝色和灰色[34]；Cu-BDC 纳米片的 TEM 图（f）和电子衍射图（g）[35]

料更小的粒径、更大的微孔体积和更高的比表面积，从而显著提高了其捕集 CO_2 的性能。在 298K 和 1bar 下，MIL-101(Cr)@MCM-41 对 CO_2 的吸附量达到 2.09mmol/g，比纯的 MIL-101(Cr)提高约 79%。Ahmad 和同事[33]报道了高比表面积 UiO-66(Zr)的成功合成。该 UiO-66 具有均匀的粒径（~50nm）、合适的结晶度和良好的热稳定性，并用三种 6FDA[2, 2′-双（3, 4-二羧基苯基）六氟丙烷二酐]基共聚酰亚胺（即 6FDA-BisP、6FDA-ODA 和 6FDA-DAM）制备了 UiO-66 混合基质膜。在 35℃和 2bar 的条件下，由于 6FDA-BisP 和 6FDA-ODA 的存在，UiO-66 NPs 对 CO_2 的透过率和 CO_2/CH_4 的选择性分别提高了 50%～180%和 70%～220%。在 CO_2/CH_4 选择性方面，6FDA-BisP 的最佳结果为 41.9[图 4-5（b）～（d）]。此外，Kondo 等[34]展示了将"分子门"成功地结合到一种新型铜基 MOF 的 1D 孔中。MOF 由 Cu(Ⅰ)离子和 2, 4, 6-3（4-吡啶基）-1, 3, 5-三嗪（tpt）配体组成的凹凸 2D 片堆积而成，图 4-5（e）为 MOF 的孔结构。在 100kPa 下 MOF 对 CO_2 的吸附量为 1.2mmol/g（273K）和 0.9mmol/g（303K），但在 300K、100kPa 时，MOF 对 N_2 和 H_2 几乎没有吸收。表明了这种铜基 MOF 是一种很有前途的分离分子大小的吸附质。Sabetghadam 和同事[35]利用 Cu-BDC 纳米片和多活性聚合物（环氧乙烷）-聚（对苯二甲酸丁二醇酯）（PEO-PBT）制备了负载型的混合基质膜（MMMs）和双层膜（DLMs）。图 4-5（f）和（g）为 Cu-BDC 纳米片的透射电子显微镜图像和电子衍射图谱，横向尺寸范围 1～5μm，厚度为 15nm。结果表明，所制备的膜具有更好的分离性能。纳米片的主要作用是覆盖薄膜形成过程中的缺陷，提高薄膜的 CO_2/N_2 选择性。使用均匀分散在薄支撑混合基质膜中的 Cu-BDC 纳米片显著提高了选择性，甚至高于相同的独立膜（77vs.60），并且 CO_2 的渗透性达到 40GPU（气体渗透单元）。

　　纳米级石墨烯基膜的厚度从几埃到几十纳米不等，它们对 H_2/CO_2、H_2/N_2 等具有很高的选择性，因此石墨烯基材料在气体分离方面具有巨大的潜力，但是如何控制膜间结构以获得高渗透膜仍然是一个挑战。Li 等[36]介绍了一种通过原位结晶法制备的具有均匀纳米通道的 ZIF-8/rGO 膜[图 4-6（a）]。该膜对 H_2/CO_2 的选择性约为 26.4。此外，许多其他的 MOF 材料也被插入 rGO 薄片之间，以获得高选择性和高渗透性的膜。从 rGO[图 4-6（b）和（d）]和 ZIF-8/rGO 膜[图 4-6（c）和（e）]的扫描电子显微镜图像可以明显地观察到 ZIF-8/rGO 膜的层状结构更清晰、更整齐，厚度仅为 14nm 左右。比较 ZIF-8/rGO 膜和 rGO 膜的气体透过性能发现，ZIF-8/rGO 膜表现出高氢气渗透能力，高于几乎所有先前 ZIF-8 膜的研究报道。这些结果表明，气体渗透受分子筛的控制，插入的 MOF 可以大大提高 rGO 膜的渗透率，获得连续的分离性能优异的膜。另外，作者还探讨了合成条件对透气性的影响，如图 4-6（f）和（g）所示，随着 rGO 膜沉积热液温度的升高，气相渗透率降低，选择性升高，达到 26.4 左右。随着 ZIF-8 的前驱体浓度的增加，气相渗透

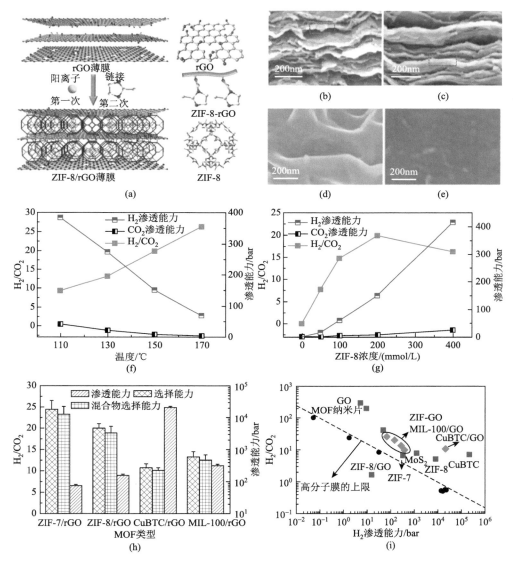

图 4-6　（a）ZIF-8/rGO 膜的组装工艺图；rGO 和 ZIF-8/rGO 膜横断面的扫描电子显微镜图像[（b）和（c）]，膜的内部扫描电子显微镜图像[（d）和（e）]；（f）rGO 膜的合成温度对 ZIF-8/GO 膜的通透性和选择性的影响；（g）ZIF-8 前驱体浓度对 ZIF-8/GO 膜的通透性和选择性的影响；（h）ZIF-7/rGO、ZIF-8/rGO、CuBTC/rGO、MIL-100/rGO 膜的通透性和选择性；（i）制备的 MOF/GO 膜（红色）与聚合物膜（黑色）及其他已有研究报道的膜（蓝色），如氧化石墨烯、MOF 纳米片的 H_2/CO_2 分离性能的比较[36]

率增加，选择性增加了之后略有下降。除此之外，他们设计和制备了一些 MOF/rGO 膜，包括 ZIF-7/rGO、CuBTC/rGO 和 MIL-100/rGO 膜并进行比较[图 4-6（h）]。与

ZIF-8（0.34nm）相比，ZIF-7/rGO 膜的理论孔径较小，约为 0.30nm，其 H_2 渗透性较低，为 73bar，选择性较高，为 24.7。CuBTC/rGO 膜选择性较小，但仍大于报道的 CuBTC 膜。由于 CuBTC 的孔径较大，所以 CuBTC/rGO 膜的 H_2 渗透率达到了 21112bar 左右。受合成条件的限制，MIL-100 的晶体结构不是很纯，因此 MIL-100/rGO 膜的通透率为 311bar，选择性为 12.7。如图 4-6（i）所示，与二维材料膜相比，氧化石墨烯膜虽然有一定的选择性，但复合膜的通透性较大。与 MOF 膜相比，制备的复合膜具有较好的选择性。此外，许多其他的 MOF 材料也可以插入 rGO 中，获得具有高选择性和高渗透性的膜。

　　此外，由咪唑基有机连接剂和四面体锌（ZnN_4）配合构建而成的 ZIF 材料可以产生不同拓扑网络的多孔骨架，这些多孔骨架模拟了沸石（铝硅酸盐）的拓扑结构。良好的化学稳定性和可调的孔隙结构使得 ZIF 具有广泛的力学性能和有趣的骨架动力学，因此，ZIF 在气体分离等方面发挥重要作用[37]。例如，Ma 等[38] 采用简单的多晶生长方法，在 ZIF-8 原位嵌入式的聚砜（PSF）基片上制备了超薄（小于 200nm）的无缺陷 MOF 层。如图 4-7（a）所示，优化后的 ZIF-8 膜在基底上显示了厚度约为 180nm 的超薄无缺陷 ZIF-8 层。所制备的超薄 ZIF-8 膜具有优异的气体分子筛性能，对 H_2 的气体透过率为 $24.5×10^{-7}mol/(m^2·s·Pa)$，对 H_2/CO_2、H_2/N_2 和 H_2/CH_4 的选择性分别为 4.5、23.2 和 31.5。此外，Sánchez-Laínez 和同事[39]以 ZIF-8、ZIF-7（Ⅲ）和 ZIF-7/8 核壳为原料制备了聚合物稳定渗透膜（PSPM）。图 4-7（b）显示了含有 ZIF-7/8 核壳的 PSPM 的扫描电子显微镜图。ZIF-8 和 ZIF-7/8 核壳颗粒均为球形，平均粒径分别为 150nm 和 120nm。相反，ZIF-7（Ⅲ）形成厚度为

图 4-7　（a）ZIF-8 膜在 20min 的扫描电子显微镜图像（重复 4 个多晶生长周期）[38]；（b）ZIF-7/8 核壳 PSPM 的三维重建扫描电子显微镜图[39]；（c）120℃二次生长 48h 的 ZIF-95 膜的顶视扫描电子显微镜图[40]；（d）10 个循环制备的 ZIF-8/g-C_3N_4 膜的表面扫描电子显微镜图[41]；（e）UiO-66-PEI@[Bmim][tfn]颗粒的扫描电子显微镜图像[42]；（f）ZIF-67 的扫描电子显微镜图像[43]

500nm 的层状颗粒。由于环氧树脂的作用，所有 PSPM 对 N_2 的吸附都很低，阻碍了气体分子进入 ZIF 的孔道，但不影响其对 H_2/CO_2 混合物的分离能力。以 ZIF-7/8 核壳纳米粒子为填料的 PSPM 具有很高的性能，最佳 H_2/CO_2 选择性为 12.3，H_2/CO_2 渗透率为 355bar。Ma 等[40]报道了以 ZIF-95 纳米片为种子的高透氢选择性 ZIF-95 膜的二次生长。由于 ZIF-95 膜对 CO_2 具有优先亲和性，且孔径窄，约为 0.37nm，因此该膜具有很高的氢渗透选择性。图 4-7（c）为制备的 ZIF-95 膜的顶视扫描电子显微镜图。在 200℃和 1bar 下，H_2/CO_2、H_2/N_2 和 H_2/CH_4 的混合物分离系数分别为 41.6、36.8 和 40.3，H_2 渗透系数大于 $1.7×10^{-7}mol/(m^2·s·Pa)$。为了进一步增强 H_2/CO_2 的选择性，Hou 等[41]提出了一种在室温下利用二维石墨碳氮化物（g-C_3N_4）纳米片原位快速制备 ZIF-8 杂化膜的方法。图 4-7（d）为 10 个循环周期制备的 ZIF-8/g-C_3N_4 膜的表面扫描电子显微镜图。此外，它还具有很好的 H_2/CO_2 分离性能，选择性高达 42，优于其他许多 ZIF-8 膜。

离子液体（IL）由于其固有的高 CO_2 溶解度，在 CO_2 的分离和捕集方面受到了广泛的关注。采用 IL 修饰的 MOF 材料在气体分离上得到了越来越多的研究，例如，Liu 等[42]设计了一种新型的纳米复合填料 UiO-66-PEI@[Bmim][tfn]，同时改善了 MMMs 的界面形态和气体分离性能。采用支化聚乙烯亚胺（PEI）对纳米 UiO-66 进行后合成修饰，并用离子液体[Bmim][tfn]对其进行表面修饰。UiO-66-PEI 中丰富的氨基酸基团与 CO_2 的高亲和力改善了 MMMs 的气体分离性能。图 4-7（e）为 UiO-66-PEI@[Bmim][tfn]的扫描电子显微镜图像。负载 UiO-66-PEI@[Bmim][tfn] 的膜（15wt%）对 CO_2 和 CH_4 混合气体显示出 59.99 的最高选择性。这种渗透性和选择性的提高证明了所得膜在天然气净化工业中的应用潜力。除此之外，Vu 和同事[43]采用 3 种不同的 ILs，即 1-丁基-3-甲基咪唑四氟硼酸盐（[Bmim][BF$_4$]）、1-乙基-3-甲基咪唑双（三氟甲磺酰）酰亚胺（[Emim][tfn]）和 1-丁基-3-甲基咪唑双（三氟甲磺酰）酰亚胺[Bmim][tffn]）来覆盖微米级的 ZIF-67 粒子，并将它们分别记作 PZ/IL1、PZ/IL2、PZ/IL3。然后将包覆的 ZIF-67 颗粒在不同负载量下并入 6FDA-均三烯聚合物中制备用于气体分离的 MMMs。图 4-7（f）显示了立方 ZIF-67 颗粒方钠石（SOD）结构，多面体形状大部分粒径为 0.6～1.3μm。涂层后 ZIF-67 的形貌保持完整，表明溶剂和离子液体对 ZIF-67 的结构影响不大。研究发现，与 PZ/IL1 相比，PZ/IL2 具有更好的 CO_2 和 C_3H_6 渗透性，CO_2/N_2、CO_2/CH_4 和 C_3H_6/C_3H_8 选择性更好。有趣的是，与 PZ/IL1 和 PZ/IL2 相比，PZ/IL3 表现出不同的趋势，其 CO_2/N_2、CO_2/CH_4 和 C_3H_6/C_3H_8 选择性较高，但 CO_2 和 C_3H_6 渗透率较低。

不仅如此，人们在材料合成方面也做了很多努力来调整 MOF 的大小和形状[44-46]。Sorribas 等[8]以 MCM-41 介孔球为模板和载体，通过播种及后续的二次生长过程，研究了有序介孔硅核壳球 MSS-NH_2-MIL-53（Al）的形成[图 4-8（a）]。

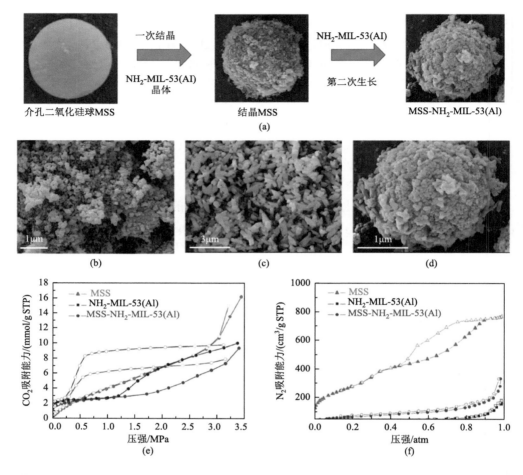

图 4-8 （a）MSS-NH₂-MIL-53（Al）核壳颗粒的合成工艺；（b）NH₂-MIL-53（Al）的扫描电子显微镜图；（c）150℃，NH₂-MIL-53（Al）的扫描电子显微镜图；（d）晶体生长后 MSS-NH₂-MIL-53（Al）球体的扫描电子显微镜图；（e）MSS、NH₂-MIL-53（Al）和 MSS-NH₂-MIL-53（Al）样品在 196℃时的 N₂ 吸脱附等温线；（f）0℃时 MSS、NH₂-MIL-53（Al）和 MSS-NH₂-MIL-53（Al）样品的 CO₂ 吸脱附等温线[8]

由于 NH_2-MIL-53（Al）的孔道效应，MOF 壳层可以控制 CO_2 等分子进入二氧化硅孔隙的通道。通过扫描电子显微镜[图 4-8（b）]分析了粒子的形貌，制备的 NH_2-MIL-53（Al）种子粒径为（70±17）nm。在 150℃时，制备的 NH_2-MIL-53（Al）具有细长的形状和较大的颗粒尺寸[（880±30）nm][图 4-8（c）]，在 NH_2-MIL-53（Al）生长过程中，获得了均匀的结晶壳[图 4-8（d）]，平均 MOF 粒径为（150±25）nm。图 4-8（e）为 MSS、NH_2-MIL-53（Al）和 MSS-NH_2-MIL-53（Al）样品的 N_2 吸附等温线，N_2 在 NH_2-MIL-53 材料上的吸附很大程度上取决于颗粒大小和预处理条件。如图 4-8（f）所示，当压力低于 0.5MPa 时，NH_2-MIL-53（Al）样品对 CO_2 的吸附达到 2.5mmol/g。当压力大于 1.2MPa 时，材料的开孔结构导致 CO_2 吸附量急剧增加。在最高的 CO_2 分压（约 3.5MPa 测试）下，NH_2-MIL-53（Al）和 MSS-NH_2-MIL-53（Al）吸附值相似，这与硅介孔对核壳颗粒 CO_2 总容量的贡献一致。通过等温线 MSS-NH_2-MIL-53（Al）的形状差异和模拟（考虑物理混合）再次证明了这种复合材料的核壳结构带来的正面影响。

4.3　药物负载与传递

　　MOF 在构建药物输送系统（DDS）方面具有巨大潜力，因为它们具有许多有利于药物负载和传递的潜在属性，如高比表面积、可调节的外部尺寸和内部孔隙率，这有利于改善药物相互作用和高药物负荷[47, 48]。迄今，研究最多的可以封装在 MOF 中的药物有抗炎药（布洛芬等）[49, 50]、抗病毒药（叠氮胸苷-三磷酸等）[51, 52]、抗癌药（如阿霉素、5-氟尿嘧啶、顺铂前药）[53-55]和阳离子抗心律失常药（普鲁卡因胺等）[56]。考虑到生物医学应用中 MOF 材料组合物的生物相容性是很有必要的，因此，适当的天然分子，如氨基酸、肽和碱基，以及无害金属离子（Ca、Mg、Zn、Fe 等）[57-59]，被认为是组成具有良好生物相容性的 MOF 的有机配体和金属连接子。

　　此外，由于铁元素不仅在自然界中广泛存在，而且是人体必需元素，铁基 MOF 在生物医学应用方面极具吸引力。MIL-101（Fe）具有两个不同的介孔笼（内径分别为 29Å 和 34Å），介孔腔可用于装载小分子药物，外表面上的金属离子可用于结合生物大分子，使得 MIL-101（Fe）成为存储和输送生物制剂的候选者[60, 61]。Dong 等[62]制备了一系列 MIL-101（Fe）纳米颗粒，并且证明可以通过调节药物与微孔之间的相互作用来控制药物释放。Chen 等[63]利用 MOF 模板化策略合成了具有负载 siRNA 能力的抗肿瘤 Se/Ru@MIL-101 复合材料。如图 4-9（a）～（c）所示，硒和钌颗粒分别被修饰在 MIL-101 表面形成 Se/Ru@MIL-101，它们可以有效捕获游离的 siRNA 核酸酶并且保护它们不被核糖核酸酶降解。为了启动转染和基因沉寂的过程，纳米颗粒-siRNA 复合物必须首先穿过细胞膜并被靶向细胞吸收，因此，研究 Se/Ru@MIL-101 将 siRNA 递送至 MCF-7/T（耐紫杉醇）细胞的效率非常重要。Gao 等[64]将 MIL-101（Fe）氨基功能化，旨在提高其靶向给药能力，然后包裹 5-氟尿嘧啶（5-FU）用于癌症治疗[图 4-9（d）～（f）]。5-FU 是一种嘧啶类似物，它能与 DNA 和 RNA 结合，导致细胞毒性和癌细胞死亡。作者通过 MTT 比色法，探究了 Fe-MIL-53-NH_2-FA-5-FAM、DDS Fe-MIL-53-NH_2-FA-5-FAM/5-FU 和 5-FU 分别对 MGC-803 细胞（人胃癌细胞）和 HASMC 细胞（主动脉平滑肌细胞）活力的影响。如图 4-9（g）所示，游离 siRNA 培养的 MCF-7/T 细胞摄取不良，可能是因为裸露的 siRNA 带负电荷，难以穿透细胞膜，与之相比，Se@MIL-101-siRNA-FAM（FAM 表示羧基荧光素）和 Ru@MIL-101-siRNA-FAM 的细胞摄取明显得到了提高，可见 Se/Ru@MIL-101 可以有效地与 siRNA 结合并传递到 MCF-7/T 细胞中。如图 4-9（h）所示，将 MGC-803 细胞和 HASMC 细胞与不同浓度的 Fe-MIL-53-NH$_2$-FA-5-FAM 一起温育后，浓度高达 200μg/mL 时，对纳米复合材料几乎没有毒性，且细胞活力降低了 80%，同样地，DDS Fe-MIL-53-NH2-FA-5-FAM/5-FU 和 5-FU 也对 HASMC 细胞几乎没有毒性，体现了 Fe-MIL-

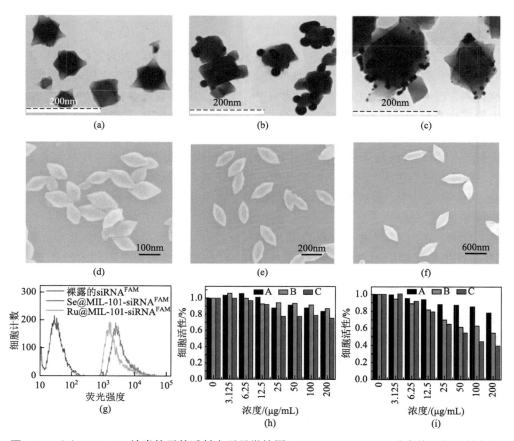

图 4-9　（a）MIL-101 纳米粒子的透射电子显微镜图；（b）Se@MIL-101 纳米粒子的透射电子显微镜图；（c）Ru@MIL-101 纳米粒子的透射电子显微镜图[63]；（d）～（f）不同反应物浓度下 Fe-MIL-53- NH$_2$ 纳米晶的电子显微镜图[64]；（g）转染后 12h，通过流式细胞术检测裸 siRNA-FAM、Se@MIL- 101-siRNA-FAM 和 Ru@MIL-101-siRNA-FAM 在 MCF-7/T 细胞中的摄取情况[63]；（h）由 MTT 法评估的 Fe-MIL-53-NH$_2$-FA-5-FAM（A）、DDS Fe-MIL-53-NH$_2$-FA-5- FAM/5-FU（B）和 5-FU（C）培养的 HASMC 细胞活性；（i）由 MTT 法评价 MGC-803 细胞与 Fe-MIL-53-NH$_2$-FA-5-FAM（A）、DDS Fe-MIL-53-NH$_2$-FA-5-FAM/5-FU（B）、5-FU（C）共培养的存活率[64]

53-NH₂-FA-5-FAM 纳米复合材料具有极好的生物相容性。如图 4-9（i）所示，当 Fe-MIL-53-NH₂-FA-5-FAM 浓度为 200μg/mL 时，将 DDS Fe-MIL-53-NH₂-FA-5-FAM/5-FU 与 MGC-803 细胞一起孵育会显示出与 5-FU 相似的剂量依赖性毒性，并导致 MGC-803 细胞死亡 45%，可见 DDS Fe-MIL-53-NH₂-FA-5-FAM/5-FU 提供了对肿瘤细胞的高效和选择性的治疗。

环糊精（cyclodextrin，CD）是一种环状寡糖，由中央亲脂性腔和亲水性外表面组成，有助于促进疏水客体分子在亲水介质中的结合和溶解，常被应用于口服制剂中[65, 66]。γ-CD 可以被唾液中的 α-淀粉酶水解，而 α-CD 和 β-CD 对该酶基本稳定却易被肠道菌群消化，导致基于 CD-MOF 的药物配方可能快速分散剂量[67, 68]。一般选用天然的 γ-CD 和碱金属盐（ⅠA 族元素，如 K、Rb 和 Cs）制备相应的 CD-MOF[69]，它们普遍具有良好的生物相容性、安全性和水分散性，通过在 CD-MOF（γ-CD-MOF）中封装药物，可以有效提高药物的化学稳定性以及增强药物的释放特性[70, 71]。

CD-MOF 被认为是一种有效的非甾体类抗炎药（如芬布芬、布洛芬等）的递送载体，可以快速缓解疼痛，延长镇痛效果的持续时间。Liu 等[72]选择芬布芬（水溶性极低，长效制剂）作为模型药物来评估 CD-MOF 的载药能力。CD-MOF 的大孔径和空隙足以容纳芬布芬小分子，芬布芬分子的羧基不仅易与 CD-MOF 中双 CD 单元的羟基形成氢键，而且还会和 CD-MOF 中的钾离子产生强静电相互作用。此外，纳米级的 CD-MOF 与微米级的相比，在 24h 内对芬布芬分子的吸附能力更强。Hartlieb 等[73]构建了一种基于 γ-CD 和钾离子在主表面和副表面上交替配位的 CD-MOF，作为布洛芬（中效制剂）的传递载体。体外生存研究表明，CD-MOF 不影响细胞的生存能力，而且似乎是没有毒性的，包括 CD-MOF 在内的制剂在动物研究中目前看来是安全的。他们还在小鼠上进行了生物利用度调查，药代动力学数据表明，口服后，布洛芬钾盐的 CD-MOF-1 共晶体显示出与纯布洛芬钾盐相似的生物利用度，且可以在血浆中快速吸收。此外，与单独的布洛芬盐相比，包含 γ-CD 的样品在布洛芬的半衰期中有明显的统计学上的增加。Li 等[74]以单分散亚微米级的 CD-MOF 微泡为原料，与聚丙烯酸（PAA）合成了复合微球，并在其中分别封装了布洛芬（ibuprofen，IBU）和兰索拉唑（lansoprazole，LPZ），均具有良好的细胞相容性，且表现出持续的体外药物释放。以共晶化封装布洛芬为例，作者制备了一系列相关微球，如图 4-10（a）～（d）所示，IBU-CD-MOF 球形度较空白微球、IBU-γ-CD 微球和 IBU 微球更为完整，且布洛芬负载量可达 12%～13%，根据释放曲线图 4-10（e）可知，包含 IBU-γ-CD 和 LPZ-γ-CD 复合物的微球都显示出非常快的爆发和不受控制的释放，而药物可以从 CD-MOF/PAA 复合微球中缓慢释放。另外，在不同浓度的 J774 巨噬细胞系中检测了它们的细胞毒性，如图 4-10（f）可见，由 IBU-CD-MOF/PAA 复合微球的细胞相容性优于两个单独成分中的任何一个，良好的细胞相容性促使 IBU-CD-MOF/PAA 可用作安全的载体以持续进行药物递送。

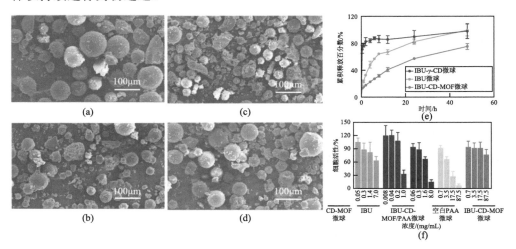

图 4-10 （a）空白微球的电子显微镜图；（b）IBU-γ-CD 微球的电子显微镜图；（c）IBU 微球的电子显微镜图；（d）IBU-CD-MOF 微球的电子显微镜图；（e）IBU-CD-MOF 微球、IBU-γ-CD 微球和含有纯药物的 IBU 微球在 48h 内的释放曲线，释放百分数是基于对三批微球的重复实验得出的，且 IBU 的释放介质是 pH 为 7.4 的 PBS；（f）不同浓度的 CD-MOF 纳米晶、空白 PAA 微球、IBU、IBU-CD-MOF 纳米晶、IBU-CD-MOF/PAA 复合微球（IBU-CD-MOF 微球）对 J774 巨噬细胞系的细胞毒性研究，细胞活力值基于对五批细胞的重复实验[74]

尽管 CD-MOF 表现出诸多优点，但是 CD-MOF 在生物医学领域的应用由于其物理缺陷和在水介质中的高溶解度而受到严重阻碍，因此它们无法在到达目标组织或器官之前保持其扩展框架的完整。为了改善 CD-MOF 的水稳定性，可以使用乙二醇二缩水甘油醚作为交联剂合成 CD-MOF 水凝胶[75]，或是使用富勒烯填充 CD-MOF 的疏水空腔[76]，也可以在 MOF 表面修饰一层疏水覆盖层（如胆固醇、壳聚糖）[70, 77]。虽然一些研究表明 MOF 具有优异的生物相容性和可降解性，但是它们的化学和热稳定性相对较低，无法满足实际的应用要求[56, 78, 79]。最近，锆基 UiO-66 由于其出色的稳定性而备受关注。

Zhu 等[80]首次报道了 UiO-66 纳米粒子中的 Zr-O 团簇可以作为天然药物锚定剂，有效捕获了 AL（alendronate，阿仑膦酸钠）分子，提高了载体的承受能力和介导的释放。图 4-11（a）可以观察到，分散的纳米颗粒主要为平均直径大约为 70nm 的立方状晶体。该纳米颗粒的直径大小对于细胞摄取来说是十分合适的，因此，获得的 UiO-66 纳米粒子可以有效地内化到细胞中。药物和载体之间的相互作用加速了 AL 在癌细胞酸性环境中的释放，也提高了对 MCF-7 和 HepG2 细胞的抗肿瘤效率。Abánades Lázaro 等[81]对负载了 DAC（二氯乙酸盐，一种丙酮酸

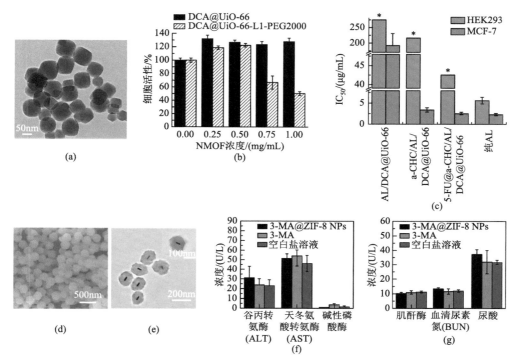

图 4-11　（a）UiO-66 纳米粒子的透射电子显微镜图[80]；（b）MTS 法测定 HeLa 细胞暴露于 DCA@UiO-66-L1 和 DCA@UiO-66-L1-PEG2000 72h 后的代谢活性[81]；（c）比较针对 HEK293 和 MCF-7 细胞的各种制剂相对于 AL 标准化的 IC_{50} 值[标有星号（*）的测量值表示在细胞增殖率保持＞90%的情况下评估的最大浓度，因此无法计算 IC_{50} 值（和误差线），在所有制剂中，当 AL 掺入 UiO-66 中时，抗癌细胞毒性的选择性都会提高][82]；（d）OVA@ZIF-8 的场发射扫描电子显现镜图[83]；（e）AuNR@ZIF-8 核壳结构的透射电子显微镜图[84]；肝（f）和肾（g）功能的典型生化标志物的活性[85]

脱氢酶激酶抑制剂）的 UiO-66 纳米粒子包覆了 PEG 链。用淋巴细胞增殖检测（MTS）法测定有无包覆 PEG 两种材料对 HeLa 细胞的杀伤作用，可以从图 4-11（b）中看出包覆了 PEG 的材料在 NMOF（纳米金属-有机框架）浓度为 0.75mg/mL 以上时对 HeLa 细胞有明显的杀伤作用，而未包覆材料的杀伤作用则不明显。PEG 的包覆提高了 UiO-66 在水介质中对磷酸盐的降解和分散的稳定性。通过对比发现，PEG2000 能够增强溶酶体介导的内吞作用，从而避免药物降解，增加了到达其他细胞细胞器的可能性。而 PEG500 修饰的 UiO-66 没有表现出类似的增强的摄取。包覆的 PEG 链长的不同也影响了纳米粒子对细胞的摄取能力。显然，用生物相容性 PEG 链将 MOF 纳米粒子功能化大大提高了其在生物应用中的适用性。此后，他们尝试将四种药物大量地整合到一个纳米载体中。通过对比不同制剂对 HEK293 和 MCF-7 细胞的半抑制浓度 IC_{50} 值[图 4-11（c）][82]，发现在 UiO-66 中加入 AL 可提高抗癌细胞毒性。此外，Fu 等合成了一种新型 MOF 基热敏 Fe_3O_4@UiO-66 核壳复合材料，其中 UiO-66 壳层用于包覆药物，Fe_3O_4 核层则用作（MR）对比剂。此复合材料因有效的药物传递和良好的 MR 成像（磁共振成像），在肿瘤的治疗和诊断中显示出了良好的应用前景[83]。Lu 等[84]制备的 UiO-66-NH$_2$@EPSQ 纳米复合材料作为药物布洛芬的载体，具有较高的载药量和控释性能。

其他锆基 MOF 在药物负载和传递方面也显示出了广阔的应用前景[85]。例如，Jiang 等[86]合成的具有良好载药量的锆簇金属有机骨架 ZJU-800，可以通过压力控制 MOF 与药物的紧致度使得药物双氯芬酸钠的释放时间由 2 天调整到 8 天。在一众 MOF 材料中，ZIF-8 也因其特殊的化学和热稳定性而被广泛研究。ZIF-8 由 Zn 和 2-甲基咪唑组成，具有足够大的孔隙可以使药物分子通过且空心粒子结构也可以提供较高的载药量。因此，具有可调功能和可控形态的中空 ZIF-8 满足了优秀药物载体的前提条件[55, 87-89]。

纳米粒子传递平台在许多方面显示了疫苗的潜在优势，Zhang 等[90]的研究就首次证实了 MOF 疫苗的构建，其将胞嘧啶-磷酸鸟嘌呤-鸟嘌呤寡脱氧核苷酸（CpG ODNs）与 ZIF-8 纳米粒子连接。卵清蛋白（OVA）由于具有良好的抗原性被用作模型抗原，ZIF-8 用于封装 OVA，形成一个 OVA 嵌入 ZIF-8 的复合材料。图 4-11（d）中的 OVA@ZIF-8 纳米粒子具有适当的尺寸，可提高细胞的摄取效率。通过强静电作用将 CpG ODNs 附着在纳米粒子表面，提高纳米粒子的生物相容性和免疫原性。体外实验表明，该疫苗具有较强的体液免疫和细胞免疫功能，这将促进 MOF 材料在生物医学领域的应用。Li 等[91]则将 ZIF-8 包覆在单金纳米棒（nanorod，NR）上，可以从图 4-11（e）中看出 AuNR@ZIF-8 核壳纳米结构的平均尺寸为 140nm。在 808nm 的近红外激光照射下，AuNR 和 ZIF-8 产生协同作用，即可控光热效应和双刺激反应释放，在体外和体内共同作用于高性能癌症治疗。相似地，Chen 等[92]将自噬抑制剂 3-MA 包裹到负载量为 19.798%（质量分数）的 ZIF-8 中。通过图 4-11（f）和（g）的体外实验结果发现，相比于游离的 3-MA，3-MA@ZIF-8 具有较低的肝、肾细胞溶解能力。这些实验结果都为拓宽 ZIF-8 在生物医学领域的应用提供了可靠的平台。

4.4   热催化

化学反应中，反应分子原有的某些化学键需要一定的活化能才能解离并形成新的化学键。而提高温度是满足反应所需活化能最简单也是最基础的方法，因此热催化是一种基本且重要的催化反应，能否高效地进行热催化反应也成为衡量催化材料的一项重要指标。随着能源需求的不断增长和环境污染的日益严重，人们对开发可持续的绿色化工新工艺越来越感兴趣，这使得催化成为 MOF 化学中发展最快的领域之一[93,94]。此外，人们可以使用多种方法将 MOF 设计成介孔结构，从而促进底物的扩散和传输，且固态也利于分离和回收[95,96]。

在 2019 年，Xue 等[97]用一种简单方法合成了一维 Cu/Sn-MOF 与活性炭（AC）的复合物，并将其用于催化乙炔的氢氯化反应。氯乙烯单体（VCM）因其独特的物理化学性质已成为最受欢迎的材料之一，在农业、科技、工业、国防等领域的应用也日益受到重视。我国是世界上煤炭资源最丰富的国家之一，主要采用电石乙炔法和汞基催化剂生产氯乙烯，但利用碳载氯化汞作为乙炔氢氯化的主要催化剂制备 VCM 时，汞污染等严重的环境问题也随之而来。而 MOF 作为一种清洁且高度可调的催化材料，若能设计一种用于高效催化氢氯化反应的催化剂，将会大大减轻制备 VCM 带来的污染。图 4-12（a）和（b）分别展示了 Cu-MOF@AC 和 Sn-MOF@AC 的扫描电子显微镜图谱。从它们的扫描电子显微镜图谱可以看出，Cu-MOF@AC 呈纳米棒状，宽约为 500nm，长度 5~10μm 不等，Sn-MOF@AC

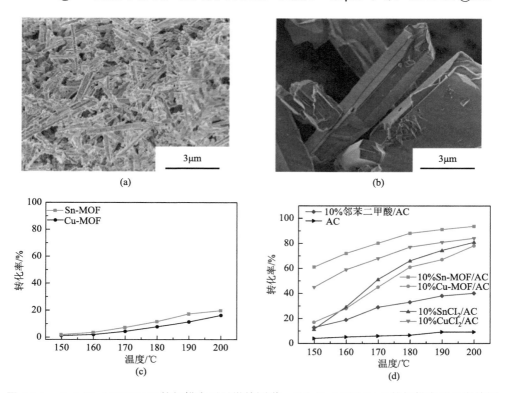

图 4-12　（a）Cu-MOF@AC 的扫描电子显微镜图谱；（b）Sn-MOF@AC 的扫描电子显微镜图谱；（c）纯 Cu-MOF 和 Sn-MOF 在不同温度下的转化率；（d）不同负载量的 Cu-MOF@AC 和 Sn-MOF@AC 以及其他负载在 AC 上的物质在不同温度下的转化率[97]

则比 Cu-MOF@AC 大得多，已经在微米尺度，宽为 2～3μm，长度则在 15μm 以上。纯的 Cu-MOF 和 Sn-MOF 并未展示出高效的催化性能[图 4-12（c）]，但在与 AC 复合后，它们的催化性能大幅提升[图 4-12（d）]，尤其是 Sn-MOF@AC，远远超过对应的金属氯化物与 AC 的复合物以及纯 AC。不过无论 Cu-MOF@AC 还是 Sn-MOF@AC，其催化性能在 40h 后仅为原来的 60%左右，远低于商业碳载氯化汞（＞95%），因此提高稳定性是其商业化的重要前提，也是该领域的重大挑战之一。

Samy El-Shal 等[98]基于微波合成法，清洁、高效地合成了具有高度多孔结构的二维片状 MIL-101，并将其与 Pd 掺杂后在较低温度下用于高效催化 CO，通过透射电子显微镜图谱[图 4-13（a）～（c）]可以清晰地看到 Pd 均匀分布在 MIL-101 中。其中掺杂了 2.9wt% Pd 的 MIL-101 更是在 92℃就达到 50%的转化率，并在 107℃时达到 100%的转化率[图 4-13（d）]，远低于商业催化剂所需的温度。

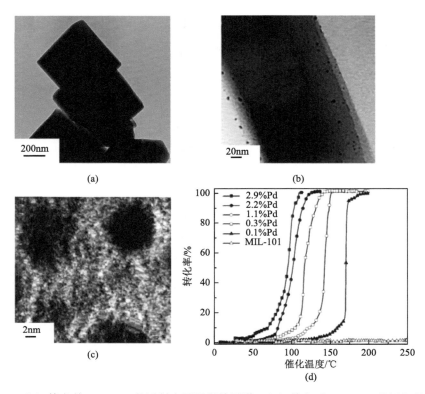

图 4-13　（a）掺杂前 MIL-101 的透射电子显微镜图谱；（b）掺杂后 MIL-101 的局部放大透射电子显微镜图谱；（c）掺杂后 MIL-101 的高倍透射电子显微镜图谱；（d）不同掺杂量的 MIL-101 在不同温度下的转化率[98]

除了催化 CO 氧化反应，MOF 还可将大气污染物 NO_x 还原成 NH_3。Zhang 等 [99] 利用水热法成功合成了具有空心球结构的 Mn-MOF-74 和 Co-MOF-74，并用于催化氮氧化物的选择催化还原反应（SCR）。Mn-MOF-74 和 Co-MOF-74 的扫描电子显微镜图谱分别展示在图 4-14（a）和（b）中，其中 Mn-MOF-74 呈现出半径大小不等的球状，而 Co-MOF-74 则为花瓣状。图 4-14（c）和（d）分别展示了经氮气活化前后 Mn-MOF-74 与 Co-MOF-74 的催化性能。经过氮气活化后，Mn-MOF-74 在 220℃时转化率达到了 99%，表明活化后的 Mn-MOF-74 具有十分优异的 SCR 性能。

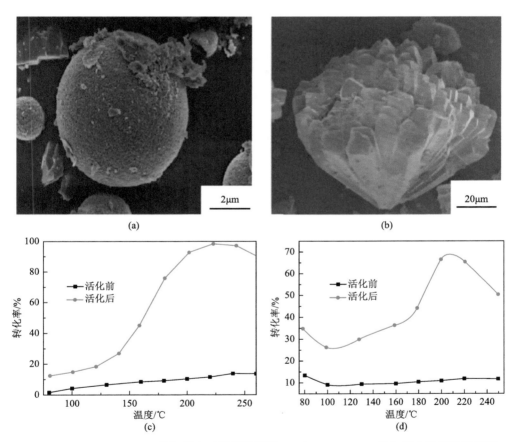

图 4-14　（a）Mn-MOF-74 的扫描电子显微镜图谱；（b）Co-MOF-74 的扫描电子显微镜图谱；（c）氮气活化前后 Mn-MOF-74 在不同温度下的转化率；（d）氮气活化前后 Co-MOF-744 在不同温度下的转化率[99]

除了能源环境方面，高效催化有机反应也是 MOF 材料在催化领域的一大重要应用。自 1994 年 Fujita 课题组[100]首次报道无机-有机杂化材料 Cd(4, 4′-bpy)$_2$ (NO$_3$)$_2$

催化醛的氰基化反应以来，有关 MOF 催化剂在各种有机反应中应用的报道数量激增。Lu 等[101]使用水杨醛的后合成改性策略[图 4-15（a）]官能化了三维 Zr 基 UiO-66-NH$_2$，再加入氯化铜，使其成功固定在氨基官能化 Zr-MOF 的表面。图 4-15（b）展示了氯化铜固定的官能化 UiO-66（UiO-66-Sal-CuCl$_2$）的扫描电子显微镜图谱，可以看出官能化后的 UiO-66 虽略有变形，但仍然保留了原本的三维结构。当用于催化醇的选择性氧化反应时[图 4-15（c）]，UiO-66-Sal-CuCl$_2$ 表现出了优异的催化性能，在以乙腈为溶剂、碳酸氢钠为质子碱的条件下，有着高达 99%的选择性和 99%的转化率，拥有十分广阔的应用前景。

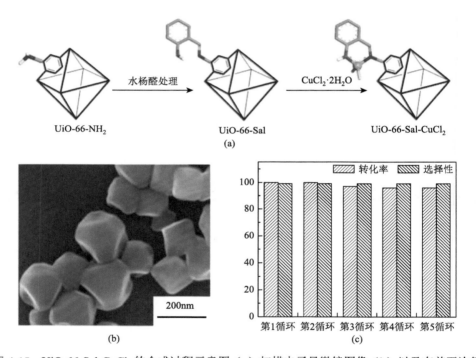

图 4-15　UiO-66-Sal-CuCl$_2$ 的合成过程示意图（a）扫描电子显微镜图像（b）以及在前五次循环中的转化率和选择性（c）[101]

2018 年，Li 等[102]以聚苯乙烯球（PS）为模板，结合双溶剂诱导异相成核方法，在 ZIF-8 中构建取向高度有序的大孔。通过抑制均匀成核，在有序空穴中生长出 ZIF-8。经四氢呋喃处理去除聚苯乙烯模板后，合成的 ZIF-8 既有微孔又有大孔[图 4-16（a）和（b）]。该材料被称为 SOM-ZIF-8（SOM 为单晶有序大孔），与以无序 PS 为模板剂合成的 ZIF-8（C-ZIF-8）、多晶空心 ZIF-8（PH-ZIF-8）和大孔 ZIF-8 相比，SOM-ZIF-8 具有相互连接的大孔，有助于接近易于反应位点，并增强基质在整个晶体中的扩散，从而产生更高的反应性，可以高效催化苯甲醛和丙二腈之间的 Knoevenagel 反应[图 4-16（c）]。

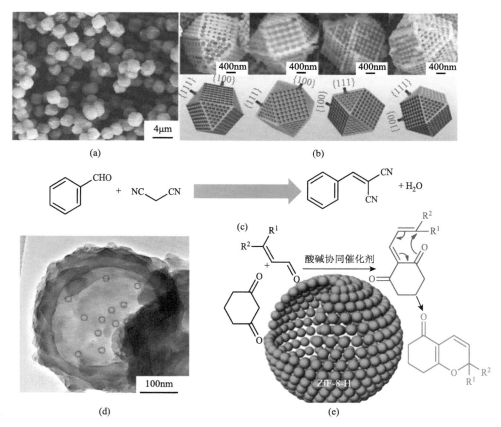

图 4-16　（a）SOM-ZIF-8 的扫描电子显微镜图谱；（b）SOM-ZIF-8 的扫描电子显微镜图像以及相应的晶面示意图；（c）SOM-ZIF-8 催化 Knoevenagel 反应式[102]；（d）ZIF-8-H 的透射电子显微镜图像；（e）ZIF-8-H 的示意图及催化反应式[103]

　　在上述许多工作中，有机反应仅由来自配体的金属位点催化。然而，在某些情况下，配体和金属之间可以实现协同效应。Li 等[103]发现以聚苯乙烯纳米球为模板合成的中空结构的 ZIF-8-H 可作为高效的多相催化剂[图 4-16（d）]，用于在[3 + 3]环加成反应中提供有价值的吡喃杂环。在 ZIF-8-H 结构中，Lewis 酸性 Zn^{II} 和碱性咪唑酸盐具有协同酸碱效应。两个不同位点的接近促进了同时被激活的相邻底物之间的相互作用。此外，介孔中空 ZIF-8-H 可以更好地促进大尺寸基底的扩散，并增加基底对活性中心的可接近性，使得 ZIF-8-H 能够十分高效地催化[3 + 3]环加成反应[图 4-16（e）]。

4.5 电化学催化

4.5.1 氧气还原

电化学氧化还原反应是各种能量存储和转换设备的基础。氧还原反应（oxygen reduction reaction，ORR）发生在双电极系统中的阴极部分，一般是在氧饱和的碱性电解液中。ORR 的反应过程比较复杂，它既可以是一个四电子耦合反应也可以通过双电子途径进行[104]。但在实际情况中，ORR 过程往往是四电子和双电子反应混合进行的。它的四电子反应途径为

在碱性条件下：

$$O_2 + 2H_2O + 4e^- \longrightarrow 4OH^-$$

在酸性条件下：

$$O_2 + 4H^+ + 4e^- \longrightarrow 2H_2O$$

它的双电子反应途径为

在碱性条件下：

$$O_2 + H_2O + 2e^- \longrightarrow HO_2^- + OH^-$$
$$HO_2^- + H_2O + 2e^- \longrightarrow 3OH^-$$

在酸性条件下：

$$O_2 + 2H^+ + 2e^- \longrightarrow H_2O_2$$
$$H_2O_2 + 2H^+ + 2e^- \longrightarrow 2H_2O$$

由于双电子过程会产生不利于电化学反应进行的多种中间产物，如过氧化氢等，所以更有效的四电子途径是首要的选择。因此，理想的 ORR 电催化剂应选择四电子转移路径以使能量转化效率最大化。

ORR 是一个涉及多电子转移和多种反应中间体的复杂反应，包括三种主要反应路径：直接四电子转移、间接四电子转移和两电子转移。电解质的 pH 同样影响 ORR 的反应活性和机理。通过合理的设计，将 MOF 与各种功能材料相结合，得到各种类型的 MOF 的复合物，用来改善电极动力学，从而提高 ORR 的性能。商用燃料电池需要贵金属催化剂来促进阴极上的氧还原反应，所以急需开发低成本高效的氧还原电催化剂，如非贵金属过渡金属氧化物、碳材料等。近几年 MOF 材料由于其独特的骨架结构引起了科研领域的广泛关注。通常，稳定性低、金属中心高、电导率差的纯 MOF 不适合氧化还原的应用。MOF 作为电催化剂的最大挑战是打破由有机配体驱动的金属中心上的电堵塞。为了解决这一问题，科研人员进行了很多的尝试，主要可以归纳为以下两种方向：①合成高稳定和高导电能力的 MOF 材料；②将活性二维 MOF 与各种功能材料相结合，得到各种类型的

MOF 的复合物，用来改善电极动力学，从而提高 ORR 的性能。

一维纳米材料主要有以下几种形貌结构：纳米线、纳米棒、纳米管等。以 Ni-MIL-77 为代表的手性结构具有较大的交叉通道，在电化学中得到了广泛的研究。研究也证明：催化剂中多组分的存在具有更好的催化活性。以该理论为基础，Xiao 等[105]成功合成了一种超薄的双金属 $Ni_{10}Co$-MOF 纳米带[图 4-17（a）和（b）分别为所制备纳米带的扫描电子显微镜与透射电子显微镜图谱]，并且该双金属 $Ni_{10}Co$-MOF 纳米带在 ORR 中表现出很出色的催化性能，具体数据可以从图 4-17（c）中得到。

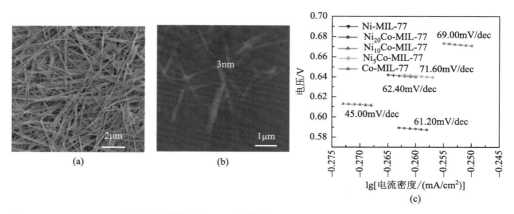

图 4-17 $Ni_{10}Co$-MOF 纳米带的扫描电子显微镜图（a）和透射电子显微镜图（b）；（c）Ni-MIL-77、$Ni_{20}Co$-MIL-77、$Ni_{10}Co$-MIL-77、Ni_5Co-MIL-77 和 Co-MIL-77 纳米带的塔费尔（Tafel）曲线[105]

（b）中 3nm 表示纳米带厚度

二维纳米材料的层间相互作用力非常弱，电子在层间几乎不受限制，可以以极高的速度在材料内部流畅运动。从图 4-18（a）和（b）中分析可以得到，以 $Co-O_4$ 和 PcCu 为结构单元组成了一种基于酞菁的片状二维共轭 MOF（$PcCu-O_8$-Co），在这种 MOF 中，$Co-O_4$ 不仅能有效地在两个共轭 PcCu 之间传递电子，形成一个大的二维共轭平面，而且具有很高的活性，也可以作为氧还原的高度活跃点[106]。提高 MOF 材料的电催化性能可以有两种方式，一种是对于纯 MOF 的进一步研究以改变其内在结构，另一种是制备 MOF 的复合物。众所周知，碳材料（包括碳纳米管、石墨烯、碳纳米线等）本身具有较好的电导率，能够改善电极动力学，从而提高 ORR 的性能，故将二维纳米 MOF 材料与碳材料相结合可以提高电催化性能。如图 4-18（c）所示，将 $PcCu-O_8$-Co 与碳纳米管结合，复合材料表现出进一步提高的氧还原性能，$E_{1/2}$ 为 $0.83V_{RHE}$，极限电流密度为 $5.3mA/cm^2$。

采用相同的合成思路，通过吡啶功能化石墨烯与铁-卟啉反应，合成了具有增强氧还原反应催化活性的二维石墨烯-卟啉 MOF 复合材料。氧化石墨烯（GO）

是石墨烯的溶液分散形式。在 GO 片的两侧存在环氧和羟基官能团,使材料具有双功能特性,使其在金属-有机框架中起结构节点的作用。因此,在所制备的复合物中,吡啶功能化石墨烯(还原氧化石墨烯)可作为金属有机骨架组装的基石。结果表明,吡啶功能化石墨烯的加入改变了铁-卟啉在 MOF 中的结晶过程,增加了其孔隙率,增强了电荷的转移速率[107]。此外,Xia 等[108]设计合成了一种将 Pt 纳米粒子嵌入超薄的二维 MOF 纳米薄片中的复合材料。根据复合材料的结构设计,Pt 纳米粒子均匀地嵌入 Ni-MOF 纳米片表面,如图 4-18(d)和(e)所示。对于 ORR 结果,从图 4-18(f)的 LSV 极化曲线可以看出,不同含量的 Pt 纳米粒子负载的 Ni-MOF 纳米片(Pt@NiNSMOF)样品的性能都明显优于未加 Pt 修饰的 MOF 纳米片。该复合材料中 Pt 纳米粒子和 MOF 的一般协同作用是通过 MOF 中 Pt 和金属节点之间的电子修饰来增强 ORR 性能。通过对 Pt 纳米颗粒和 MOF 中金属节点的电子结构的相互修饰作用,ORR 过程可获得更高的活性和耐久性,与商业催化剂相比,潜在的差距可以显著缩小。该实验证明了金属纳米粒子嵌入 MOF 纳米片是一种高效的双功能电化学能源应用催化剂,将功能性 Pt 纳米粒子包埋在 Ni-MOF 纳米薄片上可以成为一种新的 ORR 催化应用策略。

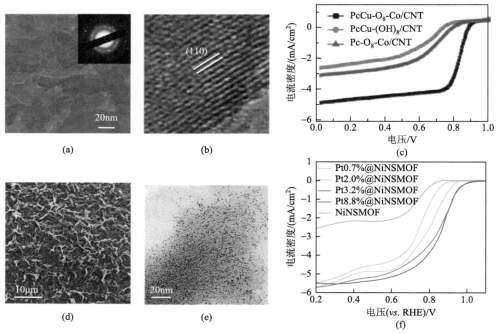

图 4-18　(a)和(b)PcCu-O$_8$-Co 的透射电子显微镜图像;(c)制备的 PcCu-O$_8$-Co/CNT 的线性循环伏安(LSV)曲线[106];(d)Pt@NiNSMOF 的扫描电子显微镜图像;(e)Pt@NiNSMOF 的透射电子显微镜图像;(f)Pt@NiNSMOF 在 0.1mol/L KOH 电解液中,转速为 1600r/min 时的极化曲线[108]

　　与其他材料相比，三维纳米多孔微结构有利于电解液的渗透和反应过程中电子的转移，另外三维纳米结构高的比表面积为活性物质的接触提供了良好的环境。因此，通过合理选择和适当的设计可以得到具有高效 ORR 催化性能的复合材料。Morris 等[109]提出将 Zr6 氧簇和 Fe(III)卟啉连接物在导电 FTO 衬底上自然生长，报道了一种名为 PCN-223-Fe 的高度稳健的 MOF，该框架包含大的三角形通道[图 4-19（a）]。图 4-19（b）扫描电子显微镜图像显示 PCN-223-Fe 为长度为 0.5～1.0μm 的纺锤形颗粒沉积在 FTO 载玻片上。同时研究了质子源对 PCN-223-Fe 催化性能的影响，将乙酸（AA）和三氯乙酸（TCA）添加到支持电解质中。在氧气气氛下，在 0.1mol/L LiClO₄/DMF + 0.3mol/L 质子源（TCA）的电解液中进行了电化学性能的测试。生成过氧化物的百分数和在催化反应中转移的电子数可以由圆盘电流和环电流量化[图 4-19（c）和（d）]。

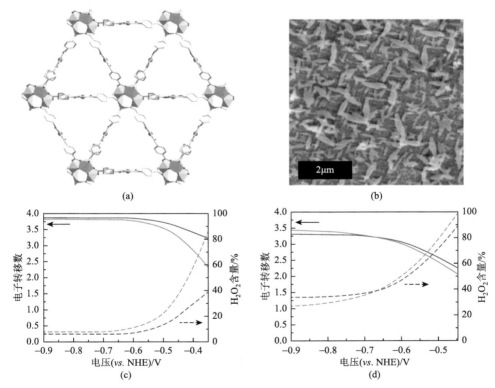

图 4-19　（a）沿（001）方向观察 PCN-223-Fe MOF 的晶体结构；（b）在 FTO 载玻片上沉积的 PCN-223-Fe 膜的 SEM 图像；分别添加 0.3mol/L AA（c）和 0.3mol/L TCA（d）时，电子转移数（实线）和 H₂O₂ 含量（虚线）随电压的变化[109]
（c）和（d）中蓝色线表示 PCN-223-Fe，红色线表示 PCN-223-fb

　　在这项研究中，已经证明了利用高强度 MOF 支架来支撑催化活性部分的可行性，该发现为优化基于 MOF 的 ORR 催化剂开辟了更多途径。随着进一步的发展，这些材料将在多相 ORR 催化领域产生重要的影响。

4.5.2　氧气析出

目前人类仍在努力寻求可持续、清洁和高效的能源生产方式，以满足现代社会的能源需求。在众多的先进技术中，电催化氧析出反应（OER，$4OH^- \Longleftrightarrow 2H_2O + 4e^- + O_2$）发挥着重要作用。然而，缓慢的质子耦合电子转移动力限制了析氧反应的效率。目前，常用的电催化剂是贵金属基材料，但它们也需要较大的过电位才能达到理想的电流密度。此外，稀有性和高成本也使其不能满足大规模的应用。近年来，多元 MOF 催化剂，如具有一维纳米结构的 MOF 材料，由于具有较高的催化选择性和催化活性，在取代贵金属催化剂方面有着重要作用，从而引起了人们的广泛关注[111]。

MIL-n 系列是被广泛研究的 MOF 材料之一。MIL-53（Fe）是由 1, 4-苯二甲酸盐（1, 4-BDC）和 FeO_6 八面体构建的具有灵活的结构和进行传质的一维通道。最近报道了一种具有可调的 Fe/Ni 摩尔比的 Fe/Ni-MOF，可直接作为高效的 OER 催化剂，其具有较高的活性和稳定性[110]。如图 4-20（a）和（b）所示，通过进一步形成三元金属的 MOF，可以提高 Fe/Ni 基 MOF 的电化学性能。优化后的 Fe/Ni$_{2.4}$/Mn$_{0.4}$-MIL-53 在电流密度为 20mA/cm^2 下达到了的低过电位 236mV，同时其 Tafel 斜率为 52.2mV/dec[图 4-20（c）]。该材料的高性能可归因于其独特的结构和高孔隙率，以及混合金属的协同效应。通过自模板法在泡沫镍上（NF）构建该三金属 MOF，可以进一步提高其 OER 活性和稳定性。此外，庞欢教授团队[105]采用一种简便的水热合成法制备了一种超薄的 Ni/Co 双金属有机骨架纳米带，可以直接用于高效的电催化反应。这种 Ni/Co 超薄纳米带的起始电位为 0.939V[其数值与 Pt/C 催化剂的起始电位（0.940V）非常接近]，并且相对于 Pt/C 催化剂在氧还原反应方面具有更好的稳定性。此外，在电流密度为 10mA/cm^2 的条件下，Ni/Co 超薄纳米带的析氧反应电位为 1.478V，远优于 IrO_2，说明金属-有机骨架作为金属-空气电池中的双功能氧催化剂具有很大的潜力。此外，经过 OER 和 ORR 反应后，Ni/Co 超薄纳米带样品的颜色会变得稍浅，其通道变得模糊但仍然存在。目前，用简单的方法制备有序的多级纳米结构仍是一个巨大的挑战。该团队在以往的基础上，通过原位阳离子交换策略成功地将一维 MOF 超薄纳米带与普鲁士蓝类似物（PBA）纳米粒子结合起来，并合成了一系列的 MOF@PBA 杂化材料（Ni-MIL-77@PBA、NiCo-MOF@PBA、NiMn-MOF@PBA 和 NiCoMn-MOF@PBA）[112]。所形成的多级纳米结构可以暴露更多的活性中心，促进电荷转移，不同的材料之间还可以产生协同效应。当 Ni-MIL-77@PBA 用于析氧反应的催化剂时，由于其独特的结构以及结合了 MOF 和 PBA 两者的优点，产生了良好的催化活性和稳定性

（10mA/cm^2 条件下仅有 195mV 的反应电位，恒电流反应时间大于 5000s）。除此之外，该团队还将原位阳离子交换策略扩展到其他二维 MOF 纳米片和三维 MOF 多面体的组装，将它们与 PBA 纳米粒子完美地结合在一起，形成了新的 MOF@PBA 结构。所得到的 MOF@PBA 结构在强碱性条件下也表现出有效的催化析氧能力。因此，该研究的合成策略为构建其他改性杂化材料开辟了新的途径，具有广阔的应用前景。

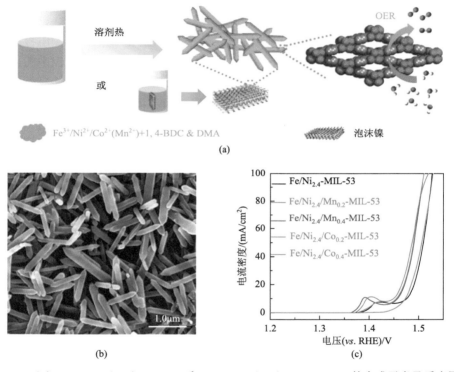

图 4-20　（a）Fe/Ni/Co（Mn）-MIL-53 和 Fe/Ni/Co（Mn）-MIL-53/NF 的合成示意及反应原理图；（b）Fe/Ni$_{2.4}$/Co$_{0.4}$-MIL-53 的扫描电子显微镜图像；（c）Fe/Ni$_{2.4}$-MIL-53 和 Fe/Ni$_{2.4}$/M$_x$-MIL-53（M = Co，Mn；x = 0.2，0.4）的 OER 极化曲线[110]

　　超薄二维纳米片结构具有以下特点：纳米级的厚度，可以进行快速的传质和良好的电子转移，具有大量暴露的催化活性表面和丰富的配位不饱和金属中心。例如，唐智勇团队[113]制备了一种超薄 MOF 纳米片，并将其作为一种在碱性条件下的 OER 电催化剂。在玻碳电极上制备该超薄镍钴双金属有机骨架纳米片仅需 250mV 的过电位就能达到 10mA/cm^2 的电流密度。而将当该 MOF 纳米片负载在泡沫铜上时，过电位可降低到 189mV。该团队认为这种超薄 MOF 片的表面原子是配位不饱和的。也就是说，它们具有开放的吸附位点。通过理论和实验结果可以表明，制造有序 MOF 结构中不同金属原子之间的相互作用，含有丰富的配位不饱和中心，是开发高性能 MOF 基催化剂的有效途径。二维金属有机骨架代表了一系列具有吸引力的化学和结构性质的材料，通常以块状粉末的形式制备出来。然而，Duan 等[114]展示了一种通用的方法，可以通过溶解-结晶机制在不同的衬底上制备出超薄的金属有机骨架纳米片阵列。这些材料具有良好的电催化性能。由于纳米片的超薄厚度，产生了高度暴露的活性金属位点和更高的电导率，同时其还具有多级的孔隙度。所制备的镍铁基金属有机骨架纳米片阵列具有优异的电催化析氧反应性能，在 10mA/cm^2 的电流密度下达到 240mV 的过电位。该材料在稳定地测试 20000s 之后没有检测到活性衰减。在 400mV 的过电位下，电极的翻转频率为 3.8s^{-1}。该实验也进一步证明了这些电极材料在其他催化反应中的应用前景，包括析氢反应和全水分解。另外，Li 等[115]采用了一种大规模的自下而上的溶剂热法制备了 Ni-M-MOF（M = Fe，Al，Co，Mn，Zn 和 Cd）超薄纳米片，其厚度仅为几个原子层。混合溶剂中 DMF 和水在控制这些二维超薄 MOF 纳米片的形成中起着关键作用[图 4-21（a）~（c）]。该 MOF 纳米片可直接用作析氧反应的有效电催化剂，其中 Ni-Fe-MOF 纳米片在电流密度为 10mA/cm^2 的情况下，过电位为 221mV，其 Tafel 斜率为 56.0mV/dec，并表现出良好的稳定性，至少保持 20h 没有明显的活性衰减。此外，利用密度泛函理论计算了不同金属中心的 OER 能量势垒，证实了 Fe 是 Ni-Fe-MOF 超薄纳米片上 OER 的活性中心。此外，Li 等[116]合成了厚度为 10nm 左右的二维双金属 MOF 纳米片。通过调节 Co$_x$Fe-MOF 的组成，优化后的 Co$_3$Fe-MOF 在电流密度为 10mA/cm^2 的情况下可达到 280mV 的过电位和 38mV/dec 的 Tafel 斜率，优于商业 RuO$_2$。增强的 OER 性能可归因于 MOF 中丰富的活性中心和 Co 及 Fe 金属离子之间的正耦合效应。最近，Zhang 等[117]报道了一种在单层金属-有机骨架纳米片中嵌入超细金属氧化物纳米粒子可以有效提高电催化析氧的方法。该材料是由超细 CoFeO$_x$ 纳米粒子和单层 CON$_4$ 基 MOF 组成的。结构表征和分析表明，与原始 CON$_4$ 位点相比，界面 Co 的价态升高，三维电子构型发生了变化。此外，理论计算也揭示了 OER 界面 Co 位点的高活性。电化学研究表明，在碳布上沉积该超薄异质纳米片可以在 10mA/cm^2 下得到 232mV 的低过电位的催化性能。此外，Srinivas 等[118]制备了将 FeNi$_3$-Fe$_3$O$_4$ 非均相纳米颗粒均匀地锚定在金属-有机骨架纳米片和碳纳米管基质上（FeNi$_3$-Fe$_3$O$_4$/MOF-CNT）的复合催化材料。由于其独特的多孔纳米结构是由锚定在二维纳米片和一维碳纳米管基质上的超细纳米颗粒构成的，因此它可以用作双功能电催化剂，对水的分解具有优异的电催化活性。该材料的 OER 测试达到了 37mV/dec 的 Tafel 斜率，并且在 10mA/cm^2 的电流密度下只需要 234mV 的低过电位。此外，它还具有良好的长期稳定性。这些结果为制造非贵金属元素组成的 MOF 基电催化剂的设计提供了见解。Bai 等提出了一种吡啶调节的溶剂热合成方法，用于合成镍/钴双金属 MOF 纳米片。得到的 MOF 材料具有矩形 2D 形貌，厚度低至约 20nm。其中，$Ni_{0.5}Co_{1.5}$-bpy（PyM）在 1.0mol/L KOH 溶液中，电流密度为 $10mA/cm^2$ 时，OER 过电位低至 256mV，Tafel 斜率为 81.8mV/dec，且具有较强的电化学稳定性。对催化反应后的电极材料研究表明，$Ni_{0.5}Co_{1.5}$-bpy（PyM）的高催化活性来源于原位形成的活性氢氧化物和羟基氧化物。

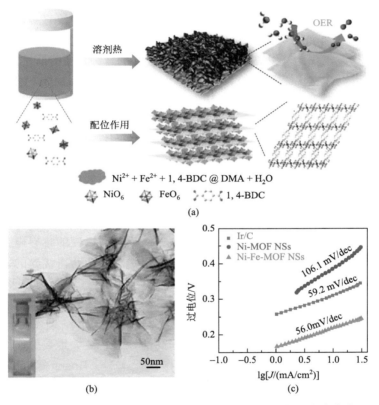

图 4-21 （a）超薄金属-有机骨架纳米片的合成工艺及其在析氧反应中的应用示意图；
（b）Ni-Fe-MOF 超薄纳米片的扫描电子显微镜图；（c）不同催化剂的 Tafel 图[115]

将异质金属单元和纳米结构整合至金属-有机框架中，可以提高析氧反应的电催化性能，并有助于阐明其潜在机制。Zhou 等[119]合成了一系列稳定的三金属羧酸盐簇合物（[$NH_2(CH)_3$][$M_3(\mu_3$-OH)$(H_2O)_3$(BHB)]）（M_3 = Co_3、Co_2Ni、$CoNi_2$、Ni_3，分别命名为 CTGU-10a1、CTGU-10b1、CTGU-10c1、CTGU-10d1）和六齿羧酸配体组成的网络结构。该研究组还提出了一种多层的双金属 MOF 纳米结构（CTGU-10a/b/c/d2）的方法。其中，CTGU-10c2 是最佳的 OER 材料，在电流密度为 $10mA/cm^2$ 时过电位为 240mV，Tafel 斜率为 58mV/dec。这优于 RuO_2，证实

CTGU-10c2 是为数不多的高性能纯相 MOF-OER 电催化剂之一。值得注意的是，该双金属 CTGU-10b2 和 CTGU-10c2 比单金属 CTGU-10a2 和 CTGU-10d2 表现出更好的 OER 活性。理论计算和实验都表明，CTGU-10c2 优异的 OER 性能是由于其存在的不饱和金属位点、多层纳米结构和 Ni、Co 之间的耦合效应。配体的部分缺失可以调节 MOF 的电子结构，从而提高 MOF 的析氧反应性能。受这些方面的启发，Xue 等[120]将多种缺失的配体引入一个层状倾斜的 MOF-$Co_2(OH)_2(C_8H_4O_4)$（可称为 CoBDC)中，以制备缺失的配体 MOF。具有缺失羧基二茂铁配体的自支撑 MOF 纳米阵列在 $100mA/cm^2$ 的电流密度下获得 241mV 的过电位，表现出优异的 OER 性能。这项工作为开发高效的 MOF 基电催化剂开辟了新的前景。Qian 等[121]报道了一种可以在室温下合成的具有泡沫状结构的 NiCoFe-MOF 纳米材料的方法，该材料在碱性条件下具有优异的析氧反应活性[121]。具体而言，$(Ni_2Co)_{0.925}Fe_{0.075}$-MOF 材料在 $10mA/cm^2$ 的电流密度下产生了 257mV 的过电位，Tafel 斜率为 41.3mV/dec，并在长期试验后表现出高耐久性。通过在泡沫镍基体上原位生长均匀、分散的 Fe-Ni-MOF 纳米材料，实现了 MOF 的协同设计，大大提高了其电催化性能。由此开发的电催化剂在高电流密度下对析氢反应和析氧反应都表现出超高的活性，在电流密度分别为 $50mA/cm^2$ 和 $500mA/cm^2$ 时，OER 的过电位分别为 235mV 和 294mV，Tafel 斜率为 55.4mV/dec。均匀混合和分散的 Fe-和 Ni-MOF 之间的分子间协同作用不仅有利于氧化还原反应的临界电荷转移，而且分散了活性金属离子位点，提高了它们的利用率，从而获得优异的氧化还原性能[122]。Xie 等[123]采用简单的溶剂热法在泡沫镍上制备了 Co/Fe 咪唑基双金属-有机骨架[MIL-53(Co-Fe)/NF]纳米片阵列材料。该材料在 $100mA/cm^2$ 下表现出优异的 OER 活性，过电位低至 262mV，低于单一金属基 MOF。结果表明，共掺杂铁、钴的协同作用对该双金属基 MOF 催化剂的高活性起着至关重要的作用。此外，该催化剂还显示出至少 80h 的长期电化学耐久性。另外，Huang 等[124]开发了一种通用的自分解-组装策略，用于原位合成作为 OER 高活性的超薄 CoNi-MOF 纳米片阵列材料（CoNi-MOFNA）。值得注意的是，该 CoNi-MOFNA 具有优异的 OER 活性和长期稳定性，在其电流密度为 $10mA/cm^2$ 时获得了 215mV 的低过电位，即使在连续电解 300h 后，其衰减也可以忽略不计。此外，系统的研究确定了配位不饱和金属位点的 OER 活性位点，并揭示了 CoNi-MOFNA 的结构演化。更重要的是，研究人员还证明了这种合成策略的普遍性，该策略可以用于在不同的金属基底上均匀地制备其他类型的超薄 MOF 纳米片阵列材料。

　　ZIF-67 由于具备丰富而均匀的钴物种分布，可能是单原子电催化剂的优良前驱体。但是，ZIF-67 对于 OER 的本征活性很差，因为 ZIF-67 中的 Co 离子与四个强咪唑配体配位，缺少可利用的电催化活性位点。一种利用这种材料产生单原子电催化剂的可行方法是去除一些附着在 Co 原子上的配体，从而形成配位不饱和金属中心，并作为 OER 的催化活性中心。因此，Tao 等[125]通过介质阻挡放电（DBD）等离子体刻蚀技术，在 ZIF-67 中形成了协调的不饱和金属位点[图 4-22（a）～（c）]。配位不饱和的金属位点是 OER 的优良催化活性中心，具有很好的电催化活性，甚至可以与贵金属 RuO_2 相媲美。有趣的是，配位不饱和金属位点的 OER 活性通过补充缺失的配体是可逆的。其密度泛函理论计算也证明了不饱和金属中心对 OER 高催化活性的贡献。

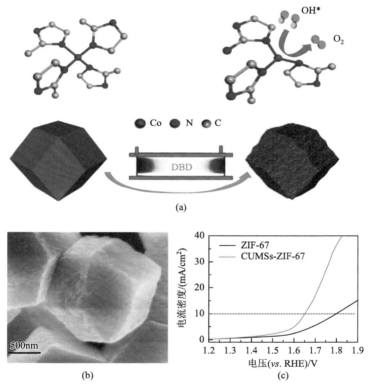

图 4-22　（a）具有配位不饱和金属中心的 ZIF-67 的合成工艺图；（b）具有配位不饱和金属中心的 ZIF-67 的扫描电子显微镜图；（c）不同催化剂的线性扫描伏安曲线图[125]

此外，Li 等[126]采用一种简便的方法合成了 Keggin 型多金属氧酸盐（POM）纳米粒子包覆 ZIF-67 的复合纳米结构。这是一种高效的具有蛋黄-蛋壳结构的 ZIF-67@POM 催化剂，POM 纳米粒子均匀分散在 ZIF-67 表面。这种独特的蛋黄-蛋壳结构以及 POM 和 ZIF-67 之间潜在的协同作用，使其在 OER 中具有优异的电催化活性。当电流密度为 $10mA/cm^2$ 时，过电位仅为 287mV，Tafel 斜率为 58mV/dec。此外，所制备的蛋黄-蛋壳 ZIF-67@POM 催化剂具有良好的循环稳定性、高比表面积、丰富的表面活性中心和与传统的无贵金属 OER 电催化剂相当的高扩散效率。另外，该团队[127]又采用简单的共沉淀法，将 POM 纳米粒子包覆在 ZIF-8@ZIF-67 复合纳米结构的表面，作为高效、廉价的析氧反应催化剂。由于 POM 与 ZIF 物种之间的协同效应及其高比表面积，所制备的 ZIF-8@ZIF-67@POM 杂化材料在 1mol/L KOH 电解液中表现出优秀的电催化性能，在电流密度为 10mA/cm^2 时过电位仅为 490mV，Tafel 斜率为 88mV/dec。同时，ZIF-8@ZIF-67@POM 杂化物具有良好的长期稳定性。这种 ZIF-8@ZIF-67@POM 催化剂由于其高比表面积而具有大量活性区域和优异的扩散效率。Zhu 等[128]将可以加速电子转移的 π 共轭分子（2, 3, 6, 7, 10, 11-六羟基三乙烯，HHTP）直接包覆在原始 ZIF-67 上，通过一步溶剂热法制备了一种 ZIF-67@HHTP 的复合纳米材料。所得 ZIF-67@HHTP 材料的 BET 比表面积为 2013.9m^2/g，具有微孔特征，可为 OER 提供足够的活性位点。这种 ZIF-67@HHTP 结构具有增强的双电层电容，对应其增大了的电化学活性比表面积。在 1.0mol/L KOH 中，HHTP@ZIF-67 在 10mA/cm^2 处的过电位为 238mV。该材料采用简单的涂层策略来合成，在能量转换器件的应用中具有广阔的前景。

Xiao 等[129]制备了一种 ZnCo-ZIF 与氧化石墨烯（ZnCo-ZIF@GO）的复合电催化剂。与纯 ZnCo-ZIF 相比，ZnCo-ZIF@GO 杂化物在碱性溶液中对 ORR 和 OER 都表现出了优异的电催化活性。ZnCo-ZIF 和 GO 之间的协同作用和强相互作用，以及增强的导电性和分级的孔隙率使该复合材料具有优异的双功能电催化性能。以 ZnCo-ZIF@GO 为空气阴极组装的可充锌空气电池具有良好的充放电性能、较高的能量密度和循环稳定性，显示了其作为一种优良的双功能电催化剂在能量转换领域的巨大潜力。

4.5.3 氢气析出

能源和环境是人类社会可持续发展涉及的最主要问题。全球 80%的能量需求来源于化石燃料，这最终必将导致化石燃料的枯竭，而化石燃料的使用也将导致严重的环境污染。从化石燃料逐步转向利用可持续发展无污染的非化石能源是发展的必然趋势。氢气，作为一种可再生能源，由于它的来源丰富、燃烧放出的能量高（燃烧热值高达 121061J/g）且燃烧产物无污染，被人类视为理想的能量载体，将在未来的能源经济发展中起到重要的作用[130]。在许多建议的方法中，通过光化学或电化学手段催化水裂解制氢是一种有吸引力的解决方案[131]。

析氢反应（HER）是整个水裂解过程中的一个关键步骤，开发高效的电催化剂用于电催化 HER 具有重要意义。贵金属基材料（如 Pt、Re、Ir、Ru 等）具有多种理想的化学和电化学性质，但其稀缺性和高成本使其应用受到限制。为了克服贵金属电催化剂的稀缺性和高成本的问题，开发了许多基于地球丰富金属的分子体系和半导体，包括 Co[132, 133]、Ni[134, 135]、Fe[136]和 Mo[137]。为实现这些目标，已经探索了各种催化剂。催化剂设计的一贯追求是通过减少驱动反应所需的过电位来开发具有最高能源效率的低成本但高度稳定的材料。有机配体作为分子 HER 催化剂能够提供低过电位和高催化活性。然而，这些分子 HER 催化剂通常不溶于水，并且它们的活性受到扩散到电极中的限制[138]。

MOF 作为非贵金属电催化剂解决了上述问题。其中 MOF 结构的规律性提供了高密度的催化中心，它们的高孔隙度允许快速传质，它们的周期性又有利于催化中心的表征[139, 140]。基于这些优点，MOF 基纳米材料用于电催化近年来受到越来越多的关注。下面将分别列举不同维度的 MOF 纳米材料，但这类 HER 催化剂中 0D、1D 和 3D 材料较少，因此，将着重关注 2D 纳米 MOF 的应用。

复旦大学材料科学系 Wu 等[141]创造性地制备了 0D 钴纳米粒子、1D 氮掺杂碳纳米管和 2D 石墨烯耦合而成的分级复合结构体系，以解决过渡金属如铁、钴、镍纳米颗粒对氢原子的吸附较强而不容易脱附、颗粒易团聚、比表面积低、在电解液的操作环境下不稳定等问题，并取得了催化活性和稳定性与贵金属铂相接近的研究成果。该复合体系通过掺杂碳调控钴对氢原子的吸附能，同时，在该复合结构体系中，被碳层包裹住的金属纳米粒子不易出现团聚的现象，展现出了十分优异的活性和稳定性。另外，碳层的保护也避免了其他物质如电解液对金属的腐蚀，从而保证氢气稳定可持续地析出。该体系的高电导率、大比表面积、丰富的孔隙率、钴纳米颗粒高分散性以及充分暴露的活性位点（钴-氮-碳），使其作为析氢反应电催化剂时还具有出色的 HER 性能，在 $10mA/cm^2$ 的电流密度下，$1.0mol/L$ KOH 和 $0.5mol/L$ H_2SO_4 的电解液中具有较低的过电位，分别为 86mV 和 74mV。Micheroni 等[138]开展了一种新型的负载纳米金属-有机框架（nMOF）的碳纳米管（CNT）复合材料用于催化高效的 HER[图 4-23（a）]。利用溶剂热法将铪氧簇与卟啉-钴衍生的双羧酸配体（H_2CoDBP）组装合成得到具有 Hf_{12} 次级构筑单元的 nMOF（Hf_{12}-CoDBP）。透射电子显微镜和原子力显微镜结果表明，Hf_{12}-CoDBP 为直径约 100nm、厚度 20～30nm 的纳米板[图 4-23（b）和（c）]。他们将表面具有羧酸修饰的碳纳米管添加到上述合成体系中，通过碳纳米管表面的羧基（—COOH）与 Hf_{12}-CoDBP 中 Hf_{12} 团簇的共价连接，一步法合成了表面负载 Hf_{12}-CoDBP 的碳纳米管复合材料 Hf_{12}-CoDBP/CNT。该材料表现出优异的电催化 HER 反应活性，在 pH 为 1 的水溶液中、$10mA/cm^2$ 的电流密度下，过电位为 650mV，对应的 Tafel 斜率为 178mV/dec[图 4-23（d）和（e）]。为了进一步增强体系的稳定性，他们将具有质子导电性的 Nafion 包覆在 Hf_{12}-CoDBP/CNT 表面进一步制备了 Hf_{12}-CoDBP/CNT/Nafion。在 715mV 的过电位下，Hf_{12}-CoDBP/CNT/ Nafion 在 30min 内的 HER 反应转化数高达 32000，对应反应的转化效率达到 $17.7s^{-1}$，且能够循环使用 10000 次以上。

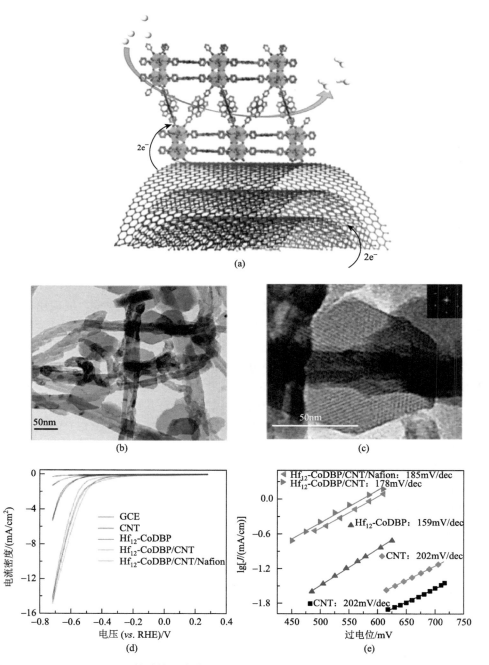

图 4-23 Hf$_{12}$-CoDBP/CNT 的结构及电催化质子还原反应的示意图（a）、透射电子显微镜图（b）、原子力显微镜图（c）；Hf$_{12}$-CoDBP/CNT 和 Hf$_{12}$-CoDBP/CNT/Nafion 的循环伏安图（d）和 Tafel 曲线（e）[138]

此外，基于具有阳离子/阴离子掺杂的过渡金属磷化物（TMP）的电催化剂已经被广泛用于 HER 研究，但由于掺杂剂的随机分散，其性能增强的原因仍不清楚。加利福尼亚大学 Yin Yadong 和武汉大学 Chen Shengli、Luo Wei 团队[142]报道了可控的部分磷化策略以在 Co 基 MOF 内产生 CoP 物质。在 1mol/L 磷酸盐缓冲溶液（PBS，pH = 7.0）中 10mA/cm^2 电流密度下，Co-MOF 的独特多孔结构显著地提升 HER 性能，其电位为 49mV。优异的催化性能几乎超过了所有基于 TMP 和非贵金属电催化剂的记录。此外，CoP/Co-MOF 还在 0.5mol/L H$_2$SO$_4$ 和 1mol/L KOH 中显示出类 Pt 性能，在 10mA/cm^2 的电流密度下过电位分别为 27mV 和 34mV。

Clough 等[143]分别以苯六硫酚（BHT）和三苯基-2, 3, 6, 7, 10, 11-六硫醇（THT）为共轭配体，设计并制备了具有较高催化活性的 2D 有序 MOF 膜（MOS 1 和 MOS 2）。ε-Keggin 多金属氧酸盐金属有机骨架（PMOF）在酸性条件下具有良好的电催化性能[144]。由于多金属氧酸盐（POM）在 PMOF 中处于不同的环境，因此微环境效应对相应的催化活性和可回收性有着至关重要的影响。ε(TRIM)$_{4/3}$/CPE（三羧酸盐连接剂和碳糊分别记为 TRIM 和 CPE）电极对 HER 的起始电位约为 20mV，其活性远高于铂电极（242mV）[144]。另外，高度多孔的 MOF 已经用作浸渍电催化剂的载体，以减少所需的动力学过电位。2015 年，Hod 等[145]通过电化学组装法成功地在 MOF（NU-1000）的支架上沉积了 Ni-S 电催化剂。图 4-24（a）显示了 NU-1000 的晶体结构，在 10mA/cm^2 下，过电位为 238mV。对四种电极进行了比较，根据析氢情况对杂化组件的电催化性能进行了评价，如图 4-24（b）所示。如图 4-24（c）所示，Ni-S 不是作为物理模板发挥作用，而是作为一种平膜沉积在 NU-1000 棒的底部。在 10mA/cm^2 下，NU-1000_Ni-S 具有最低的过电位 238mV 和最小的 Tafel 斜率 111mV/dec[图 4-24（d）]，表明对 HER 具有最佳的电催化活性。

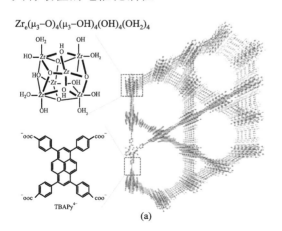

Zr$_6$(μ$_3$-O)$_4$(μ$_3$-OH)$_4$(OH)$_4$(OH$_2$)$_4$

TBAPy^{4-}

(a)

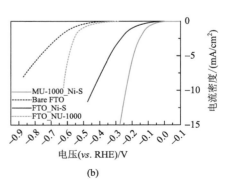

(b)

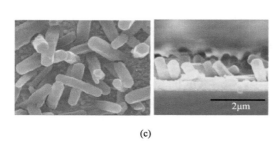

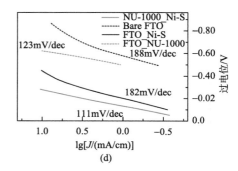

图 4-24　（a）NU-1000 晶体结构细节示意图；（b）四种类型电极的 J-V 曲线；（c）NU-1000_Ni-S 的 SEM 图像；（d）四种类型电极的 Tafel 曲线[145]

　　Dong 等[146]用构建有机有序超薄分子膜的技术合成了厚度为 0.7～0.9nm 的 2D 镍基超分子聚合物（$H_3[Ni_3^{III}(tht)_2]$）单层片。与大多数已报道的碳基电催化剂相比，这种 2D MOF 纳米片在 HER 中显示出显著的电催化活性。镍和巯基之间的高度络合对 THT 单体的强偶联起着关键作用。采用原始石墨烯模板生长策略[147]获得 2D 单晶 MOF 纳米片[图 4-25（a）和（b）]，其横向尺寸为 23μm，对应的纵横比高达 15nm，对 HER 表现出显著的电化学性能，并显示出小的电荷转移电阻[图 4-25（c）和（d）]。由于晶体尺寸的减小和与导电载体的紧密接触，这种 2D 结构的 MOF/石墨烯的电催化性能比液体剥离法制备的 2D MOF 或物理耦合附加导电网络的 2D MOF 有显著的提高。此外，Zhang、Chen 等[148]针对 2D 导电 MOF 电催化剂活性的限制因素，采用六氨基六氮杂环（HAHATN）作为共轭配体分子首次构建了具有双金属位点的 2D 导电 MOF[$Ni_3(Ni_3 \cdot HAHATN)_2$]。此 MOF 结构中不仅具有传统的 Ni-N_4 链接和 2D 介孔结构[图 4-25（e）和（f）]，还额外引入了大量具有高不饱和度的 Ni-N_2 位点。$Ni_3(Ni_3 \cdot HAHATN)_2$ 纳米片的催化结果表明：①在电流密度为 10mA/cm^2 时，过电位仅为 115mV[图 4-25（g）]；②Tafel 斜率为 98.2mV/dec[图 4-25（h）]；③具有优异的电催化稳定性。结合对照实验与理论计算研究发现，双金属位点 2D 导电 MOF 电催化剂的主要活性中心为额外引入的 M-N_2 位点。这可能是金属原子的高不饱和度导致其 d 电子轨道向费米能级移动，增强了其金属位点的活性，从而赋予了这种新型导电 MOF 良好的电催化性能。

　　除上述维度 MOF 外，具有独特的 3D 开放结构的纳米孔状空心结构在各种应用中都有很好的应用前景，因此被用作 HER 催化剂的 3DMOF 也备受关注。Li 等[149]合成并表征了两个具有四重聚轮烷网络的 3D 等结构 MOF，即[$M(ddbp)_{0.5}$ $(4, 4'\text{-biby})_{0.5}(H_2O)_2$]。值得注意的是，这种 Co-MOF 具有更好的 HER 性能，在 10mA/cm^2 时，过电位较小（357mV），Tafel 斜率较低（107mV/dec）。Zhao 团队[150]

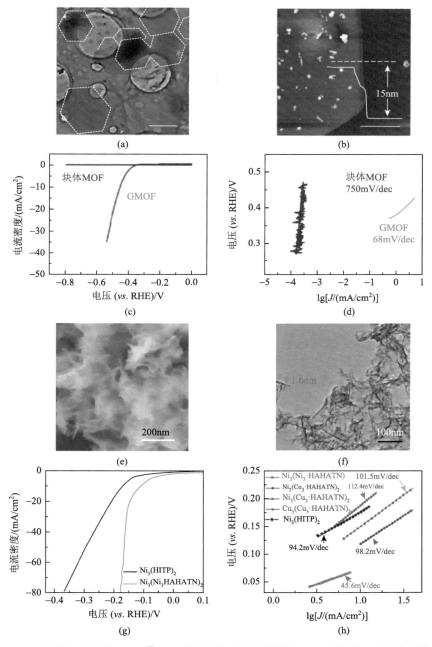

图 4-25　以石墨烯为模板的 $H_3[Ni_3^{III}(tht)_2]$ 的透射电子显微镜图像（a）和原子力显微镜图像（b）；块体 MOF 和石墨烯模板化的 $H_3[Ni_3^{III}(tht)_2]$ 纳米薄片的 HER 的 LSV 曲线（c）和 Tafel 曲线（d）[146]；$Ni_3(Ni_3·HAHATN)_2$ 纳米片的扫描电子显微镜图像（e）和透射电子显微镜图像（f）；（g）$Ni_3(HITP)_2$ 和 $Ni_3(Ni_3·HAHATN)_2$ 样品的 LSV 曲线；（h）不同样品的 Tafel 图[148]

合成了一种新型的 3D MOF，即 $Co_2(Hpycz)_4 \cdot H_2O$。磁性研究表明，Co-MOF 显示了 Co^{2+} 之间的反铁磁交换，他们所制备的 Co-MOF 催化剂表现出良好的 HER 性能，在酸性介质中表现出小的过电位（223mV），低的 Tafel 斜率（121mV/dec），具有优异的稳定性。Fan 等[151]合成的空心 $Ni_{1.4}Co_{0.6}$ 型 MOF 的 $Ni_{1.4}Co_{0.6}P/NCNHMs$ 具有较好的催化活性（0.5mol/L H_2SO_4 测试，10mA/cm^2 时过电位约 87.9mV，1mol/L KOH 测试，10mA/cm^2 时过电位约 64.4mV）。Nivetha 等[152]采用溶剂热法成功地合成了 MIL-53(Fe)/脱水催化剂和 MIL-53(Fe)/水合催化剂，它们具有良好的催化活性、导电性和稳定性。MIL-53(Fe)/脱水催化剂和 MIL-53(Fe)/水合催化剂表现出较好的电催化活性和光催化活性，而 MIL-53(Fe)/水合催化剂对 HER 的催化活性明显高于 MIL-53(Fe)/脱水催化剂，具有较高的交换电流密度。MIL-53(Fe)/水合体系的交换电流密度为 2.5×10^{-4}mA/cm^2，MIL-53(Fe)/脱水体系的交换电流密度为 1.6×10^{-4}mA/cm^2。MIL-53(Fe)/水合催化剂和 MIL-53(Fe)/脱水催化剂的 Tafel 斜率分别为 71.6mV/dec 和 88.7mV/dec。

总之，在 HER 领域中，MOF 材料具有独特的应用。一方面，是因为 MOF 规整有序的多孔结构可以为水分子提供足够多的反应空间；同时 MOF 材料具有丰富的活性位点，如骨架上金属离子的路易斯酸性位、负载的金属粒子的活性中心、桥连基团的质子酸性位等，因此可直接将 MOF 材料作为电极催化剂。另一方面，是因为由无机金属中心和有机配体形成的多孔 MOF 材料可以作为优良的前驱体，制备金属、金属化合物以及多孔碳的复合材料。

4.6　光催化

光催化是一种高效、安全的环境友好型净化技术，它基于催化剂在光照条件下的氧化还原反应，达到净化污染物、物质合成和转化等目的。研究表明，半导体催化剂（如 TiO_2、ZnO、CdS、Fe_2O_3、GaP 和 ZnS）具有广阔的光催化应用前景[153, 154]。然而，这些催化剂由于分离困难、回收率低、太阳能利用率低等缺点限制了它们的大规模应用。MOF 材料由于具备有机连接体和金属节点的配位多样性以及灵活的配位方式，在光催化应用方面具有很大的潜力[140, 155-158]。在光照条件下，MOF 的有机基团作为光子天线能够被激发产生电子-空穴并形成一种电荷分离的状态。不仅如此，MOF 的多孔结构可促进电子通过通道进行扩散，并大大抑制电子-空穴之间的重组。通过在分子水平上对有机官能团和金属中心的靶向调节，可以容易地实现可控的化学和物理光催化过程[155, 159]。

Xiao 等[160]合成了 2D 层状 Cd-MOF(Cd-TBAPy)单晶，其固有的能带边缘位置（边缘为 600nm）、合适的助催化剂的负载量和 Cd-TBAPy 的 π 共轭 2D 层状结构有望整体上提升 Cd-TBAPy 的光催化性能。在负载合适的助催化剂后，氢和氧的释放速率分别达到 4.3μmol/h 和 81.7μmol/h。在 420nm 光辐射下水氧化的最佳表观量子效率达到 5.6%。这被认为是第一个在可见光下既能减水又能氧化的光催化催化剂，证明了 MOF 材料在太阳能到化学能转换方面的应用前景。

利用光催化将二氧化碳转化为化学原料和燃料，不仅可以缓解大气层中不断增加的二氧化碳浓度，也有利于经济的可持续发展。Zheng 等[161]报道了一种新型 0D 氮化碳量子点（g-CNQDs）与 2D 超薄卟啉 MOF（PMOF）结合的催化剂[图 4-26（a）]。如图 4-26（b）所示，PMOF 为 2D 层状结构且横向尺寸为纳米级别。在制备的 g-CNQDs/PMOF 复合材料中，g-CNQDs 与 PMOF 中的 Co 活性位点相协调，这大大

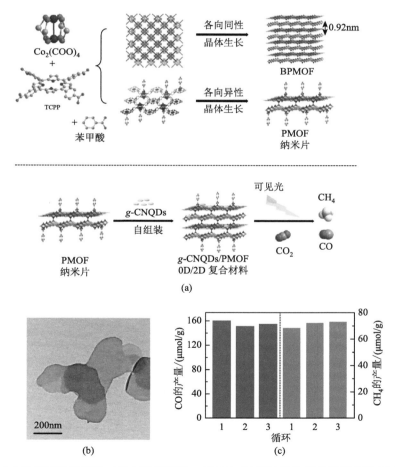

图 4-26　（a）用于可见光驱动二氧化碳还原的 g-CNQDs/PMOF 杂化物的制备示意图；（b）PMOF 的透射电子显微镜图；（c）g-CNQDs/PMOF（1∶6）上紫色（CO）和烟青色（CH₄）产量[161]

缩短了光生电荷载体和气态底物从 *g*-CNQDs 迁移到 Co 活性中心的路径。*g*-CNQDs/PMOF（比例 1∶6）CO 和 CH$_4$ 平均产率分别为 16.1μmol/(g·h) 和 6.86μmol/(g·h)，而单纯的 *g*-CNQDs 几乎无法将 CO$_2$ 还原为 CH$_4$，CO 平均产率仅为 1.23μmol/(g·h)，单纯的 PMOF 的 CO 和 CH$_4$ 的平均产率分别为 6.88μmol/(g·h) 和 1.14μmol/(g·h)。值得注意的是，与单纯的 PMOF 相比，*g*-CNQDs/PMOF 的 CO 生成速率提高了 1.34 倍[16.10μmol/(g·h)]，而 CH$_4$ 释放速率提高了 5.02 倍 [6.86μmol/(g·h)]见图 4-26（c）。此外 *g*-CNQDs/PMOF 复合材料在循环测试中也表现出出色的稳定性，并且在三个循环中观察到的光催化活性几乎没有下降。

石墨烯的费米能级[0V（*vs.* NHE）]低于大多数光催化剂，由于能带排列，电子可以从 MOF 迅速转移至石墨烯，这将减少电子与空穴的结合。Mu 等[162]通过过滤 rGO 纳米片和导电 2D Ni$_3$HITP$_2$ MOF 得到 2D NHPG 异质结构[图 4-27（a）]。由于库仑效力和 π-π 作用，Ni$_3$HITP$_2$ 纳米片可以均匀地附着到 rGO 表面，形成 2D/2D 异质结构[图 4-27（b）]。从图 4-27（c）观察到 NHPG-2（2mg Ni$_3$HITP$_2$）对 CO 具有高的选择性，为 91.7%。图 4-27（d）显示测量的平面带电位约为 0.15V（pH = 0，*vs.* SHE），与紫外光电子能谱（UPS）测定的 Ni$_3$HITP$_2$ 的费米能级值一致。此外，光敏剂[Ru(bpy)$_3$]$^{2+}$的光激发电子可以有效地转移到 Ni$_3$HITP$_2$ 的金属中心，从而带来高活性和选择性[图 4-27（e）]。

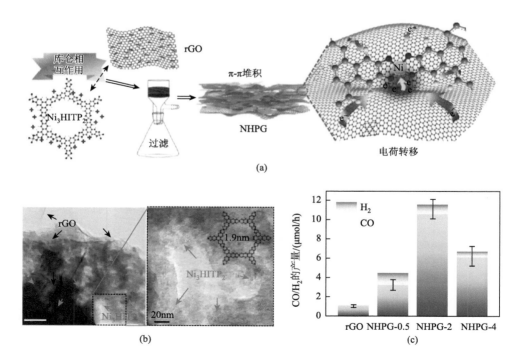

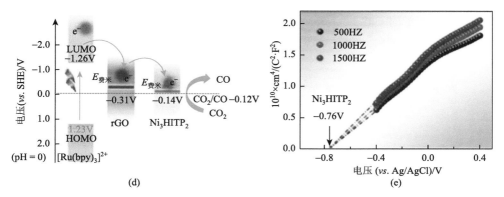

图 4-27　（a）通过库仑相互作用以及诱导的 π-π 堆积和电荷转移制备 NHPG 薄膜的示意图；（b）NHPG-2 的透射电子显微镜图；（c）在 3h 的测试期间，rGO 和各种 NHPG 薄膜样品的每小时 CO/H_2 产量；（d）光催化系统的能级图（pH = 0，$vs.$ SHE）显示了从光吸收剂流向助催化剂并进一步流向氧化还原对的能量流；（e）镀在 FTO（掺杂氟的 SnO_2 透明导电玻璃）上的 Ni_3HITP_2 的 Mott-Schottky 图[162]

　　光催化分解水是利用太阳能制备氢气最有利的途径之一，然而大部分 MOF 在可见光区表现出较差的光响应，这在很大程度上限制了它们在太阳能利用中的应用[163, 164]。因此，制备具有宽频带光谱响应的 MOF 基复合材料是具有很大研究进步空间的。CdS 具有获取可见光的能力，而 UiO-66 具有较高的比表面积，可以促进 CdS 在 MOF 表面的分散，相比块状 CdS，分散的 CdS 纳米颗粒提供更多的吸附位点和光催化反应中心。2018 年，Xu 等[165]合成了 CdS 修饰的 MOF 复合材料，命名为 CdS/UiO-66。研究发现 MOF 在小尺寸 CdS 纳米颗粒的形成中起着重要作用，能够促进易于团聚的 CdS 纳米粒子均匀分散在 UiO-66 八面体晶体的表面[图 4-28（a）和（b）]。图 4-28（c）为不同 CdS 含量的 CdS/UiO-66 复合材料产氢的时间分布图。与预期一样，单独使用 UiO-66 并不会产生 H_2，因为它对可见光没有响应。单独使用 CdS 也只产生少量的 H_2，说明 CdS 具有固有的光催化活性。但在 CdS 和 UiO-66 同时存在的复合物 CdS/UiO-66 中，氢气的产量显著提高。有趣的是，随着 CdS 的量的增加，CdS/UiO-66 的光催化活性降低，其中 CdS/UiO-66（10）表现出最高的产氢活性[1725μmol/(g_{CdS}·h)]，该 H_2 的产率比 CdS 高约 8.4 倍。这归因于 CdS/UiO-66 复合材料中 CdS 纳米粒子的分散性得到改善，CdS 含量降低，阻止了 CdS 颗粒的团聚，从而暴露出更多的活性位点。此外，该团队进一步研究了不同表面积的 CdS 和 CdS/UiO-66（X）的光子产率。随着催化剂用量的不同，H_2 产率对 CdS 量的依赖程度不同[图 4-28（d）]。由于 CdS 的比例很小，CdS/UiO-66（10）最初表现出较高的 H_2 产率，这是由良好的 CdS 纳米颗粒的形成和 CdS 与 UiO-66 之间的异质结构所致。随着 CdS 催化剂用量的逐渐增加，需要更多的 CdS/UiO-66（10）来维持相同的 CdS 用量。在该反应体系中相对较大量的催化剂会削弱穿透深度，增加入射光的散射。

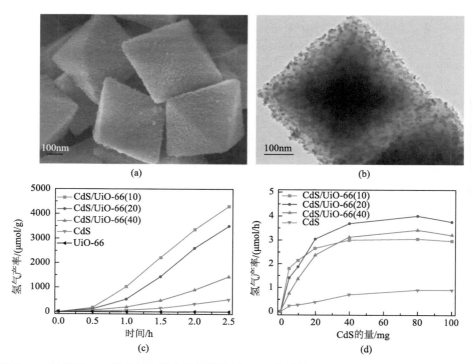

图 4-28　CdS/UiO-66 场发射扫描电子显微镜图（a）和透射电子显微镜图（b）；（c）改变 CdS 质量比的 CdS、UiO-66 和 CdS/UiO-66 复合材料的光催化制氢速率图；（d）随着催化剂用量的不同，光催化制氢活性/速率与 CdS 用量的关系图[165]

　　由于空心结构的外表面积较大，暴露的催化活性位点较多，且空心结构的薄壳有助于反应物的扩散，尤其是一些大分子如三联吡啶氯化钌六水合物（[Ru(bpy)$_3$]Cl$_2$），因此空心结构在光催化领域有着广阔的应用前景。Deng 等[166]以 ZIF-67 为前驱体制备了金属银颗粒与 Co-MOF-74 复合的空心结构材料（Ag@Co-MOF-74）。从透射电子显微镜图[图 4-29（a）～（c）]中可以观察到，MOF-74 及 AgNPs@MOF-74 均保持了原始 ZIF-67 的菱形十二面体形状，但是菱形十二面体形状的轮廓变得模糊，说明反应剂 2,5-二羟基对苯二甲酸（H$_4$DOBDC）对材料的轮廓有轻微的改变。当 $n(L)/n(M)$ 的值上升到 6 而 H$_4$DOBDC 浓度较低时 [$c(L) = 0.03 \times 10^{-3}$ mol/L]，会形成单层中空结构（L 代表 H$_4$DOBDC，M 代表 ZIF-67）。当 $n(L)/n(M)$ 的值固定在 2.0 且 $c(L)$ 值从 0.25×10^{-3} mol/L 增加到 16.7×10^{-3} mol/L 时，形成的都是双层中空结构。这说明在此浓度范围内，H$_4$DOBDC 浓度的变化对

MOF-74 的形貌没有影响。当把 Ag 纳米颗粒封装到 Co-MOF-74 中时，AgNPs@ MOF-74 表现出优越的催化性能，这是由于空心结构本身的优越性以及 AgNPs 的局部表面等离子体共振（LSPR）效应。此外，他们还研究了 MOF-74 的活性与用量的关系。如图 4-29（d）所示，当未加入 Co-MOF-74 时，催化剂活性较低。图 4-29（e）为均加入 0.5μmol Co-MOF-74 时三种催化剂的性能比较。当以 AgNPs@MOF-74 为助催化剂时，光催化性能最佳。

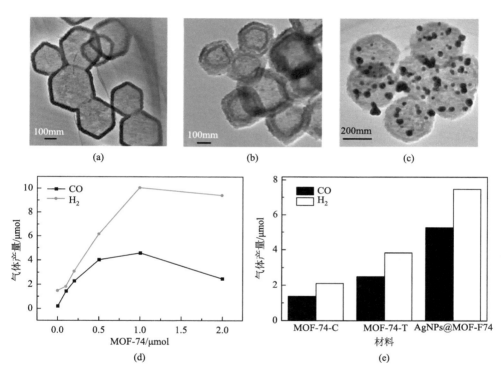

图 4-29　不同条件下合成的 MOF-74 透射电子显微镜图（L 代表 H$_4$DOBDC，M 代表 ZIF-67）：
（a）$n(L)/n(M) = 0.3$，$c(L) = 1 \times 10^{-3}$mol/L，（b）$c(L) = 16.7 \times 10^{-3}$mol/L、$n(L)/n(M) = 2$，
（c）AgNPs@MOF-74；（d）光催化 CO$_2$ 还原系统中 MOF-74 用量与产气量的关系图；
（e）分别以不同的 MOF-74 为助催化剂时光催化活性比较图[166]

4.7　超级电容器

超级电容器又称为电化学电容器，是介于传统电容器和电池之间的新型电化学储能器件，它的出现填补了传统电容器的高比功率和电池的高比能量之间的空白[167]。与电池相比，其具有更高的功率，可瞬间释放特大电流，还具有充放电速度快、充电效率高、循环使用寿命长等特点。超级电容器作为一种绿色的新型储

能器件，在电动汽车、分布式发电系统等领域具有广阔的应用前景。超级电容器按照储能原理不同可分为双电层超级电容器（EDLC）、赝电容和混合型超级电容器三类[168–172]。

1. 双电层超级电容器

双电层超级电容器是利用电极和电解液之间形成的界面双电层来存储能量。当电极和电解液接触时，由于库仑力、分子间力或者原子间力的作用，固态和液态界面出现稳定、符号相反的双层电荷，称为界面双电层。

2. 赝电容

赝电容在一般情况下也称作法拉第准电容，是指在电极表面或体相中的二维或准二维空间上，活性物质进行欠电位沉积，发生高度可逆的化学吸附/脱附或者氧化/还原反应，从而产生法拉第电容。

3. 混合型超级电容器

混合型超级电容器可划分为以下三种类型（依据不同类型的电极材料）：

（1）由同时具有双电层电容特征的电极和赝电容特征的电极，或者由两种不同类型赝电容的电极材料组成；

（2）由超级电容器电极和电池的电极组成；

（3）由电解电容器的阳极和超级电容器的阴极组成。

混合型超级电容器的两极一般分别采用具有高能量密度的活性物质"电池型"材料和具有高功率密度的"电容型"材料，因此具有两者的优点。

大量的研究工作致力于设计和制造新一代具有高能量密度和高功率密度的超级电容器新型电极材料。超级电容器电极材料对其性能起决定性作用，因此对超级电容器电极材料的研究成为目前最热门的研究方向之一，目前，碳基材料和金属氧化物是超级电容器普遍使用的两类材料。碳基材料通常用作电双层超级电容器的电极，而金属氧化物用于赝电容（氧化还原电容）。尽管超级电容器具有高速性能，但其能量密度太低，无法为未来的电动车辆提供动力[173, 174]。而 MOF 材料巨大的比表面积、可调谐孔径和赝电容氧化还原中心为其作为超级电容的电极材料提供了条件[175]。虽然 MOF 的导电性相对较差，阻碍了 MOF 作为电极材料的直接使用，但最近的报道表明，一些 MOF 表现出了与碳基材料相当甚至更高的性能。

近年来，一维纳米材料因其暴露活性位点数高、结构性强和电子传输通道/空间丰富等优点，在能量储存与转换领域引起了广泛的兴趣。为了提高电容，通常采用基于多种金属成分的策略。例如，双金属 NiCo 基 MOF 纳米棒具有很高的电容保持率和很好的倍率性能，在 1A/g 的电流密度下，比电容为 990.7F/g[176]。

将 MOF 与导电载体相结合是提高 SC 性能的另一个有效途径。以碳纤维纸为载体，Li 等[177]成功制备了导电 Cu-HHTP（HHTP = 2, 3, 6, 7, 10, 11-六羟基三苯基）纳米线阵列。图 4-30（a）和（b）中高倍扫描电镜图像显示纳米线为均匀的六边形棒状结构。它们作为固态 SC 的电极材料，由于充分利用了高孔隙率和纳米结构以及良好的导电性而显示出优异的电容性能[图 4-30（c）]。与 Cu-HHTP 粉体相比，Cu-HHTP 纳米线阵列 NWAs 结构的性能明显提高[图 4-30（d）]。

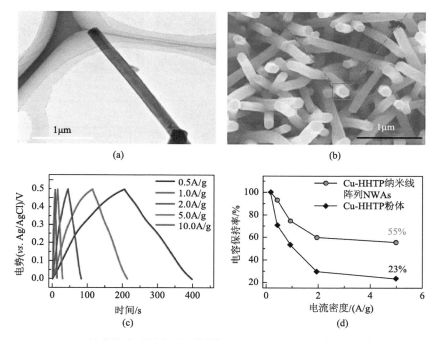

图 4-30　（a）Cu-CAT 纳米线的透射电子显微镜图；（b）Cu-HHTP 纳米线的扫描电子显微镜图像；（c）不同电流密度下的恒电流充放电（GCD）曲线；（d）Cu-CAT NWAs 与 Cu-CAT 粉体的速率性能比较[177]

采用一种简单的"一对一"设计策略，Liu 及其团队[178]从一个单一的金属-有机框架（Ni-DMOF-TM）[Ni(TMBDC)(DABCO)$_{0.5}$]，TMBDC = 2, 3, 5, 6-四甲基-1, 4-苯二甲酸；DABCO = 1, 4-二氮杂二环[2.2.2]-辛烷，如图 4-31（a）所示为 TM 立方体的扫描电镜图像）制备了杂化 SC 的正负电极。在表面活性剂三乙胺（TEA）的作用下，首次在碳纤维纸（CFP）上成功地生长出无黏结剂的 TM 纳米棒[图 4-31（b）]。CFP@TM 纳米棒在 0～0.5V 范围内测试时，与纯 Ni-DMOF-TM 微管相比，表现出明显的超级电容性能，是一种理想的正极材料。同时，以 TM 纳米棒为对电极，经一步热处理制备了 N 掺杂的层状多孔碳纳米棒（TM-NPC），并将其用作负极材料[图 4-31（c）]。如图 4-31（d）～（f）所示，将这两个电极组装成混合器件后，TM 纳米棒//TM-NPC 显示出较高的能量密度和功率密度，具备 1.5V 宽的电压窗口和 1～1.2V 之间的高斜率放电平台，展示了柱撑 Ni-DMOF-TM 纳米棒和 TM-NPC 优异的快速储能特性，而且为实现 MOF 在混合超级电容器（HSC）器件正负电极材料中的应用提供了一种通用的设计策略。

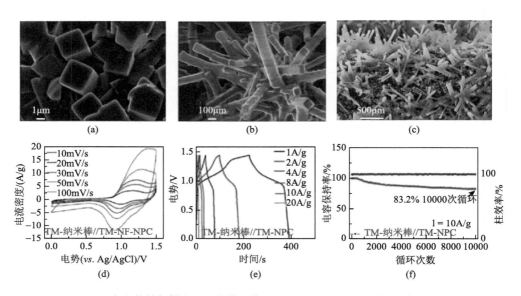

图 4-31　（a）TM 立方体的扫描电子显微镜图像；（b）CFP@TM 纳米棒的扫描电子显微镜图像；（c）CFP@TM-NPC 的扫描电子显微镜图像；（d）混合装置的循环伏安（CV）曲线；（e）TM 纳米棒//TM-NPC 的 GCD 曲线；（f）TM 纳米棒//TM-NPC 在 10A/g 下的循环性能[178]

　　与一维 MOF 结构相比，二维层状 MOF 可以进一步提供层间空隙，有利于电解质离子的扩散，增强其性能。因此，二维 MOF 可以作为超级电容器的优良电极候选。Wang 及其小组[179]报道了一种简单、低成本的溶剂热法直接合成的二维层状 Ni-MOF，并在未经进一步处理的情况下用作 SC 的电极材料。表征结果表明，Ni-MOF 具有微孔结构，由许多纳米片构成，提高了比表面积，为离子和电子器件提供了纳米通道[图 4-32（a）和（b）]。电化学性能测试表明，制备的 Ni-MOF 具有较高的性能，包括 2A/g 时 1668.7F/g 的高比电容[图 4-32（c）]，速率性能好，循环寿命长，在循环次数 5000 次时电容保持率为 90.3%。2016 年，一种新型的手风琴状 Ni-MOF 超结构（[$Ni_3(OH)_2(C_8H_4O_4)_2(H_2O)_4$]·$2H_2O$）由 Yan 等[180]成功合成并将其作为超级电容器的电极材料[图 4-32（d）～（f）]。在电流密度分别为 1.4A/g 和 7.0A/g 时，类手风琴状 Ni-MOF 电极的比电容分别为 988F/g 和 823F/g，同时保持了良好的循环稳定性（在电流密度为 1.4A/g 时，5000 次循环后的电容保持率为 96.5%）。除了上述的 2D MOF 外，在传统的三电极体系中还测试了由配位 Co^{2+}

和 BDC（BDC = 1, 4-苯二甲酸）组成的 2D Co-MOF 纳米片。这些超薄 2D Co-MOF 纳米片的最大比电容高达 1159F/g，在相同的测试条件下，其性能明显优于块体 Co-MOF 和微米/纳米级 Co-MOF[158]。大多数 MOF 材料在长时间暴露于水溶液后不能保持其物理化学性质，因此限制了它们在许多领域的实际应用。基于该挑战，Zheng 等介绍了一种高碱稳定金属氧化物@2D MOF 复合材料（Co_3O_4@Co-MOF）的设计和合成方法，即在高碱性条件下，通过可控、简便的一锅水热法制备 Co_3O_4@Co-MOF 复合材料。作为电化学电容器储能装置的电极材料，Co_3O_4@Co-MOF 复合材料在增强耐久性和电容方面显示出显著优势。电化学测试表明，Co_3O_4@Co-MOF 复合材料作为超级电容器的电极，在 0.5A/g 下，比电容高达 1020F/g。同时具有极好的循环稳定性，在电流密度 5A/g 条件下，循环 5000 次后仅衰减 3.3%

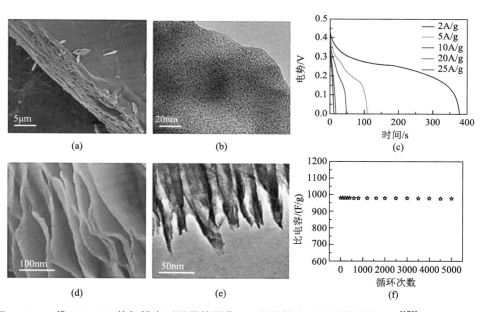

图 4-32　二维 Ni-MOF 的扫描电子显微镜图像（a）和透射电子显微镜图像（b）[179]；（c）Ni-MOF 电极材料在不同电流密度下的 GCD 曲线[179]；Ni-MOF 的扫描电子显微镜图像（d）和透射电子显微镜图像（e）；（f）Ni-MOF 在 1.4A/g 下的充放电循环试验[180]

由于三维材料具有电解质渗透率高、传质/扩散方便、电子传递快等优点，一些关于三维 MOF 在超级电容器设计与合成方面的应用受到了人们的重视[181]。在早期阶段，一种 Co_8-MOF-5 微晶（Co-Zn-MOF，Zn^{2+} 被 Co^{2+} 部分取代）被报道为 EDLC 的电极材料[182]。随后，Lee 等[183]探索了另一种基于 Co 的 MOF，该 MOF 在 LiOH 溶液中表现出良好的赝电容行为（比电容高达 206.76F/g）。此外，即使在其他电解质中，如 LiCl、KOH 和 KCl，在 CV 测量下经过 1000 次循环后，MOF 仍能保持较高的电容。Chen 等[184]采用微波辅助方法合成了具有蜂窝状分级球状结构的 Zn 掺杂 Ni-MOF[M-MOF，图 4-33（a）和（b）]（通过水热法制备的 Zn 掺杂 Ni-MOF 命名为 H-MOF）。基于该 MOF 的电极材料展示了良好的电化学性能。通过调整掺杂锌离子的量，得到了理想的电极材料（M-MOF-2）。其中，M-MOF-2 样品在 1A/g 时的比电容为 237.4mA/(h·g)[图 4-33（c）]，在 20A/g 时的比电容为 122.3mA/(h·g)。在 4000 次循环后，M-MOF-2 也表现出良好的循环稳定性，比电容保持率为 88%[图 4-33（d）]。

图 4-33　M-MOF 的扫描电子显微镜图像（a）和透射电子显微镜图像（b）；（c）不同 M-MOF 样品的比电容随电流密度的变化；（d）M-MOF-2 和 H-MOF-2 电极材料在 20mV/s 下的循环性能[184]

（c）中 0、1、2、3 表示 MOF 合成过程中乙酸镍增加的量分别为 0mmol、2mmol、4mmol、8mmol

由于 MOF 的电化学应用受到绝缘性质和机械/化学不稳定性的显著限制，利用导电材料制备 MOF 杂化材料来促进电子进行有效的转移是一种很有前途的电化学应用方法。Kim 等[185]成功制备了三维 Cu/Ni-MOF@碳基体/N 掺杂大孔碳/中孔碳（分别定义为 Cu/Ni-MOF@CM、Cu/Ni-Cu/Ni-@NMC 和 Cu/Ni-MOF@mC）复合物[图 4-34（a）和（b）]。通过促进电子在三维导电 CM 中的传递，利用微孔 CM 减少绝缘 MOF 内部的电子通路，并且选择具有法拉第特性的金属中心可以显著提高 MOF 的 EDLC 性能。电化学测试结果表明，Ni-MOF@mC 表现出优越的超电性能，如高比电容（109F/g），高比表面积电容（26.5μF/cm²），杰出的长循环稳定性（5000 次循环后电容保持率高达 91%），最大化的能量密度（38.8W·h/kg）和功率密度（21005W/kg）[图 4-34（c）和（d）]。这些优异性能超过大多数碳基和 MOF 基材料的超级电容器。

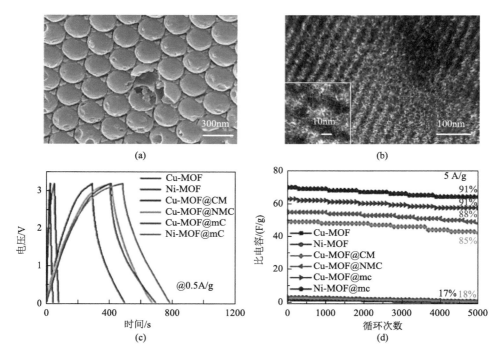

图 4-34　（a）Cu-MOF@MC-2 的扫描电子显微镜图像；（b）Cu-MOF@mC 的透射电子显微镜图像；（c）MOF 和复合材料的 GCD 曲线；（d）MOF 和复合材料的循环性能图[185]

电极材料是超级电容器最核心的部分，它决定了超级电容器的性能。与传统方法制备的块体/微米级 MOF 材料相比，纳米级 MOF 材料合成路线简单，具有较大的比表面积、短的底物扩散路径以及更高的活性位点利用率，已被证明是非常具有应用前景的超级电容器电极材料。在未来，基于纳米级 MOF 材料的超级电容器将会朝着高能量密度、高储量、低成本、绿色环保的方向发展，并将会在柔性可穿戴电子产品领域、新能源汽车领域得到广泛应用。

4.8　电池

4.8.1　锂离子电池

迄今，锂离子电池（LIB）由于其环境性能良好、能量密度高、质量轻和循环寿命长等优点被广泛用于便携式电气设备、混合电动车辆和电网中，从而使其具有出色的储能装置优势[186]。但是，当试图实现电能存储（EES）的现代化时，如在静止的 EES 和电动汽车（EVS）中，传统的 LIB 则不能满足高功率密度和能量的要求。商业 LIB 由两个电极，即正极和负极组成，正极通常由锂过渡金属氧化物（如 $LiCoO_2$、$LiMn_2O_4$ 和 $LiFePO_4$ 等）制成，而负极则由含碳材料（如石墨）制成，充放电过程伴随着锂离子的可逆嵌入和脱出[187-190]（图 4-35）。两种材料通常都是自然分层的，因此锂离子可以很容易地穿过材料[191]。虽然电池的三个重要组成部分，即电解质、负极和正极已经得到了广泛的讨论，但它们都没有被改进以满足对 EES 的有效需求。

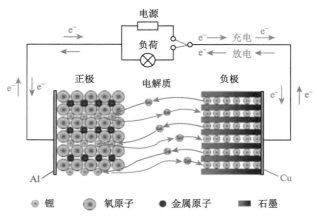

图 4-35　以 $LiCoO_2$/石墨为例的 LIB 工作原理图[190]

要超越 LIB 技术目前的水平，新的和重新设计的电极材料的开发是必需的，并且可充电锂离子电池必须具有较长的循环寿命，以表现出物理和化学的适应性[192, 193]。然而，石墨作为商用 LIB 中传统的负极材料已接近其理论极限（372mA·h/g），因此，寻找替代的电极材料迫在眉睫。在 LIB 中将 MOF 用作新型电势电极材料已引起了广泛的关注。然而，MOF 的导电性能差会导致 LIB 的循环性能变差。因此，MOF 复合材料引起了人们对 LIB 应用的兴趣，从而克服了 MOF 的局限性[194]。目前，纳米结构 MOF 及其复合材料作为可充电锂离子电池的电极材料，已得到广泛研究。这些材料以其高比表面积和孔隙率以及可调节的金属成分，常可以达到非常高的容量和相对较大的电压，另外，晶体多孔结构还可以充当缓冲剂，以减少锂化/去锂化过程中的体积变化并提高电池的安全性，这是商业碳或其他金属氧化物材料的安全性无可比拟的[193, 194]。

1D 纳米线具有快速的传输速率、良好的柔韧性和结构通用性，是理想的电池电极材料[156, 193]。Song 等[195]用一种可扩展且简单的方法合成了新型 MOF 纳米线，称为 CoCOP 配位聚合物纳米线。CoCOP 配位聚合物的扫描电子显微镜和透射电子显微镜图像显示出均匀的纳米线骨架，其长度为几微米，直径为几纳米[图 4-36（a）和（b）]。CoCOP 纳米线作为 LIB 的负极材料显示出令人印象深刻的 Li^+ 储存能力，在 20mA/g 时其值大于 1100mA·h/g。该材料除具有较高的能量和功率性能外，还具有良好的长期循环稳定性，可用于 1000 多个完全可逆的锂化脱硫循环[图 4-36（c）]。这一过程基于一种涉及插层结构变形和 Co(Ⅱ)/Co 转化反应的联合机制。由于可逆结构变形和 Co（Ⅱ）与 Co（0）之间的转化反应，电池性能得到了合理的提高。MOF 纳米线在 CoCOP-LiFePO$_4$ 电池中的成功应用也表明了在大规模储能应用中使用 CoCOP 纳米结构的可行性[193]。

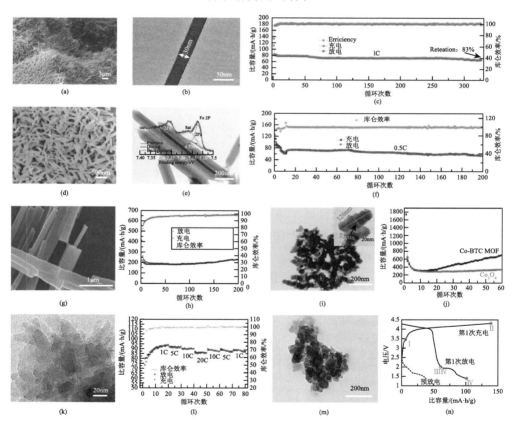

图 4-36　CoCOP 的扫描电子显微镜图像（a）、透射电子显微镜图像（b）、在 0.1C 时的循环性能（c）[195]；Fe-MIL-88 B 的扫描电子显微镜图像（d）、透射电子显微镜图像（e）、在 0.5C 时的循环性能（f）[196]；Asp-Cu 的扫描电子显微镜（g），电流密度为 50mA/g 时的循环性能和库仑效率（h）[199]；Co-BTC 的扫描电子显微镜图像（i）、60 次循环后的循环性能（j）[201]；Cu$_3$(HHTP)$_2$ 的透射电子显微镜图像（k）、在 1~20C 速率下的速率能力（l）[202]；Cu-TCA 的透射电子显微镜图像（m）、第一次充放电的电压曲线（n）[203]

就 MOF 电极的理论容量而言，较低的摩尔质量和参与氧化还原反应的大量电子可以允许较高的容量[196]。有机共轭羧酸发生可逆的两电子氧化还原反应，生成的二价阴离子可以通过共轭的，最好是芳香族的体系来稳定[197]。基于对苯二甲酸（1,4-苯二甲酸，BDC）的 MOF 具有稳定的共轭芳香结构，是一类非常有趣的有机电极候选材料。其中，某些具有 MIL-88B 结构的铁基 MOF 具有 $3040m^2/g$ 的相对较高的模拟比表面积和约 0.9nm 的孔径分布[198]。高比表面积和微孔结构有利于快速反应动力学，并可以高速改善循环性能。Shen 等[196]报告了具有 MIL-88B 结构的铁基 MOF 多面体纳米棒（Fe-MIL-88B），它是一种用作锂离子电池负极材料的高比容量功能共轭羧基功能材料。如图 4-36（d）和（e）所示，所合成的配位聚合物为多面体纳米棒，平均长度约为 800nm，宽度约 100nm。全电池在 0.5C 下循环 100 次后可逆容量为 55.3mA·h/g，容量保持率为 61%[图 4-36（f）]。高容量和良好的循环稳定性证明了 Fe-MIL-88B 作为 LIB 电极材料的优势。在整个电池运行过程中，多面体纳米棒电极将 MOF 连接在一起，尽管其方式与原始纳米棒有些不同。这进一步证实，对于稳定的锂化/去锂化工艺，某些 MOF 纳米结构比其他 MOF 纳米结构更合适。

Zhao 等[199]使用环境友好的材料天冬氨酸（一种氨基酸）和硝酸铜来制备一种金属有机纳米纤维（MONFs）——Asp-Cu 纤维，用作锂离子电池的负极材料。Asp-Cu 纳米纤维的扫描电子显微镜图像[图 4-36（g）]清楚地显示出非常均匀的纤维结构样品，并且每个纳米纤维的直径范围为 100～200nm，长度为几微米。而 Asp-Cu 纳米纤维出色的循环性能可以从图 4-36（h）中获得，在 0.01～3.0V 的电压范围内其比容量在前 10 个循环中降低，此后变得非常稳定。这可能是因为在充放电过程中，Asp-Cu 纳米纤维的体积膨胀和收缩会提高 Asp-Cu 纳米纤维的孔隙率，并使更多的电解质渗透到整个电极中[200]。它缩短了 Li 离子的扩散距离并提高了电极的利用率，从而增加了比容量。在 200 个循环后，库仑效率缓慢增加到 98.5%以上，此时比容量为 233mA·h/g。

Ge 等[201]首次采用 Co（Ⅱ）和 1,3,5-苯三甲酸（H_3BTC）的配位组装法制备了一种新型的 Co 基金属有机骨架（Co-BTC MOF）。这种 Co-BTC MOF 具有 Z 字形蠕虫状的形状，其长度为 126nm，宽度为 55nm[图 4-36（i）]。未经煅烧处理的 Co-BTC MOF 用作 LIB 的负极材料，并显示出优异的电化学性能，包括高的锂存储容量（第一次放电过程中，电流密度为 100mA/g 时为 1739mA·h/g），在相对于 Li^+/Li 的 0.01～3.0V 电位范围内，具有出色的库仑效率（在第 199 个循环中达到 99%以上）和循环性能（200 次循环超过 750mA·h/g）。这样优异的电化学性能可以源自共轭酸基团和连接体结构。60 次循环后，Co-BTC MOF 在 100mA/g 的电流密度下作为 LIB 中负极的电化学性能[图 4-36（j）]，发现 Co-BTC MOF 具有更高的可逆放电容量，这进一步证明了其在 LIB 中的优越性。

锂离子电池的电荷存储机制包括电解质与电极之间的电子转移和电极本身的电子转移。良好的电导率对于电极至关重要，而复杂的二次构建单元（SBU）和 MOF 的孔结构可能在锂化和脱锂过程中使 Li^+ 的传递路径更加困难，从而导致不良的循环性能和倍率性能。因此，具有层状结构的二维 MOF 的电导率可以通过层间电解质的简单转移来提高。例如，Gu 等[202]制备了导电 $Cu_3(HHTP)_2$ 纳米片作为 LIB 中的正极活性材料。纳米片呈不规则形状，片大小为 20~40nm[图 4-36（k）]。在 1.50~3.75V 电压范围中，不同电流速率下 $Cu_3(HHTP)_2$ 电极展示出了良好的倍率性能，电流为 1C 时的比容量为 95.61mA·h/g，几乎等于其理论值[图 4-36（1）]。令人印象深刻的是，由于其固有的电导率和二维多孔结构，这种新型正极材料在高达 20C 的电流速率下也显示出高度稳定的氧化还原循环性能。$Cu_3(HHTP)_2$ 的电化学性质和化学分析表明，框架中铜阳离子的化合价变化是锂离子在氧化还原循环过程中嵌入/脱嵌的原因。

对于 LIB 中 MOF 的实际应用，低工作电压（低于 4V）和相对短的循环寿命仍然存在问题，并且迫切需要更好地理解 MOF 材料中的容量损失[203]。在 2016 年，Peng 等[203]讨论了具有纳米孔道（报道的孔道理论值为 1nm[204]）的二维 Cu-TCA（H_3TCA = 三甲酸三苯胺）纳米片[图 4-36（m）]，作为 LIB 中正极材料的电化学性能。Cu-MOF 与有机配体自由基（N/N^+）和金属团簇（Cu^+/Cu^{2+}）都具有氧化还原活性，表现出分离的电压平台和相对于 Li/Li^+ 的高达 4.3V 的高工作电压[图 4-36（n）]，证明了这种 MOF 材料可以用作锂电池的新型正极活性材料。

由于 MOF 是具有可变组成的结晶多孔材料，它们是探索结构设计与性能之间相关性的良好代表。作为 LIB 中的负极材料，微结构 MOF-177[$Zn_4O(BTB)_2$][205]首次放电具有不可逆的高容量。然而，这些结果仍然远远不能令人满意。由于已经研究了越来越多的 3D MOF 结构作为正极或负极材料，因此这方面研究已取得了重大进展。与通过简单的 1D 或 2D 结构组装的其他 3D 结构类似，通过堆叠超薄 MOF 纳米片制造的 3D MOF 材料在用作 LIB 的正极材料时显示出良好的速率性能和长期稳定性。电化学和光谱研究表明，低阻抗可逆锂化/脱锂过程与电化学循环过程中材料的超薄和稳定结构密切相关。

2017 年，Wang 等[206]通过富马酸与不同铝盐[$Al(NO_3)_3·9H_2O$ 和 $AlCl_3·6H_2O$ 等]的络合制备了基于富马酸铝的 MOF（Al-FumA MOF），发现以 $AlCl_3·6H_2O$ 为铝盐时制备的 Al-FumA MOF 表现出由层状超薄纳米片组成的银耳状结构[图 4-37（a）和（b）]。并且与原始有机富马酸相比，该富马酸铝 MOF 在用作锂离子电池的负极材料时，具有高容量、超快充电/放电能力和良好的循环稳定性。图 4-37（c）展示出了 $AlCl_3$-FumA 薄膜电极的速率能力。电极在 37.5mA/g、375mA/g 和 1.88A/g 处的可逆容量分别为 147mA·h/g、134mA·h/g 和 100mA·h/g。当充电速率恢复到 37.5mA/g 时，观察到其初始容量完全恢复，进一步证明了

AlCl₃-FumA 薄膜电极良好的循环稳定性。通过深入的电化学和光谱研究阐明了富马酸铝电极的电化学过程。富马酸铝电极在电化学循环过程中的低阻抗、可逆的锂化/脱锂过程以及结构稳定性被认为是其优异的锂存储性能的主要因素。

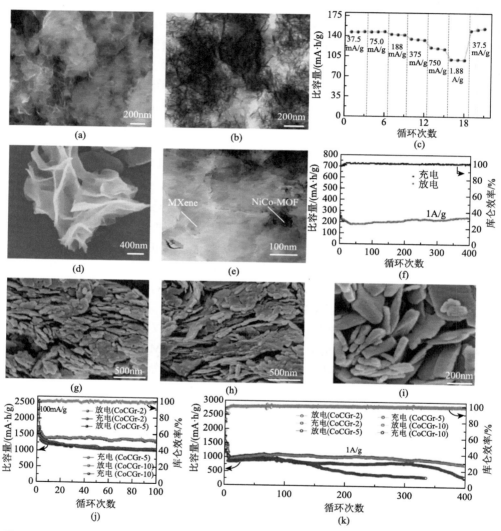

图 4-37　Al-FumA 的扫描电子显微镜图像（a）、透射电子显微镜图像（b）、37.5mA/g 放电和各种充电速率下的速率能力（c）[206]；Ti₃C₂/NiCo-MOF 的扫描电子显微镜图像（d）、透射电子显微镜图像（e）；（f）Ti₃C₂/NiCo-MOF-0.4 在 1A/g 时的长循环稳定性曲线[207]；（g）CoCGr-2 的扫描电子显微镜图像；（h）CoCGr-10 的扫描电子显微镜图像；（i）CoCGr-5 的扫描电子显微镜图像；（j）CoCGr-2、CoCGr-5 和 CoCGr-10 电极在 100mA/g 下的循环性能；（k）CoCGr-2、CoCGr-5 和 CoCGr-10 电极在 1A/g 下的循环性能[209]

为了提高锂离子电池的 Ti_3C_2 MXene 基电极材料的锂存储容量和结构稳定性, Liu 等[207]开发了一种简便的策略来构建 3D 分层多孔 Ti_3C_2/双金属-有机框架 (NiCo-MOF) 纳米体系结构作为高性能 LIB 的负极。Ti_3C_2/NiCo-MOF 的形貌由扫描电子显微镜图[图 4-37 (d)]可以看出, 在与氢键相互作用引起的 Ti_3C_2 纳米薄片偶联后, Ti_3C_2/NiCo-MOF 复合材料表现出由 NiCo-MOF 和 Ti_3C_2 纳米片组装而成的 3D 层次结构。交错的纳米片紧密连接以形成相互连接的多孔网络, 以实现快速电荷存储, 并且还防止了两个片的自重堆叠。由透射电子显微镜进一步发现, 小型 NiCo-MOF 薄片黏附在大型 MXene 薄片的表面上, 形成分层结构, 这两种成分之间的鲜明对比证明了这一点[图 4-37 (e)]。将 Ti_3C_2/NiCo-MOF-0.4 作为 LIB 负极材料时, 表现出高电化学性能。由图 4-37 (f) 可知, 在第一个循环中可以达到 504.5mA·h/g 的高放电容量, 然后, 该电极在最初的 30 个循环后显示出略微增加的容量, 在 400 次循环后仍保持 240mA·h/g 的相对较高的容量以及 85.7% 的容量保持率, 从而证明了其出色的长循环寿命。

$Co_2(OH)_2BDC$ 作为 MOF 基电极材料的一个典型例子, 在基于 Li 插层/脱嵌反应的 LIB 电极材料中表现出很大的潜力[208]。Li 等[209]报道了用不同浓度的羧基石墨烯 (CGr) 合成了共价增强的 $Co_2(OH)_2BDC$/羧基石墨烯 (CoCGr) 复合材料, 以提高原始 MOF 的速率能力和电导率。扫描电子显微镜图像显示了 CoCGr-2、CoCGr-10 和 CoCGr-5 具有类似的层状晶体结构, 并且可以清楚地看到 CoCGr-5 是由厚度为 50nm 的交联纳米片组成, 其表面相对较粗糙[图 4-37 (g) ～ (i)]。所有 CoCGr-x 样品均显示出相似的基于互连纳米片的内部结构。具有 CoCGr-5 空穴的纳米片微结构不仅可以为电解质离子的浸渍和存储提供空间, 还可以减少 Li^+ 向内部电活性中心的扩散长度, 从而提高电化学性能。当 CGr 浓度为 5wt% 时, 制备的复合材料在 100mA/g 时显示出最高的初始放电容量 2566mA·h/g 和可逆容量 1368mA·h/g[图 4-37 (j)], 经过 400 次重复循环后, 在 1A/g 时高达 818mA·h/g 仍保持稳定[图 4-37 (k)]。容量的提高归因于这样的事实: 当 Li^+ 嵌入时, Co^{2+} (具有三个局部电子) 被转换为高自旋 Co^{2+} (具有离域电子), 从而增加了电极的整体电导率。在 CGr 浓度为 10wt% 的情况下, 观察到的容量降低的最可能原因是氧化还原活性物质的损失和电解质的运输动力学差 (由于表面积小)[208]。

Fe_3O_4 与一般的过渡金属氧化物负极类似, 循环稳定性差, 电导率差, 比容变化大 (约 200%), 粒子容易聚集, 高压滞后, 极大地阻碍了它们的实际应用[210-219]。为了解决上述关键问题, 已经探索的方法中包括涂覆缓冲层来增强基于 Fe_3O_4 的负极的电化学性能[220]。Sun 等[220]选择 HKUST-1 作为缓冲层的涂层, 证明了 Fe_3O_4@MOF 核壳 3D 纳米复合材料作为 LIB 负极材料的合成。从图 4-38 (a) 和 (b) 中可以看到 Fe_3O_4@MOF 的粗糙表面, 而 HKUST-1 也已成功覆盖 Fe_3O_4 核。Fe_3O_4@MOF 复合材料用作 LIB 的负极材料时, 具有出色的电化学性能。在 0.01～3.0V 的电压范围内，在不同的电流密度下评估了 Fe$_3$O$_4$@MOF 复合材料的速率能力。如图 4-38 (c) 所示，在前 30 个循环中以 0.1A/g 的低电流密度循环时（最初的 10 个循环除外），在第 30 个循环中，特殊容量略有增加，并显示出 953.0mA·h/g 的放电容量。在随后的循环中，在电流密度分别为 0.2A/g、0.5A/g、1A/g 和 2A/g 的情况下，放电容量保持在 857.0mA·h、695.1mA·h、580.1mA·h 和 429.2mA·h/g。并且一旦电流密度回到 0.1A/g，则在第 85 次循环时放电容量全部恢复为 946.2mA·h/g，与纯 Fe$_3$O$_4$ 相比，Fe$_3$O$_4$@MOF 具有优异的容量恢复特性。在所有循环中，由于 HKUST-1 缓冲层可消除 Fe$_3$O$_4$ 中的体积膨胀，因此 Fe$_3$O$_4$@MOF 表现出优于纯 Fe$_3$O$_4$ 的充放电性能。

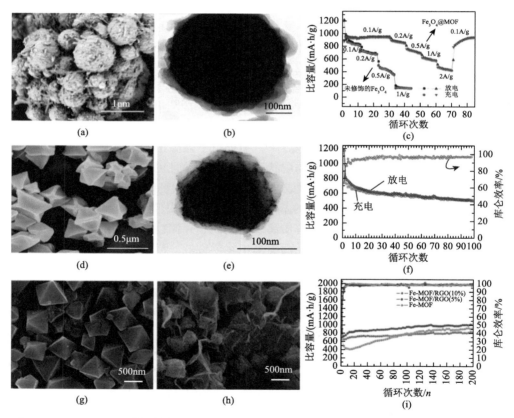

图 4-38　Fe$_3$O$_4$@MOF 的扫描电子显微镜图像（a）、透射电子显微镜图像（b）、在不同电流密度下的速率性能（c）[220]；SnO$_2$@MIL-101（Cr）的（d）扫描电子显微镜图像（d）、透射电子显微镜图像（e）、库仑效率在 0.1C 时的循环性能（f）[223]；（g）Fe-MOF 扫描电子显微镜图像[224]；Fe-MOF/RGO 的扫描电子显微镜图像（h）、在 500mA/g 的电流密度下的循环性能和库仑效率（i）[224]

　　SnO$_2$ 因其相对较高的比容量（790mA·h/g，是目前使用的石墨的两倍[221]）而被认为是最有前途的负极之一，并且相对于 Li^+/Li 具有低压平台[222]。对于 SnO_2 负极而言，快速的容量衰减是需要解决的关键问题。Wang 等[223]采用 MIL-101（Cr）作为保护壳，SnO_2 纳米颗粒作为核证明了 SnO_2@MIL-101（Cr）纳米复合材料是一种潜在的 LIB 电极材料。从 SnO_2@MIL-101（Cr）的扫描电子显微镜图可以看出，由于孔中溶剂的损失，八面体的表面变凹[图 4-38（d）]，晶体的表面透明且光滑，表明 MOF 外壳表面不存在 SnO_2。从图 4-38（e）中的 SnO_2@MIL-101（Cr）的透射电子显微镜形态可以识别出 SnO_2 "云"，它们在 MOF 晶体中异质分布。一些 SnO_2 纳米颗粒聚集在一起成为 "云"，而其余的分布在 MOF 壳的孔中，由于粒径小，在透射电子显微镜形貌上几乎无法区分。电化学稳定的 MIL-101（Cr）用作保护壳，缓冲了 SnO_2 的体积变化并限制粉状颗粒，这种化学和结构上的进步导致了良好的电池性能。它在 0.1C 时显示出高循环能力和速度性能，在 100 次循环后可逆容量约为 510mA·h/g[图 4-38（f）]。MIL-101（Cr）作为保护壳实现了高电化学稳定性，再加上 SnO_2 的 790mA·h/g 的高比容量和低电压平台，提高了电池性能。

Jin 和他的同事[224]合成了 3D Fe-MOF/rGO 纳米复合材料，用于可逆 Li^+ 储存。Fe-MOF/rGO 复合材料的扫描电子显微镜图像显示八面体 Fe-MOF 颗粒被二维 RGO 纳米片很好地包覆[图 4-38（g）和（h）]。由图 4-38（i）可知，Fe-MOF 在第一个循环中显示出 2000.3mA·h/g 的高容量，初始库仑效率约为 33%。出现的巨大的不可逆损失可归因于固体电解质界面（SEI）层的不可逆形成和其他不可逆反应[225]。Fe-MOF/RGO（5%）复合材料的初始库仑效率为 43.3%，高于 Fe-MOF 和 Fe-MOF/RGO（10%）复合材料。这是因为在 Fe-MOF 上有足够的 RGO 涂层可避免电极和电解质之间立即接触。Li 的损失是由过量的 RGO 通过 Li 与 RGO 的官能团的反应而引起的。此外，所制备的 Fe-MOF/RGO（5%）复合材料用作 LIB 的负极材料，在 200 次循环后显示出优异的 Li 存储能力，可逆容量为 1010.3mA·h/g，并且当 Fe-MOF/RGO 复合正极和负极在第 2 至第 5 个循环中达到峰值时，观察到类似的趋势。这表明该复合材料具有高可逆性，RGO 具有改善材料的循环稳定性和结构性能的潜力。一般来说，Fe-MOF/RGO 的电化学性能的提高可能是由于具有较高理论容量的 MOF 和具有较高导电性能的 RGO 之间的协同效应。

总的来说，在追求高功率密度、能量密度、高循环寿命等要求的锂离子电池上，研究的这些纳米 MOF 及其复合物表现出了各自的优势，无论是低维还是三维纳米 MOF 及其复合材料都在一定程度上改进了单纯 MOF 材料的不足。然而关于纳米 MOF 及其复合物在锂离子电池电极材料中的应用还并不成熟，可以预见，未来还会有更多的研究工作致力于更好地改善金属-有机框架材料从而提升电化学性能，加强储能领域研究。

4.8.2 锂硫电池

锂硫电池属于高比能锂金属二次电池的一种，由于具备极高的能量密度而被研究了数十年[140, 226-229]。锂硫电池的结构如图 4-39 所示，主要包括含硫的正极材料、隔膜、锂金属负极和电解液[230]。然而，由于锂硫电池固有的缺点，其仍然难以商业化，这些缺点包括：①活性正极材料的绝缘性；②负极锂枝晶的形成；③多硫化物在有机液体电解质中的高溶解度，由此引起穿梭效应。为了解决这些问题，关键策略包括使用纳米结构材料来改善导电性、将硫包裹在主体基板中和在隔膜上修饰上一层功能材料从有效地抑制多硫化物的穿梭效应。作为多孔材料，具有高孔隙率、高比表面积和可调节成分的纳米 MOF 在用作硫正极的基体材料和隔膜中具有非常广阔的应用前景。

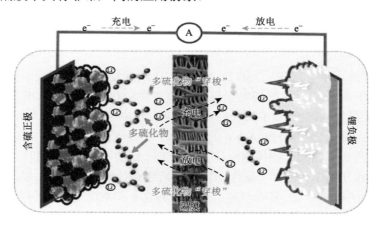

图 4-39　锂硫电池结构示意图[230]

1. 在硫正极上的应用

先进的硫基正极的制备是提高锂硫电池容量的有效策略之一。2011 年，J. M. Tarascon 和 G. Férey[231]合作报道了首例以 MOF（MOF-101）作为载硫体的报道。与传统的多孔碳材料进行对比后发现，以 MOF 作为载硫体可以显著提升电池的比容量和循环稳定性。受此工作启发，后续也有较多使用 MOF 作为极性载硫体在锂硫电池中应用的报道，如 HKUST-1[232]、ZIF-8[233]、DUT-23（Ni）[234]、MOF-525[235]等。在MOF 中的金属离子表现为路易斯酸，而锂硫电池的中间产物多硫离子为路易斯碱，因此 MOF 的路易斯酸金属离子中心与锂硫电池的充放电中间产物具有较强的相互作用，故 MOF 材料能够有效地提升锂硫电池的循环稳定性。Zheng 等[234]提出了Ni-MOF/S 复合材料[图 4-40（a）]中 Ni-MOF 基体与硫相互作用的路易斯酸碱相互作用模型。在 0.1C 下进行 100 次循环后，容量保持率可达到 89%。Ni-MOF/S 复合材料是由粒径约为 25nm 的纳米粒子组成。在延长的循环过程中电池阻抗保持相当稳定 [图 4-40（b）]，这是由于在 Ni-MOF 框架中有效地限制了多硫化物。

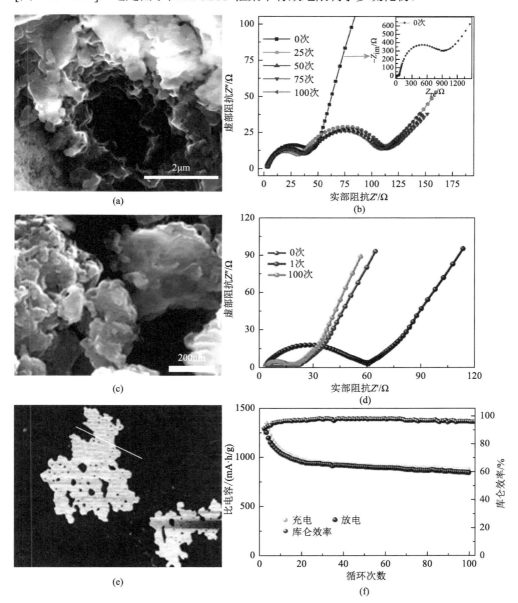

图 4-40　（a）Ni-MOF/S 的扫描电子显微镜图像；（b）Ni-MOF/S 复合材料在 0.2C 循环时的电化学阻抗谱（EIS）[234]；（c）S@Ni₃(HITP)₂ 的扫描电子显微镜图像；（d）S@Ni₃(HITP)₂-CNT 正极经过 0 个、1 个、100 个循环后的 EIS 图；（e）原子力显微镜测量二维层状 Ni₃(HITP)₂ 厚度；（f）S@Ni₃(HITP)₂-CNT 正极在 0.2C 下循环 100 次的性能[236]

一维纳米材料以其新颖的微观结构（如纳米纤维、纳米棒和纳米带）、不同于传统块材的特殊的物理和化学性能，以及在基础研究和微纳米器件应用方面的重要价值而受到人们的广泛关注。Shimizu 等[237]比较了三种多孔金属有机骨架（DS-MOF）和两种非多孔配位聚合物（DS-CP）的电池性能。结果表明，只有多孔 DS-MOF 表现出与理论性能相近的显著性能。其中，1D-DS-Co-MOF 在放电过程中表现出最大容量（191mA·h/g），这归因于 Co 离子和 4,4′-联吡啶二硫化物配体的双重氧化还原反应。研究发现，孔隙率是 DS-MOF 发生电化学反应的必要前提，即在活性物质中插入电解质离子时必须伴随着氧化还原反应。因此，只有多孔 DS-MOF 表现出显著的容量，而非多孔 DS-CP 仅表现出较小的容量。

二维纳米材料因其厚度尺寸和二维平面结构的特点往往具有不同于相应块材的电子结构，不但能够影响其本征性能，还能产生一些新性质。而大量研究发现 MOF 的导电性较差，但桥接某些金属离子的复杂配体表现出相当大的导电性，例如，Cu-HHB[238]（HHB 为六羟基苯）和最近几年报道的 Cu-BHT[239]（BHT 为苯六硫醇）等被证明具有高导电性能。Cai 等[236]通过一种简便的方法合成了具有高导电性能的二维层状 $Ni_3(HITP)_2$（HITP 为 2, 3, 6, 7, 10, 11-六氨基三苯），并将其作为载硫基体材料以捕获和转化多硫化物[图 4-40（c）]。同时，传统的导电助剂乙炔黑被碳纳米管（CNT）取代，从而构建了矩阵导电网络，以触发活性正极的速率和循环性能。如图 4-40（e）所示，通过原子力显微镜测量的 2D 层状 $Ni_3(HITP)_2$ 的厚度约为 1.5nm。在锂硫电池中，小尺寸的载硫基体材料有利于增加硫和基体材料之间的 Li^+/e^- 的传输和电解质润湿性。实验证明，具有竞争性电荷转移电阻的 $S@Ni_3(HITP)_2$-CNT 结构能显著降低电化学极化率和欧姆电阻，提高放电电压和能量输出[图 4-40（d）]。如图 4-40（f）所示，在 0.2C 下经过 100 次循环后，$S@Ni_3(HITP)_2$-CNT 电极具有 1302.9mA·h/g 的高初始容量和 848.9mA·h/g 的良好容量保持，具有良好的循环稳定性。这种具有高导电性和丰富极性位点的原始 MOF 在高性能锂电池领域有着广阔的应用前景。

三维材料因其特殊的物理化学性质而受到广泛关注。Li 等[240]成功将纳米 MOF 化学接枝到聚吡咯纳米管（PPyNT）上，制备的 PPyNT@UIO-66 杂化物用作锂硫电池的正极载体，通过与多硫化物强的物理和化学吸附/亲和力，在锂硫电池中表现出出色的循环稳定性。通过透射电子显微镜图像，可以发现 S 均匀地分布在 PPyNT@UiO-66-S 正极中[图 4-41（a）]，这与 S 在 UiO-66-S 正极的分布情况相似[图 4-41（b）]。PPyNT@UiO-66-S 正极在 0.1C 下的初始放电容量为 1225mA·h/g，具有显著抑制多硫化物溶解和迁移的能力，并且在 200 个循环后放电容量仍保持在 996mA·h/g[图 4-41（c）]。PPyNT@UiO-66-S 阴极显示出良好的倍率性能，优于 PPyNT-S 和 UiO-66-S 正极，表明 PPyNT 和 UiO-66 之间协同作用的重要性[图 4-41（d）]。

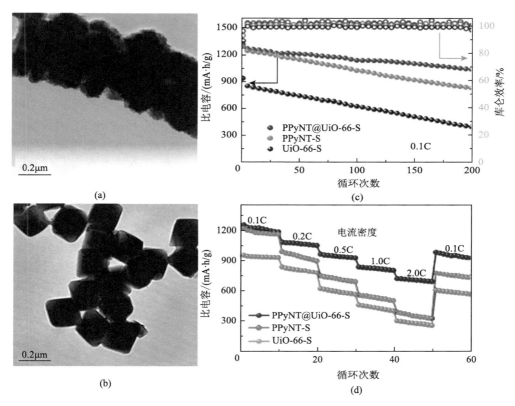

图 4-41　PPyNT@UiO-66-S（a）和 UiO-66-S（b）的透射电子显微镜图像；（c）扫描速率为 0.1C 时 PPyNT@UiO-66-S、PPyNT-S、UiO-66-S 复合材料的循环性能和库仑效率[240]；（d）三种电池在不同电流密度下的倍率性能[240]

2. 在隔膜修饰层上的应用

　　Li-S 电池的发展在很大程度上受到多硫化物穿梭效应的影响。在电化学反应过程中，硫单质逐渐获得电子，经历多个 Li_2S_x（$x = 2, 4, 6$）多硫化物中间态，最终变为 Li_2S。其中长链多硫化物 Li_2S_x 易溶于电解液，进而透过多孔隔膜迁移至电池负极，造成正极材料逐渐流失（穿梭效应），是导致电池能量密度和循环性能降低的原因之一。为了解决这个问题，研究人员致力于开发多孔复合阴极材料，如碳基材料、导电聚合物、过渡金属氧化物和 MOF 基材料。这些材料能够通过将硫包封在多孔载体中来固定多硫化物，这些常规的硫载体在一定程度上可以防止可溶性多硫化物从阴极逸出。然而，迄今获得的循环稳定性仍远远不能令人满意，因为在放电/充电循环期间阴极活性物质的体积变化引起了电池容量的衰减。在以往文献报道的方法多是采用涂层或夹层隔膜，通过物理排斥或者化学吸附来减少多硫化物的"穿梭效应"，在很大的程度上能提升电池性能，但是这种隔膜是将聚合物、石墨烯，以及金属氧化物等材料"覆盖或填充"到孔隙中，往往在很大程度上堵塞了隔膜的孔道，在阻止多硫化物传输的同时也阻碍了锂离子的传输，增加电池内阻，降低了电池的性能。因此开发新型的隔膜材料，实现选择性阻挡多硫化物穿梭，而不影响 Li^+ 传输，是 Li-S 电池发展的必然选择[241, 242]。

图 4-42 形象地说明了使用 Celgard 隔膜和 B/2D MOF-Co 隔膜在典型 Li-S 电池中活性硫和 Li 金属的演变过程。对于带有 Celgard 隔膜的 Li-S 电池，阴极侧生成的可溶性多硫化物穿过多孔 Celgard 隔膜，与锂阳极反应，在锂阳极表面生成不溶和不相容的 Li_2S_2 和 Li_2S，导致活性硫利用率低。在 Li 金属阳极侧，Li 与电解液发生不可逆的副反应，导致电解液的严重消耗。特别是形成的 Li 枝晶可能会刺穿聚合物隔膜并与阴极接触，导致内部短路。引入双功能 B/2D MOF-Co 隔膜后，二维 MOF-Co 纳米片上大量的 $Co-O_4$ 分子阵列通过 Lewis 酸碱作用有效地捕获多硫化物，并通过与表面 O 原子的强 Li 离子吸附使 Li 离子流均匀化，有效地阻止了 Li 枝晶的生长与多硫化物的穿梭效应。同时，B/2D MOF-Co 隔膜也可以作为一个坚固的物理屏障，这样就可以避免 Li 枝晶刺穿隔膜，造成电池内部短路。

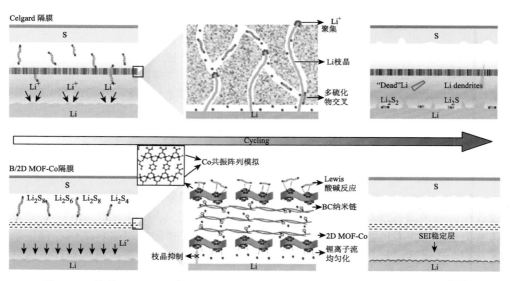

图 4-42　普通 Celgard 隔膜和 B/2D MOF-Co 隔膜在 Li-S 电池中作用的示意图[243]

郭等[243]设计了一种用于 Li-S 电池隔膜的超薄 B/2D MOF-Co 纳米片[图 4-43（a）和（c）]。图 4-43（b）是电池 Celgard 隔膜与 B/2D MOF-Co 隔膜的多硫化物渗透试验对比图，在经过 6h 后 B/2D MOF-Co 隔膜这一实验组中没有发现明显的多硫化物渗透，而另一对照组中多硫化物渗透情况更为严重，说明该隔膜对多硫化物扩散有较大的抑制作用。同样地，使用 B/2D MOF-Co 隔膜的 Li-S 电池在循环过程中具有十分优异的稳定性，在 200 次循环内电池容量的衰减很少（每次循环的容量衰减约为 0.07%），而在没有采用 B/2D MOF-Co 隔膜 Li-S 电池循环过程中，容量下降得较为明显[图 4-43（d）]。

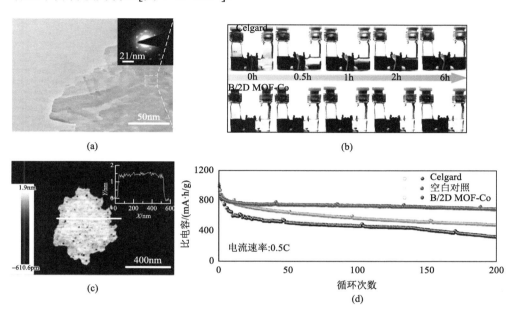

图 4-43　（a）B/2D MOF-Co 的透射电子显微镜图；（b）Celgard 隔膜与 B/2D MOF-Co 隔膜的多硫化物渗透试验对比；（c）B/2D MOF-Co 的原子力显微镜图，显示了纳米片超薄的厚度；（d）Celgard 隔膜与 B/2D MOF-Co 隔膜组装成 Li-S 电池后的循环性能对比图[243]

4.8.3　锂空气电池

相对于其他体系的能量存储系统，金属空气电池表现出更高的理论比能量，因为它们的活性材料物质（氧）没有存储在电池中，而是可以直接从空气中获取。锂空气（Li-O$_2$）电池是一种以锂金属作为负极，以空气中的氧气作为正极反应物的空气电池。它具有很高的理论比能量，除去 O$_2$，它的理论比能量可高达 11140W·h/kg，比传统电池的能量密度高出几个数量级[图 4-44（a）]。如图 4-44（b）所示，Li-O$_2$ 电池的放电过程是负极的锂释放电子后成为 Li$^+$，Li$^+$ 进而穿过电解质，在正极与氧气以及从外电路流过来的电子结合生成氧化锂（Li$_2$O）或者过氧化锂（Li$_2$O$_2$），沉积在正极（O$_2$ 电极）。放电机理可以理解为，首先是 Li$_2$O$_2$ 或 Li$_2$O 在 O$_2$ 电极上沉积，放电的终止是由于 O$_2$ 电极完全被放电产物堵塞。因此，合成一种有利于放电产物沉积的电极材料对提高电池性能有着关键作用。O$_2$ 电极材料为锂和氧提供了传输通道并充当放电产物沉积的空间，在某些特定情况下又是反应的活性位点。但是，O_2 电极的设计存在一些挑战：①氧气分子和电极之间的弱相互作用阻碍了氧气的供应；②电解液和产物沉积到多孔电极孔隙中，阻碍了氧气的扩散，阻碍了反应的有效进行；③由于缺乏低周期性电极材料的完整结构细节，一些电池的电化学性能缺乏重复性，因此可能会使性能的进一步提高复杂化。由于所用电解质的分解，附加的反应也会影响 Li_2O_2 形成的可逆性[244, 245]。

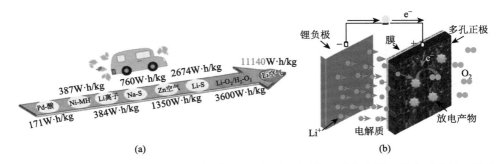

图 4-44　（a）比较各种电化学电池系统的比能量（铅酸电池、镍氢电池、锂离子电池、钠硫电池、锌空气电池、锂硫电池、锂氧电池和锂空气电池）；（b）$Li-O_2$ 电池的示意图[245]

　　近年来，尽管以 MOF 作为空气电极材料实现高容量锂空气电池的研究较少，但是它被认为是 $Li-O_2$ 电池的有希望的阴极催化剂，其中的微孔可主要促进氧气的输送，介孔非常适合电解质的扩散和产物的沉积。MOF 通常具有较低的电导率和结构不稳定性，一般通过在电化学测试中将 MOF 与导电碳（如 Super-P）混合来缓解此问题[246–248]。

　　Co-MOF-74[图 4-45（a）]具有高比表面积的一维微孔六角形通道，可提供足够的活性位点，从而增强 O_2 的吸附和潜在的催化作用。在 2017 年，上海复旦大学李巧伟教授和东南大学陈金喜教授[249]合作报道了通过控制 Co-MOF-74 的大小和形态进一步提高了其性能。通过调节溶剂 DMF/H_2O 比例并添加水杨酸作为调节剂，可以将 MOF 的尺寸减小到 20nm 的平均直径[图 4-45（b）和（c）]。在MOF 中，尺寸的减小和纳米纤维的形态均导致更好的触及活性位点并且缩短了扩散途径。这样，尺寸减小的 Co-MOF-74 在电流密度为 100mA/g 时显示出11350mA·h/g 的高放电比容量，并提高了稳定性[图 4-45（d）和（e）]。

　　除了 1D 纳米结构，2D MOF 纳米片也能很好地运用于 $Li-O_2$ 电池中，由于其纳米级的厚度可以进行快速的传质和良好的电子转移，可以暴露大量的催化活性表面及配位不饱和金属中心，以确保高的催化活性等特点。2019 年，Yuan 等[250]开发了一种简便的超声方法来合成三种 2D MOF 纳米片（2D Co-MOF、2D Ni-MOF和 2D Mn-MOF）用于非质子型 $Li-O_2$ 电池的高效阴极催化剂。在其中 2D Mn-MOF显示出较为优异的性能，它在不同放大倍数下的透射电子显微镜图像[图 4-46（a）]

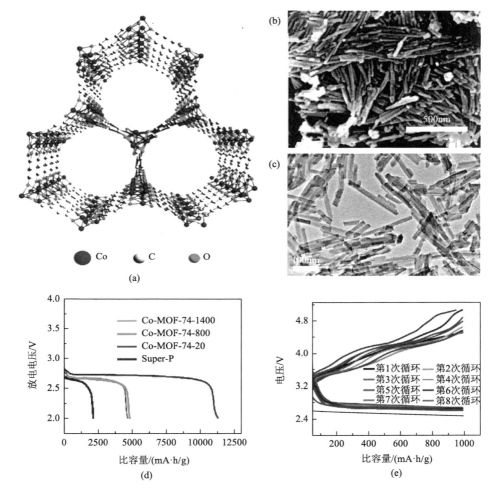

图 4-45 （a）Co-MOF-74 的晶体结构；Co-MOF-74-20 的扫描电子显微镜图（b）和透射电子显微镜图（c）；（d）Co-MOF-74 在 100mA/g 电流密度下锂氧电池下的放电曲线（1400、800、20 分别表示三种 MOF 材料纳米棒的截面宽度）；（e）在 250mA/g 的电流密度下，Co-MOF-74 的充放电循环性能[249]

清楚地显示了超薄纳米片的形态。长时间的 TEM 测试后，发现有许多带有某些条纹的暗点。相邻晶格条纹之间的测量距离约为 0.22nm，与 MnO 的（200）平面间距一致。由于 Mn-O 框架固有的开放活性位点，2D Mn-MOF 阴极可获得 9464mA·h/g 的放电比容量，高于 2D Co-MOF 和 2D Ni-MOF 阴极的放电比容量。在循环测试期间，2D Mn-MOF 阴极在 100mA/g 下伴随着缩减的放电容量为 1000mA·h/g，稳定运行了 200 个循环以上，比其他更长[图 4-46（b）和（c）]。根据进一步的电化学分析，我们观察到 2D Mn-MOF 优于 2D Ni-MOF 和 2D Co-MOF，这归因于优异的氧还原反应和氧释放反应活性，尤其是 LiOH 和 Li_2O_2 的有效氧化。这项研究认为 2D MOF 纳米片可以很好地用于具有高能量密度和长循环寿命的 $Li-O_2$ 电池。

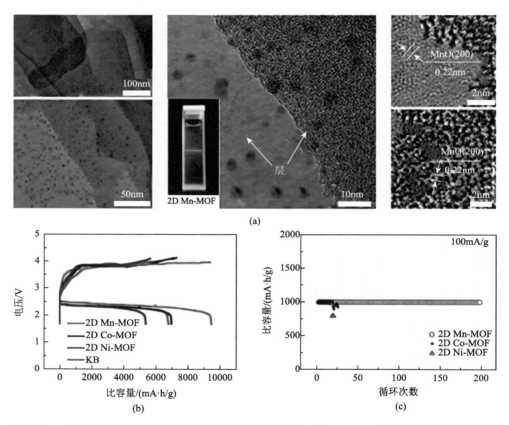

图 4-46 （a）2D Mn-MOF 纳米片的透射电子显微镜图；（b）2D MOF 和基于乙炔黑的电极在 100mA/g 时的放电曲线；（c）2D MOF 电极在 100mA/g 下的可循环性[250]

三维的 MOF 材料也被研究证明在 $Li-O_2$ 电池中有潜在的应用价值。早在 2014 年，北京化工大学银凤翔教授团队[251]合成了 $\alpha-MnO_2$/MIL-101（Cr）纳米级复合材料作为 ORR 和 OER 的双功能电催化剂。MIL-101（Cr）的选择主要是基于其大的比表面积（$1767m^2/g$）和孔体积（$0.91cm^3/g$），以提高催化活性位点的可及性。图 4-47（a）和（b）显示了 MIL-101（Cr）和 $\alpha-MnO_2$/MIL-101（Cr）样品的 TEM 图像。在 MIL-101（Cr）样品中，颗粒形状不规则，尺寸为 300~600nm。在 $\alpha-MnO_2$/MIL-101（Cr）催化剂中，观察到一些直径为 5~50nm 的黑色和深灰色颗粒，被视为 $\alpha-MnO_2$ 纳米颗粒。这些 $\alpha-MnO_2$ 纳米颗粒被嵌入 MIL-101（Cr）中。也就是说，$\alpha-MnO_2$ 纳米颗粒被多孔的 MIL-101（Cr）紧密包围，并形成了

α-MnO$_2$/MIL-101（Cr）复合材料，这些表明在 α-MnO$_2$/MIL-101（Cr）催化剂中，α-MnO$_2$ 纳米颗粒与 MIL-101（Cr）基体之间存在较强的相互作用。与 α-MnO$_2$ 相比，α-MnO$_2$/MIL-101（Cr）催化剂的 ORR 活性显著提高。ORR 起始电位为–0.07V [图 4-47（c）]，低于 20wt% Pt/C，但比 α-MnO$_2$ 样品高 70mV；并且在–0.3V 处的电流密度为–9.48mA/cm^2，比相同电位下 α-MnO$_2$ 样品高 7 倍以上。同样地，MIL-101（Cr）显示极低的 OER 活性，在 0.9V 下的电流密度为 0.54mA/cm^2。与 MIL-101（Cr）、α-MnO$_2$ 和 20wt% Pt/C 相比，α-MnO$_2$/MIL-101（Cr）催化剂的 OER 活性显著提高 [图 4-47（d）]。在 0.5V 处有一个明显的电流，然后随着电位的增加电流急剧增加。在 0.9V 时电流密度达到 23.67mA/cm^2，是相同电位下 α-MnO$_2$ 样品电流密度的 2 倍。

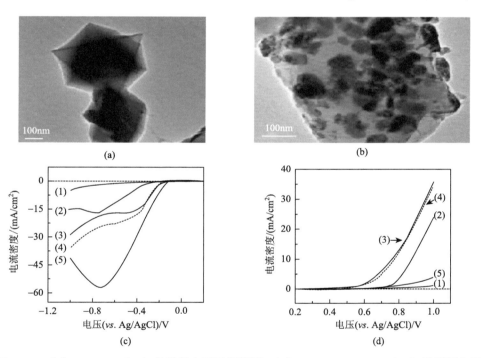

图 4-47　（a）MIL-101（Cr）的透射电子显微镜图；（b）α-MnO$_2$/MIL-101（Cr）的透射电子显微镜图；样品 MIL-101（Cr）（1）、α-MnO$_2$（2）、α-MnO$_2$/MIL-101（Cr）（3）、α-MnO$_2$/MIL-101（Cr）-40（4）、20wt% Pt/C（5）的 ORR 活性（c）和 OER 活性（d）[251]

　　简而言之，已经研究了不同类型的 MOF 及其复合材料作为 Li-O$_2$ 电池中的电催化剂。它们由于具有高比表面积、分层孔隙率和均匀分布的活性位点，因此具有出色的性能。然而，关于 Li-O$_2$ 电池的 MOF 及其复合材料的整体研究仍处于早期阶段。可以预见，在不久的将来，越来越多的研究工作将致力于该领域，进一步改善循环性能以及 MOF 及其复合材料作为空气电极的高容量。

4.8.4 钠离子电池

钠离子电池（SIBs）的概念起步于 20 世纪 80 年代。钠离子电池的工作原理与锂离子电池相似，充电时，Na^+ 从正极材料中脱出，经过电解液嵌入负极材料，同时电子通过外电路转移到负极，保持电荷平衡；放电时则相反[252]。

虽然钠离子电池的能量密度不及锂离子电池，但就目前碳酸锂价格高涨的形势来看，钠离子电池仍然具有十分广阔的应用前景：对于能量密度要求不高的领域，如电网储能、调峰、风力发电储能等方面应用前景广阔。未来钠离子电池将逐步取代铅酸电池，在各类低速电动车中获得广泛应用，与锂离子电池形成互补。原理上，钠离子电池的充电时间可以缩短到锂离子电池的 1/5。钠离子电池最主要的特征就是利用 Na^+ 代替了价格昂贵的 Li^+，为了适应钠离子电池，正极材料、负极材料和电解液等都要做相应的改变。相比于锂元素，钠元素的优势在于资源丰富，钠资源约占地壳元素储量的 2.64%，获得钠元素的方法也十分简单，因此相比于锂离子电池，钠离子电池在成本上也更加具有优势。与锂离子电池正极材料类似，钠离子电池正极材料为钠离子嵌入化合物。目前，报道的钠离子电池正极材料主要包括钠过渡金属氧化物、聚阴离子化合物等。钠离子电池正极材料的选择，一般也需考虑以下几点因素：

（1）具有较高的氧化还原电位，以保证较高的输出电压；

（2）晶格中可以允许较多的钠离子可逆嵌入和脱出以保证有较高的理论容量；

（3）放电平台尽量平缓以保证持续有效的电压输出；

（4）合成工艺简单，成本低廉，环境污染小。

虽然钠离子电池（图 4-48）和锂离子电池工作原理和组成结构类似，然而，由于钠离子的体积较大，很难从活性物质中插入/提取钠离子，少量的宿主材料应该有足够大的间隙来插入钠离子。因此，为了获得更好的性能，迫切需要为钠离子电池探索有利的电极材料[226, 253]。

对苯二甲酸钴基 MOF 纳米片（u-CoOHtp）是通过一种巧妙的超声波工艺制备的，并首次在 SIBs 中被用作阳极材料[253]。首先用扫描电子显微镜对所制备的 b-CoOHtp 和 u-CoOHtp（两者区别在于 u-CoOHtp 的制备反应是在超声波仪器上进行的）的形貌和微观结构进行了研究，如图 4-49（a）和（b）所示。b-CoOHtp 呈现微米级的层状晶体结构，而 u-CoOHtp 则由密集堆积和随机组装的超薄纳米片组成。b-CoOHtp 的层状结构呈现固体和致密的状态。相比之下，u-CoOHtp 显示出明显不同的纳米片结构，这些纳米片结构密集堆积，紧密相连。通过原子力显微镜证实 u-CoOHtp 的厚度在 1.4～3.5nm 之间，属于超薄层状纳米结构。图 4-49（c）显示了 u-CoOHtp 及 b-CoOHtp 在 50mA/g 电流密度下的循环性能。u-CoOHtp 电极的循环性能良好，经过 50 次循环后仍能保持 371mA·h/g 的可逆比容量，库仑效率接近 100%。相比之下，b-CoOHtp 的比容量迅速下降，在 50 个循环后仅保持在 119mA·h/g。这是由于超薄 2D 纳米片 u-CoOHtp 其中的氧空位可以诱导局部内建电场，从而提高离子扩散速率，促进 Na⁺的可逆存储。基于多重结构优势，目前的 u-CoOHtp 能够在 50mA/g 时提供 555mA·h/g 的可逆容量，并保持优异的循环性能。

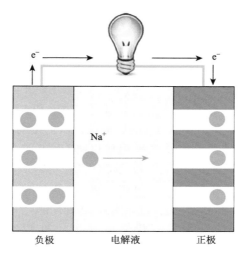

图 4-48　钠离子电池的相关设计示意图[226]

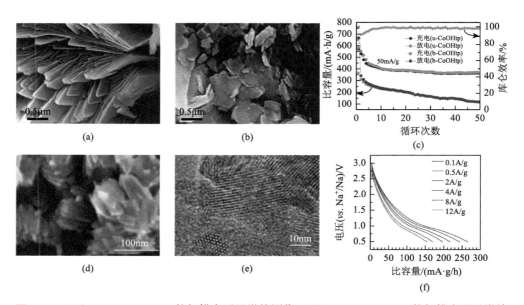

图 4-49　（a）b-CoOHtp MOF 的扫描电子显微镜图像；（b）u-CoOHtp MOF 的扫描电子显微镜图像；（c）b-CoOHtp 和 u-CoOHtp MOF 在电流密度为 50mA/g 时的循环性能[253]；Co-HAB 的扫描电子显微镜图像（d）、透射电子显微镜图像（e）以及在不同电流下的放电分布（f）[254]

为了解决氧化还原活性有机化合物的稳定性和导电性问题，Park 等[254]开发了一种新的钴基导电 MOF[Co-HAB，由 Co（Ⅱ）离子结合氧化还原活性六氨基苯（HAB）组成]，该 MOF 呈现出一种 2D 遮蔽蜂窝结构[图 4-49（d）和（e）]。对合成条件的系统控制使得高结晶的 Co-HAB 结合了理想电极的多种特性，包括高本征电导率、高氧化还原位点密度、多孔性和优异的化学/热稳定性。制备出的 Co-HAB 体积电导率为 1.57S/cm，Co-HAB 在有机电解质中能储存三个电子和钠离子，从而表现出高达 291mA·h/g 的比容量和稳定的循环寿命。此外，由于 Co-HAB 具有较高的本征电导率和孔隙率，它具有显著的速率，在 45s 内产生 152mA·h/g 的可逆容量。图 4-49（f）显示了 Co-HAB 在 0.1~12A/g 的不同电流密度下的放电曲线。值得注意的是，Co-HAB 在 2A/g 和 12A/g 的极高电流密度下仍然显示出 214mA·h/g 和 152mA·h/g 的比容量。以上结果表明，Co-HAB 是制备快速钠离子电池或混合电容器用大功率电极材料的理想选择。

Dong 等[255]通过球磨法制备了 MOF/RGO 杂化材料，其电化学性能优于单独的 Co（L）-MOF 和 Cd（L）-MOF。例如，当 Co（L）-MOF/RGO 作为 SIBs 的阳极时，在 500mA/g 的 330 次循环后，它能保留 206mA·h/g 的可逆容量。Zhang 等[256]通过简单的溶剂热反应和喷雾干燥法制备了一种新型的 $Co_3(NO_3)_2(OH)_4$@Zr-MOF@RGO 阳极材料。Zr-MOF 是由许多直径在 500nm 左右的八面体粒子组成的[图 4-50（a）]。如图 4-50（b）所示，纳米棒组装的球形 $Co_3(NO_3)_2(OH)_4$ 样品可以降低表面能，提高结构稳定性。$Co_3(NO_3)_2(OH)_4$@Zr-MOF 颗粒相互连接形成三维多孔结构[图 4-50（c）]，为负载活性材料进行钠离子运输提供了多渠道。$Co_3(NO_3)_2$ $(OH)_4$@Zr-MOF@RGO 样品表现出明显的纸团状结构[图 4-50（d）和（e）]，证实了 RGO 的有效涂层。如图 4-50（f）所示，对制备的 $Co_3(NO_3)_2(OH)_4$@ Zr-MOF@RGO 阳极进行电化学性能测试，在 0.1A/g 的电流密度下显示出 555mA·h/g 的高可逆容量。在 1A/g 仍然保持 340mA·h/g 的高水平。此外，在 0.1A/g 循环 100 次后，$Co_3(NO_3)_2(OH)_4$@Zr-MOF@RGO 阳极保持了 94.3%的初始容量（557mA·h/g）。对于 $Co_3(NO_3)_2(OH)_4$@Zr-MOF，Zr-MOF 的存在可以提高钠离子迁移的可逆性。测试结果表明，Zr-MOF 与涂层 RGO 的结合能有效地改善 $Co_3(NO_3)_2(OH)_4$ 材料的电化学性能，其原因如下：结合 Zr-MOF 可以保持三维结构活性材料的稳定性，抑制循环过程中阳极的崩塌；结合 Zr-MOF 还可以增大阳极材料的比表面积，从而促进钠离子的迁移，促进充放电的电化学反应；涂层 RGO 不仅可以将活性物质从电解液中分离出来，而且有助于储存部分钠离子。

当 MOF 被设计为 SIBs 的阴极材料时，会面临一些挑战，如结构易破坏、氧化还原活性位点有限和电导率低等。近年来，具有均匀骨架结构和大间隙空间位置的普鲁士蓝类似物（PBAs），因其更容易插入/提取钠离子，被认为是 SIBs 阴极材料的候选材料（图 4-51）。与锂离子电池类似，PB 和 PBAs 的电化学行为可以通过改变其化学组成、控制氧化还原活性金属离子的价态或改善结构质量来优化[257-260]。

图 4-50　（a）Zr-MOF 的扫描电子显微镜图像；（b）$Co_3(NO_3)_2(OH)_4$ 的扫描电子显微镜图像；（c）$Co_3(NO_3)_2(OH)_4$@Zr-MOF 的扫描电子显微镜图像；（d）$Co_3(NO_3)_2(OH)_4$@Zr-MOF@RGO 的扫描电子显微镜图像；（e）$Co_3(NO_3)_2(OH)_4$@Zr-MOF@RGO 的透射电子显微镜图像；（f）三种样品的速率性能图[256]

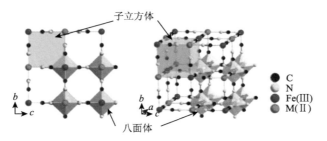

图 4-51　普鲁士蓝类似物结构示意图[257]

根据对 $KMFe(CN)_6$（M = Mn、Fe、Co、Ni、Cu、Zn）[257]、$Na_{1.72}MnFe(CN)_6$[258] 和 $Na_{1.40}MnFe(CN)_6$[258] 的研究表明，在钠离子的插入/提取过程中，过渡金属离子发生可逆的氧化还原反应。它们的刚性骨架和较大的间隙位置有利于结构的稳定性和钠离子的迁移率。Lu 等[257]报道了一个通过简单的水热法合成的开放 3D 框架材料($KFe_{(II)}[Fe_{(III)}(CN)_6]$)。$KFe_2(CN)_6$-Na 电池在碳酸乙烯酯/碳酸二乙酯[1∶1（$V/V$）]中以 1mol/L $NaClO_4$ 为电解液，在室温下循环 30 次。结果表明，PB 骨架具有良好的容量保持能力，30 次循环后的容量保持率大于 99%。然而，这些阴极的库仑效率低、循环稳定性差，这可能是由于存在结晶水和晶格空位。结晶水会阻碍钠离子的运输并可能发生分解，而空位会阻碍电子转移并破坏骨架。通过制造高质量的多溴联苯可实现电化学活性的增强，如高质量的 $Na_{0.61}Fe[Fe(CN)_6]_{0.94}$[259]、单晶 $FeFe(CN)_6$[260]，其完美的结构提高了速率性能和循环稳定性。

孔径和形貌也是决定 PBAs 速率性能的关键。Yue 等[261]通过无模板法合成介孔 NiHCF，该方法的精髓在于通过协同耦合的纳米晶体与聚集机制来形成具有海绵状结构的多孔结构。利用这种自下而上的制备方法，调整反应时间来使溶剂蚀刻孔壁，增加 PBAs 的孔隙率。通过扫描电子显微镜和透射电子显微镜对 NiHCF/t（NiHCF/t，其中 t 表示反应时间，以小时为单位）系列介孔材料进行了表征：NiHCF/2 和 NiHCF/18[图 4-52（a）]形成了连续的网状结构，呈现出无序的中孔。随着孔径的增大，速率性能提高。如图 4-52（b）所示在 t = 72 的情况下，中孔最终扩展为大孔隙，大的孔隙使得 Na^+更容易通过填充的电解质扩散到粒子体中[图 4-52（c）]。与此类似的是，Sun 等[262]制备出 NiFe（Ⅱ）PBA，随后用酸对其进行刻蚀。扫描电子显微镜图像显示[图 4-52（d）和（e）]，刻蚀后的边角形貌保持良好，每个粒子内部都是实心结构。从图 4-52（f）可以看出，在低电流密度的情况下，刻蚀结构和立方体结构具有相似的容量（约为 $60mA \cdot h/g$），但是随着电流速率的增加，立方体结构的容量比刻蚀结构下降的幅度更大。由此可见刻蚀结构可以减少钠离子的扩散途径，带来更好的速率容量。

(a)   (b)   (c)

(d)   (e)   (f)

图 4-52　（a）NiHCF/18 的透射电子显微镜图像；（b）NiHCF/72 的透射电子显微镜图像；（c）NiHCF/t 样品的速率性能图[261]；（d）NiFe（Ⅱ）PBA 蚀刻后立方晶体的扫描电子显微镜图像；（e）NiFe（Ⅱ）PBA 蚀刻后立方晶体的透射电子显微镜图像；（f）NiFe（Ⅱ）PBA 刻蚀结构和立方结构的速率性能图[262]；　CuTCNQ/CNF 的扫描电子显微镜图像（g）和透射电子显微镜图像（h）；（i）CuTCNQ/CNF 和 CuTCNQ/PDs 的速率性能图[266]

　　然而，在许多情况下，MOF 的比容量受钠离子吸收的限制。利用氧化还原活性金属中心/配体，如 V/Fe PBA[263]、$Na_2Mn^{II}[Mn^{II}(CN)_6]$[264]、CuTCNQ（TCNQ = 7, 7, 8, 8-四氰基氧基二甲烷）[265]构建的 MOF 被证明是实现高比容量的有效策略。在许多情况下，其理论容量的充分利用受到电导率低和结构稳定性差的阻碍。还有一种策略是将 MOF 与导电添加剂，特别是 3D 添加剂相结合。例如，当在三维导电碳纤维（CNF）网络上生长 CuTCNQ 时，所得 CuTCNQ/CNF 复合材料[图 4-52（g）和（h）]表现出比无 CNF 的 CuTCNQ 更好的比容量、速率能力和循环稳定性[图 4-52（i）]。CNF 矩阵不仅为快速电子转移提供了空间连续导电网络，同时也保证了循环过程中电极的完整性，有利于复合材料的电化学性能[266]。

4.8.5　钾离子电池

　　20 世纪 90 年代初，Sony 公司第一次推出商业化锂离子电池，由于具备无记忆效应、长循环使用寿命、可提供更高能量密度等优势，锂离子电池开始被广泛应用于便携电子设备中[267]。然而，全球锂资源的储量匮乏（0.0017wt%），并且其地理分布不均一[268]，另外，锂作为锂离子电池组成中的正极材料的价格也不断上涨。因此，发展同样具备高能量密度、长循环寿命但价格低廉的新型离子电池技术成为研究重点。因为钾在资源上的优势，钾离子电池引起广泛关注。钾离子电池在能量密度上逊色于锂离子电池，但其在快速倍率性能、电压平台和循环寿命方面具备优势。

　　负极材料是电池的关键部件，在很大程度上决定了电池系统的特性和实用性。不同于金属锂，金属钾极其活泼，在大多数有机电解质中都会生成不稳定的钝化层，因此金属钾并不适合作为钾离子电池的负极。研究低电位、高容量、结构稳定的负极材料是发展钾离子电池（KIB）的迫切需求。然而，由于钾离子的尺寸较大，原子量较高，钾离子电池对于材料的结构和种类提出了更高的要求。图 4-53（a）总结了已报道的各种钾离子电池负极材料的电化学性能。从图中可以看出，目前研究的 KIB 负极材料主要包括碳基负极材料、合金类负极材料、有机负极材料和其他类型的负极材料[269]。

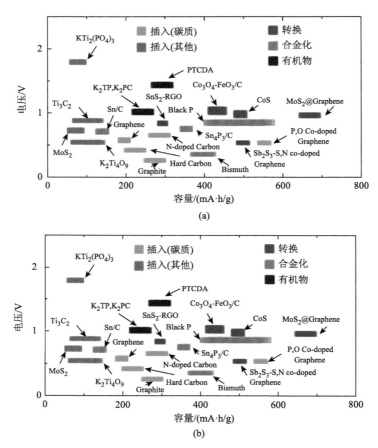

图 4-53 （a）近来钾离子电池负极材料研究进展汇总图；（b）近来钾离子电池正极材料研究进展汇总图[269]

由于钾离子半径（1.38Å）大于锂离子（1.02Å）和钠离子（0.76Å），与锂离子和钠离子电池相比，寻找合适的用于钾离子电池的正极材料更具有挑战性[270-272]。在正极主要发生的是插层反应，因此在正极材料的结构中具备钾离子扩散通道是实现钾离子存储的关键因素。此外，刚性的晶体结构有利于实现电极材料的高容量和长循环稳定。迄今，正极材料的主要设计策略是将过渡金属与—O—、—P(S)—O(F)—和—CN—等化学键相连构成大层间距、大隧道结构、大框架结构的化合物，以此实现钾离子的嵌入。图 4-53（b）总结了最近报道的钾离子电池正极材料，主要包括普鲁士蓝类似物、层状金属氧化物、聚阴离子框架化合和有机正极材料等[269]。

　　近年来，由于 MOF 材料自身的优势，MOF 材料尤其是纳米级别 MOF 材料被作为各种纳米结构材料的前驱体得到广泛研究[273, 274]。具体来说，这些纳米结构材料包括碳材料[275]、金属氧化物[276]、磷化物[277]、碳化物[278]等继承了 MOF 多孔结构的材料。而这些材料也被用于电池电极材料，因此 MOF 材料用于能源存储方面受到广泛关注。随着目前消费类电子产品、电动汽车以及储能领域的发展，对电池的能量密度、循环寿命以及成本等提出了更高的要求，因而研究更高能量密度的新型钾离子电池的形势日趋迫切。

　　下面介绍一种钴（Ⅱ）基对苯二甲酸盐基的层状 MOF(以下简称"L-Co$_2$(OH)$_2$BDC"，BDC = 1, 4-苯二甲酸盐)作为钾离子电池的阳极材料。L-Co$_2$(OH)$_2$BDC 是通过一种典型的溶剂热方法制备的[277]。如图 4-54（a）所示为 L-Co$_2$(OH)$_2$BDC 的扫描电子显微镜图像，显示出 2D 片状结构。图 4-54（b）所示为电流为 50mA/g 时，在 0.20～3.00V（$vs.$ K$^+$/K）范围内第一和第二周期的恒电流放电-充电电位分布图。L-Co$_2$(OH)$_2$BDC 阳极的初始放电容量和充电容量分别为 742mA·h/g 和 450mA·h/g，库仑效率为 60.65%。图 4-54（c）和（d）分别展示了 L-Co$_2$（OH）$_2$BDC 在 100mA/g 和 200mA/g 电流密度下，在 3.00～0.20V 和 K$^+$/K 之间的循环性能。L-Co$_2$(OH)$_2$BDC 电极在经过 50 次循环后，在 100mA/g 时能够提供 246mA·h/g 的可逆容量；此外，在 200mA/g 200 循环次后，214mA·h/g 的充电容量可以维持在 200mA/g。更重要的是，每个循环的最终库仑效率都接近于初始循环的 100%。合成的 L-Co$_2$(OH)$_2$BDC 具有较高的堆积密度（1.15g/cm^3），使其具有较高的容量（经过 50 个循环，在 100mA/g 时为 283mA·h/g），这有利于生产高能量密度管。以上结果表明，L-Co$_2$(OH)$_2$BDC 是制备钾离子电池阳极材料的理想选择之一。

(a)

(b)

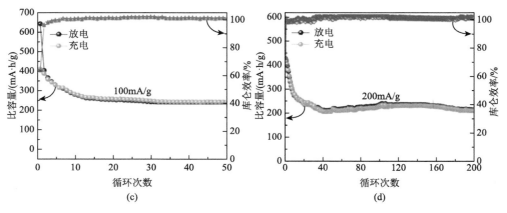

图 4-54　（a）L-Co$_2$(OH)$_2$BDC 的 SEM 图像；（b）第一和第二周期的恒电流放电-充电电位分布；电流密度分别为100mA/g（c）和200mA/g（d）时的循环性能[279]

　　由简单组件，如 0D 纳米颗粒、1D 纳米棒/线和 2D 纳米结构构成的 3D 结构可以继承其构建块的特殊属性，并获得一定的非常规优势。3D MOF 在储能、化学传感和化学催化等领域具有广阔的应用前景。由 2,6-萘二羧酸盐支撑的层状 Ni/Co-MOF 是一种很好的钾离子电池的候选材料[图 4-55（a）]。在这个 Ni/Co-MOF 中，羧酸盐层扩大了结构的范德瓦耳斯间隙，促进了离子的传输，这对其有着重要的贡献。图 4-55（b）恒流充放电试验表明，NiCo-MOF 在 2A/g 时的容量为218mA·h/g，在 20A/g 时的容量为185mA·h/g，具有高容量的特点。图 4-55（c）展示了 NiCo-MOF/PAQS（蒽醌基硫化物）全电池在 2A/g 的 10000 个周期内的循环性能。在碱性电解质中电池的初始放电容量为 280mA·h/g，经过10000 次循环后下降至229mA·h/g。相比之下，中性电解质的容量来自于 K$^+$ 的插入/提取，与 OH$^-$ 相比，这一容量的贡献要小得多，导致较低的容量特别是当材料未被激活时[280]。

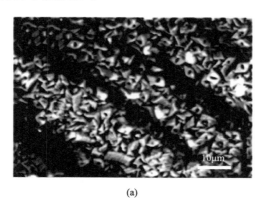

(a)

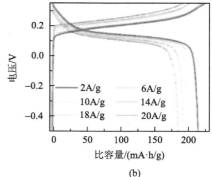

(b)

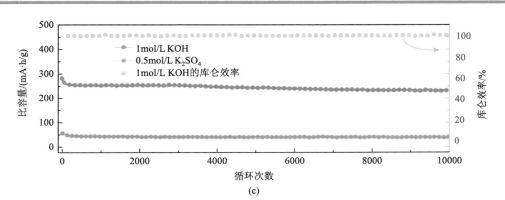

图 4-55　（a）在镀镍碳布上生长的堆叠 Ni/Co-MOF 纳米片的扫描电子显微镜图像；（b）不同电流密度下的 NiCo-MOF 阴极的充放电分布图；（c）NiCo-MOF/PAQS 全电池在 2A/g 时的循环稳定性[280]

　　Li 等[281]以吡啶-2,6-二羧酸（H_2PDA）为配体，开发了一种新型 MOF($[C_7H_3KNO_4]_n$)作为钾离子电池的阳极材料。为了在动力学上显著增强 MOF 中电子的迁移速率。Zhao 等[282]采用高导电性的碳纳米管作为基质与 MOF 中的纳米颗粒进行原位复合($[C_7H_3KNO_4]_n@CNT$)，如图 4-56（a）和（b）扫描电子显微镜图像证实，CNT 均匀分散到 $[C_7H_3KNO_4]_n$ 纳米颗粒中。$[C_7H_3KNO_4]_n@CNT$ 可发生可逆性强、

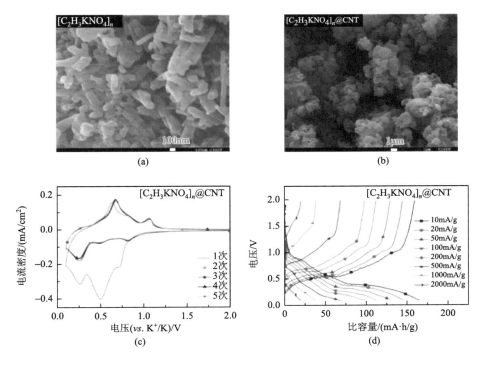

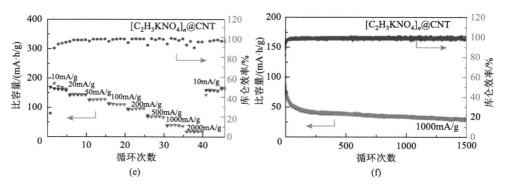

图 4-56　（a）$[C_7H_3KNO_4]_n$ 的扫描电子显微镜图像；$[C_7H_3KNO_4]_n$@CNT 的扫描电子显微镜图像（b），扫描速率为 0.1mV/s 时的 CV 曲线（c），不同电流密度下的放电-充电曲线（d），循环倍率（e），当前密度 1000mA/g 时的长周期剖面（f）[282]

更加稳定的氧化还原反应[图 4-56（c）]。在不同的电流密度下，放电/充电平台引人注目[图 4-56（d）]。如图 4-56（e）所示，$[C_7H_3KNO_4]_n$@CNT 具有优异的电化学性能，包括高倍率能力、大容量以及优异的长循环性能。$[C_7H_3KNO_4]_n$@CNT 即使在 1000mA/g 的高电流密度下，仍能在 1500 个循环中拥有 40mA·h/g 的平均比容量[图 4-56（f）]。

4.9　小结

　　发展高效的光/电化学、药物负载与传递、气体存储和分离设备，与电极材料、分离器和电解质溶液密切相关。合理设计装置的部件是最重要的提高其性能的有效方法。与碳基、金属氧化物等材料相比，MOF 的稳定性相对较低，特别是在碱性/酸性条件下。MOF 材料作为电池或超级电容器的一部分，可以通过合理设计电解质来改善稳定性。此外，全面考虑 MOF 在电化学中的应用环境也很重要，由可变价金属离子和氧化还原活性配体组成的 MOF 适用于锂硫电池和钠离子电池，而由路易斯酸形成的开放性金属中心和路易斯碱形成的有机配体组合得到的 MOF 更符合锂硫电池中硫储存和多硫限制的条件。

　　众所周知，MOF 最吸引人的方面是高比表面积和高孔隙度，可以缓解体积膨胀带来的变化，促进电解质渗透，提高电池中活性物质的利用率。然而，在实际应用中，电极材料的高孔隙率会导致低体积能量密度。因此，应特别注意调节 MOF 电极材料的孔隙率以优化体积能量密度、功率密度和速率能力。

　　MOF 材料导电性差是另一个被考虑的问题。1D、2D 和 3D 纳米 MOF，与具有良好导电性能的石墨烯、金属泡沫或其他功能性材料结合是一种可行的方法，复合材料不仅能促进电子的快速传输和电解质的扩散，也能够提高 MOF 的耐久性和稳定性。通过接枝进行功能化修饰金属离子/簇或有机的理想原子/基团连接剂是提高电导率或稳定性的另一种可行途径。目前，一些新兴导电 MOF 已被合成，这大大加快了直接使用 MOF 作为电极材料的速度。

虽然研究取得了重大进展，但开发有效和可控的扩展方法对纳米 MOF 的合成仍然是必要的。迄今，具有特定功能的纳米 MOF 只能处于实验室规模，收益低且耗时长。进一步的研究应侧重于发展先进的可控合成技术，并探索 MOF 材料在电化学过程中的充放电作用机理。

参 考 文 献

[1] Li B，Wen H M，Cui Y J，et al. Emerging multifunctional metal-organic framework materials[J]. Advanced Materials，2016，28（40）：8819-8860.

[2] Lin R B，Xiang S C，Li B，et al. Our journey of developing multifunctional metal-organic frameworks[J]. Coordination Chemistry Reviews，2019，384：21-36.

[3] Stassen I，Burtch N，Talin A，et al. An updated roadmap for the integration of metal-organic frameworks with electronic devices and chemical sensors[J]. Chemical Society Reviews，2017，46（11）：3185-3241.

[4] Bataille T，Bracco S，Comotti A，et al. Solvent dependent synthesis of micro- and nano- crystalline phosphinate based 1D tubular MOF: structure and CO_2 adsorption selectivity[J]. CrystEngComm，2012，14（21）：7170-7173.

[5] Wang Y，Li L J，Yan L T，et al. Bottom-up fabrication of ultrathin 2D Zr metal-organic framework nanosheets through a facile continuous microdroplet flow reaction[J]. Chemistry of Materials，2018，30（9）：3048-3059.

[6] Ding B，Wang X B，Xu Y F，et al. Hydrothermal preparation of hierarchical ZIF-L nanostructures for enhanced CO_2 capture[J]. Journal of Colloid and Interface Science，2018，519：38-43.

[7] Wang S Z，Zang B，Chang Y Y，et al. Synthesis and carbon dioxide capture properties of flower-shaped zeolitic imidazolate framework-L[J]. CrystEngComm，2019，21（43）：6536-6544.

[8] Zhao Y X，Ding H L，Zhong Q. Synthesis and characterization of MOF-aminated graphite oxide composites for CO_2 capture[J]. Applied Surface Science，2013，284：138-144.

[9] Clauzier S，Ho L N，Pera-Titus M，et al. Enhanced H_2 uptake in solvents confined in mesoporous metal-organic framework[J]. Journal of the American Chemical Society，2012，134（42）：17369-17371.

[10] Sorribas S，Zornoza B，Serra-Crespo P，et al. Synthesis and gas adsorption properties of mesoporous silica-NH_2-MIL-53（Al）core-shell spheres[J]. Microporous and Mesoporous Materials，2016，225：116-121.

[11] Khan J，Iqbal N，Asghar A，et al. Novel amine functionalized metal organic framework synthesis for enhanced carbon dioxide capture[J]. Materials Research Express，2019，6（10）：105539.

[12] Li Z，Sun W Z，Chen C，et al.Deep eutectic solvents appended to UiO-66 type metal organic frameworks: preserved open metal sites and extra adsorption sites for CO_2 capture[J]. Applied Surface Science，2019，480：770-778.

[13] Al-Naddaf Q，Al-Mansour M，Thakkar H，et al. MOF-GO hybrid nanocomposite adsorbents for methane storage[J]. Industrial & Engineering Chemistry Research，2018，57（51）：17470-17479.

[14] Panchariya D K，Kumar E A，Singh S K. Lithium-doped silica-rich MIL-101（Cr）for enhanced hydrogen uptake[J]. Chemistry—An Asian Journal，2019，14（20）：3728-3735.

[15] Huang Z H，Liu G Q，Kang F Y. Glucose-promoted Zn-based metal-organic framework/graphene oxide composites

for hydrogen sulfide removal[J]. ACS Applied Materials & Interfaces，2012，4（9）：4942-4947.

[16] Matemb Ma Ntep T，Breitzke H，Schmolke L，et al. Facile in situ halogen functionalization via triple-bond hydrohalogenation：enhancing sorption capacities through halogenation to halofumarate-based Zr（Ⅳ）-metal-organic frameworks[J]. Chemistry of Materials，2019，31（21）：8629-8638.

[17] Molefe L Y，Musyoka N M，Ren J，et al. Polymer-based shaping strategy for zeolite templated carbons（ZTC）and their metal organic framework（MOF）composites for improved hydrogen storage properties[J]. Frontiers in Chemistry，2019，7：864.

[18] Khan I U，Othman M H D，Ismail A F，et al. Structural transition from two-dimensional ZIF-L to three-dimensional ZIF-8 nanoparticles in aqueous room temperature synthesis with improved CO_2 adsorption[J]. Materials Characterization，2018，136：407-416.

[19] Chakraborty A，Roy S，Eswaramoorthy M，et al. Flexible MOF—aminoclay nanocomposites showing tunable stepwise/gated sorption for C_2H_2，CO_2 and separation for CO_2/N_2 and CO_2/CH_4[J]. Journal of Materials Chemistry A，2017，5（18）：8423-8430.

[20] Guo F Y，Liu Y，Hu J，et al. Classical density functional theory for gas separation in nanoporous materials and its application to CH_4/H_2 separation[J]. Chemical Engineering Science，2016，149：14-21.

[21] Canepa P，Arter C A，Conwill E M，et al. High-throughput screening of small-molecule adsorption in MOF[J]. Journal of Materials Chemistry A，2013，1（43）：13597.

[22] Hu Y X，Wei J，Liang Y，et al. Zeolitic imidazolate framework/graphene oxide hybrid nanosheets as seeds for the growth of ultrathin molecular sieving membranes[J]. Angewandte Chemie，2016，128（6）：2088-2092.

[23] Kong C L，Du H B，Chen L，et al. Nanoscale MOF/organosilica membranes on tubular ceramic substrates for highly selective gas separation[J]. Energy & Environmental Science，2017，10（8）：1812-1819.

[24] Xie K，Fu Q，Kim J，et al. Increasing both selectivity and permeability of mixed-matrix membranes：sealing the external surface of porous MOF nanoparticles[J]. Journal of Membrane Science，2017，535：350-356.

[25] Chen X Y，Hoang V T，Rodrigue D，et al. Optimization of continuous phase in amino-functionalized metal-organic framework（MIL-53）based co-polyimide mixed matrix membranes for CO_2/CH_4 separation[J]. RSC Advances，2013，3（46）：24266-24279.

[26] Matsumoto M，Kitaoka T. Ultraselective gas separation by nanoporous metal-organic frameworks embedded in gas-barrier nanocellulose films[J]. Advanced Materials，2016，28（9）：1765-1769.

[27] Sánchez-Laínez J，Zornoza B，Téllez C，et al. On the chemical filler-polymer interaction of nano- and micro-sized ZIF-11 in PBI mixed matrix membranes and their application for H_2/CO_2 separation[J]. Journal of Materials Chemistry A，2016，4（37）：14334-14341.

[28] Uzun A，Keskin S. Site characteristics in metal organic frameworks for gas adsorption[J]. Progress in Surface Science，2014，89（1）：56-79.

[29] Perez E V，Balkus K J，Jr，Ferraris J P，Jr，et al. Mixed-matrix membranes containing MOF-5 for gas separations[J]. Journal of Membrane Science，2009，328（1-2）：165-173.

[30] Sumida K，Rogow D L，Mason J A，et al. Carbon dioxide capture in metal-organic frameworks[J]. Chemical Reviews，2012，112（2）：724-781.

[31] An S，Lee J S，Joshi B N，et al. Freestanding fiber mats of zeolitic imidazolate framework 7 via one-step，scalable electrospinning[J]. Journal of Applied Polymer Science，2016，133（32）：43788-43789.

[32] Chen C，Feng N J，Guo Q R，et al. Template-directed fabrication of MIL-101（Cr）/mesoporous silica composite：layer-packed structure and enhanced performance for CO_2 capture[J]. Journal of Colloid and Interface Science，

2018，513：891-902.

[33]　Zamidi Ahmad M，Navarro M，Lhotka M，et al. Enhancement of CO_2/CH_4 separation performances of 6FDA-based co-polyimides mixed matrix membranes embedded with UiO-66 nanoparticles[J]. Separation and Purification Technology，2018，192：465-474.

[34]　Kondo A，Yashiro T，Okada N，et al. Selective molecular-gating adsorption in a novel copper-based metal-organic framework[J]. Journal of Materials Chemistry A，2018，6（14）：5910-5918.

[35]　Sabetghadam A，Liu X L，Gottmer S，et al. Thin mixed matrix and dual layer membranes containing metal-organic framework nanosheets and Polyactive™ for CO_2 capture[J]. Journal of Membrane Science，2019，570-571：226-235.

[36]　Li W B，Zhang Y F，Su P C，et al. Metal-organic framework channelled graphene composite membranes for H_2/CO_2 separation[J]. Journal of Materials Chemistry A，2016，4（48）：18747-18752.

[37]　Cai W X，Lee T，Lee M，et al.Thermal structural transitions and carbon dioxide adsorption properties of zeolitic imidazolate framework-7（ZIF-7）[J]. Journal of the American Chemical Society，2014，136（22）：7961-7971.

[38]　Ma Y N，Sun Y X，Yin J，et al. A MOF membrane with ultrathin ZIF-8 layer bonded on ZIF-8 *in situ* embedded PSf substrate[J]. Journal of the Taiwan Institute of Chemical Engineers，2019，104：273-283.

[39]　Sánchez-Laínez J，Friebe S，Zornoza B，et al. Polymer-stabilized percolation membranes based on nanosized zeolitic imidazolate frameworks for H_2/CO_2 separation[J]. ChemNanoMat，2018，4（7）：698-703.

[40]　Ma X X，Li Y H，Huang A S. Synthesis of nano-sheets seeds for secondary growth of highly hydrogen permselective ZIF-95 membranes[J]. Journal of Membrane Science，2020，597：117629.

[41]　Hou J M，Wei Y Y，Zhou S，et al. Highly efficient H_2/CO_2 separation via an ultrathin metal-organic framework membrane[J]. Chemical Engineering Science，2018，182：180-188.

[42]　Liu B，Li D，Yao J，et al. Improved CO_2 separation performance and interfacial affinity of mixed matrix membrane by incorporating UiO-66-PEI@[bmim][Tf$_2$N] particles[J]. Separation and Purification Technology，2020，239：116519.

[43]　Vu M T，Lin R J，Diao H，et al. Effect of ionic liquids（ILs）on MOFs/polymer interfacial enhancement in mixed matrix membranes[J]. Journal of Membrane Science，2019，587：117157.

[44]　Fan H Y，Xia H P，Kong C L，et al. Synthesis of thin amine-functionalized MIL-53 membrane with high hydrogen permeability[J]. International Journal of Hydrogen Energy，2013，38（25）：10795-10801.

[45]　Chin J M，Chen E Y，Menon A G，et al. Tuning the aspect ratio of NH$_2$-MIL-53（Al）microneedles and nanorods via coordination modulation[J]. CrystEngComm，2013，15（4）：654-657.

[46]　Du M，Li Q，Zhao Y，et al. A review of electrochemical energy storage behaviors based on pristine metal-organic frameworks and their composites[J]. Coordination Chemistry Reviews，2020，416：213341.

[47]　Ni K，Lan G，Veroneau S S，et al. Nanoscale metal-organic frameworks for mitochondria-targeted radiotherapy-radiodynamic therapy[J]. Nature Communications，2018，9（1）：4321.

[48]　Lu K，Aung T，Guo N，et al. Nanoscale metal-organic frameworks for therapeutic，imaging，and sensing applications[J]. Advanced Materials，2018，30（37）：1707634.

[49]　Bernini M C，Fairen-Jimenez D，Pasinetti M，et al. Screening of bio-compatible metal-organic frameworks as potential drug carriers using Monte Carlo simulations[J]. Journal of Materials Chemistry B，2014，2（7）：766-774.

[50]　Hu Q，Yu J C，Liu M，et al. A low cytotoxic cationic metal-organic framework carrier for controllable drug release[J]. Journal of Medicinal Chemistry，2014，57（13）：5679-5685.

[51]　Agostoni V，Chalati T，Horcajada P，et al. Towards an improved anti-HIV activity of NRTI via metal-organic

frameworks nanoparticles[J]. Advanced Healthcare Materials，2013，2（12）：1630-1637.

[52]　Agostoni V，Anand R，Monti S，et al. Impact of phosphorylation on the encapsulation of nucleoside analogues within porous iron（Ⅲ）metal-organic framework MIL-100（Fe）nanoparticles[J]. Journal of Materials Chemistry B，2013，1（34）：4231-4242.

[53]　Zhang F M，Dong H，Zhang X，et al. Postsynthetic modification of ZIF-90 for potential targeted codelivery of two anticancer drugs[J]. ACS Applied Materials & Interfaces，2017，9（32）：27332-27337.

[54]　Ling D，Li H，Xi W，et al. Heterodimers made of metal-organic frameworks and upconversion nanoparticles for bioimaging and pH-responsive dual-drug delivery[J]. Journal of Materials Chemistry B，2020，8（6）：1316-1325.

[55]　Torad N L，Li Y Q，Ishihara S，et al. MOF-derived nanoporous carbon as intracellular drug delivery carriers[J]. Chemistry Letters，2014，43（5）：717-719.

[56]　An J，Geib S J，Rosi N L. Cation-triggered drug release from a porous zinc-adeninate metal-organic framework[J]. Journal of the American Chemical Society，2009，131（24）：8376-8377.

[57]　Hou J J，Xu X，Jiang N，et al. Selective adsorption in two porous triazolate-oxalate-bridged antiferromagnetic metal-azolate frameworks obtained via in situ decarboxylation of 3-amino-1, 2, 4-triazole-5-carboxylic acid[J]. Journal of Solid State Chemistry，2015，223：73-78.

[58]　Katsoulidis A P，Park K S，Antypov D，et al. Guest-adaptable and water-stable peptide-based porous materials by imidazolate side chain control[J]. Angewandte Chemie International Edition，2014，53（1）：193-198.

[59]　Thomas-Gipson J，Pérez-Aguirre R，Beobide G，et al. Unravelling the growth of supramolecular metal-organic frameworks based on metal-nucleobase entities[J]. Crystal Growth & Design，2015，15（2）：975-983.

[60]　Hwang Y，Hong D Y，Chang J S，et al. Amine grafting on coordinatively unsaturated metal centers of MOFs：consequences for catalysis and metal encapsulation[J]. Angewandte Chemie International Edition，2008，47（22）：4144-4148.

[61]　Yoon J，Seo Y K，Hwang Y，et al. Controlled reducibility of a metal-organic framework with coordinatively unsaturated sites for preferential gas sorption[J]. Angewandte Chemie International Edition，2010，49（34）：5949-5952.

[62]　Dong Z Y，Sun Y，Chu J，et al. Multivariate metal-organic frameworks for dialing—in the binding and programming the release of drug molecules[J]. Journal of the American Chemical Society，2017，139（40）：14209-14216.

[63]　Chen Q C，Xu M，Zheng W J，et al. Se/Ru-decorated porous metal-organic framework nanoparticles for the delivery of pooled siRNAs to reversing multidrug resistance in taxol-resistant breast cancer cells[J]. ACS Applied Materials & Interfaces，2017，9（8）：6712-6724.

[64]　Gao X C，Zhai M J，Guan W H，et al. Controllable synthesis of a smart multifunctional nanoscale metal-organic framework for magnetic resonance/optical imaging and targeted drug delivery[J]. ACS Applied Materials & Interfaces，2017，9（4）：3455-3462.

[65]　Sohi H，Sultana Y，Khar R K. Taste masking technologies in oral pharmaceuticals：recent developments and approaches[J]. Drug Development and Industrial Pharmacy，2004，30（5）：429-448.

[66]　Smith M K，Angle S R，Northrop B H. Preparation and analysis of cyclodextrin-based metal-organic frameworks：laboratory experiments adaptable for high school through advanced undergraduate students[J]. Journal of Chemical Education，2015，92（2）：368-372.

[67]　Brewster M E，Loftsson T. Cyclodextrins as pharmaceutical solubilizers[J]. Advanced Drug Delivery Reviews，2007，59（7）：645-666.

[68]　Jambhekar S S，Breen P. Cyclodextrins in pharmaceutical formulations Ⅰ：structure and physicochemical properties，formation of complexes，and types of complex[J]. Drug Discovery Today，2016，21（2）：356-362.

[69]　Liu Z C，Schneebeli S T，Stoddart J F. Second-sphere coordination revisited[J]. Chimia International Journal for Chemistry，2014，68（5）：315-320.

[70]　Singh V，Guo T，Wu L，et al. Template-directed synthesis of a cubic cyclodextrin polymer with aligned channels and enhanced drug payload[J]. RSC Advances，2017，7（34）：20789-20794.

[71]　Qiu C，Wang J P，Qin Y，et al. Green synthesis of cyclodextrin-based metal-organic frameworks through the seed-mediated method for the encapsulation of hydrophobic molecules[J]. Journal of Agricultural and Food Chemistry，2018，66（16）：4244-4250.

[72]　Liu B T，He Y P，Han L P，et al. Microwave-assisted rapid synthesis of γ-cyclodextrin metal-organic frameworks for size control and efficient drug loading[J]. Crystal Growth & Design，2017，17（4）：1654-1660.

[73]　Hartlieb K J，Ferris D P，Holcroft J M，et al. Encapsulation of ibuprofen in CD-MOF and related bioavailability studies[J]. Molecular Pharmaceutics，2017，14（5）：1831-1839.

[74]　Li H，Lv N，Li X，et al. Composite CD-MOF nanocrystals-containing microspheres for sustained drug delivery[J]. Nanoscale，2017，9（22）：7454-7463.

[75]　Furukawa Y，Ishiwata T，Sugikawa K，et al. Nano- and microsized cubic gel particles from cyclodextrin metal-organic frameworks[J]. Angewandte Chemie International Edition，2012，51（42）：10566-10569.

[76]　Li H Q，Hill M R，Huang R H，et al. Facile stabilization of cyclodextrin metal-organic frameworks under aqueous conditions via the incorporation of C_{60} in their matrices[J]. Chemical Communications，2016，52（35）：5973-5976.

[77]　Qiu C，McClements D J，Jin Z Y，et al. Resveratrol-loaded core-shell nanostructured delivery systems：cyclodextrin-based metal-organic nanocapsules prepared by ionic gelation[J]. Food Chemistry，2020，317：126328.

[78]　Motakef-Kazemi N，Shojaosadati S A，Morsali A. *In situ* synthesis of a drug-loaded MOF at room temperature[J]. Microporous and Mesoporous Materials，2014，186：73-79.

[79]　Rojas S，Carmona F J，Maldonado C R，et al. Nanoscaled zinc pyrazolate metal-organic frameworks as drug-delivery systems[J]. Inorganic Chemistry，2016，55（5）：2650-2663.

[80]　Zhu X Y，Gu J L，Wang Y，et al. Inherent anchorages in UiO-66 nanoparticles for efficient capture of alendronate and its mediated release[J]. Chemical Communications，2014，50（63）：8779-8782.

[81]　Abánades Lázaro I，Haddad S，Sacca S，et al. Selective surface PEGylation of UiO-66 nanoparticles for enhanced stability，cell uptake，and pH-responsive drug delivery[J]. Chem，2017，2（4）：561-578.

[82]　Abánades Lázaro I，Wells C J R，Forgan R S. Multivariate modulation of the Zr MOF UiO-66 for defect-controlled combination anticancer drug delivery[J]. Angewandte Chemie International Edition，2020，59（13）：5211-5217.

[83]　Zhao H X，Zou Q，Sun S K，et al. Theranostic metal-organic framework core-shell composites for magnetic resonance imaging and drug delivery[J]. Chemical Science，2016，7（8）：5294-5301.

[84]　Lu L Y，Ma M Y，Gao C T，et al. Metal organic framework@polysilsesquioxane core/shell-structured nanoplatform for drug delivery[J]. Pharmaceutics，2020，12（2）：98.

[85]　Sarker M，Jhung S H. Zr-MOF with free carboxylic acid for storage and controlled release of caffeine[J]. Journal of Molecular Liquids，2019，296：112060.

[86]　Jiang K，Zhang L，Hu Q，et al. Pressure controlled drug release in a Zr-cluster-based MOF[J]. Journal of Materials Chemistry B，2016，4（39）：6398-6401.

[87]　Gao X，Hai X，Baigude H，et al. Fabrication of functional hollow microspheres constructed from MOF shells：promising drug delivery systems with high loading capacity and targeted transport[J]. Scientific Reports，2016，6：

37705.

[88] Zheng H Q，Zhang Y N，Liu L F，et al. One-pot synthesis of metal-organic frameworks with encapsulated target molecules and their applications for controlled drug delivery[J]. Journal of the American Chemical Society，2016，138（3）：962-968.

[89] Li S N，Zhang L Y，Liang X，et al. Tailored synthesis of hollow MOF/polydopamine Janus nanoparticles for synergistic multi-drug chemo-photothermal therapy[J]. Chemical Engineering Journal，2019，378：122175.

[90] Zhang Y，Wang F M，Ju E G，et al. Metal-organic-framework-based vaccine platforms for enhanced systemic immune and memory response[J]. Advanced Functional Materials，2016，26（35）：6454-6461.

[91] Li Y T，Jin J，Wang D W，et al. Coordination-responsive drug release inside gold nanorod@metal-organic framework core-shell nanostructures for near-infrared-induced synergistic chemo-photothermal therapy[J]. Nano Research，2018，11（6）：3294-3305.

[92] Chen X R，Tong R L，Shi Z Q，et al. MOF nanoparticles with encapsulated autophagy inhibitor in controlled drug delivery system for antitumor[J]. ACS Applied Materials & Interfaces，2018，10（3）：2328-2337.

[93] Li Z Y，Liu W，Yang H J，et al. Improved thermal dehydrogenation of ammonia borane by MOF-5[J]. RSC Advances，2015，5（14）：10746-10750.

[94] Juan-Alcañiz J，Ramos-Fernandez E V，Lafont U，et al. Building MOF bottles around phosphotungstic acid ships: One-pot synthesis of bi-functional polyoxometalate-MIL-101 catalysts[J]. Journal of Catalysis，2010，269（1）：229-241.

[95] Shen Y，Bao L W，Sun F Z，et al. A novel Cu-nanowire@Quasi-MOF via mild pyrolysis of a bimetal-MOF for the selective oxidation of benzyl alcohol in air[J]. Materials Chemistry Frontiers，2019，3（11）：2363-2373.

[96] Schröder F，Henke S，Zhang X N，et al. Simultaneous gas-phase loading of MOF-5 with two metal precursors: towards Bimetallics@MOF[J]. European Journal of Inorganic Chemistry，2009，（21）：3131-3140.

[97] Wu Y B，Li F X，Lv Z，et al. Synthesis and characterization of X-MOF/AC（X=tin or copper）catalysts for the acetylene hydrochlorination[J]. Chemistry Select，2019，4（32）：9403-9409.

[98] El-Shall M S，Abdelsayed V，Khder A E R S，et al. Metallic and bimetallic nanocatalysts incorporated into highly porous coordination polymer MIL-101[J]. Journal of Materials Chemistry，2009，19（41）：7625.

[99] Jiang H X，Wang Q Y，Wang H Q，et al. MOF-74 as an efficient catalyst for the low-temperature selective catalytic reduction of NO_x with NH_3[J]. ACS Applied Materials & Interfaces，2016，8（40）：26817-26826.

[100] Yang S L，Peng L，Bulut S，et al. Recent advances of MOFs and MOF-derived materials in thermally driven organic transformations[J]. Chemistry—A European Journal，2019，25（9）：2161-2178.

[101] Hou J Y，Luan Y，Tang J，et al. Synthesis of UiO-66-NH_2 derived heterogeneous copper（Ⅱ）catalyst and study of its application in the selective aerobic oxidation of alcohols[J]. Journal of Molecular Catalysis A：Chemical，2015，407：53-59.

[102] Shen K，Zhang L，Chen X D，et al. Ordered macro-microporous metal-organic framework single crystals[J]. Science，2018，359（6372）：206-210.

[103] Zhang F，Wei Y Y，Wu X T，et al. Hollow zeolitic imidazolate framework nanospheres as highly efficient cooperative catalysts for [3+3] cycloaddition reactions[J]. Journal of the American Chemical Society，2014，136（40）：13963-13966.

[104] Lu X F，Xia B Y，Zang S Q，et al. Metal-organic frameworks based electrocatalysts for the oxygen reduction reaction[J]. Angewandte Chemie，2020，132（12）：4662-4678.

[105] Xiao X，Li Q，Yuan X Y，et al. Ultrathin nanobelts as an excellent bifunctional oxygen catalyst：insight into the

subtle changes in structure and synergistic effects of bimetallic metal-organic framework[J]. Small Methods，2018，2（12）：1800240.

[106]　Zhong H X，Ly K H，Wang M C, et al. A phthalocyanine-based layered two-dimensional conjugated metal-organic framework as a highly efficient electrocatalyst for the oxygen reduction reaction[J]. Angewandte Chemie International Edition，2019，131（31）：10787-10792.

[107]　Jahan M，Bao Q L，Loh K P. Electrocatalytically active graphene—porphyrin MOF composite for oxygen reduction reaction[J]. Journal of the American Chemical Society，2012，134（15）：6707-6713.

[108]　Xia Z X，Fang J，Zhang X M, et al. Pt nanoparticles embedded metal-organic framework nanosheets: a synergistic strategy towards bifunctional oxygen electrocatalysis[J]. Applied Catalysis B: Environmental, 2019, 245: 389-398.

[109]　Usov P M，Huffman B，Epley C C, et al. Study of electrocatalytic properties of metal-organic framework PCN-223 for the oxygen reduction reaction[J]. ACS Applied Materials & Interfaces，2017，9（39）：33539-33543.

[110]　Li F L，Shao Q，Huang X Q, et al. Nanoscale trimetallic metal-organic frameworks enable efficient oxygen evolution electrocatalysis[J]. Angewandte Chemie International Edition，2018，57（7）：1888-1892.

[111]　Liu W，Lustig W P，Li J. Luminescent inorganic-organic hybrid semiconductor materials for energy-saving lighting applications[J]. EnergyChem，2019，1（2）：100008.

[112]　Xiao X，Zhang G X，Xu Y X，et al. A new strategy for the controllable growth of MOF@PBA architectures[J]. Journal of Materials Chemistry A，2019，7（29）：17266-17271.

[113]　Zhao S L，Wang Y，Dong J C, et al. Ultrathin metal-organic framework nanosheets for electrocatalytic oxygen evolution[J]. Nature Energy，2016，1：16184.

[114]　Duan J，Chen S，Zhao C. Ultrathin metal-organic framework array for efficient electrocatalytic water splitting[J]. Nature Communications，2017，8：15341.

[115]　Li F L，Wang P T，Huang X Q, et al. Large-scale，bottom-up synthesis of binary metal-organic framework nanosheets for efficient water oxidation[J]. Angewandte Chemie International Edition，2019，58（21）：7051-7056.

[116]　Li W X，Fang W，Wu C, et al. Bimetal-MOF nanosheets as efficient bifunctional electrocatalysts for oxygen evolution and nitrogen reduction reaction[J]. Journal of Materials Chemistry A，2020，8（7）：3658-3666.

[117]　Zhang W，Wang Y，Zheng H, et al. Embedding ultrafine metal oxide nanoparticles in monolayered metal-organic framework nanosheets enables efficient electrocatalytic oxygen evolution[J]. ACS Nano, 2020, 14(2): 1971-1981.

[118]　Srinivas K，Lu Y J，Chen Y F, et al. $FeNi_3-Fe_3O_4$ heterogeneous nanoparticles anchored on 2D MOF nanosheets/1D CNT matrix as highly efficient bifunctional electrocatalysts for water splitting[J]. ACS Sustainable Chemistry & Engineering，2020，8（9）：3820-3831.

[119]　Zhou W，Huang D D，Wu Y P, et al. Stable hierarchical bimetal-organic nanostructures as high performance electrocatalysts for the oxygen evolution reaction[J]. Angewandte Chemie International Edition，2019，58（13）：4227-4231.

[120]　Xue Z Q，Liu K，Liu Q L, et al. Missing-linker metal-organic frameworks for oxygen evolution reaction[J]. Nature Communications，2019，10：5048.

[121]　Qian Q Z，Li Y P，Liu Y，et al. Ambient fast synthesis and active sites deciphering of hierarchical foam-like trimetal-organic framework nanostructures as a platform for highly efficient oxygen evolution electrocatalysis[J]. Advanced Materials，2019，31（23）：1901139.

[122]　Senthil Raja D，Lin H W，Lu S Y. Synergistically well-mixed MOFs grown on nickel foam as highly efficient durable bifunctional electrocatalysts for overall water splitting at high current densities[J]. Nano Energy，2019，57：1-13.

[123] Xie M W, Ma Y, Lin D M, et al. Bimetal-organic framework MIL-53 (Co-Fe): an efficient and robust electrocatalyst for the oxygen evolution reaction[J]. Nanoscale, 2020, 12 (1): 67-71.

[124] Huang L, Gao G, Zhang H, et al. Self-dissociation-assembly of ultrathin metal-organic framework nanosheet arrays for efficient oxygen evolution[J]. Nano Energy, 2020, 68: 104296.

[125] Tao L, Lin C Y, Dou S, et al. Creating coordinatively unsaturated metal sites in metal-organic-frameworks as efficient electrocatalysts for the oxygen evolution reaction: insights into the active centers[J]. Nano Energy, 2017, 41: 417-425.

[126] Li Q Y, Zhang L, Xu Y X, et al.Smart yolk/shell ZIF-67@POM hybrids as efficient electrocatalysts for the oxygen evolution reaction[J]. ACS Sustainable Chemistry & Engineering, 2019, 7 (5): 5027-5033.

[127] Wang Y, Wang Y Y, Zhang L, et al. Core-shell-type ZIF-8@ZIF-67@POM hybrids as efficient electrocatalysts for the oxygen evolution reaction[J]. Inorganic Chemistry Frontiers, 2019, 6 (9): 2514-2520.

[128] Zhu R M, Ding J W, Xu Y X, et al. π-Conjugated molecule boosts metal-organic frameworks as efficient oxygen evolution reaction catalysts[J]. Small, 2018, 14 (50): 1803576.

[129] Xiao Y, Guo B B, Zhang J, et al. A bimetallic MOF@graphene oxide composite as an efficient bifunctional oxygen electrocatalyst for rechargeable Zn-air batteries[J]. Dalton Transactions, 2020, 49 (17): 5730-5735.

[130] Tang D H, Li K, Zhang W T, et al. Nitrogen-doped mesoporous carbon-armored cobalt nanoparticles as efficient hydrogen evolving electrocatalysts[J]. Journal of Colloid and Interface Science, 2018, 514: 281-288.

[131] Trasatti S. Work function, electronegativity, and electrochemical behaviour of metals: III. Electrolytic hydrogen evolution in acid solutions[J]. Journal of Electroanalytical Chemistry and Interfacial Electrochemistry, 1972, 39 (1): 163-184.

[132] Sun Y J, Bigi J P, Piro N A, et al. Molecular cobalt pentapyridine catalysts for generating hydrogen from water[J]. Journal of the American Chemical Society, 2011, 133 (24): 9212-9215.

[133] Dempsey J L, Brunschwig B S, Winkler J R, et al. Hydrogen evolution catalyzed by cobaloximes[J]. Accounts of Chemical Research, 2009, 42 (12): 1995-2004.

[134] Bianchini C, Fornasiero P. A synthetic nickel electrocatalyst with a turnover frequency above 100 000s^{-1} for H$_2$ production[J]. ChemCatChem, 2012, 4 (1): 45-46.

[135] Tsay C, Yang J Y. Electrocatalytic hydrogen evolution under acidic aqueous conditions and mechanistic studies of a highly stable molecular catalyst[J]. Journal of the American Chemical Society, 2016, 138 (43): 14174-14177.

[136] Gloaguen F, Rauchfuss T B. Small molecule mimics of hydrogenases: hydrides and redox[J]. Chemical Society Reviews, 2009, 38 (1): 100-108.

[137] Vrubel H, Hu X L. Molybdenum boride and carbide catalyze hydrogen evolution in both acidic and basic solutions[J]. Angewandte Chemie International Edition, 2012, 51 (51): 12703-12706.

[138] Micheroni D, Lan G X, Lin W B. Efficient electrocatalytic proton reduction with carbon nanotube-supported metal-organic frameworks[J]. Journal of the American Chemical Society, 2018, 140 (46): 15591-15595.

[139] Jiao L, Wang Y, Jiang H L, et al. Metal-organic frameworks as platforms for catalytic applications[J]. Advanced Materials, 2018, 30 (37): 1703663.

[140] Xiao X, Zou L, Pang H, et al. Synthesis of micro/nanoscaled metal-organic frameworks and their direct electrochemical applications[J]. Chemical Society Reviews, 2020, 49 (1): 301-331.

[141] Chen Z L, Wu R B, Liu Y, et al. Ultrafine Co nanoparticles encapsulated in carbon-nanotubes-grafted graphene sheets as advanced electrocatalysts for the hydrogen evolution reaction[J]. Advanced Materials, 2018, 30 (30): 1802011.

[142] Liu T，Li P，Yao N，et al. CoP-doped MOF-based electrocatalyst for pH-universal hydrogen evolution reaction[J]. Angewandte Chemie International Edition，2019，58（14）：4679-4684.

[143] Clough A J，Yoo J W，Mecklenburg M H，et al. Two-dimensional metal-organic surfaces for efficient hydrogen evolution from water[J]. Journal of the American Chemical Society，2015，137（1）：118-121.

[144] Nohra B，El Moll H，Rodriguez Albelo L M，et al. Polyoxometalate-based metal organic frameworks（POMOFs）：structural trends，energetics，and high electrocatalytic efficiency for hydrogen evolution reaction[J]. Journal of the American Chemical Society，2011，133（34）：13363-13374.

[145] Hod I，Deria P，Bury W，et al. A porous proton-relaying metal-organic framework material that accelerates electrochemical hydrogen evolution[J]. Nature Communications，2015，6：8304.

[146] Dong R H，Pfeffermann M，Liang H W，et al. Large-area，free-standing，two-dimensional supramolecular polymer single-layer sheets for highly efficient electrocatalytic hydrogen evolution[J]. Angewandte Chemie International Edition，2015，54（41）：12058-12063.

[147] Hu A Q，Pang Q Q，Tang C，et al. Epitaxial growth and integration of insulating metal-organic frameworks in electrochemistry[J]. Journal of the American Chemical Society，2019，141（28）：11322-11327.

[148] Huang H，Zhao Y，Bai Y M，et al. Conductive metal-organic frameworks with extra metallic sites as an efficient electrocatalyst for the hydrogen evolution reaction[J]. Advanced Science，2020，7（9）：2000012.

[149] Wang X，Luo J Y，Tian J W，et al. Two new 3D isostructural Co/Ni-MOFs showing four-fold polyrotaxane-like networks：synthesis，crystal structures and hydrogen evolution reaction[J]. Inorganic Chemistry Communications，2018，98：141-144.

[150] Zhou Y C，Dong W W，Jiang M Y，et al. A new 3D 8-fold interpenetrating 66-dia topological Co-MOF：syntheses，crystal structure，magnetic properties and electrocatalytic hydrogen evolution reaction[J]. Journal of Solid State Chemistry，2019，279：120929.

[151] Fan S，Zhang J，Wu Q Y，et al. Morphological and electronic dual regulation of cobalt-nickel bimetal phosphide heterostructures inducing high water-splitting performance[J]. The Journal of Physical Chemistry Letters，2020，11（10）：3911-3919.

[152] Nivetha R，Kollu P，Chandar K，et al. Role of MIL-53（Fe）/hydrated-dehydrated MOF catalyst for electrochemical hydrogen evolution reaction（HER）in alkaline medium and photocatalysis[J]. RSC Advances，2019，9（6）：3215-3223.

[153] Pei L Z，Lin N，Wei T，et al. Zinc vanadate nanorods and their visible light photocatalytic activity[J]. Journal of Alloys and Compounds，2015，631：90-98.

[154] Sajid M M，Shad N A，Khan S B，et al. Facile synthesis of Zinc vanadate $Zn_3（VO_4）_2$ for highly efficient visible light assisted photocatalytic activity[J]. Journal of Alloys and Compounds，2019，775：281-289.

[155] Wang J L，Wang C，Lin W B. Metal-organic frameworks for light harvesting and photocatalysis[J]. ACS Catalysis，2012，2（12）：2630-2640.

[156] Li H，Li L B，Lin R B，et al. Porous metal-organic frameworks for gas storage and separation：status and challenges[J]. EnergyChem，2019，1（1）：100006.

[157] Li Y，Xu Y X，Liu Y，et al. Exposing {001} crystal plane on hexagonal Ni-MOF with surface-grown cross-linked mesh-structures for electrochemical energy storage[J]. Small，2019，15（36）：1902463.

[158] Zheng Y，Zheng S S，Xu Y X，et al. Ultrathin two-dimensional cobalt-organic frameworks nanosheets for electrochemical energy storage[J]. Chemical Engineering Journal，2019，373：1319-1328.

[159] Huang Y B，Liang J，Wang X S，et al. Multifunctional metal-organic framework catalysts：synergistic catalysis and

tandem reactions[J]. Chemical Society Reviews，2017，46（1）：126-157.

[160] Xiao Y J，Qi Y，Wang X L，et al. Visible-light-responsive 2D cadmium-organic framework single crystals with dual functions of water reduction and oxidation[J]. Advanced Materials，2018，30（44）：1803401.

[161] Zheng C，Qiu X Y，Han J Y，et al. Zero-dimensional-g-CNQD-coordinated two-dimensional porphyrin MOF hybrids for boosting photocatalytic CO_2 reduction[J]. ACS Applied Materials & Interfaces，2019，11（45）：42243-42249.

[162] Mu Q Q，Zhu W，Li X，et al. Electrostatic charge transfer for boosting the photocatalytic CO_2 reduction on metal centers of 2D MOF/rGO heterostructure[J]. Applied Catalysis B：Environmental，2020，262：118144.

[163] Xiao J D，Shang Q C，Xiong Y J，et al. Boosting photocatalytic hydrogen production of a metal-organic framework decorated with platinum nanoparticles：the platinum location matters[J]. Angewandte Chemie International Edition，2016，55（32）：9389-9393.

[164] Li M H，Zheng Z J，Zheng Y Q，et al. Controlled growth of metal-organic framework on upconversion nanocrystals for NIR-enhanced photocatalysis[J]. ACS Applied Materials & Interfaces，2017，9（3）：2899-2905.

[165] Xu H Q，Yang S Z，Ma X，et al. Unveiling charge-separation dynamics in CdS/metal-organic framework composites for enhanced photocatalysis[J]. ACS Catalysis，2018，8（12）：11615-11621.

[166] Deng X，Yang L L，Huang H L，et al.Shape-defined hollow structural Co-MOF-74 and metal Nanoparticles@Co-MOF-74 composite through a transformation strategy for enhanced photocatalysis performance[J]. Small，2019，15（35）：1902287.

[167] Zhai Y P，Dou Y Q，Zhao D Y，et al. Carbon materials for chemical capacitive energy storage[J]. Advanced Materials，2011，23（42）：4828-4850.

[168] Liu G Y，Sheng Y，Ager J W，et al. Research advances towards large-scale solar hydrogen production from water[J]. EnergyChem，2019，1（2）：100014.

[169] Tao Y S，Endo M，Inagaki M，et al. Recent progress in the synthesis and applications of nanoporous carbon films[J]. Journal of Materials Chemistry，2011，21（2）：313-323.

[170] Chen R，Yu M，Sahu R P，et al. The development of pseudocapacitor electrodes and devices with high active mass loading[J]. Advanced Energy Materials，2020，10（20）：1903848.

[171] Liu B，Shioyama H，Jiang H L，et al. Metal-organic framework（MOF）as a template for syntheses of nanoporous carbons as electrode materials for supercapacitor[J]. Carbon，2010，48（2）：456-463.

[172] Simon P，Gogotsi Y. Materials for electrochemical capacitors[J]. Nature Materials，2008，7（11）：845-854.

[173] Zheng S S，Zheng Y，Xue H G，et al. Ultrathin nickel terephthalate nanosheet three-dimensional aggregates with disordered layers for highly efficient overall urea electrolysis[J]. Chemical Engineering Journal，2020，395：125166.

[174] Zhu Q L，Xu Q. Metal-organic framework composites[J]. Chemical Society Reviews，2014，43（16）：5468-5512.

[175] Meng X R，Xiao X，Pang H. Ultrathin Ni-MOF nanobelts-derived composite for high sensitive detection of nitrite[J]. Frontiers in Chemistry，2020，8：330.

[176] Wang X Q，Li Q Q，Yang N N，et al. Hydrothermal synthesis of NiCo-based bimetal-organic frameworks as electrode materials for supercapacitors[J]. Journal of Solid State Chemistry，2019，270：370-378.

[177] Li W H，Ding K，Tian H R，et al. Conductive metal-organic framework nanowire array electrodes for high-performance solid-state supercapacitors[J]. Advanced Functional Materials，2017，（27）：1702067.

[178] Qu C，Liang Z B，Jiao Y，et al. "One-for-all" strategy in fast energy storage：production of pillared MOF nanorod-templated positive/negative electrodes for the application of high-performance hybrid supercapacitor[J].

Small，2018，14（23）：1800285.

[179] Zhang C R，Zhang Q，Zhang K，et al. Facile synthesis of a two-dimensional layered Ni-MOF electrode material for high performance supercapacitors[J]. RSC Advances，2018，8（32）：17747-17753.

[180] Yan Y，Gu P，Zheng S S，et al. Facile synthesis of an accordion-like Ni-MOF superstructure for high-performance flexible supercapacitors[J]. Journal of Materials Chemistry A，2016，4（48）：19078-19085.

[181] Liang Z B，Zhao R，Qiu T J，et al. Metal-organic framework-derived materials for electrochemical energy applications[J]. EnergyChem，2019，1（1）：100001.

[182] Díaz R，Orcajo M G，Botas J A，et al. Co8-MOF-5 as electrode for supercapacitors[J]. Materials Letters，2012，68：126-128.

[183] Lee D Y，Yoon S J，Shrestha N K，et al. Unusual energy storage and charge retention in Co-based metal-organic-frameworks[J]. Microporous and Mesoporous Materials，2012，153：163-165.

[184] Chen Y X，Ni D，Yang X W，et al. Microwave-assisted synthesis of honeycomblike hierarchical spherical Zn-doped Ni-MOF as a high-performance battery-type supercapacitor electrode material[J]. Electrochimica Acta，2018，278：114-123.

[185] Kim H S，Kang M S，Yoo W C. Boost-up electrochemical performance of MOFs via confined synthesis within nanoporous carbon matrices for supercapacitor and oxygen reduction reaction applications[J]. Journal of Materials Chemistry A，2019，7（10）：5561-5574.

[186] Tarascon J M，Armand M. Issues and challenges facing rechargeable lithium batteries[J]. Nature，2001，414（6861）：359-367.

[187] Armand M，Grugeon S，Vezin H，et al. Conjugated dicarboxylate anodes for Li-ion batteries[J]. Nature Materials，2009，8（2）：120-125.

[188] Li X R，Yang X C，Xue H G，et al. Metal-organic frameworks as a platform for clean energy applications[J]. EnergyChem，2020，2（2）：100027.

[189] Goodenough J B，Park K S. The Li-ion rechargeable battery：a perspective[J]. Journal of the American Chemical Society，2013，135（4）：1167-1176.

[190] Demirocak D，Srinivasan S，Stefanakos E. A review on nanocomposite materials for rechargeable Li-ion batteries[J]. Applied Sciences，2017，7（7）：731.

[191] Shrivastav V，Sundriyal S，Goel P，et al. Metal-organic frameworks（MOFs）and their composites as electrodes for lithium battery applications：novel means for alternative energy storage[J]. Coordination Chemistry Reviews，2019，393：48-78.

[192] Goodenough J B，Kim Y. Challenges for rechargeable batteries[J]. Journal of Power Sources，2011，196（16）：6688-6694.

[193] Hao J N，Li X L，Song X H，et al. Recent progress and perspectives on dual-ion batteries[J]. EnergyChem，2019，1（1）：100004.

[194] Xue Y Q，Zheng S S，Xue H G，et al. Metal-organic framework composites and their electrochemical applications[J]. Journal of Materials Chemistry A，2019，7（13）：7301-7327.

[195] Song H W，Shen L S，Wang J，et al. Reversible lithiation-delithiation chemistry in cobalt based metal organic framework nanowire electrode engineering for advanced lithium-ion batteries[J]. Journal of Materials Chemistry A，2016，4（40）：15411-15419.

[196] Shen L S，Song H W，Wang C X. Metal-organic frameworks triggered high-efficiency Li storage in Fe-based polyhedral nanorods for lithium-ion batteries[J]. Electrochimica Acta，2017，235：595-603.

[197] Häupler B, Wild A, Schubert U S. Carbonyls: powerful organic materials for secondary batteries[J]. Advanced Energy Materials, 2015, 5 (11): 1402034.

[198] Dhakshinamoorthy A, Alvaro M, Chevreau H, et al. Iron (Ⅲ) metal-organic frameworks as solid Lewis acids for the isomerization of α-pinene oxide[J]. Catalysis Science & Technology, 2012, 2 (2): 324-330.

[199] Zhao C C, Shen C, Han W Q. Metal-organic nanofibers as anodes for lithium-ion batteries[J]. RSC Advances, 2015, 5 (26): 20386-20389.

[200] Luo C, Huang R M, Kevorkyants R, et al. Self-assembled organic nanowires for high power density lithium ion batteries[J]. Nano Letters, 2014, 14 (3): 1596-1602.

[201] Ge D H, Peng J, Qu G L, et al. Nanostructured Co (Ⅱ) -based MOFs as promising anodes for advanced lithium storage[J]. New Journal of Chemistry, 2016, 40 (11): 9238-9244.

[202] Gu S N, Bai Z W, Majumder S, et al. Conductive metal-organic framework with redox metal center as cathode for high rate performance lithium ion battery[J]. Journal of Power Sources, 2019, 429: 22-29.

[203] Peng Z, Yi X H, Liu Z X, et al. Triphenylamine-based metal-organic frameworks as cathode materials in lithium-ion batteries with coexistence of redox active sites, high working voltage, and high rate stability[J]. ACS Applied Materials & Interfaces, 2016, 8 (23): 14578-14585.

[204] Wu P Y, Wang J, He C, et al. Luminescent metal-organic frameworks for selectively sensing nitric oxide in an aqueous solution and in living cells[J]. Advanced Functional Materials, 2012, 22 (8): 1698-1703.

[205] Maiti S, Pramanik A, Manju U, et al. Reversible lithium storage in manganese 1, 3, 5-benzenetricarboxylate metal-organic framework with high capacity and rate performance[J]. ACS Applied Materials & Interfaces, 2015, 7 (30): 16357-16363.

[206] Wang Y, Qu Q T, Liu G, et al. Aluminum fumarate-based metal organic frameworks with tremella-like structure as ultrafast and stable anode for lithium-ion batteries[J]. Nano Energy, 2017, 39: 200-210.

[207] Liu Y J, He Y, Vargun E, et al. 3D porous Ti_3C_2 MXene/NiCo-MOF composites for enhanced lithium storage[J]. Nanomaterials, 2020, 10 (4): 695.

[208] Li C, Hu X S, Lou X B, et al. The organic-moiety-dominated Li^+ intercalation/deintercalation mechanism of a cobalt-based metal-organic framework[J]. Journal of Materials Chemistry A, 2016, 4 (41): 16245-16251.

[209] Li C, Lou X B, Yang Q, et al. Remarkable improvement in the lithium storage property of $Co_2(OH)_2BDC$ MOF by covalent stitching to graphene and the redox chemistry boosted by delocalized electron spins[J]. Chemical Engineering Journal, 2017, 326: 1000-1008.

[210] Wang Z Y, Zhou L, Lou X W. Metal oxide hollow nanostructures for lithium-ion batteries[J]. Advanced Materials, 2012, 24 (14): 1903-1911.

[211] Zhang L, Wu H B, Lou X W. Iron-oxide-based advanced anode materials for lithium-ion batteries[J]. Advanced Energy Materials, 2014, 4 (4): 1300958.

[212] Zhu J X, Yin Z Y, Yang D, et al. Hierarchical hollow spheres composed of ultrathin Fe_2O_3 nanosheets for lithium storage and photocatalytic water oxidation[J]. Energy & Environmental Science, 2013, 6 (3): 987.

[213] Cherian C T, Sundaramurthy J, Reddy M V, et al. Morphologically robust $NiFe_2O_4$ nanofibers as high capacity Li-ion battery anode material[J]. ACS Applied Materials & Interfaces, 2013, 5 (20): 9957-9963.

[214] Meng S, Greenlee L F, Shen Y R, et al. Basic science of water: challenges and current status towards a molecular picture[J]. Nano Research, 2015, 8 (10): 3085-3110.

[215] Wu Y Z, Zhu P N, Reddy M V, et al. Maghemite nanoparticles on electrospun CNFs template as prospective lithium-ion battery anode[J]. ACS Applied Materials & Interfaces, 2014, 6 (3): 1951-1958.

[216] Petnikota S，Marka S K，Banerjee A，et al. Graphenothermal reduction synthesis of 'exfoliated graphene oxide/iron（Ⅱ）oxide' composite for anode application in lithium ion batteries[J]. Journal of Power Sources，2015，293：253-263.

[217] Hameed A S，Reddy M V，Chowdari B V R，et al. Preparation of rGO-wrapped magnetite nanocomposites and their energy storage properties[J]. RSC Advances，2014，4（109）：64142-64150.

[218] Petnikota S，Rotte N K，Reddy M V，et al. MgO-decorated few-layered graphene as an anode for Li-ion batteries[J]. ACS Applied Materials & Interfaces，2015，7（4）：2301-2309.

[219] Petnikota S，Srikanth V V S S，Nithyadharseni P，et al. Sustainable graphenothermal reduction chemistry to obtain MnO nanonetwork supported exfoliated graphene oxide composite and its electrochemical characteristics[J]. ACS Sustainable Chemistry & Engineering，2015，3（12）：3205-3213.

[220] Sun X M，Gao G，Yan D W，et al. Synthesis and electrochemical properties of Fe_3O_4@MOF core-shell microspheres as an anode for lithium ion battery application[J]. Applied Surface Science，2017，405：52-59.

[221] Lou X W，Li C M，Archer L A. Designed synthesis of coaxial SnO_2@carbon hollow nanospheres for highly reversible lithium storage[J]. Advanced Materials，2009，21（24）：2536-2539.

[222] Fan X L，Shao J，Xiao X Z，et al. *In situ* synthesis of SnO_2 nanoparticles encapsulated in micro/mesoporous carbon foam as a high-performance anode material for lithium ion batteries[J]. Journal of Materials Chemistry A，2014，2（43）：18367-18374.

[223] Wang B X，Wang Z Q，Cui Y J，et al. Electrochemical properties of SnO_2 nanoparticles immobilized within a metal-organic framework as an anode material for lithium-ion batteries[J]. RSC Advances，2015，5（103）：84662-84665.

[224] Jin Y，Zhao C C，Sun Z X，et al. Facile synthesis of Fe-MOF/RGO and its application as a high performance anode in lithium-ion batteries[J]. RSC Advances，2016，6（36）：30763-30768.

[225] Jiang Y Z，Zhang D，Li Y，et al. Amorphous Fe_2O_3 as a high-capacity，high-rate and long-life anode material for lithium ion batteries[J]. Nano Energy，2014，4：23-30.

[226] Zhao R，Liang Z B，Zou R Q，et al. Metal-organic frameworks for batteries[J]. Joule，2018，2（11）：2235-2259.

[227] Zhang S，Zhao Y X，Shi R，et al. Photocatalytic ammonia synthesis：recent progress and future[J]. EnergyChem，2019，1（2）：100013.

[228] Li S L，Xu Q. Metal-organic frameworks as platforms for clean energy[J]. Energy & Environmental Science，2013，6（6）：1656.

[229] Wang H L，Zhu Q L，Zou R Q，et al. Metal-organic frameworks for energy applications[J]. Chem，2017，2（1）：52-80.

[230] Li B，Xu H F，Ma Y，et al. Harnessing the unique properties of 2D materials for advanced lithium-sulfur batteries[J]. Nanoscale Horizons，2019，4（1）：77-98.

[231] Demir-Cakan R，Morcrette M，Nouar F，et al. Cathode composites for Li-S batteries via the use of oxygenated porous architectures[J]. Journal of the American Chemical Society，2011，133（40）：16154-16160.

[232] Wang Z Q，Li X，Cui Y J，et al. A metal-organic framework with open metal sites for enhanced confinement of sulfur and lithium-sulfur battery of long cycling life[J]. Crystal Growth & Design，2013，13（11）：5116-5120.

[233] Zhou J W，Li R，Fan X X，et al. Rational design of a metal-organic framework host for sulfur storage in fast，long-cycle Li-S batteries[J]. Energy & Environmental Science，2014，7（8）：2715.

[234] Zheng J M，Tian J，Wu D X，et al. Lewis acid-base interactions between polysulfides and metal organic framework in lithium sulfur batteries[J]. Nano Letters，2014，14（5）：2345-2352.

[235] Wang Z Q，Wang B X，Yang Y，et al. Mixed-metal-organic framework with effective Lewis acidic sites for sulfur confinement in high-performance lithium-sulfur batteries[J]. ACS Applied Materials & Interfaces，2015，7（37）：20999-21004.

[236] Cai D，Lu M J，Li L，et al. A highly conductive MOF of graphene analogue Ni₃(HITP)₂ as a sulfur host for high-performance lithium-sulfur batteries[J]. Small，2019，15（44）：1902605.

[237] Shimizu T，Wang H，Matsumura D，et al. Porous metal-organic frameworks containing reversible disulfide linkages as cathode materials for lithium-ion batteries[J]. ChemSusChem，2020，13（9）：2256-2263.

[238] Park J，Hinckley A C，Huang Z H，et al.Synthetic routes for a 2D semiconductive copper hexahydroxybenzene metal-organic framework[J]. Journal of the American Chemical Society，2018，140（44）：14533-14537.

[239] Huang X，Sheng P，Tu Z，et al. A two-dimensional π-d conjugated coordination polymer with extremely high electrical conductivity and ambipolar transport behaviour[J]. Nature Communications，2015，6：7408.

[240] Li Q，Zhu H，Tang Y F，et al. Chemically grafting nanoscale UIO-66 onto polypyrrole nanotubes for long-life lithium-sulfur batteries[J]. Chemical Communications，2019，55（80）：12108-12111.

[241] Suriyakumar S，Kanagaraj M，Kathiresan M，et al. Metal-organic frameworks based membrane as a permselective separator for lithium-sulfur batteries[J]. Electrochimica Acta，2018，265：151-159.

[242] Song C L，Li G H，Yang Y，et al. 3D catalytic MOF-based nanocomposite as separator coatings for high-performance Li-S battery[J]. Chemical Engineering Journal，2020，381：122701.

[243] Li Y J，Lin S Y，Wang D D，et al. Single atom array mimic on ultrathin MOF nanosheets boosts the safety and life of lithium-sulfur batteries[J]. Advanced Materials，2020，32（8）：1906722.

[244] Tahir M，Pan L，Idrees F，et al. Electrocatalytic oxygen evolution reaction for energy conversion and storage：a comprehensive review[J]. Nano Energy，2017，37：136-157.

[245] Liu B，Sun Y L，Liu L，et al. Advances in manganese-based oxides cathodic electrocatalysts for Li-air batteries[J]. Advanced Functional Materials，2018，28（15）：1704973.

[246] Zhu B J，Liang Z B，Xia D G，et al. Metal-organic frameworks and their derivatives for metal-air batteries[J]. Energy Storage Materials，2019，23：757-771.

[247] Zhao Y，Song Z X，Li X，et al. Metal organic frameworks for energy storage and conversion[J]. Energy Storage Materials，2016，2：35-62.

[248] Xu Y X，Li Q，Xue H G，et al. Metal-organic frameworks for direct electrochemical applications[J]. Coordination Chemistry Reviews，2018，376：292-318.

[249] Yan W J，Guo Z Y，Xu H S，et al. Downsizing metal-organic frameworks with distinct morphologies as cathode materials for high-capacity Li-O₂ batteries[J]. Materials Chemistry Frontiers，2017，1（7）：1324-1330.

[250] Yuan M W，Wang R，Fu W B，et al. Ultrathin two-dimensional metal-organic framework nanosheets with the inherent open active sites as electrocatalysts in aprotic Li-O₂ batteries[J]. ACS Applied Materials & Interfaces，2019，11（12）：11403-11413.

[251] Yin F X，Li G R，Wang H. Hydrothermal synthesis of α-MnO₂/MIL-101(Cr)composite and its bifunctional electrocatalytic activity for oxygen reduction/evolution reactions[J]. Catalysis Communications，2014，54：17-21.

[252] Yan M，Wang W P，Yin Y X，et al. Interfacial design for lithium-sulfur batteries：from liquid to solid[J]. EnergyChem，2019，1（1）：100002.

[253] Li C，Yang Q，Shen M，et al. The electrochemical Na intercalation/extraction mechanism of ultrathin cobalt（Ⅱ）terephthalate-based MOF nanosheets revealed by synchrotron X-ray absorption spectroscopy[J]. Energy Storage Materials，2018，14：82-89.

[254] Park J, Lee M, Feng D W, et al. Stabilization of hexaaminobenzene in a 2D conductive metal-organic framework for high power sodium storage[J]. Journal of the American Chemical Society, 2018, 140 (32): 10315-10323.

[255] Lu Y H, Wang L, Cheng J G, et al. Prussian blue: a new framework of electrode materials for sodium batteries[J]. Chemical Communications, 2012, 48 (52): 6544-6546.

[256] Wang L, Lu Y H, Liu J, et al. A superior low-cost cathode for a Na-ion battery[J]. Angewandte Chemie International Edition, 2013, 52 (7): 1964-1967.

[257] You Y, Wu X L, Yin Y X, et al. High-quality Prussian blue crystals as superior cathode materials for room-temperature sodium-ion batteries[J]. Energy Environmental Science, 2014, 7 (5): 1643-1647.

[258] Wu X Y, Deng W W, Qian J F, et al. Single-crystal FeFe(CN)₆ nanoparticles: a high capacity and high rate cathode for Na-ion batteries[J]. Journal of Materials Chemistry A, 2013, 1 (35): 10130-10134.

[259] Yue Y F, Binder A J, Guo B K, et al. Mesoporous Prussian blue analogues: template-free synthesis and sodium-ion battery applications[J]. Angewandte Chemie International Edition, 2014, 53 (12): 3134-3137.

[260] Sun H Y, Zhang W, Hu M. Prussian blue analogue mesoframes for enhanced aqueous sodium-ion storage[J]. Crystals, 2018, 8 (1): 23.

[261] Lee J H, Ali G, Kim D H, et al. Metal-organic framework cathodes based on a vanadium hexacyanoferrate Prussian blue analogue for high-performance aqueous rechargeable batteries[J]. Advanced Energy Materials, 2017, 7 (2): 1601491.

[262] Lee H W, Lee H W, Wang R Y, et al. Manganese hexacyanomanganate open framework as a high-capacity positive electrode material for sodium-ion batteries[J]. Nature Communications, 2014, 5: 5280.

[263] Fang C, Huang Y, Yuan L X, et al. A metal-organic compound as cathode material with superhigh capacity achieved by reversible cationic and anionic redox chemistry for high-energy sodium-ion batteries[J]. Angewandte Chemie International Edition, 2017, 56 (24): 6793-6797.

[264] Huang Y, Fang C, Zeng R, et al. *In Situ*-formed hierarchical metal-organic flexible cathode for high-energy sodium-ion batteries[J]. ChemSusChem, 2017, 10 (23): 4704-4708.

[265] Dong C F, Xu L Q. Cobalt- and cadmium-based metal-organic frameworks as high-performance anodes for sodium ion batteries and lithium ion batteries[J]. ACS Applied Materials & Interfaces, 2017, 9 (8): 7160-7168.

[266] Zhang S Q, Li X Y, Ding B, et al. A novel spitball-like Co₃(NO₃)₂(OH)₄@Zr-MOF@RGO anode material for sodium-ion storage[J]. Journal of Alloys and Compounds, 2020, 822: 153624.

[267] Nishi Y. Lithium ion secondary batteries; past 10 years and the future[J]. Journal of Power Sources, 2001, 100 (1-2): 101-106.

[268] Zhang W L, Zhang F, Ming F W, et al. Sodium-ion battery anodes: status and future trends[J]. EnergyChem, 2019, 1 (2): 100012.

[269] Hwang J Y, Myung S T, Sun Y K. Recent progress in rechargeable potassium batteries[J]. Advanced Functional Materials, 2018, 28 (43): 1802938.

[270] Shannon R D. Revised effective ionic radii and systematic studies of interatomic distances in halides and chalcogenides[J]. Acta Crystallographica Section A, 1976, 32 (5): 751-767.

[271] Kim C, Hwang G, Jung J W, et al. Fast, scalable synthesis of micronized Ge₃N₄@C with a high tap density for excellent lithium storage[J]. Advanced Functional Materials, 2017, 27 (14): 1605975.

[272] Chen D C, Xiong X H, Zhao B T, et al. Probing structural evolution and charge storage mechanism of NiO₂Hₓ electrode materials using in operando resonance Raman spectroscopy[J]. Advanced Science, 2016, 3(6): 1500433.

[273] Yaghi O M, Li H L. Hydrothermal synthesis of a metal-organic framework containing large rectangular

channels[J]. Journal of the American Chemical Society，1995，117（41）：10401-10402.

[274] Zhang H B，Nai J W，Yu L，et al. Metal-organic-framework-based materials as platforms for renewable energy and environmental applications[J]. Joule，2017，1（1）：77-107.

[275] Chaikittisilp W，Ariga K，Yamauchi Y. A new family of carbon materials：synthesis of MOF-derived nanoporous carbons and their promising applications[J]. Journal of Materials Chemistry A，2013，1（1）：14-19.

[276] Chen Y M，Yu L，Lou X W. Hierarchical tubular structures composed of Co_3O_4 hollow nanoparticles and carbon nanotubes for lithium storage[J]. Angewandte Chemie International Edition，2016，55（20）：5990-5993.

[277] Li G H，Yang H，Li F C，et al. Facile formation of a nanostructured NiP_2@C material for advanced lithium-ion battery anode using adsorption property of metal-organic framework[J]. Journal of Materials Chemistry A，2016，4（24）：9593-9599.

[278] Xiao Y，Sun P P，Cao M H. Core-shell bimetallic carbide nanoparticles confined in a three-dimensional N-doped carbon conductive network for efficient lithium storage[J]. ACS Nano，2014，8（8）：7846-7857.

[279] Li C，Hu X S，Hu B W. Cobalt（Ⅱ）dicarboxylate-based metal-organic framework for long-cycling and high-rate potassium-ion battery anode[J]. Electrochimica Acta，2017，253：439-444.

[280] Li J P，Zhao H Y，Wang J W，et al. Interplanar space-controllable carboxylate pillared metal organic framework ultrathin nanosheet for superhigh capacity rechargeable alkaline battery[J]. Nano Energy，2019，62：876-882.

[281] Li C，Wang K，Li J，et al. Nanostructured potassium-organic framework as an effective anode for potassium-ion batteries with a long cycle life[J]. Nanoscale，2020，12（14）：7870-7874.

[282] Zhao S Q，Dong L B，Sun B，et al. $K_2Ti_2O_5$@C microspheres with enhanced K^+ intercalation pseudocapacitance ensuring fast potassium storage and long-term cycling stability[J]. Small，2020，16（4）：1906131.

第5章

纳米 MOF 衍生物的合成

5.1 概论

尽管 MOF 在气体分离、储能、催化等领域得到了广泛应用，然而其本身的缺陷，特别是不稳定性，严重限制了 MOF 材料进一步的推广和应用[1-7]。MOF 结构中的无机金属构筑块（SBU）与多齿有机配体间由配位键相连，相比于构成其他多孔材料的离子键（如沸石分子筛）或共价键（如活性炭）等，配位键键能较低，导致 MOF 结构较为脆弱，化学稳定性较差，特别是对水和湿气较为敏感。相当一部分常见 MOF 在潮湿空气或水中迅速分解坍塌而失去其多孔晶态结构，如 MOF-5、Mg-MOF-74、HKUST-1 等；即便是对纯水和湿气较为稳定的 MOF，也很难同时兼顾在强酸性溶液或强碱性溶液中的稳定性，例如，ZIF-8 在强碱性条件下可保持稳定，但极易溶于酸性溶液，而 Cr-MIL-101、Ti-MIL-125、UiO 系列等高价金属构成的 MOF 结构则可在强酸性条件下长期保持稳定，但易溶于碱性溶液。这种不稳定性严重限制了 MOF 在光催化、电催化和生物领域的应用，在这些应用中广泛存在水系和非中性反应介质。此外，晶态 MOF 大部分属于宽禁带半导体材料，导电性较差，作为电极材料时阻抗极高，也限制了晶态 MOF 材料在电化学领域的使用。

以 MOF 为模板和前驱体制备衍生纳米材料是对上述困境的有效解决方案[8-15]。MOF 本身同时含有金属元素和有机组分，可同时作为金属源、碳源和掺杂组分源；同时，其本身的规则多孔骨架结构也可一定程度上被所得衍生材料继承，从而起到模板剂的作用。以 MOF 作为多功能自牺牲模板剂和前驱体，可得到种类丰富的衍生纳米材料，包括多孔碳材料，金属氧化物、金属氢氧化物、金属硫化物、金属磷化物、金属氮化物等金属化合物，金属/金属化合物-碳纳米复合材料，碳负载单原子分散金属纳米材料等。相比于作为其前驱体的 MOF，这些衍生材料具有显著更高的稳定性（特别是水稳定性），且部分继承了原始 MOF 的众多优点：高比表面积、可修饰孔道结构、结构/组成高度可控、组分分散均匀等。此外，作为前驱体的原始 MOF 材料大多由过渡金属元素如 Fe、Co、Ni、Mn、Cu 等构成，通过选择和修饰有机配体也很容易引入无机掺杂元素如 N、P、S、Cl 等，这类元素通常对于催化体系是必需的，而利用 MOF 本身元素、组分的原子级均匀分布，可实现所得衍生材料中有效活性组分的纳米级甚至原子级均匀分布。对于 MOF 本身难以实现的组分调控，还可进一步利用 MOF 的多孔结构，在其孔道中引入额外的客体分子作为第二前驱体进行辅助合成，以获得更高的比表面积和更加复杂多样的结构/形貌/组分调控。因此，相比于其母体 MOF 材料，以 MOF 为前驱体制备的纳米衍生材料往往具有更丰富的结构与组成、更好的稳定性以及更高的性能。

时至今日，以 MOF 为前驱体和多功能复合模板剂制备纳米衍生物已经成为一种成熟的纳米材料制备方法。相比于传统方法往往得到无孔的纳米材料，MOF 模板法具有以下优势：①合成方法简单，操作方便，无需额外模板；②有序多孔结构，孔径、孔结构可调，有利于质量输运和活性位点传质；③高比表面积，高暴露活性位点密度；④形貌继承于 MOF 前驱体，颗粒尺寸可调；⑤易于进行杂元素掺杂，掺杂元素高度均匀分布，可有效调控局部电子结构；⑥通过 MOF 前驱体结构设计精确调控反应活性位点，有利于建立明确的构效关系和进行机理研究。基于上述优点，具有高比表面积、高稳定性、结构组成高度可调的 MOF 衍生纳米材料在气体存储与分离、催化、储能等领域均表现出巨大的研究和应用潜力。

以 MOF 为前驱体制备纳米衍生物的方法，大致可分为两大类：热化学法（干法）和湿化学法（湿法），其中以热化学法最为常用。热化学法通过高温热处理，将 MOF 前驱体转化为相应的纳米衍生物，通过选择合适的前驱体以及反应过程参数（如煅烧气氛、煅烧温度/时间、加热速率等），可有效调控所得衍生物的结构、组成参数。经高温热处理后，原本的 MOF 骨架结构发生坍塌转化，但其多孔结构和高比表面积则可部分得到保留，从而使所得衍生物部分继承原始 MOF 的相应性质，表现出不同于传统方法制备的纳米材料的结构与性能。湿化学法则通过溶液相反应，直接将 MOF 转化为相应的衍生物，过程中往往需要水热/溶解热、强酸/强碱、超声/微波等辅助手段或添加剂进行辅助。相比于热化学法，湿化学法反应过程更为复杂，还涉及产物分离提纯等问题，其应用范围没有热化学法广泛。

根据实验条件以及 MOF 与相关物质的作用，可将热化学法进一步细分为四类：直接热解法、客体包覆热解法、基底辅助热解法、湿化学法结合热解法。本章仅对相应方法及其原理进行简要介绍，具体报道案例详见后续章节。

5.1.1　直接热解法

直接热解法是制备 MOF 衍生纳米材料的最简单、最直接的方法。通过将 MOF 前驱体直接在高温下煅烧，一步得到产物，无需分离提纯，步骤简单，易于操作与量产，是最早和最普遍应用的方法。最典型的直接热解法为将 MOF 前驱体在保护性气氛（如 Ar、N_2）下煅烧，其中 MOF 的有机部分碳化分解形成多孔碳基底，而其金属组分则经历不同过程得到保留或去除。若选取低沸点的金属（以金属 Zn 为代表）构成的 MOF 为前驱体，在煅烧过程中，金属往往全部或大部分挥发，得到纯碳或金属单原子掺杂碳材料；对于难以通过挥发去除的金属，也可通过后续酸碱刻蚀等方法去除，如 Al 等；具有活性的过渡金属组分则往往得到保留，如 Co、Ni、Fe 等，这些金属在高温惰性气氛下被 MOF 分解放出的还原性组分，如 H_2、CO 或碳基底等原位还原，得到金属态纳米颗粒；另外，一些难以还原或刻蚀的金属如 Zr、Ti 等则多以对应氧化物纳米颗粒的形式分散于多孔碳基底中。以保护性气氛煅烧可以得到的 MOF 衍生纳米材料包括多孔碳材料以及金属/金属氧化物负载多孔碳、单原子分散金属位点负载多孔碳等金属-碳复合材料。

另一种典型的直接热解法为将 MOF 在空气或氧气中高温煅烧，直接将其转化为对应的金属氧化物。在这一过程中，MOF 的有机组分完全或部分分解挥发，所得衍生物材料不含或仅含极少量碳，但其燃烧过程中产生的大量气体起到了动态软模板的作用，使得所得金属氧化物具有丰富的多孔纳米结构。由于通过其他方法很难制备具有较高比表面积的金属氧化物纳米材料，该方法具有其独特的优势。

此外，在煅烧过程中提供额外的第二反应物（如尿素、硫粉、次磷酸钠等）或特殊反应气氛（如 NH_3、H_2S、PH_3 等），则可能将金属组分转化为对应的氮化物、硫化物、磷化物等金属化合物，进一步拓展该方法的应用。值得一提的是，这一过程也可能对碳基底的形成过程产生一定影响（如 NH_3 气氛煅烧会腐蚀碳基底）。此外，金属转化反应所需的反应温度通常远低于 MOF 碳化所需温度，因而虽然可以与 MOF 煅烧同时一步反应完成，但往往将其分为两步进行，也既先通过直接热解 MOF 得到对应衍生物，再经第二步热处理进一步转化为相应的最终产物。

5.1.2　客体包覆热解法

MOF 本身受其种类和结构的限制，对于产物的结构与组成的调控具有一定的局限性，而这点可以通过 MOF 丰富的多孔结构来弥补。通过在 MOF 的孔道中包覆额外的客体分子，可以为纳米材料的合成提供丰富的多样性和灵活性。由 MOF 直接热解得到的纳米材料受制于其本身金属与有机配体的比例等，可能具有活性位点暴露差、金属活性颗粒尺寸较大、碳基底掺杂程度低等缺陷，均可通过引入客体来相应改进；此外，对于一部分难以通过 MOF 本身引入的元素，如 Pt、Au、Pd 等没有相对应的 MOF 或对应 MOF 难以合成的贵金属元素，以及 B、Se、Te 等难以引入有机配体上的无机元素，也可通过引入客体分子来实现负载。

客体可用于提供额外的碳源，从而改善所得纳米衍生碳材料的性质，包括产量、孔道结构、比表面积等。MOF 热解碳化过程中，有机配体分解放出大量气体，一方面为多孔碳基底的形成提供了软模板，另一方面却导致了质量大量流失，其结果是产物产率较低（往往低于 MOF 前驱体质量的 50%），特别是对于羧酸配体构筑的 MOF，在热解过程中发生脱羧反应放出大量 CO_2 气体，导致产物中的有效含碳量大幅降低，进而导致金属活性中心团聚，活性表面积下降，活性位点被阻碍，最终影响各类应用中的性能表现。通过在孔道中引入作为第二碳源的客体分子，可有效提高残炭率和产率以及比表面积，第二碳源应选用含碳量高、高温失重少的分子，典型代表为糠醇。热解 MOF 前驱体制备多孔碳材料的研究最早可追溯到 2008 年，Xu 等首次以 MOF-5 为模板和前驱体，在其孔道中引入客体糠醇作为第二碳源，制得 BET 比表面积高达 $2872m^2/g$ 的多孔活性炭材料[16]，并随后将相同策略应用于 ZIF-8[17]，在引入糠醇和氨水作为客体煅烧后，得到具有高 BET 比表面积和高氮含量的多孔碳材料，在 CO_2 吸附和 ORR 催化中表现出良好的性能。

客体也可作为额外的掺杂元素源和形貌调节剂。较为常见的应用为通过添加富氮客体为碳基底提供额外的氮掺杂，常用客体为各类含氮量较高的小分子如尿素、双氰胺等。值得一提的是，由于这类客体分解过程中往往放出大量气体，通常也可同时作为造孔剂，为所得碳基底制造联通孔道结构，提升质量输运效率。Zou 等通过双溶剂法在 Al-MIL-101-NH$_2$ 孔道中负载 Fe 盐与双氰胺客体，经过高温煅烧和酸蚀去除金属颗粒，得到具有蜂窝状多孔结构和原子级分散 Fe-N$_x$ 位点负载的多孔碳材料，在电催化应用中表现出优异的性能[18]。通过相似的策略，在同一 MOF 孔道内引入 Co 盐与硫脲客体，经过类似的后处理后，得到同样具有蜂窝状多孔结构的多孔碳负载 Co_9S_8 纳米颗粒复合材料，表现出接近 Pt 的 ORR 催化性能[19]。有机小分子客体的引入对于诱导形成蜂窝状结构不可或缺，该类结构具有丰富且高度暴露的活性位点、高效的电解液和气体输运通道以及良好的基底导电性，因而表现出优异的催化活性。在煅烧过程中，双氰胺、硫脲等客体分解放出大量气体，一方面诱导形成了高度多孔的蜂窝状结构，另一方面在所得碳基底中引入大量 N、S 等掺杂元素，进一步提升了活性位点密度，同时起到了掺杂元素源和结构导向剂的作用。

此外，通过客体分子引入 MOF 中本身不含有的金属元素也是较为常见的方法，在后续章节中将具体介绍相关实例。

5.1.3 基底辅助热解法

为了拓展 MOF 热解法的应用范围，将 MOF 与其他材料结合是一种有效策略。由于 MOF 本身大多为粉末状材料，将其与基底材料相结合可直接得到薄膜材料，更加便于应用。此外，基底本身的独特性能还可进一步提升或弥补 MOF 自身的特点。在已有报道中，MOF 与众多基底材料如泡沫镍（NF）、氧化石墨烯（GO）、碳纳米管（CNT）、碳布（CC）、碳纤维纸（CFP）等相结合后再经过煅烧，得到种类丰富的功能薄膜材料。以薄膜直接进行应用有利于材料的回收，且活性位点高度分散于基底表面，可有效提升稳定性；对于特定应用如电化学催化与储能，导电基底负载可弥补 MOF 本身导电性差的缺陷，大幅提高界面电荷转移效率。

除直接负载 MOF 粉末外，基底的存在还能一定程度上诱导 MOF 的定向生长，得到特定形貌的复合物，如纳米线阵列、纳米片阵列、纳米花等。相比于无序密集生长的 MOF 纳米晶薄膜，具有规则的取向结构的纳米阵列可提供高效连通的质量输运通道，有利于电解液扩散和活性位点暴露，从而获得更高的性能；纳米阵列与基底间较强的相互接触有利于降低界面转移电阻，从而进一步提高导电性和电化学性能。此外，这类结构通常具有更高的机械强度，对于整体复合结构的稳定性至关重要，在使用中不易因脱粉等原因失活。

5.1.4　湿化学法结合热解法

将湿化学法与热解法相结合，可得到通过单一方法不易得到的产物及结构。该类方法更加灵活，可先在溶液相将 MOF 进行预处理，得到部分保留 MOF 结构或形貌的中间产物，再通过热解转化为稳定性高的最终产物。然而，由于金属硫化物相结构复杂，通过溶液方法得到的硫化物往往是多相产物的混合，或是非晶态无定形产物，稳定性差。随后通过进一步高温处理，可以提高结晶度和稳定性，提高性能。另一个代表为制备金属磷化物。Zou 等以 ZIF-67 纳米颗粒为前驱体，首先通过溶剂热处理将其转化为空心水滑石（LDH）纳米笼，再通过热处理磷化，得到了具有复杂分级结构的 CoP 空心纳米笼，其中 CoP 纳米颗粒堆积构成超薄纳米片，再进一步构成纳米笼，具有纳米颗粒-纳米片-纳米笼和微孔-介孔-大孔两层意义上的分级结构，在电化学合成氨反应中表现出优秀的催化活性[20]。

值得一提的是，上述几种方法间不存在明确的界限，根据面向应用的不同需求，通过灵活调控前驱体结构和组成以及转化过程，从而得到结构/组成丰富可调的纳米衍生物，正是 MOF 衍生材料的最大优势之一。以下将对纳米 MOF 衍生的碳材料、金属化合物材料、金属或金属化合物/碳复合材料，以及碳负载单原子金属材料的设计合成进行详细介绍。

5.2　纳米 MOF 衍生碳材料的合成

多孔碳是最重要的多孔材料之一，在人类社会中的应用有着悠久的历史。近年来，随着纳米技术的兴起，具有高比表面积、可控孔道结构和丰富的化学修饰的新型纳米多孔碳材料在能源存储与转化、环境、催化等领域均得到了广泛的应用。对于纳米多孔碳材料，其孔径可从大孔到微孔进行调节，通过模板法等方法可构筑均匀规则的连通孔道，比表面积可高达 $1000\sim3500m^2/g$（BET 模型）。碳材料还具有其独特的优势，如高导电性、高化学/热稳定性、优秀的气体吸附与分离性能等。此外，还可引入额外的掺杂元素如 N、S、P、B 等，或修饰以特定官能团（如氧化处理修饰—COOH、—OH 等），从而改善碳材料的导电性、亲疏水性、化学选择性等，进一步提升吸附、催化、储能等性能，拓展其应用领域。

碳材料的制备有多种方法，包括直接煅烧法、软模板法、硬模板法等，其中通常涉及一系列碳化热解和活化过程。模板法往往还需要额外的模板合成与去除步骤，以硬模板法制备规则介孔碳为例，首先需合成作为硬模板的规则介孔氧化硅基底（如 SBA-15），随后引入碳源（如蔗糖等），经煅烧碳化获得多孔碳，随后以 HF 等腐蚀剂将基底刻蚀去除，还需经过后续的清洗、干燥、活化等过程，得到纯净的活性多孔碳材料。这类方法虽然工艺成熟，但步骤复杂，操作烦琐，需要大量额外的化学试剂，尤其是通常需要使用高毒性、高腐蚀性的 HF，具有潜在的环境污染和健康危害风险，同时也导致生产成本高，难以大规模量产。因此，MOF 模板法作为一种新颖的制备多孔碳材料的方法，具有其独到的优势：①步骤简单，利于量产，MOF 本身既作为自牺牲模板，又作为碳源，无需引入额外的模板和碳源，往往一步或两步就可以得到干燥、纯净的活性炭材料，省去了复杂的模板合成、刻蚀、清洗、活化等步骤；②由于 MOF 本身结构高度规整可控且成分已知，不同于生物质等其他常见碳源，以 MOF 为前驱体制备碳材料具有重复性好、结构组成和性能稳定的优点；③孔道结构规则可控，通过调节原始 MOF 中有机配体的长度、选择不同拓扑结构的 MOF 骨架等手段可精确调控所得碳材料中的孔径、孔体积、孔形状等，由于部分继承原始 MOF 的规则骨架结构，所得碳材料通常具有较为均一的孔径分布；④功能基团和活性位点丰富，通过选择和修饰前驱体 MOF，很容易在碳材料中引入各种掺杂元素和功能基团，而无需额外的修饰、掺杂步骤。

本节将着重介绍以 MOF 为前驱体制备无金属碳材料的相关研究成果，其中最典型的代表是氮掺杂碳材料。以类似方法也可制得金属、金属化合物和单原子金属位点负载的碳复合材料，这部分内容将在后续章节详细介绍。

5.2.1 前驱体选择

为得到合适的碳材料，关键的 MOF 前驱体选择尤为重要。MOF 前驱体的拓扑结构、孔径、颗粒尺寸与形状、元素组成等都会直接影响所得碳材料的各项性质。由于 MOF 组成中含有金属成分，如何将其去除以得到纯净的碳材料是合成过程中所需要考虑的，通常可通过两种方法实现：①选择 Zn 基 MOF 前驱体，经过高温煅烧，利用金属 Zn 较低的沸点（908℃），在高温下将原位还原生成的金属 Zn 直接挥发得到纯碳材料（通常高于 950℃），这一过程中，金属 Zn 在挥发的同时也作为造孔剂活化碳基底，产生大量纳米级孔道；②先煅烧，再通过酸蚀等方法去除残留金属成分，常用硫酸、盐酸等，对于较难溶解的金属如 Al 等则需用 HF 等腐蚀剂。相比之下，两种方法各有优劣：以 Zn 基 MOF 为前驱体煅烧通常能够得到较为纯净的碳材料，但限制了可供选择的 MOF 种类，灵活性有限；煅烧-溶解的两步反应需要额外的后处理步骤，合成流程变得复杂，且产生额外的废液废料，特别是可能需要使用高毒性的 HF 等试剂，从经济和环保两个角度均不如前者，但适用性较为广泛，可应用于绝大多数 MOF 材料。

目前已报道的用作前驱体的 MOF 种类较多，其中较为常见和典型的有 MOF-5、ZIF-8、HKUST-1、ZIF-7、MIL-53、MIL-101 等。在一项早期研究中，Cendrowski 等则使用 MOF-5 为前驱体于氩气气氛下直接煅烧，通过控制煅烧温度可得到不同比表面积的碳材料。当煅烧温度从 700℃升高到 900℃时，由于煅烧温度升高，颗粒团聚倾向增加，所得碳材料比表面积从 $2524m^2/g$ 降低至 $1892m^2/g$[21]。Kim 等研究了一系列非多孔 Zn-MOF 的直接煅烧产物，发现这些无孔的前驱体经过煅烧均可得到高度多孔的纳米碳材料，且所得产物的比表面积与前驱体 MOF 中的 Zn/C 原子比例具有一定的线性关系，表明了金属 Zn 在形成纳米孔道结构中的重要作用[22]。目前以纯 MOF 为前驱体制备超高比表面积多孔碳的代表之一为 Hu 等的工作，他们以 Al-PCP 为前驱体，经过煅烧和后续去除残余 Al，所得多孔碳 BET 比表面积高达 $5500m^2/g$（图 5-1）[23]。此外，不仅局限于结晶态 MOF，前驱体可进一步拓展至非晶态/半晶态的金属有机凝胶（metal-organic gels，MOG），这类结构内部通过不规则的配位网络以及大量氢键和分子间作用力构成多孔骨架。Zou 等报道了一种以可量产的 Al-MOG 大批量生产高比表面积多孔碳的策略，所得碳材料的比表面积可达 $3770m^2/g$，同时孔体积高达 $2.62cm^3/g$，且具有丰富的大孔/介孔以及继承自 Al-MOG 的分级孔道结构[24]。

受限于 MOF 本身的金属-碳比例，使用纯 MOF 作为前驱体对所得碳材料的结构与组成调节能力有限，而煅烧和刻蚀过程中的质量损失导致产率较低也是一个需要克服的缺陷。为此，引入额外的第二碳源可有效提高产率，同时提高产物的比表面积等性质。第二碳源可以为其他可热解碳化的小分子如糠醇、葡萄糖、蔗糖等，也可以直接使用其他碳材料如 GO、碳纳米管、碳气凝胶等。早期 Xu 等使用糠醇作为第二碳源，通过化学气相沉积法或溶液浸渍法将其引入 MOF 的孔道中，通过低温（200～300℃）首先使糠醇发生预聚合，进而升高温度进行碳化处理，最终得到高产率、高比表面积的多孔碳材料[16]。Jiang 等通过煅烧糠醇负载的 ZIF-8 得到了 BET 比表面积高达 $3067m^2/g$ 的氮掺杂多孔碳材料[17]。Cao 等以 ZIF-7 和

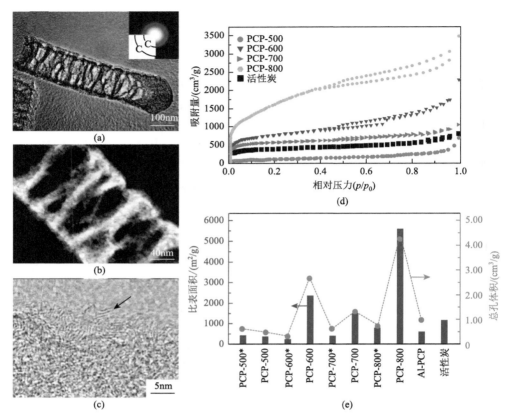

图 5-1 Al-PCP 在 800℃煅烧 HF 酸洗前产物的明场透射电子显微镜图像（右上角插图为对应的电子衍射图像）（a）、暗场透射电子显微镜图像（b）和高分辨透射电子显微镜图像（c）；（d）不同温度煅烧 MOF 获得的碳材料的 N_2 吸脱附等温线；（e）获得样品的比表面积和孔体积的总结对比图（*代表 HF 酸洗前的样品）[23]

葡萄糖的混合物为前驱体，于 950℃下煅烧得到了氮掺杂多孔碳材料[25]。其研究结果表明，引入额外碳源对于辅助 Zn 离子还原、提高产物石墨化程度具有重要作用。Xia 等以 ZIF-67/石墨烯气凝胶为前驱体，经过煅烧和酸蚀处理后，得到了具有独特形貌的卷曲碳壳-石墨烯气凝胶碳材料（图 5-2）[26]。在煅烧过程中，由于石墨烯表面的高导热性，MOF 纳米颗粒仿佛"熔化"一般沿着石墨烯表面分解并扩散，原本尺寸达上百纳米的 MOF 颗粒经过煅烧后分解为尺寸不足 50nm 的碳壳包裹 Co 纳米颗粒均匀分散于石墨烯表面，经过进一步酸蚀后，颗粒内部的金属 Co 被去除，而外层的碳壳则由于缺乏支撑而卷曲。在该结构中，高度石墨化的石墨烯基底与富含缺陷、活性位点丰富的卷曲碳壳紧密结合，兼具高比表面积、高导电性、高稳定性和优秀的电化学活性，具有独特的优势和应用价值。

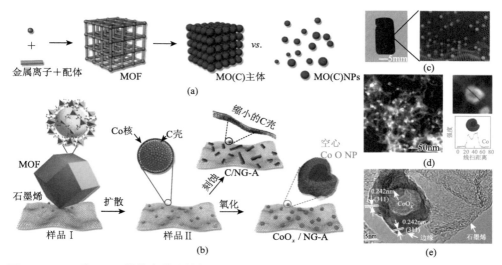

图 5-2　（a）将 MOF 转化为单分散的金属氧化物纳米颗粒；（b）CoO$_x$/NG-A 和 C/NG-A 的形成示意图；（c）CoO$_x$/NG-A 的照片和结构示意图；（d）CoO$_x$/NG-A 的高角度环形暗场扫描透射电子显微镜图和 Co$_3$O$_4$ 的能量分布图；（e）CoO$_x$ 中 Co$_3$O$_4$ 相的高分辨 TEM 图像[26]

5.2.2　形貌控制

　　形貌调控对于各类应用均有重要意义。经过优化的纳米形貌可提供更高效的扩散与质量输运通道，提高化学活性位点暴露，降低界面阻抗，甚至特殊形貌本身也可作为物理催化剂改变局部势能分布。由于多孔碳材料本身并非致密，而是具有疏松多孔的内部结构，因此对其形貌调控包括了材料整体的外部形貌，以及内部的孔道结构尤其是分级多层结构两方面。

　　以 MOF 为前驱体通过煅烧制备得到的碳材料可部分继承原始 MOF 的颗粒形貌和孔道结构。Peng 等以多面体型 Zn-PBAI MOF 为前驱体，通过高温煅烧和 HF 刻蚀制备了多孔碳多面体材料[27]。Zn-PBAI 由金属 Zn 离子与 T 型配体 PBAI[5（4-吡啶-4-苯甲酰氨基）间苯二甲酸]构成，其中 6 个 Zn 离子与 6 个 PBAI 配体构成一个八面体型超分子构筑单元，这一多孔笼状结构在煅烧中得到部分保留，所得多孔碳材料比表面积可达 1254m^2/g。Li 等以室温制备的 Zn-BTC MOF 纳米棒为前驱体，制备得到具有规则孔道结构的碳纳米棒，比表面积高达 1700m^2/g，且合成过程中无需额外的表面活性剂和形貌控制剂（图 5-3）[28]。

　　除多孔碳本身的微孔和介孔外，构筑分级结构可进一步丰富碳材料的结构与功能多样性。Zhang 等成功利用化学刻蚀法制备得到空心 MOF 纳米颗粒，进一步煅烧得到空心碳纳米泡结构[29]。他们以 ZIF-8 纳米颗粒为前驱体，以鞣酸作为腐蚀剂刻蚀得到空心 MOF 颗粒，进一步在 N$_2$ 气氛下高温煅烧，并通过 HCl 酸洗去除残留的金属 Zn，最终得到的空心碳纳米泡具有两级分级结构，由厚约 10nm 的

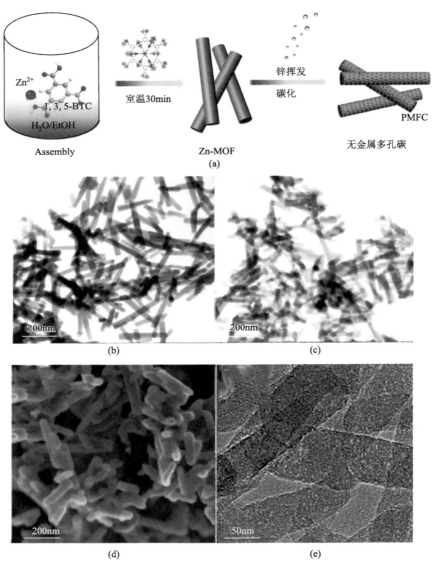

图 5-3　（a）PMFC 的制备过程示意图；Zn-BTC（b）和 PMFC（c）的 TEM 图像；PMFC 的
SEM 图像（d）和 TEM 图像（e）[28]

多孔碳壳构成 60nm 左右的空心纳米泡，而多孔碳壳则含有孔径约 2nm 的微孔以
及大量介孔。值得一提的是，对于本身高度多孔的材料如 MOF、多孔碳等，构筑
空心结构并不能显著提高其比表面积，反而可能造成地表面积降低。在本例中，
空心碳纳米泡的比表面积为 700m^2/g，低于相应的实心碳纳米颗粒（900m^2/g），但
其特殊的结构使其表现出独特的电化学性能，远远优于实心碳颗粒。Wang 等通

过引入客体分子对煅烧过程进行诱导，以 HKUST-1 系列 MOF 为前驱体，只需改变前驱体 MOF 和所用客体分子的种类，即可得到一系列具有类似硅藻结构的纳米分级结构，具有二到四级不同的精细分级结构，这一策略可在备选 MOF 种类有限的前提下大幅拓展可能的衍生碳材料结构（图 5-4）[30]。

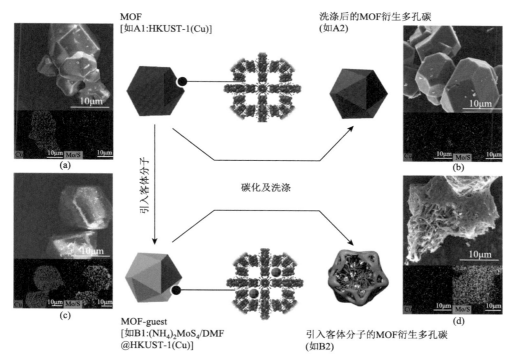

图 5-4　（a）A1（HKUST-1 颗粒）的二次电子 SEM 图像及元素分布能谱；（b）A2（800℃氩气中高温碳化 HKUST-1 得到的多面体碳颗粒）的二次电子 SEM 图像及元素分布能谱；（c）B1((NH₄)₂ MoS₄/DMF@HKUST-1(Cu)MOF 负载客体材料)的二次电子 SEM 图像及元素分布能谱；（d）B2（将 B1 在 800℃氩气中高温碳化得到的碳基纳米纤维网）的二次电子 SEM 图像及元素分布能谱[30]

以 MOF 衍生碳作为基础，进行进一步的物理化学处理，可能得到更加多样的碳材料。Xu 等报道了一种策略，以棒状 MOF（MOF-74）为前驱体，通过煅烧得实心的一维碳纳米棒，经过超声处理和化学活化，再次热处理后可剥离得到 2～6 层原子层的石墨烯纳米带。该策略是一种自模板法，无需催化剂，步骤简单，可实现工业级大批量生产碳纳米棒和石墨烯纳米带[31]。

5.2.3　掺杂控制

单纯的碳材料缺乏化学活性位点，在需要特异性化学作用的应用中表现欠佳。以理想的单层石墨烯平面为例，其势能面均匀分布，缺乏起伏，因而在催化、吸附等应用中难以有效应用。在碳结构中引入额外的掺杂元素是一种常见的改性策略，可有效提高碳材料的物理、化学、电化学性质。掺杂元素包括 N、P、S、B、O 等，可同时含有其中一种或多种，几种掺杂元素间也可能产生协同作用，进一步促进性能提升。其中，最典型的掺杂碳材料为氮掺杂碳，以及在此之上的双元素、三元素共掺杂碳。

　　氮掺杂碳是如今碳材料的一大分支，在催化、吸附、电化学等领域表现出巨大的应用前景。根据掺杂氮原子在碳基底中存在的不同形式，可将其分为吡啶氮、吡咯氮、石墨氮、氧化氮等几类，对于不同的应用，不同种类的掺杂氮原子所起到的作用有所不同，例如，对于大部分电化学催化反应，通常认为吡啶氮及其周围位点起主要催化作用。相比于其他方法需额外引入氮源，以 MOF 为前驱体的模板法具有独特的优势，选用结构中本身含有 N 元素的 MOF 即可实现一步引入氮掺杂。MOF 中的氮主要来源于含氮配体，如吡啶、咪唑类氮配位配体，以及侧链的氨基等含氮官能团。其中，应用最为广泛的是 ZIF-8 模板法。ZIF 系列为金属离子与咪唑类配体配位构成的 MOF，具有极高的含氮量，在煅烧过程中大量氮得到保留，可直接得到氮掺杂碳，且煅烧过程中失重相对较少，产率较高，而 ZIF-8 则为其中合成最为简单、形貌尺寸调控最为方便的代表。根据煅烧温度、时间、气氛，原始 ZIF-8 的颗粒尺寸、形状与合成方法不同，由 ZIF-8 衍生得到的氮掺杂碳材料性质略有不同，尤其是其中的含氮量与氮的掺杂形式有所区别，在各类应用中表现出不同的性质。一般来说，较高的煅烧温度和较长的煅烧时间有利于提高产物石墨化程度，从而提高其结晶度与导电性，但这样也会降低氮含量，同时促使化学活性高但不稳定的吡啶氮、吡咯氮向更加稳定但活性较低的石墨氮转化。因此，在实际应用中，需要根据具体情况在两者间进行平衡。

　　Zhao 等提出一种使用含氮量更高的高能 MOF 为前驱体通过孔扩张构筑具有高孔隙率氮掺杂碳的新策略[32]。通过溶剂辅助配体交换法，ZIF-8 纳米颗粒被转化为三唑配体构筑的高能 MOF，在煅烧过程中，三唑配体在高温下分解，瞬间放出大量气体，使整个碳骨架发生爆炸式的膨胀扩张，得到具有高孔隙率、高孔体积和兼具微孔、介孔、大孔分级孔道结构的三维联通碳骨架。这种三维联通结构相比于孤立的纳米颗粒可提供更高的整体导电性，同时分级结构提供了大量扩散通道和暴露的活性位点，表现出远高于 ZIF-8 衍生碳的催化活性。

　　除本身含氮的 MOF 外，也可通过引入额外的氮源来实现氮掺杂。Pandiaraj 等以 MOF-5 为前驱体，通过两步煅烧法得到氮掺杂多孔碳材料。首先将 MOF-5 前驱体于 1000℃ 高温煅烧，得到去除金属的多孔碳，再加入三聚氰胺作为额外氮源进行二次煅烧，最终得到氮掺杂多孔碳[33]。二次煅烧过程中，三聚氰胺受热分解原位生成 g-C_3N_4 并均匀掺杂于多孔碳骨架中，进一步于高温下向碳骨架内部扩散，最终得到含氮量高达 7% 的氮掺杂多孔碳。Zhang 等以 MOF-5 和尿素分别作为碳源和氮源，以 Ni 作为石墨化催化剂，通过较为复杂的三步热解法得到了氮掺杂石墨态多孔碳与碳纳米管的复合碳材料，兼具高比表面积、高含氮量、高石墨化度和精细纳米结构（图 5-5）[34]。

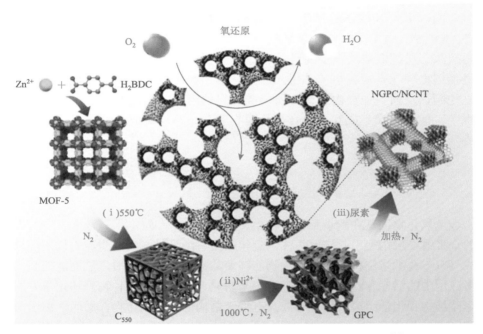

图 5-5　从 MOF-5 到 NGPC/NCNT 的逐步结构演化示意图[34]

除单一的氮掺杂外，还可在碳基底中引入额外的掺杂元素如 B、S、P、O 等。在多孔碳中掺杂多种具有不同电负性的杂原子，可以有效打破电中性的碳表面，实现表面电荷的重新分布。相比于单一的掺杂元素，多种元素共掺杂可产生协同效应，进一步改善基底碳材料的物理与化学性能。Wu 等以 ZIF-8 为前驱体，在鞣酸辅助下实现了同步的表面功能化与部分刻蚀，并引入对苯二硼酸（BDBA）作为硼源，经煅烧后得到了 N/B 共掺杂的空心碳纳米材料[35]。Asif 等以 Fe-MOF 纳米颗粒与聚乙烯吡咯烷酮 PVP 复合物为前驱体，通过煅烧和刻蚀得到空心纳米薄壳堆积而成的 S/N 共掺杂碳材料，由于大量掺杂位点的存在，该材料具有独特的结构特征，其碳基底中的石墨碳层间距（0.375nm）显著高于由纯 PVP 经煅烧制备的碳材料（0.34nm）以及其他类似材料，表现出优异的电化学储能性质[36]。此外，以 MOF-5 为前驱体，通过引入尿素和二甲基亚砜分别作为额外的氮源和硫源，同样可得到 S/N 共掺杂碳材料，且 S、N 掺杂量及两者比例可相对独立调节[37]。

Cao 等通过后合成修饰法在 UiO-66-NH$_2$ 的氨基侧链上修饰以有机含磷基团,并通过煅烧得到了一系列 P/N 共掺杂多孔碳材料[38]。

引入同时含有多种掺杂元素的第二前驱体可实现三种以上元素的多元掺杂。Ma 等在 ZIF-67 纳米颗粒外包覆环三磷腈-磺酰对二苯酚共聚物,并通过后续的煅烧与酸蚀处理,得到了 N、P、S 三元共掺杂的多孔空心碳壳纳米材料[39]。此外,同时引入多种分别含有一种掺杂元素的前驱体也可实现多元共掺杂。Li 等在 MOF-5 孔道中同时包覆双氰胺、三芳基膦、二甲基亚砜分别作为氮源、磷源与硫源,通过煅烧法一步制得了 N、P、S 三元共掺杂多孔碳纳米立方体[40]。通过使用多种元素源各自单独引入掺杂元素,可实现每种掺杂元素的掺杂含量独立控制,从而更加自由地调控所得碳材料的组成,然而不同掺杂元素在煅烧过程中可能发生聚集或互相结合,从而导致分布不均匀或活性降低,需精确调控掺杂含量与比例。

5.3　纳米 MOF 衍生金属氧化物的合成

金属氧化物因其在能量存储和转换、传感器[41-45]、催化[46]、光电子[47, 48]等方面的众多潜在应用而引起广泛关注。近年来随着纳米技术的进步,人们发现设计合成具有多孔纳米结构的金属氧化物能够使其具有特殊的性质,进而能提高其在很多应用中的活性和稳定性[49-54]。近年来研究者们已采用多种物理和化学方法来从形貌结构和化学组成上设计合成具有纳米结构的金属氧化物,然而,由于成本高和(或)程序复杂,许多方法往往无法转化为工业规模[49, 50,55-59]。由于 MOF 具有高度可调的金属离子和有机配体,以及高度可控的孔隙率和比表面积,近年来很多研究者把研究方向集中在以 MOF 作为前驱体经过高温煅烧直接合成具有可控形貌结构和化学组成的金属氧化物纳米结构,以满足工业需要[9, 13, 14, 60, 61]。至今已有很多 MOF 衍生的多孔金属氧化物纳米结构被成功合成,包括铁氧化物、钴氧化物、镍氧化物、锌氧化物、铜氧化物、钛氧化物、铟氧化物等。以下将对以 MOF 为模板合成各种金属氧化物进行讨论总结。

5.3.1　铁氧化物

Fe-MIL-88B 是制备铁氧化物的一种常见的 MOF 前驱体。例如,Cho 等以其作为前驱体制备由小纳米颗粒组成的介孔纺锤状 Fe$_2$O$_3$[62]。在该工作中,研究者们通过溶剂热法合成了具有纺锤状结构的 Fe-MIL-88B,并依次通过氮气和空气煅烧处理的两步煅烧得到小纳米颗粒组成的介孔纺锤状 Fe$_2$O$_3$。研究发现先在氮气中对 Fe-MIL-88B 前驱体进行预处理再在空气中煅烧产生了多孔纺锤状 Fe$_2$O$_3$,其比表面积比直接在空气中煅烧 Fe-MIL-88B 得到的 Fe$_2$O$_3$ 要大,这表明了煅烧处理过程对 MOF 衍生金属氧化物的纳米结构有很大影响。在另外的工作中，Jiang 等以不同形貌的 MIL-53（Fe）作为前驱体，通过在氧气/氮气混合气氛中煅烧得到继承前驱体形貌的多孔 Fe_2O_3 材料[63]。具体地，他们通过不同量的乙酸作为 MOF 生长调控剂，得到板砖状、纺锤状和六棱柱状的 MIL-53（Fe），以它们作为前驱体也可得到板砖状、纺锤状和六棱柱状的 Fe_2O_3 纳米材料。Fe_2O_3 纳米纺锤也可以通过 MIL-53 和 Fe-MIL-88B 的混合物制得。混合的 MOF 前驱体在 550℃空气中热解，发现混合后的 MOF 前驱体最初的多面体形状发生了转变，逐渐转化为多孔纺锤状 α-Fe_2O_3 粒子组成的纳米球形颗粒[64]。

5.3.2　钴氧化物

　　ZIF-67 是制备多孔 Co_3O_4 最常用的钴基 MOF 前驱体[65, 66]。例如，Mobin 等通过在空气中 300℃一步煅烧 ZIF-67 前驱体得到了具有较高比表面积（150m^2/g）和孔隙率（0.1067cm^3/g）的多孔 Co_3O_4 纳米材料[67]。该材料作为电池性电极材料在超级电容器中有着可观的倍率性能和循环稳定性。ZIF-67 有一个优点就是形貌规则的 ZIF-67 纳米颗粒可通过硝酸钴和 2-甲基咪唑在室温或溶剂热条件下得到，十分简便高效。由 ZIF-67 纳米颗粒作为前驱体，一般通过煅烧处理便可得到多孔 Co_3O_4 纳米材料。常见的 ZIF-67 呈菱形十二面体状，所得的 Co_3O_4 一般会继承其前驱体的菱形十二面体形貌。Wen 等报道了一种在室温下在水系中合成 ZIF-67 菱形十二面体纳米颗粒的方法，并通过在空气中煅烧得到具有菱形十二面体形貌的空心多孔 Co_3O_4 纳米材料[68]。类似地，Lv 等合成了菱形十二面体形貌的空心多孔 Co_3O_4 纳米材料并把它用于硫化氢的催化发光传感应用中[69]。Yamauchi 等研究了煅烧处理的气氛和步骤对 ZIF-67 十二面体衍生多孔 Co_3O_4 纳米材料形貌结构的影响（图 5-6）。具体地，他们通过在 500℃的氮气中对 ZIF-67 进行初始煅烧，然后在 350℃的空气中进行额外的退火，通过这种分步煅烧法合成比表面积为 148m^2/g 的纳米多孔 Co_3O_4 多面体[66]。由此得到的 Co_3O_4 多面体表现出大的中孔比例，并伴随表面平均尺寸为 15～20nm 的纳米晶体。作为对比，没有在氮气气氛下前处理的情况下，衍生物的多孔多面体结构将被破坏。对于这个现象，Wang 等认为将 ZIF-67 在惰性氛围（N_2 或 Ar）下处理可以大大降低挥发分（如 CO_x 和 NO_x）的数量，否则这些挥发分将在空气中形成，从而可能导致框架坍塌[65]。在另一个工作中，研究者认为 ZIF-67 前驱体在 N_2 中的初始热处理对于保留 ZIF-67 的菱形十二面体形态是很重要的，因为在这个煅烧过程中产生的碳可能作为缓冲，从而有效地阻止了 ZIF-67 颗粒的进一步收缩[70]。除了菱形十二面体，很多研究者也报道了以具有立方体、圆盘状和二维片状的 ZIF-67 作为前驱体合成具有同样形貌的多孔 Co_3O_4 材料[71-74]。除了 ZIF-67，也有报道以其他钴基 MOF 作为前驱体合成多孔 Co_3O_4 纳米材料的工作。例如，Hu 等以 MOF-71 作为模板在 300℃空气中直

接热解制备介孔 Co_3O_4 纳米结构[75]。初始的 MOF-71 前驱体是在 DMF 和乙醇的混合物中，由硝酸钴和对苯二甲酸在 100℃溶剂热反应合成的。在 300℃下煅烧 MOF-71 前驱体，得到多孔的 Co_3O_4 产物，由小纳米颗粒组成，大小从几纳米到几十纳米不等，比表面积为 $59m^2/g$。

图 5-6　（a）以 ZIF-67 多面体为单一前驱体，热处理制备纳米多孔 Co_3O_4 的示意图；未经 N_2 预处理煅烧直接在 400℃（b）和 350℃（c）煅烧获得的 Co_3O_4 的 SEM 图像[66]

5.3.3　镍氧化物

Li 等报道了利用 Ni-MOF$[Ni_3(HCOO)_6]$为前驱体，通过在空气中 400℃煅烧 3h

得到的多孔 NiO 材料[47]。该材料由很多细小的 NiO 纳米颗粒堆积组成,具有约 $34m^2/g$ 的 BET 比表面积。用于电池性电极材料时,它表现出了出色的倍率性能和循环稳定性。Wang 等报道了以 Ni-MOF 为模板合成的 NiO 蛋黄-蛋壳结构(图 5-7)[77]。他们以镍基 MOF 微球为原料,在 500℃空气中直接煅烧可制备介孔 NiO 蛋黄-蛋壳结构。如此独特的蛋黄-蛋壳结构归因于热处理开始时镍基 MOF 的表面分解(由于沿径向从外部表面到内部核心存在较大的温度梯度)以及后续随热处理进行的 Ni-MOF 核的分解和收缩。更复杂的 NiO 蛋黄双壳结构由 Han 等报道[78]。他们利用溶剂热法合成了大小约为 500nm 的 Ni-MOF 微球,通过在空气中直接煅烧得到了 NiO 蛋黄双壳结构。在另外一个工作中,Zhai 等研究发现,利用不同配体的 Ni-MOF 作为模板,可以调控其衍生 NiO 材料的孔道结构,进而调控它们在碱性溶液中的储能性能[79]。

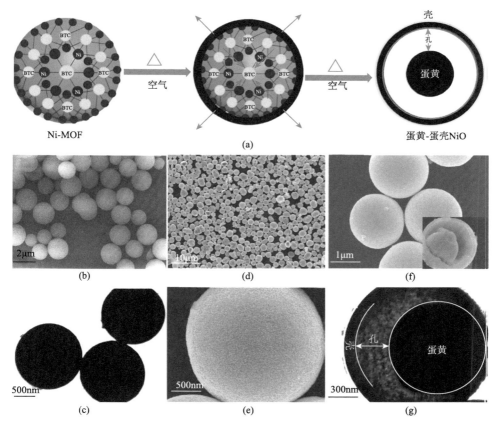

图 5-7　(a)蛋黄-蛋壳状 NiO 微球形成过程示意图;Ni∶H₃BTC 为 1∶1.5 的 Ni-MOF 前驱体 SEM(b)和 TEM 图像(c);(d)~(g)不同放大倍数下 NiO 微球的 SEM 和 TEM 图像[77]

5.3.4　钛氧化物

Yin 等报道了以 MIL-125 为前驱体合成的分级多孔 TiO_2 纳米材料。具有圆盘状结构的 MIL-125 在空气中以 400℃煅烧 6h 就可以得到分级多孔 TiO_2 纳米材料[80]。该材料由大量细小的 TiO_2 纳米颗粒堆积组成，具有较高的 BET 比表面积（$166m^2/g$）和较大的孔体积（$0.65cm^3/g$）。这些分级孔道和丰富的 Ti 位点使其作为载硫材料用作锂硫电池表现出很好的性能。类似地，Fischer 等以异丙氧钛和 2-氨基对苯二甲酸为混合溶液，在 150℃的 DMF 和甲醇的混合溶液中进行水热处理，可制备尺寸在 300～450nm 范围内的 Ti-MOF 前驱体[81]。制备所得的 NH_2-MIL-125 在氧气气氛下热处理 450℃时，TiO_2 的金红石相和锐钛矿相混合，但有趣的是，当金纳米颗粒浸渍在 NH_2-MIL-125 中时，煅烧后只得到金红石相。这是由于金纳米颗粒的导热性，它作为热点增加了 NH_2-MIL-125 框架特定位置的局部温度，因此，使金红石核在煅烧过程中从可能最初形成的锐钛矿核中选择性地形成。在另外的工作中，MIL-125 作为前驱体合成的多孔 TiO_2 纳米材料也被用作锂离子电池[82]和钠离子电池[83]的负极材料，展现出了出色的倍率性能和循环稳定性。

5.3.5　铟氧化物

Chen 等利用一种 In-MOF（CPP-3）作为前驱体，经过热处理得到具有多孔结构的 In_2O_3 纳米空心纳米棒。这个 In_2O_3 纳米空心纳米棒由很多细小的纳米 In_2O_3 颗粒（9nm 左右）堆积组成壳，再进一步组成空心纳米棒结构。该 In_2O_3 纳米空心纳米棒可用于高效乙醇气体传感。类似地，Cho 的课题组证明了具有不同化学成分和形态的配位聚合物颗粒（CPP）作为制备各种形状多孔 In_2O_3 颗粒的高度合适的前驱体的普遍性[84]。例如，微尺寸的六方棒状的 CPP-3 颗粒[含有 BDC 和铟（III）离子]可以在 550℃的空气中退火得到多孔的六方棒状 In_2O_3 颗粒。相对应地，在相同的空气加热条件下，六方片状的 In_2O_3 颗粒也可以通过煅烧六方片状的 CPP-5 颗粒来制备。在这两种情况下，获得的 In_2O_3 颗粒的平均尺寸比原始 CPP 颗粒的平均尺寸要小得多。在另一个工作中，Sun 等利用含氮的 In-MOF 作为前驱体，依次在氮气和空气气氛中煅烧得到氮掺杂的多孔 In_2O_3 颗粒用作光催化氧析出反应[85]。他们发现其中的氮掺杂对 In_2O_3 的带隙能起到优化作用，使其具有比纯 In_2O_3 颗粒更高的光催化氧析出活性。

5.3.6　铜氧化物

多孔 CuO 可由 MOF-199 在空气中 550℃直接煅烧而来[86]。Cu-MOF 前驱体可由硝酸铜和均苯三甲酸在 85℃反应制得。BTC（均苯三甲酸）配体的分解发生在 300～350℃之间，随后 MOF 在 350℃以上的温度下被氧化为 CuO。类似地，多孔 CuO 空心八面体纳米颗粒也可以由 Cu-MOF 前驱体依次在氮气气氛和空气气氛煅烧得到[87]。除了高温煅烧，研究者还发现 Cu-MOF 可以通过氢氧化钠处理得到具有分级多孔结构的 CuO 颗粒[88]。这些 CuO 颗粒保持了 Cu-MOF 前驱体的八面体形貌，形成了由二维纳米薄片组装而成的八面体超结构。此外，研究者还选择了具有一维纳米纤维形貌的 Cu-MOF 作为前驱体，经过高温处理得到同样具有一维结构的 CuO 纳米纤维[89]。

5.3.7　锌氧化物

ZnO 纳米结构也可由锌基 MOF 通过煅烧处理得到。常见的作为模板或前驱体的锌基 MOF 为 MOF-5[80]和 ZIF-8[90-92]。以 MOF-5 为例，Chen 等合成了球状 MOF-5 纳米颗粒，并通过在 450℃下煅烧 1h 得到了有空心多孔结构的 ZnO 纳米球[80]。这些纳米球由大小约为 20nm 的 ZnO 纳米颗粒组成壳部，形成了直径约为 60nm 的空洞。氮气吸脱附测试表明，这些 ZnO 空心纳米球具有较高的比表面积，约为 30m²/g，同时具有微孔、介孔和大孔同时存在的分级多孔结构。得益于其高比表面积和分级多孔空心结构，其在挥发性有机物传感应用中展现出了超百万分之一级的灵敏度。相比于 MOF-5，以 2-甲基咪唑为配体的锌基 MOF——ZIF-8 是一个更加理想的 ZnO 前驱体，因为 ZIF-8 的合成步骤简单，而且其纳米颗粒形貌规则且容易调控。Zhao 等在芯片上直接生长 ZIF-8 纳米薄膜，并通过热处理使其转化为具有分级多孔结构的 ZnO 纳米片[92]。这些在芯片上的 ZnO 纳米片由很多具有氧空位的 ZnO 纳米颗粒堆积组成。在把芯片用于一氧化碳和挥发性有机物的传感时，其表现出了百万分之一级别的灵敏性和很短的响应时间。同样以 ZIF-8 为前驱体，Yamauchi 等报道了通过对 ZIF-8 晶体的两步煅烧，首先在氮气中 400℃，然后在相同温度的空气中制备出尺寸在 250～300nm 的多孔 ZnO 菱形十二面体[90]。两步煅烧法的优点是直接在空气中煅烧，可以在 373℃下使 ZIF-8 颗粒迅速失重，从而得到无孔的 ZnO 纳米结构。所得多孔 ZnO 菱形十二面体的比表面积为 29.3m²/g，孔体积为 0.1cm³/g。除了形貌调控，以 ZIF-8 为前驱体还可以对其衍生 ZnO 的化学组成进行调控。Yao 等报道了一种氨水辅助的水系 ZIF-8 合成，合成的 ZIF-8 与尿素混合后在 550℃下煅烧 3h 得到氮掺杂 ZnO 纳米材料[93]。与不加尿素得到的 ZnO 相比，氮掺杂的 ZnO 具有更高的可见光利用能力，并且能抑制光电子和空穴的复合，进而能更有效地光分解 RhB 染料。

5.3.8　铈氧化物

Elhussein 等成功利用铈基 MOF 制备了二氧化铈纳米纤维[94]。铈基 MOF 前驱体由硝酸铈水合物与 1, 3, 5-均苯三甲酸在 1∶1 的乙醇水溶液中 60℃水热合成。

之后将前驱体 MOF 在空气中 650℃煅烧 3h，得到了二氧化铈纳米纤维。所得纳米纤维尺寸在 2μm 长，60~100nm 宽，基本继承了 MOF 前驱体的尺寸。类似地，Sun 等以铈基 MOF 纳米棒作为模板，通过低温煅烧和酸刻蚀得到了具有空心结构的二氧化铈纳米棒[95]。

5.3.9 钌氧化物

Qiu 等成功利用钌基 MOF 制备了多孔二氧化钌[96]。钌基 MOF 前驱体通过 [Ru$_2$(OOCCH$_3$)$_4$Cl]与 1, 3, 5-均苯三甲酸在乙酸水溶液中 160℃水热反应 72h 制得。之后将前驱体 MOF 在空气中以 10℃/min 的升温速率升至 400℃，煅烧 4h，得到了多孔二氧化钌。所得衍生材料得益于前驱体 MOF 的周期性结构，形成了二氧化钌纳米颗粒均匀分散的分级多孔结构。二氧化钌纳米颗粒的平均尺寸为 5.64nm，并具有丰富的微孔和介孔。

5.3.10 锡氧化物

Lu 等通过锡基 MOF 前驱体成功合成球状二氧化锡纳米颗粒[97]。首先通过对苯二甲酸与硫酸锡在室温下反应 5h 制得 Sn-MOF 前驱体。之后通过空气中 400℃煅烧 3h 制得二氧化锡纳米球。热重分析表明，Sn-MOF 在 250~400℃出现质量损失，表明 Sn-MOF 在此温度范围内分解并逐渐转化为 SnO$_2$。温度超过 600℃后，剩余质量为 59.13wt%，此即二氧化锡的转化率。衍生的二氧化锡纳米球分布在两个尺寸范围，分别为 40nm 和 200nm。这个尺寸来源于 Sn-MOF 前驱体，但形貌上与前驱体相比有些许不同。二氧化锡纳米球由谷粒状的二氧化锡小颗粒团聚而成，比表面积为 11.5m^2/g，伴随 3.7~4.3nm 的微孔，总的孔体积约为 0.013m^3/g。

5.3.11 锆氧化物

Yue 等利用锆（钇）基 MOF 作为前驱体与多孔模板，合成了介孔氧化钇稳定的二氧化锆（YSZ）[98]。锆（钇）基 MOF 前驱体是通过氯化锆与对苯二甲酸在 DMF 中 120℃溶剂热反应 60h 制得。之后分别在氮气和氧气中 610℃两步煅烧，得到介孔氧化钇稳定的二氧化锆颗粒。锆基 MOF 的二级结构单元是(Zr)$_6$O$_4$(OH)$_4$ 八面体，每个锆金属中心与 12 个配体相连，构成 MOF 的三维骨架。三价钇离子在溶解热反应过程中进入骨架，取代部分锆离子，导致 MOF 中同时有锆-氧团簇和钇-氧团簇。在惰性气体氛围中煅烧，MOF 中的金属离子转化为氧化锆和氧化钇纳米颗粒，有机配体转化为多孔碳结构，最终，在氧气氛围煅烧过程中，碳结构蒸发。通过调整前驱体中的金属比例，可以调节衍生的 YSZ 中的金属比例。YSZ 纳米颗粒呈细长状的多纳米结构。锆/钇比为 8、30 和 50 时，得到的 YSZ 平均孔径分别为 20.9nm、34.6nm 和 21.8nm，比表面积分别为 33.2m^2/g、25.7m^2/g

和 $16.5m^2/g$，总孔体积分别为 $0.17cm^3/g$、$0.22cm^3/g$ 和 $0.09cm^3/g$。该工作表明，通过调节双金属 MOF 的金属比例，可以控制衍生双金属氧化物的孔径、比表面积和孔体积等。

Wang 等首次使用固体碱与锆基 MOF 前驱体合成了氧化锆[99]。锆基 MOF 前驱体通过氯化锆和对苯二甲酸在 DMF 中 120℃溶剂热反应 24h 制得。将 Zr-MOF 前驱体分散于硝酸钾溶液中超声均匀，干燥得到封装 KNO_3 的 MOF 粉末。之后先后在氮气、空气中热解，得到 K 掺杂的氧化锆。所得到的氧化锆的孔体积、比表面积、钾含量等均可通过控制氮气中的热解温度和前驱体中硝酸钾的浓度来调节。本工作进一步证明了通过控制前驱体来控制衍生物组成、结构策略的可行性。

5.3.12　金属氧化物复合物

纳米复合材料的制备允许单个氧化物组分的独特特性的结合，并通过两个金属氧化物之间的相互作用促进协同效应[100]。此外，由于 MOF 纳米复合材料具有更大的比表面积和更多的活性位点，设计空心结构的 MOF 纳米复合材料可以进一步提高其功能性[101]。正如前一节所强调的，许多纯多孔金属氧化物已经成功地从 MOF 衍生得到，然而，从 MOF 中获得 MO 纳米复合材料更具有挑战性。因此，近期的研究方向是开发更多的 MOF 衍生的金属氧化物纳米复合材料。例如，从 MIL-101 可制得八面体型 $Fe_2O_3@TiO_2$ 核壳结构[102]。为了制备这种复合材料，首先在 DMF 中通过微波反应合成了八面体形状的 MIL-101 纳米颗粒。然后，通过酸催化水解在 MIL-101 颗粒表面镀上一层无定形的二氧化钛壳。之后在空气中经过 550℃简单热处理转换为 $Fe_2O_3@TiO_2$ 八面体粒子，由大约 10nm 大小的球状单个晶体组成，TiO_2 和 Fe_2O_3 混合在一起。在这种情况下，可以通过调节 HCl 的浓度或反应时间来控制 TiO_2 壳的厚度。在另外一个工作中，研究者以 Cu-BTC 多面体为前驱体，制备了具有多孔壳的新型 CuO/Cu_2O 空心多面体[103]。固体 Cu-BTC 多面体在 350℃空气中的热处理可以通过非平衡扩散过程转化为 CuO/Cu_2O 空心结构。在此过程中，Cu-BTC 多面体在热氧化过程开始时，由于表面与中心之间存在高温梯度，首先在其表面形成一个薄的中间壳。这一薄层起着界面的作用，将内部 Cu-BTC 与外部大气氧分离。然而，由于界面是由许多空位的中间壳层组成，Cu-BTC 可以通过空位向外扩散。此外，由于 Cu-BTC 在氧化反应中的扩散速率比大气中氧的扩散速率要快，所以会产生空洞，最终形成空腔。由于内部生成的 CO_2 和 N_xO_y 在相互扩散过程中被释放，因此形成了多孔壳。

5.4　纳米 MOF 衍生金属氢氧化物的合成

层状双金属氢氧化物（layered double hydroxide，LDH）由于其独特的层状结构和丰富可调控的金属位点被广泛应用于电化学能源存储与转换和光催化应用中[104, 105]。而且二维 LDH 纳米片的合成十分简便高效，能作为前驱体通过简单的后处理转换为具有二维结构的其他金属化合物（如硫化物、磷化物、氮化物、硒化物等）纳米片，也可作为二维基底负载活性金属。近年来研究者发现利用 MOF 纳米晶作为前驱体，通过化学处理（一般是碱或者硝酸盐处理）可以得到孔道结构更加丰富、形貌结构更加复杂、组分更加多元的多孔 LDH 纳米材料，在能源存储与转换，特别是超级电容器和电解水产氧中得到了广泛应用。

2015 年，Lou 等报道了一种以 ZIF-67 菱形十二面体纳米颗粒为模板合成空心的镍钴双金属 LDH 纳米笼的方法（图 5-8）[106]。在这个工作中，他们首先以共沉淀法在甲醇溶液中合成了大小约为 800nm 的 ZIF-67 菱形十二面体纳米颗粒，随后把这些 ZIF-67 纳米颗粒分散在硝酸镍的乙醇溶液中，然后去除剩余的 ZIF-67 核便可得到空心的镍钴双金属 LDH 纳米笼。Cai 等则证明了这种空心的镍钴双金属 LDH 纳米笼在碱性溶液中的电解水氧析出的高催化活性[107]。作为对比，没有空心纳米笼结构的镍钴双金属 LDH 则表现出了相对较差的催化活性，证明了以 ZIF-67 纳米颗粒作为模板的优势。Lou 的课题组则进一步把反应剩余的 ZIF-67 通

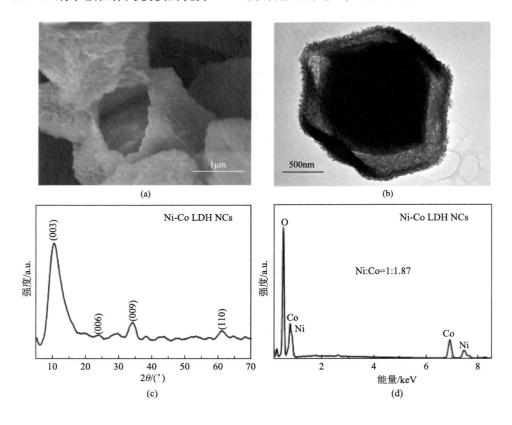

(a)

(b)

(c)

(d)

(e)

(f)

图 5-8　ZIF-67/Ni-Co LDH 蛋黄-蛋壳结构的 SEM 图（a）和 TEM 图（b）；Ni-Co-LDH 的 XRD
图谱（c）、能量分布 X 射线谱（d）、SEM 图像（e）和 TEM 图像（f）[106]

过 Na_2MoO_4 处理得到以氢氧化钴为里壳、镍钴双金属 LDH 为外壳的双壳结构[108]。
这种独特的双壳结构纳米材料可用于锂硫电池中硫的载体，在硫的负载量为
$3mg/cm^2$ 时可表现出出色的循环稳定性和倍率性能。

在此工作之后，很多的研究者发现 ZIF-67 纳米颗粒与硝酸镍的反应可通过减
小 ZIF-67 纳米颗粒的尺寸使之完全转化为镍钴双金属 LDH，避免了 ZIF-67 核的残
余和后续的刻蚀步骤。例如，Ho 等使用了不同浓度的硝酸钴和 2-甲基咪唑前驱体
甲醇溶液，并通过室温沉淀法合成了大小为 200～300nm 的 ZIF-67 纳米晶[109]。这
些尺寸更小的 ZIF-67 纳米晶在接下来与硝酸镍的反应中，能完全转化为镍钴双金
属 LDH 纳米笼。这些镍钴双金属 LDH 纳米笼由 LDH 纳米片组装而成，具有较高
的 BET 比表面积、分级孔道结构以及空心结构。这些独特的形貌结构使其在刚果
红和六价铬离子的吸附应用中展现出了较高的性能和稳定性。

提高 ZIF-67 和硝酸镍反应的温度也可以使 ZIF-67 反应完全。例如，Zou 等利
用 800nm 大小的 ZIF-67 纳米晶体作为前驱体，通过和硝酸镍乙醇溶液的溶剂热
反应（120℃，4h）得到具有空心菱形十二面体结构的镍钴双金属 LDH 纳米笼[110]。
在反应的过程中，镍离子逐渐水解产生质子，这些质子会逐渐刻蚀 ZIF-67 颗粒并
释放出二价和三价钴离子，随后与镍离子一起形成镍钴双金属 LDH 纳米片。空
心纳米笼结构则是由于柯肯德尔效应形成的。他们发现 ZIF-67 的颗粒大小对这种
空心纳米笼结构的形成具有重要影响。作为对比，以颗粒大小为 100nm 左右的
ZIF-67 作为前驱体时，只能合成不规则堆积的镍钴双金属 LDH 纳米片。在该工
作中，得到的镍钴双金属 LDH 纳米笼可通过进一步的硫化、磷化、硒化和氧化
处理分别得到镍钴双金属硫化物、磷化物、硒化物和氧化物纳米笼。这表明 MOF
衍生的 LDH 可作为一种通用的中间产物合成多种金属化合物，这将在下一节中
讲到，大部分的 MOF 衍生的其他金属化合物，都是通过对 MOF 衍生的 LDH 和

氧化物进行进一步处理得到的。

除了硝酸镍处理，利用其他金属的硝酸盐与 ZIF-67 反应可得到各种金属的 LDH 材料。例如，Zou 等利用硝酸钴与 ZIF-67 纳米晶的溶剂热反应，合成了钴基 LDH 纳米片组装的空心纳米笼[20]。其反应的原理与上述的硝酸镍基本类似。类似地，Shi 等合成了灯笼状的钴基纳米材料，并用于水相中刚果红和罗丹明 B 等有机染料的吸附去除[111]。Wang 等则以硝酸镁的乙醇/水混合溶液在加热回流的条件下把 ZIF-67 纳米晶体转化为镁钴双金属 LDH 纳米笼，并把它应用于铀的吸附，得到比同类 LDH 更高的吸附容量（915.61mg/g）[112]。利用硝酸铜和 ZIF-67 的反应合成铜钴双金属 LDH 也有报道[113]。Han 等则报道了更复杂的镍钴锰三金属 LDH 的合成[114]。他们首先在水系中用硝酸锰和硝酸钴的混合溶液与 2-甲基咪唑反应合成了钴锰共掺杂的钴锰 ZIF，并以它和硝酸镍的反应合成了镍钴锰三金属 LDH 空心纳米笼。得益于其丰富的金属位点和多孔纳米笼结构，这种材料用于碱性电池性电极材料时展现出了超高的质量比容量和出色的倍率性能。

除了硝酸盐，另外一种常见的把 MOF 转变为 LDH 的方法就是碱处理。在碱性溶液中，MOF 里的配体被氢氧根离子交换，这些氢氧根离子与金属离子形成 LDH。Zhou 等研究了 MOF 里的 $M_3(\mu_3\text{-OH})$（$M = Ni^{2+}$ 和 Co^{2+}）基团对产物 LDH 形貌的影响（图 5-9）[115]。他们通过同位素标记法标记了 MOF 里的 $M_3(\mu_3\text{-OH})$ 基团，发现这些基团里的氧大部分都保留在了产物 LDH 里，表面这些基团能够在 MOF 坍塌时控制金属离子的溶出，进而抑制了 LDH 的不可控水解，使得产物 LDH 具有 MOF 前驱体的原始形貌。

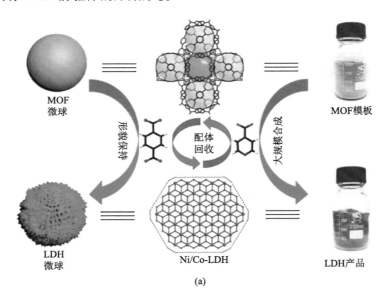

(a)

图 5-9　（a）Ni/Co-LDH 合成策略示意图，右侧照片为 Ni/Co-MOF 模板（60g）和合成的 Ni/Co-LDH（23g），MOF 在碱性水解过程中，90%的主要有机配体可在后续反应中被回收再利用；（b）Ni/Co-MOF-7∶3 前驱体的 SEM 图像；（c）和（g）Ni/Co-LDH-7∶3 在不同放大倍数下的 TEM 图像；（d）～（f）Ni/Co-LDH-7∶3 的 SEM 元素分布能谱图[115]

在另一个工作中，Liu 等以镍钴双金属 MOF 作为前驱体，通过氢氧化钾处理之后得到了具有高比表面积（299m²/g）和分级多孔结构的镍钴双金属 LDH（图 5-10）[116]。这种多孔的 LDH 作为电池性电极材料具有超高的质量比容量和循环稳定性。利用原位拉曼表征，他们研究了 MOF 转变为 LDH 的过程。他们发现随着 MOF 在 KOH 溶液中反应的进行，MOF 的特征拉曼信号消失，转而新相 LDH 的拉曼峰出现，并且这些新相拉曼峰在材料进行 5000 圈电化学循环后保持不变，证明了这种新相在电化学过程中的高稳定性。类似地，Yang 等以镍钴双金属 MOF 作为自牺牲模板，在 2mol/L KOH 里浸泡 1h 转化为镍钴双金属氢氧化物[117]。作为对比，镍或钴的单金属 MOF 也可以用同样的方法制备对应的单金属氢氧化物。

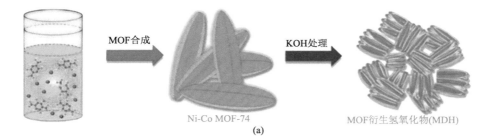

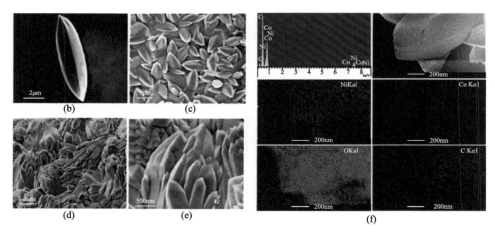

图 5-10　（a）从 MOF-74 到 MOF 衍生的双金属 NiCo 氢氧化物的合成示意图；（b）、（c）合成的 Ni-MOF-74 的 SEM 图像；（d）、（e）Ni-LDH 的不同尺寸 SEM 图像；（f）Ni-LDH 的元素分布能谱图和对应的 SEM 图像[116]

5.5　其他纳米 MOF 衍生金属化合物的合成

　　MOF 衍生的氧化物和氢氧化物可通过进一步的硫化、磷化和硒化等处理使之转化为相应的金属化合物，通过控制处理的实验条件可以使得到的金属化合物具有和 MOF 衍生氧化物/氢氧化物相当的比表面积、孔道结构和形貌结构。与氧化物和氢氧化物相比，硫化物、磷化物和硒化物具有更好的导电性和更丰富的金属活性位点，这使得它们用于电化学能源存储与转换和光催化等方面具有较高的活性。

5.5.1　硫化物

　　MOF 衍生硫化物的制备一般涉及：①MOF 的合成；②空气中煅烧得到氧化物或化学处理得到氢氧化物；③对所得的氧化物或氢氧化物进行硫化处理。

　　利用钴基 MOF 为前驱体通过氧化硫化两步法可以得到多孔空心硫化钴材料。Xiao 等把 ZIF-67 纳米晶在空气气氛下 450℃煅烧 30min 得到空心四氧化三钴纳米笼，并通过水热法把得到的四氧化三钴纳米笼转化为硫化钴纳米笼[118]。具体地，他们把四氧化三钴纳米笼超声分散在硫化钠的水溶液中，接着把混合物转移到反应釜中，并加热到 120℃维持 6h，进过离心洗涤便得到了空心硫化钴纳米笼。这种空心硫化钴纳米笼的 BET 比表面积高达 132 m^2/g，孔体积也达到了 0.56cm^3/g，并具有分级孔道结构。Fei 等报道了结构更加复杂的四壳层结构空心硫化钴纳米笼[119]。他们首先合成了 ZIF-67 纳米晶体，然后把 ZIF-67 晶体加入硝酸钴的乙醇溶液中搅拌 60min 得到蛋黄-蛋壳结构的中间体。这种中间体再与硫粉混合后在 350℃煅烧便得到了四壳层结构空心硫化钴纳米笼。这种四壳层空心结构的形成是由于钴离子与硫的反应过程中不断往外部扩散的速率大于硫往里扩散的速率，于是便在壳中形成了空心层，构成了四壳层结构。除了氧化硫化两步法，从钴基 MOF 通过含有硫源的条件水热反应直接得到硫化钴的方法也有报道[120]。

类似于硫化钴，硫化镍也可通过镍基 MOF 的硫化得到。例如，Jiang 等用硝酸镍和均苯三甲酸分别作为金属源和有机配体，通过溶剂热法首先合成了镍基 MOF 纳米球，随后利用硫代乙酰胺作为硫源，在乙二醇中通过微波处理得到具有空心结构的多孔 NiS_2 纳米球[121]。77K 下的氮气吸脱附实验表明，所得的多孔 NiS_2 空心纳米球具有 15.4m^2/g 的 BET 比表面积，并具有微孔、介孔和大孔同时存在的分级多孔结构。得益于其独特的多孔空心结构和丰富的活性位点，这种材料在电催化水分解氢析出反应中表现出了出色的活性和稳定性。

Jiang 等也以硫代乙酰胺作为硫源，以 Cu-BTC 纳米晶体作为模板合成了空心多孔硫化铜纳米球[122]。在他们的合成中，硝酸铜的甲醇溶液与均苯三甲酸的甲醇溶液相互混合 2h 便可得到沉淀的 Cu-BTC 纳米晶体粉末。经过洗涤和离心之后，这些 Cu-BTC 纳米晶体粉末分散在甲醇中，加入硫代乙酰胺并加热至 80℃保持 1h，可得到空心多孔硫化铜纳米球的黑色粉末。得到的空心多孔硫化铜纳米球可用于水相中的甲基蓝吸附去除。

以多金属 MOF 作为前驱体，或者在处理过程中均匀地引入外来金属源，也可以合成多金属硫化物材料。Han 等以镍钴双金属 MOF 为模板合成了多孔 Ni_2CoS_4 纳米材料[119]。首先他们把乙酸钠和烟酸通过搅拌溶于去离子水中，随后加入硝酸镍和硝酸钴并封入反应釜中 120℃反应 6h 得到镍钴双金属 MOF 前驱体。在接下来的硫化过程中，得到的镍钴双金属 MOF 首先均匀分散在无水乙醇中，并往其中加入硫源硫代乙酰胺，封入反应釜中 120℃反应 6h，便可得到多孔 Ni_2CoS_4 纳米材料。X 射线衍射分析可知，多孔 Ni_2CoS_4 纳米材料的相为 Ni_2CoS_4（JCPDS 卡片 No.24–0334），X 射线光电子能谱分析也证明镍、钴和硫的同时存在，其中镍的存在价态为二价镍和三价镍同时存在，钴的存在价态为二价钴和三价钴同时存在，硫的存在价态为二价硫离子。这些表征证明了 Ni_2CoS_4 的形成，而非硫化钴和硫化镍的复合物。

Wang 等以钴基 ZIF-67 作为模板，通过硝酸镍反应和随后的硫化反应得到了 $NiCo_2S_4$ 纳米片组装的多孔空心纳米笼材料[123]。他们首先合成了 ZIF-67 纳米颗粒，再把 ZIF-67 纳米颗粒分散在硝酸镍的乙醇溶液中，镍离子水解产生的质子会破坏 ZIF-67 的骨架结构并释放出钴离子，钴离子随后与镍离子一起形成镍钴双金属纳米片。由于柯肯德尔效应，这些镍钴双金属纳米片组装形成了空心纳米笼结构，随后与硫粉混合，并在氩气气氛中 300℃煅烧便可完全转化为 $NiCo_2S_4$ 纳米片组装的多孔空心纳米笼材料。类似于上述 Han 的工作，X 射线衍射和 X 射线光电子能谱也证明了 NiCo$_2$S$_4$ 相的形成。氮气吸脱附测试表明，所得的 NiCo$_2$S$_4$ 材料具有较高的 BET 比表面积，高达 107.8m^2/g，而且氮气吸脱附曲线为Ⅳ型吸脱附曲线，说明材料具有丰富的介孔结构。类似地，Sun 等利用类似的方法得到了空心多孔镍钴双金属硫化物纳米笼用于电催化水分解氧析出反应[124]。

MOF 衍生的硫化物复合物也有报道，复合之后由于不同相之间的协同效应往往能展现出比单一组分更好的性能。例如，Ho 等报道了一种以 MOF 为前驱体合成氮锌共掺杂的二硫化钼/硫化钴复合材料[125]。该复合物的合成步骤如下：①钴锌双金属 ZIF 纳米晶体通过硝酸钴和硝酸锌的甲醇溶液与 2-甲基咪唑的甲醇溶液混合直接沉淀得到；②钴锌双金属 ZIF 纳米晶体和硫代乙酰胺同时分散在乙醇溶液中，并放入反应釜中升温到 100℃维持 1h 得到锌掺杂的硫化钴；③得到的锌掺杂的硫化钴与硫脲和钼酸钠分散在去离子水中，并放入反应釜 220℃反应 24h 得到最终的产物——氮锌共掺杂的二硫化钼/硫化钴复合材料。这种氮锌共掺杂的二硫化钼/硫化钴复合材料具有由很多二维纳米片组装形成的三维球状花结构。作为对比，不以 MOF 作为前驱体的一步合成法（硝酸钴、硝酸锌和钼酸钠与硫脲的一步水热反应）只能得到团聚严重的硫化物颗粒，因为钴和钼会同时和硫脲水热反应释放的硫离子直接反应。这种以 MOF 作为前驱体得到的二维纳米片组装形成的三维球状花结构的优势可以展现在其出色的电催化水解氢析出反应活性上，其具有比一步合成法合成的硫化物更低的过电位和 Tafel 斜率。

类似地，Jia 等也报道了以钴基 MOF 为前驱体合成的二硫化钼/硫化钴复合物用于电催化水分解氢析出和氧析出反应（图 5-11）[120]。他们选择了 [(CH$_3$)$_2$NH$_2$][Co(HCOO)$_3$]这种钴基 MOF 作为前驱体，首先通过液相沉淀法简单地直接合成了 [(CH$_3$)$_2$NH$_2$][Co(HCOO)$_3$]纳米立方体颗粒，随后通过把这些纳米立方体分散在硫代乙酰胺的水溶液中，并放入反应釜在 120℃反应 6h 得到。Co$_9$S$_8$ 空心纳米立方笼的形成是由于纳米柯肯德尔效应，在反应过程中[Co(HCOO)$_3$]离子逐渐被硫代乙酰胺水热反应释放的 S^{2-}离子取代，S^{2-}离子则与 MOF 骨架坍塌释放的钴离子形成 Co$_9$S$_8$ 相，由于钴离子具有比 S^{2-}离子更小的半径，因此钴离子往外部扩散的速率大于 S^{2-}离子往里扩散的速率，所以形成了空心立方体结构。将所得的 Co$_9$S$_8$ 空心纳米立方笼分散在钼酸钠和硫脲的水溶液中，放入反应釜中 200℃反应 14h 便可在 Co$_9$S$_8$ 空心纳米立方笼表面原位生长上二硫化钼，形成 CoS$_x$@MoS$_2$ 复合材料。这种 CoS$_x$@MoS$_2$ 复合材料在电催化水分解氢析出和氧析出反应中具有比单独的 Co$_9$S$_8$ 或 MoS$_2$ 更低的过电位和 Tafel 斜率，证明了 CoS$_x$ 和 MoS$_2$ 之间的协同效应有助于提高其电化学活性。

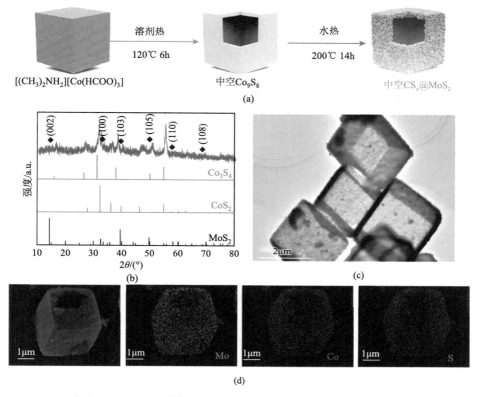

图 5-11　（a）中空 $CoS_x@MoS_2$ 微立方体的合成示意图；（b）～（d）$CoS_x@MoS_2$ 的 PXRD、
TEM、高分辨 TEM 和元素分布能谱图[120]

　　在另一个工作中，Tang 等报道了一种以 ZIF-67 菱形十二面体纳米晶体为前驱体合成的硫化钴/氧化铈纳米复合结构[126]。他们首先合成了大小约为 500nm 的 ZIF-67 菱形十二面体纳米晶体，随后通过其与硫代乙酰胺的反应生成了厚度约为 20nm 的无定形硫化钴纳米笼。接着这些硫化钴纳米笼可以通过原位生长的方法在其表面生长氧化铈纳米颗粒，得到 CeO_x/CoS 纳米复合材料。这种 CeO_x/CoS 纳米结构用于电催化水分解氧析出反应具有以下几点优势：①以 ZIF-67 纳米晶体为模板可以使得其衍生的 CeO_x/CoS 纳米复合材料具有中空多孔结构，有助于物质传递和电解液的浸润；②硫化钴表面上的氧化铈可调控硫化钴的电子结构，进而优化了三价钴和二价钴的比例，同时增加了具有氧析出电催化活性的氧空位的数量；③覆盖着硫化钴表面的氧化铈纳米层可以抑制硫化钴在电催化过程中钴离子的流失，增加其稳定性。得益于这些优势，CeO_x/CoS 纳米复合材料具有极高的氧析出电催化活性和稳定性，甚至比贵金属铱碳催化剂性能要好。

5.5.2 磷化物

MOF 衍生的氧化物或氢氧化物经过磷化处理便可得到磷化物。一般磷化处理的过程是把氧化物/氢氧化物前驱体与次磷酸钠混合或者分别放置于上下风口，并加热至次磷酸钠分解，一般为 350℃左右。在这个温度下次磷酸钠分解产生的磷化氢气体与氧化物/氢氧化物前驱体反应生成对应的磷化物。值得注意的是，分解后的次磷酸钠遇水也会产生磷化氢气体，磷化氢气体对人体具有剧毒，请务必做好防护措施。

Xu 等报道了一种以 MOF 作为前驱体合成磷化钴纳米片组装空心纳米笼的方法[20]。他们首先利用硝酸钴和 2-甲基咪唑在甲醇中的直接沉淀制备出了大小为 800nm 左右的 ZIF-67 纳米颗粒，这些颗粒分散在硝酸钴的乙醇溶液中，经溶剂热反应可得到具有空心结构的钴 LDH 纳米片组装成的纳米笼，这种纳米笼再通过以次磷酸钠为磷源的磷化反应转化为磷化钴纳米片，再进一步组装成空心纳米笼结构。应用于电催化氮气还原合成氨时，该材料展现出了较高的法拉第效率和较低的过电位。钴基 MOF 前驱体也可以先转化为氧化物，再磷化处理得到磷化物。Zhao 等首先合成了钴基 DUT-58，并在空气中 450℃煅烧 2h 把 DUT-58 转化为多孔四氧化三钴纳米颗粒，接着以次磷酸钠为磷源进行磷化处理，使得到的四氧化三钴转化为磷化钴[127]。Jia 等研究了采用不同处理方式处理钴基 MOF 对得到的磷化钴形貌的影响（图 5-12）[128]。他们首先合成了[CH$_3$NH$_3$][Co(HCOO)$_3$]这种钴基 MOF 纳米立方体，发现这种[CH$_3$NH$_3$][Co(HCOO)$_3$]纳米立方体可以通过两种处理方法使之转化为四氧化三钴。第一种处理方法是把[CH$_3$NH$_3$][Co(HCOO)$_3$]纳米立方体直接在空气中煅烧得到实心的四氧化三钴纳米立方体；第二种方法是先通过氢氧化钠处理使[CH$_3$NH$_3$][Co(HCOO)$_3$]纳米立方体转化为氢氧化钴空心立方体笼，再在空气中煅烧得到空心的四氧化三钴纳米立方笼。所得的实心的或空心的四氧化三钴纳米颗粒均可通过磷化处理得到实心的或空心的磷化钴纳米颗粒。用作电池型电极材料时，空心的磷化钴立方笼具有比实心的磷化钴立方体更好的性能。

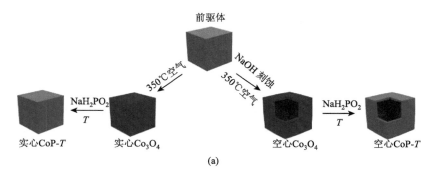

(a)

图 5-12　（a）实心和空心 CoP-T（$T=300℃$，$350℃$，$400℃$）立方体的合成示意图；（b）、（c）实心 CoP-350℃的 TEM 图像；（d）、（e）实心和空心 CoP-350℃的高分辨 TEM 图像；（f）、（g）空心 CoP-350℃的 TEM 图像；（h）、（i）实心和空心 CoP-350℃的元素分布能谱图[128]

　　MOF 衍生的磷化铁材料也有报道。例如，Zou 等用铁基 MOF 作为前驱体合成了磷化铁一维纳米束。在他们的工作中，首先用氯化亚铁和三氮唑合成了具有八面体形貌的铁基 MOF 纳米颗粒，再与次磷酸钠混合煅烧直接得到磷化铁一维纳米束。得到的磷化铁一维纳米束具有较高的 BET 比表面积，高达 40m²/g。与上述的磷化物类似，双金属磷化物也可通过 MOF 衍生的双金属 LDH 通过磷化处理得到。Zou 等以 ZIF-67 纳米晶体为模板，通过其与硝酸镍的溶剂热反应得到镍钴双金属 LDH 纳米笼，并通过磷化处理使之转化为镍钴双金属磷化物空心纳米笼[110]。能谱分析证明镍和钴元素在这种空心纳米笼结构中均匀分布，X 射线衍射分析表明其具有 Ni_2P 的物相，证明其中钴元素均匀取代了 Ni_2P 的镍元素位点形成镍钴双金属磷化物。将其用作碱性溶液中的电池性电极材料，是由于丰富的金属活性位点和独特的多孔中空纳米笼结构，展现出了极高的质量比容量和倍率性能。

　　总的来说，MOF 衍生的金属化合物主要是利用 MOF 前驱体的纳米形貌和金属组分得到具有空心或更复杂的多壳结构的多孔金属化合物。由于 MOF 是一种同时具有金属组分和有机组分的特殊多孔材料，更多的研究者以 MOF 为前驱体合成金属/金属化合物与碳的复合物，并且碳可由 MOF 中的有机组分分解得到。同时，碳可作为基底锚钉金属/金属化合物纳米颗粒使之稳定，也可作为导电基底增加其导电性，这使得 MOF 衍生的金属/金属化合物与碳的复合物具有更广泛的应用。

5.6 ▶ 纳米 MOF 衍生金属/金属化合物与碳的复合物的合成

得益于 MOF 的有机-无机杂化的组成,金属/金属化合物与碳的复合物可以简便地通过 MOF 在惰性气氛或者非氧化性气氛中煅烧得到。煅烧过程中 MOF 骨架坍塌,有机配体分解形成多孔碳基底,金属组分则形成金属化合物纳米颗粒分散在多孔碳基底上。通过调控组成 MOF 的金属组分和有机配体组分,可以对所得 MOF 衍生金属/金属化合物与碳的复合物的化学组成和形貌结构进行控制,这也是以 MOF 作为模板的一个独特优势。

MOF 中的金属种类就对所得复合物中的相组成有影响。Poddar 等系统研究了金属种类对 MOF 衍生复合物中金属的化学组成是单质金属还是金属氧化物的影响[129]。他们首先合成了铜基、钴基、锌基、镁基、锰基和镉基 MOF 前驱体,并把它们在氮气气氛下 900℃ 煅烧处理得到对应的金属/金属化合物与碳的复合物。他们发现铜基和钴基的 MOF 衍生复合物中金属组分是以单质金属的形式存在的,而锌基、镁基和锰基 MOF 衍生复合物中金属组分是以金属氧化物的形式存在的。他们认为造成这种差别的原因是这些金属离子的还原电位不一样。具有高还原电位的金属,如铜离子(0.34V)和钴离子(−0.27V)在煅烧的过程中更容易被还原成金属单质,而那些具有较低还原电位的金属离子如锌(−0.76V)、镁(−2.52V)和锰(−1.18V),则在煅烧过程中很难被还原成单质金属,更倾向于形成氧化物。有趣的是,镉基 MOF 在氮气气氛下煅烧得到硫化镉的相。这是由于所用的镉基 MOF 的有机配体中含有硫元素,在煅烧过程中可与镉金属形成硫化镉。这个工作表明,选择合适的金属和有机配体组成 MOF 可以一定程度上调控所得 MOF 衍生复合物中的金属物相存在形式。

很多研究发现,选择铁、钴和镍等金属基的 MOF 作为前驱体,可以得到具有特殊结构的 MOF 衍生复合物。在高温煅烧过程中,这些金属首先被还原成金属单质,随后这些金属纳米颗粒可以作为催化剂催化高结晶度的石墨碳的生长,通过控制煅烧气氛和温度还可以生长出碳纳米管或石墨烯管。例如,Wang 等报道了以 ZIF-67 纳米晶体为前驱体,在氢氩混合气中煅烧得到氮掺杂碳纳米管网络[130]。他们发现氢气的存在对碳纳米管的形成起到非常重要的作用,没有氢气存在的情况下,氩气气氛下煅烧只能得到多孔碳颗粒。在氢氩混合气中煅烧的过程中,细小的单质钴纳米颗粒首先通过氢气与 ZIF-67 的反应得到,随后在这些单质钴纳米颗粒的催化作用下,以 ZIF-67 中的 2-甲基咪唑作为碳源和氮源,生长出碳纳米管网络。X 射线衍射证明了碳纳米管具有较高的结晶度,表明单质钴的存在可在高温下催化石墨碳的形成。Jiang 等以镍基 MOF 作为模板,通过一步煅烧法在氩气气氛下 600℃ 煅烧 6h 直接得到镍金属纳米颗粒被多层石墨烯包裹的复合物(图 5-13)[131]。

X 射线衍射分析表明，镍的存在形式是金属单质镍，其中也有石墨层堆叠的信号。透射电子显微镜表征结果表明在金属纳米镍颗粒中包覆着多层石墨烯片，这是在高温煅烧下金属单质镍的催化作用下形成的。

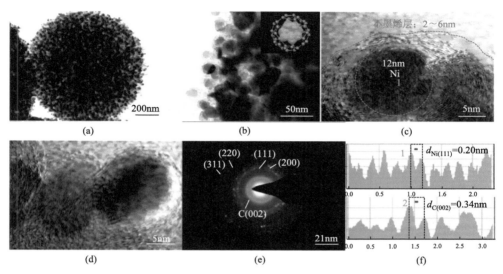

图 5-13　（a）～（f）Ni@石墨烯的 TEM、HR-TEM、SAED 和晶格间距轮廓图[131]

　　通过调控 MOF 前驱体中的有机配体也可对所得 MOF 衍生复合物的化学组分进行调控。选择含有杂原子的有机配体可以使得最后的 MOF 衍生复合物中的碳具有氮原子或硫原子掺杂，进而对碳或金属组分的电子结构进行调控，增加其在很多应用中的活性。例如，选择含氮的有机配体合成 MOF 前驱体，其衍生复合物中的碳基底便会有大量均匀掺杂的氮元素。例如，Zou 等通过硝酸钴和 2-甲基咪唑的直接沉淀法制备了大小为 300nm 左右的 ZIF-67 纳米晶体，由于 2-甲基咪唑具有较高的氮含量，ZIF-67 纳米晶体在氮气中煅烧后可得到氮掺杂多孔碳纳米多面体负载金属钴纳米颗粒的复合物，其氮含量可高达 13.87at%（XPS 结果）[132]。他们还研究了煅烧温度对所得复合物中氮的存在形式的影响，发现煅烧温度增加，会使得吡咯氮含量降低而石墨氮和吡啶氮的含量升高，这是因为吡咯氮对热的稳定性没有石墨氮和吡啶氮高。

　　除了高度可调控的金属和有机组分，具有高孔隙率和规则孔道结构的 MOF 还有容易引入外来小分子的特性。通过引入不同的小分子，可以对得到的 MOF 衍生复合物的组分和形貌结构进行控制。例如，Xu 等通过双溶剂法往 MOF 的孔道里均匀引入钴离子和硫脲分子，经过惰性气氛下高温煅烧可以得到具有独特蜂巢状结构的氮硫共掺杂碳负载硫化钴颗粒的纳米复合结构[19]。双溶剂法是一种常用的把小分子均匀引入 MOF 孔道结构里的方法。以这个工作为例，他们所选择的 MOF 为铝基的 MIL-101-NH$_2$，其具有亲水性的孔道内壁（孔道大小为 2～3nm）和较大的孔道窗口（约为 1.6nm 和 1.2nm 两种孔道窗口）。这些 MOF 纳米颗粒首先分散在疏水溶剂己烷中，随后往里面逐渐滴加溶有氯化钴和硫脲的亲水甲醇/水混合物。由于 MOF 的孔道里是亲水的，溶有氯化钴和硫脲的亲水甲醇/水混合物便可渗入 MOF 孔道里。得到的含有氯化钴和硫脲的 MOF 经过在氩气气氛中煅烧和随后的 HF 刻蚀，便可得到蜂巢状结构的氮硫共掺杂碳负载硫化钴颗粒的纳米复合结构。这种蜂巢状结构的形成是由于在高温煅烧过程中，硫脲会分解产生大量气体，这些气体形成的张力诱导了蜂巢状结构的形成。硫脲里的硫元素也在煅烧过程中掺杂进碳和与钴形成硫化钴物相。

引入额外的碳基底也是一种常用的丰富 MOF 衍生复合物功能特性的策略。常用的碳基底有石墨烯、碳纳米管、有序介孔碳和碳泡沫等。额外引入的碳基底可以提高复合物的导电性，同时也能作为结构引导基底，防止 MOF 在煅烧过程中的团聚。例如，Cao 等提出了一种合成具有三维结构的氧化石墨烯/MOF 复合材料的通用策略（图 5-14）[133]。各种 MOF 包括铁基 MOF、钴基 MOF、锌基 MOF 和镍基 MOF 都可以通过该方法与氧化石墨烯形成三维复合气凝胶结构。在这个方法中，首先合成 MOF 纳米颗粒，随后合成得到的 MOF 纳米晶体分散于氧化石墨烯水溶液中，搅拌均匀得到水凝胶，这种水凝胶经过冷冻干燥之后便得到三维氧化石墨烯/MOF 复合气凝胶。这种复合气凝胶依次经过在氮气和空气气氛下的煅烧之后便可得到对应的金属氧化物/三维石墨烯气凝胶。

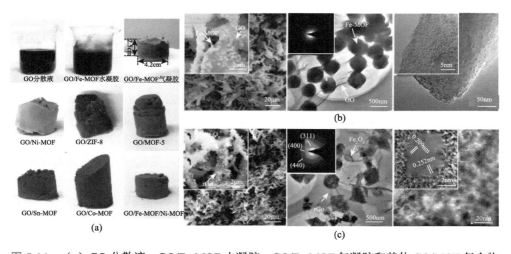

图 5-14　（a）GO 分散液、GO/Fe-MOF 水凝胶、GO/Fe-MOF 气凝胶和其他 GO/MOF 复合物气凝胶的照片（标度尺为 0.35cm）；两步煅烧前（b）和煅烧后（c）GO/Fe-MOF 复合物的 SEM 和 TEM 图像[133]

5.6.1　金属/碳复合物

　　MOF 衍生的金属/碳复合物在各种研究领域，特别是异相催化和电化学能源存储与转换中具有广泛的应用。其中的金属组分可以为催化或反应提供活性位点，而碳基底则既能起到锚定金属颗粒、阻止金属颗粒团聚或溶出的作用，又能作为导电基底增加复合物的导电性，加快电子转移过程。以 MOF 作为模板合成的金属/碳复合物具有比表面积大、孔道结构丰富、金属纳米颗粒小且均匀分散在碳基底上、可便捷掺杂氮和硫等杂原子进入碳骨架中等优点，在近年来是一个非常热门的研究方向。一般目标金属/碳复合物中的金属元素可以通过以下几种方式引入：①使用目标金属作为金属节点构建 MOF 前驱体，常用的金属有钴、镍和铜等；②通过双溶剂法把金属源引入 MOF 的孔道结构中；③合成 MOF 的过程中直接混入目标金属源，在 MOF 骨架形成的时候，目标金属源便会均匀存在于金属节点或孔道结构中；④MOF 经过煅烧处理之后通过浸渍法引入金属源，再通过后续还原处理使引入的金属源还原为金属单质。下面将对 MOF 衍生的不同金属/碳复合纳米结构的合成进行详细介绍。

　　金属钴/碳复合结构可以通过直接在惰性气氛中煅烧钴基 MOF 前驱体得到。例如，Cao 等以溴化十六烷基三甲铵作为表面活性剂合成了 ZIF-67 纳米立方体，并通过在氩气气氛中直接煅烧可以直接得到金属钴纳米颗粒均匀分布在氮掺杂多孔碳立方体中的复合结构[134]。X 射线衍射证明了金属单质钴的形成，透射电子显微镜发现纳米钴颗粒的表面包裹着几层石墨片，这些石墨片层是在钴的催化作用下形成的。Ding 等提出了一种聚合物包裹 ZIF-67 并以之为前驱体合成负载有单质纳米钴颗粒的空心碳纳米笼结构[135]。他们首先通过 F127 作为添加剂合成了 ZIF-67 纳米晶体，并在其表面包裹一层聚多巴胺，然后把得到的复合物在惰性气氛中进行高温热处理便得到了具有空心结构的负载有单质纳米钴颗粒的碳纳米笼。他们发现聚多巴胺的存在可以诱导空心结构的形成，作为对比，没有聚多巴胺的情况下只能得到实心的钴/多孔碳复合物。Yang 等报道了一种锌钴双金属 MOF 为模板合成超细纳米钴颗粒负载多孔碳的复合材料，锌的引入可以大大减小生成的单质钴金属纳米颗粒的尺寸[136]。Xu 等首次采用非晶态 MOF 调控再结晶策略制备一维超长单晶 Co-MOF 纳米结构并将其用作前驱体制备三维碳纳米结构材料[137]。MOF 衍生碳纳米材料的形貌可通过对碳化过程的调控实现。直接在氩气中碳化时 MOF 将转变为一维 Co/C 纳米纤维；如果加入二氰胺作为辅助的氮源和碳源，Co/C 纳米纤维上原位形成的 Co 纳米颗粒将催化碳生成纳米管，从而得到三维树突状分级碳纳米结构材料（图 5-15）。该三维树突状纳米结构以 Co/C 纳米纤维为骨架，周围缠绕着直径在 20~30nm、长度为几百纳米到几微米的碳纳米管。从 SEM 图中可以观察到，所得到的碳纳米管的顶端固定有一个 Co 纳米颗粒。

得益于其特定的三维树突状结构和裸露的金属纳米颗粒，该碳纳米结构呈现出优异的氧还原活性和锌空电池性能。

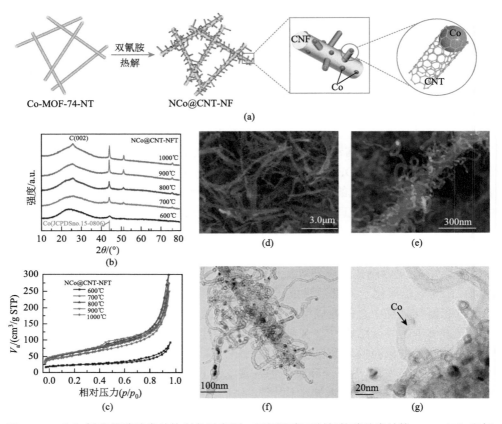

图 5-15 （a）树突状碳纳米结构制备示意图；不同温度下制得的碳纳米结构 XRD（b）和氮气吸附曲线（c）；（d）～（g）树突状碳纳米结构的 SEM、TEM 图像[137]

镍基 MOF 直接在惰性气氛下高温煅烧也能得到镍/碳复合物。例如，Dai 等通过溶剂热法合成了镍基 MOF 纳米球，并直接在氮气气氛下 500℃煅烧 2h 得到负载有金属镍纳米颗粒的空心碳球[138]。X 射线衍射证明了金属镍的形成。透射电子显微镜则表明其中的金属镍纳米颗粒的粒径约为 7nm。Qiu 等用透射电子显微镜原位观测了镍基 MOF 在高温下转化为金属镍纳米颗粒负载多孔碳的过程[139]。他们观测到温度升高到 300℃时，镍基 MOF 的电子衍射点消失，取而代之的是金属镍的衍射环，而且能发现有很多细小的黑点均匀分散在材料上，表明 300℃时金属镍纳米颗粒的形成。随着温度的继续升高，镍纳米颗粒的尺寸逐渐增大，超过 600℃时甚至能脱离碳基底形成独立的镍大颗粒。

铜基 MOF 直接煅烧得到铜/碳复合材料也有报道。Yu 等首先以铜离子为金属源，以均苯三甲酸为配体合成了铜基 MOF 纳米晶体，并把得到的铜基 MOF 纳米晶体在氩气气氛下高温煅烧 6h 便得到了铜/碳复合材料[140]。氮气吸脱附测试表明，得到的铜/碳复合物具有Ⅳ型吸附曲线，表现出分级多孔结构。X 射线衍射证明了金属单质铜的形成。该材料可用于二氧化碳电催化还原为醇类产物，具有较高的活性和选择性。类似地，铜基 MOF 衍生的铜/多孔碳复合物也被用于电催化分解水氢析出[141]、葡萄糖传感[142]、维生素 C 传感[143]等应用。

除了非贵金属，很多贵金属/碳复合物也可以以 MOF 作为模板合成。以 MOF 作为模板合成的复合物具有多孔结构，可以增加贵金属的暴露面积，提高贵金属的利用率。例如，Shao 等通过三氯化钌和均苯三甲酸在甲酸溶液中的溶剂热反应合成了钌基 MOF，然后在氩气气氛下 700℃煅烧 10min 便得到了负载有钌纳米颗粒的多孔碳复合结构（图 5-16）[144]。X 射线衍射分析表明其具有金属单质钌的特征峰，氮气吸脱附分析表明其具有较高的 BET 比表面积（220m²/g）和分级孔道结构，透射电子显微镜分析则观察到其金属钌纳米颗粒均匀分散在分级多孔碳结构上。由于钌基 MOF 中钌的密度很高，直接煅烧钌基 MOF 可能会导致钌的团聚，降低钌的利用率。为了解决这个问题，Zou 等报道了一种以双金属 MOF 为前驱体合成超细钌纳米颗粒负载在分级多孔碳上的复合结构用于高效电解水氢析出[96]。他们首先通过氯化钌和硝酸铜的混合溶液与均苯三甲酸溶液的反应合成铜钌双金属 MOF 纳米晶体。由于 Cu-BTC 和 Ru-BTC 的拓扑结构类似，因此得到的铜钌双金属 MOF 纳米晶体中铜和钌是均匀分散的。在煅烧过程中，铜可以起到隔离钌的作用，抑制钌的团聚，而且经过氯化铁的刻蚀后，铜颗粒被刻蚀之后会留下大量介孔和大孔，更加增加了钌的暴露，进而增加其利用率。作为对比，单金属钌基 MOF 的衍生钌/碳复合物中钌颗粒的团聚严重，颗粒大小明显比双金属 MOF 衍生钌/碳复合物中的钌颗粒要大得多。

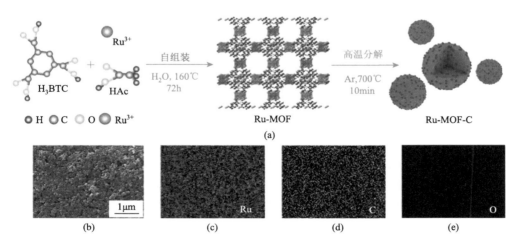

图 5-16　（a）Ru-MOF-C 的合成示意图；（b）～（e）Ru-MOF-C 的 SEM 图像和对应的元素分布能谱图；（f）Ru-MOF 热解前和热解后的 XRD 图谱；（g）、（h）Ru-MOF-C 的 TEM 图像[144]

金属合金/碳复合材料可以利用双金属 MOF 直接煅烧得到。例如，Li 等以镍钴双金属 MOF 为前驱体，在惰性气氛中煅烧得到镍钴合金纳米颗粒镶嵌于多孔碳中的复合结构[145]。镍钴合金复合材料的 X 射线衍射中的（111）晶面衍射峰位于镍/碳和钴/碳之间，而且能谱分析也表明颗粒中镍和钴的均匀分布，证明了镍钴是以合金形式存在的。这种镍钴合金/碳用于苯酚加氢反应中表现出了比镍/碳或钴/碳更出色的反应活性。Lou 等报道了一种以铁基 MOF 和钴基 MOF 复合物为前驱体煅烧得到铁钴合金/碳复合材料的方法[146]。他们首先以聚苯乙烯微球为模板，在其表面覆盖铁基 MOF 和钴基 MOF，经过煅烧之后便可得到铁钴合金/碳复合材料。由于有聚苯乙烯微球作为模板，得到的铁钴合金/碳复合材料具有空心结构。利用金属间的置换反应也可以制备 MOF 衍生的合金/碳复合材料。Zhu 等先通过在氢氩混合气中煅烧镍基 MOF 得到镍金属颗粒负载在多孔碳球上的复合结构，再把该结构分散在无水乙醇中，随后加入氯化锑并加热至 80℃（图 5-17）[147]。在此过程中，单质镍与锑离子发生置换反应，锑离子被还原为锑单质，并与剩余的金属镍形成镍锑合金纳米颗粒。X 射线衍射证明了镍锑合金的形成。其用于电化学储锂具有高的质量比容量和倍率性能。

铂是一种具有出色的氧还原电催化活性的金属，但是昂贵的价格、极低的丰度和较差的稳定性大大限制了其在燃料电池中的广泛应用。往铂里引入非贵金属元素可以降低催化剂中铂的含量，提高铂的催化活性和增加其催化稳定性。利用 MOF 为模板可以合成铂基合金颗粒负载多孔碳材料。例如，Chen 等往硝酸铁和 2-甲基咪唑的混合甲醇溶液中加入铂纳米颗粒，使之生成铂纳米颗粒掺杂的铁基 MOF[148]，经过在氢氩混合气中煅烧和盐酸刻蚀后便可得到铂铁合金纳米颗粒负载在多孔碳纳米片的复合材料。该材料在酸性电解液中具有比商业铂碳催化剂更优的催化活性和稳定性。Wu 等利用 ZIF-67 纳米晶体为前驱体，先通过煅烧处理使之转化为钴纳米颗粒负载多孔碳多面体，再引入铂金属源并进行二次煅烧处理得到有序 Pt_3Co 纳米颗粒负载多孔碳多面体的复合材料（图 5-18）[149]。他们发现二次煅烧过程可以使钴原子扩散至铂源处，并与之形成稳定的 Pt_3Co 纳米颗粒。球差矫正高角环形暗场像-扫描透射电子显微镜（HAADF-STEM）表征证明了有序 Pt_3Co 合金相的形成，这种有序 Pt_3Co 合金相在经过循环稳定性测试之后仍然保持稳定。将这种有序 Pt_3Co 纳米颗粒负载多孔碳多面体的复合材料用于酸性电解液下的氧还原电催化具有很高的电化学活性和稳定性，均优于商业铂碳催化剂。

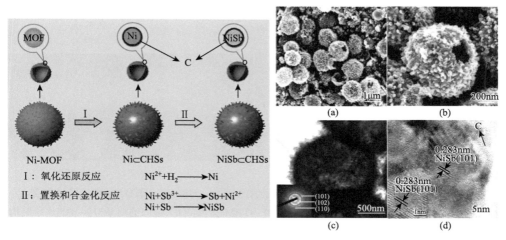

图 5-17 NiSb⊂CHSs 的合成示意图以及对应的 SEM 和 TEM 图像[147]

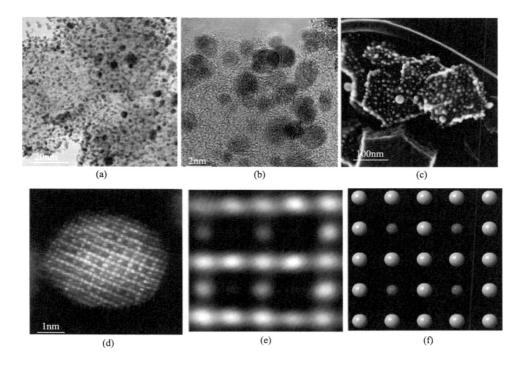

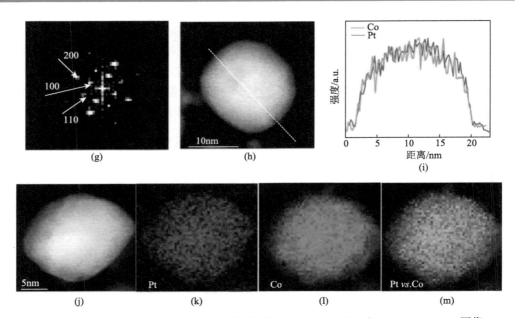

图 5-18 　（a）～（c）Pt/40Co-NC-900 催化剂的 TEM、HR-TEM 和 HAADF-STEM 图像；
（d）原子分辨率的 Pt_3Co 纳米颗粒的 HAADF-STEM 图像；（e）选取的超晶格特征的原子结构
图；（f）根据 HAADF-STEM 图像模拟的立方 Pt_3Co 颗粒延[100]方向的原子排布示意图；
（g）Pt_3Co 颗粒的选区快速傅里叶变换（FFT）图像；（h）～（i）为 Pt_3Co 颗粒线性扫描图；
（j）～（m）为 Pt_3Co 颗粒的高角环形暗场扫描透射显微镜（AADF-STEM）图像和对应的元
素分布能谱图[149]

5.6.2 金属氧化物/碳复合物

如上述提到，MOF 中含氧并且金属离子的还原电位很低时，在惰性气氛中煅烧时形成的金属氧化物难以被还原为单质金属，因此会得到金属氧化物/碳复合物。对于金属离子的还原电位较高时，可以通过两步煅烧法，首先在惰性气氛煅烧得到金属/碳复合物，随后用适当的温度和时间在空气中煅烧可使金属转化为金属氧化物，同时不完全除去其中的碳组分。

Yang 等以锌基 MOF-5 为前驱体，通过直接在氮气气氛中 600℃煅烧得到氧化锌/碳复合物[150]。X 射线衍射分析和高分辨透射电子显微镜分析证明了氧化锌相的形成，且这些氧化锌纳米颗粒均匀镶嵌在多孔碳骨架中。他们还发现在反应体系中引入钴离子，经过同样的煅烧步骤可以得到钴掺杂的氧化锌/碳复合物。Kim 等以钛基 MOF 为模板，通过煅烧处理直接得到二氧化钛/碳复合结构，多孔碳的存在使得电子传导和物质传输过程得以提升，从而该复合物用于钠离子电池负极材料时具有出色的倍率性能和循环稳定性[82]。Ogale 等则以铁基 MOF 为前驱体，在氩气气氛中直接煅烧得到四氧化三铁/多孔碳复合物[151]。

利用两步煅烧法制备 MOF 衍生金属氧化物/碳复合物的报道也有很多。Wang 等以 ZIF-67 纳米晶体为模板，首先在氮气气氛下 550℃煅烧 1h 得到金属纳米钴颗粒负载氮掺杂多孔碳复合结构，随后在空气中 350℃煅烧 1h 使金属钴转化为四氧化三钴纳米颗粒，同时不完全除去多孔碳组分[152]。类似地，Guo 等也通过两步煅烧法把 ZIF-67 纳米晶体转化为四氧化三钴纳米颗粒镶嵌氮掺杂多孔碳多面体用于锂离子电池负极材料[153]。

引入石墨烯或碳纳米管等导电基底可增加 MOF 衍生金属氧化物/碳复合物的导电性，同时能作为基底锚钉氧化物纳米颗粒，增加其稳定性。Cao 等以碳纳米管作为基底，在其表面生长 ZIF-8 纳米晶体，并通过在氩气气氛中煅烧得到氧化锌/碳纳米管复合结构（图 5-19）[154]。碳纳米管首先在浓硝酸中经过加热回流处理，使其表面修饰有大量含氧基团作为 ZIF-8 的成核生长位点。在碳纳米管表面原位生长 ZIF-8 纳米晶体之后，其复合物经过抽滤形成自支撑的 ZIF-8/碳纳米管膜，这种自支撑膜结构经过煅烧后仍保持其结构强度，可直接用于锂离子电池负极材料。在另一个工作中，Zhao 等报道了一种 MOF 衍生四氧化三钴/三维石墨烯网络/泡沫镍

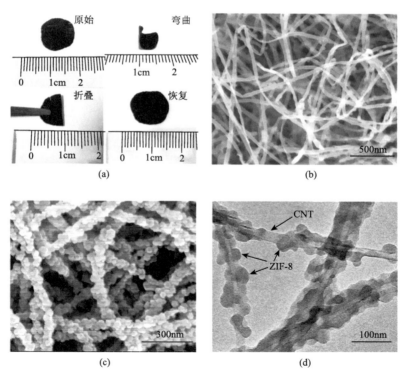

图 5-19　（a）ZIF-8/碳纳米管薄膜照片；（b）碳纳米管的 SEM 图像；ZIF-8/碳纳米管的 SEM （c）和 TEM 图像（d）[154]

复合结构用于自支撑的无黏结剂杂化超级电容器电池型电极材料[155]。他们首先通过化学气相沉积法在泡沫镍表面生长三维石墨烯网络，随后通过直接沉淀法在三维石墨烯网络表面原位生长 ZIF-67 纳米晶体，得到 ZIF-67/三维石墨烯网络/泡沫镍复合结构。该结构通过在氩气气氛中煅烧，随后在空气中煅烧便得到四氧化三钴/三维石墨烯网络/泡沫镍复合结构。

5.6.3 金属氢氧化物/碳复合物

由于 MOF 转变为金属氢氧化物的方法一般为硝酸镍刻蚀或碱刻蚀等化学处理方法，因此 MOF 中含碳的有机配体会随着刻蚀的过程溶进溶液中。所以目前 MOF 衍生的金属氢氧化物/碳复合物中的碳组分一般为石墨烯等外来引入的碳基底。

Wang 等以 ZIF-67/石墨烯复合物为模板，通过硝酸镍化学刻蚀得到镍钴双金属 LDH/石墨烯复合物（图 5-20）[156]。具体的合成过程包括以下步骤：①把商业化的石墨烯粉末超声分散在甲醇中；②往分散有石墨烯片的甲醇中加入硝酸钴并超声 1h；③往得到的混合物中加入 2-甲基咪唑的甲醇溶液搅拌后静置 24h，通过离心洗涤得到 ZIF-67/石墨烯复合物；④得到的 ZIF-67/石墨烯复合物分散在溶有硝酸镍的乙醇溶液中回流 1h，离心洗涤便可得到最终产物镍钴双金属 LDH/石墨烯复合物。该复合物中的镍钴双金属 LDH 为空心纳米笼结构。X 射线衍射分析证明了 LDH 和多层石墨烯两种物相的存在，透射电子显微镜表征观察到镍钴双金属 LDH 纳米笼由很多二维纳米片组装而成，并均匀分散在石墨烯片的表面。

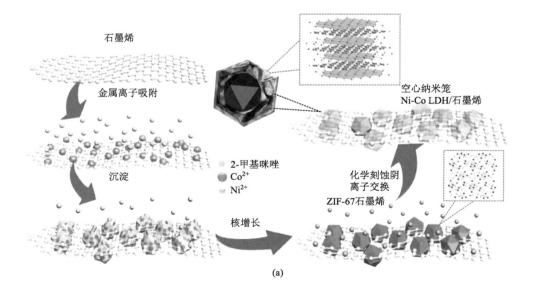

(a)

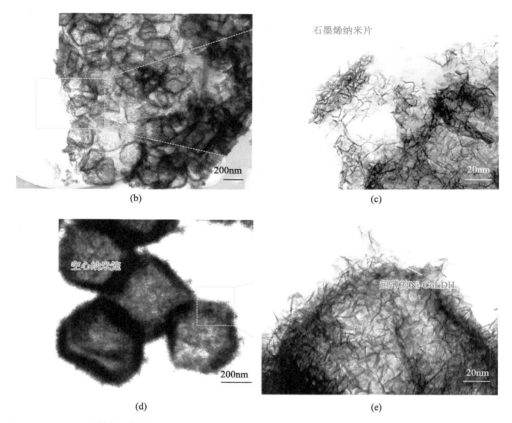

图 5-20　（a）镍钴双金属 LDH/石墨烯复合物的形成过程示意图；（b）～（e）不同放大倍数
下镍钴双金属 LDH/石墨烯复合物的 TEM 图像[156]

　　类似地，Zhu 等合成了 MOF 衍生镍钴双金属 LDH 与碳纳米棒和碳纳米带的复合物[157]。Zad 等合成了 MOF 衍生镍钴双金属 LDH/碳纳米带复合结构用于葡萄糖传感[158]。Wang 等报道了 MOF 衍生镍钴双金属 LDH/石墨烯片复合结构的设计合成[159]。

5.6.4　金属硫化物/碳复合物

　　金属硫化物/碳复合物一般通过金属、金属氧化物或金属氢氧化物和碳的复合物经过硫化处理得到。Zou 等以 ZIF-67 纳米晶体为模板，通过在惰性气氛中煅烧首先得到金属纳米钴颗粒镶嵌在多孔碳多面体中的复合结构，随后其中的金属纳米钴颗粒可以通过以硫粉为硫源的硫化处理转化为二硫化钴纳米颗粒[160]。得到的二硫化钴纳米颗粒/氮掺杂多孔碳多面体材料用于锂离子电池负极，展现了较高的质量比容量和循环稳定性。类似地，Pan 等以镍基 MOF 为模板，通过煅烧和硫化处理得到了二硫化镍/氮掺杂多孔碳复合结构。该结构用于钠离子电池负极材料时表现出了较高的循环稳定性[161]。在电池循环充放电时，多孔碳基底可以作为导电基底提高电子传导速率，同时其多孔结构可以缓冲硫化镍循环充放电过程中的体积变化。Yu 等报道了一种合成空心八硫化九钴纳米颗粒负载氮掺杂多孔碳笼的复合材料[162]。他们首先合成了 ZIF-67 多面体，随后在氢氩混合气中煅烧得到金属纳米钴颗粒负载多孔碳笼，并通过接下来的硫化处理把金属钴转化为八硫化九钴纳米颗粒，由于柯肯德尔效应，得到的八硫化九钴纳米颗粒具有空心结构。引入石墨烯等导电基底能进一步提高金属硫化物/碳复合物的导电性。Zou 等以氧化石墨烯为模板，利用其表面丰富的含氧基团作为成核位点，在其表面均匀原位生长镍基 MOF 纳米棒[163]。在经过以硫粉为硫源的硫化反应之后，镍基 MOF/氧化石墨烯复合物可直接转化为硫化镍/还原氧化石墨烯复合材料。该复合材料在用于碱性溶液中电池性电极材料时表现出了极高的质量比容量和倍率性能，这很大程度上得益于石墨烯的引入可大大增加其导电性和稳定性。作为对比，没有石墨烯添加的情况下，硫化镍材料的质量比容量和循环稳定性都远低于硫化镍/还原氧化石墨烯复合材料。类似地，Wang 等也以 MOF/氧化石墨烯为模板合成了硫化钴/还原氧化石墨烯复合结构用于锂离子电池负极材料[164]。Cai 等则以碳纳米管为模板，在其表面原位生长镍基 MOF，并通过碳化和硫化处理得到硫化镍负载多孔碳网络用于电池性电极材料（图 5-21）[165]。

(a)　　　　(b)　　　　(c)

(d)　　　　(e)　　　　(f)

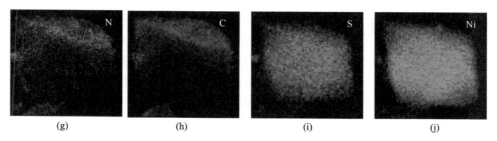

图 5-21　（a）、（b）Ni-MOF/CNT 的 SEM 图像；（c）Ni-MOF/CNT 的 XRD 图谱；（d）、（e）NC/Ni-Ni₃S₄/CNT 的 SEM 图像；（f）NC/Ni-Ni₃S₄/CNT 的 XRD 图谱；（g）～（j）NC/Ni-Ni₃S₄/CNT 的元素分布能谱图[165]

5.6.5　金属磷化物/碳复合物

　　与金属硫化物/碳复合物类似，金属磷化物/碳复合物可通过金属、金属氧化物或金属氢氧化物和碳的复合物经过磷化处理得到。例如，Luo 等以钴基 MOF 为模板，通过在惰性气氛下煅烧得到金属纳米钴颗粒被包裹在氮掺杂石墨烯层中的复合物，随后金属纳米颗粒经过以次磷酸钠为磷源的磷化步骤转变为磷化钴纳米颗粒，最终得到磷化钴纳米颗粒包裹在氮掺杂石墨烯层中的复合结构[166]。X 射线衍射分析和 X 射线光电子能谱分析表明了磷化钴相的形成。该复合结构用于电催化水分解氢析出时具有较高的电化学活性和稳定性。类似地，Jiang 等以 ZIF-67 纳米晶体为模板，经过氩气气氛中煅烧和随后的磷化处理得到了磷化钴纳米颗粒被包裹在氮掺杂碳纳米管中的复合结构[167]。在氩气气氛煅烧过程中，ZIF-67 首先分解形成金属纳米钴颗粒，这些纳米钴颗粒可以催化那些还没完全碳化的有机配体生成碳纳米管。他们发现煅烧的升温速率对碳纳米管的形成起到了关键作用。只有升温速率很低（1℃/min）的时候才能形成碳纳米管结构，而升温速率较高的时候（5℃/min）只能形成多孔碳颗粒结构。这是因为在较低升温速率时有机配体可以作为还原剂还原钴离子形成具有催化活性的钴纳米颗粒，催化未碳化有机配体形成碳纳米管。升温速率较高时，则没有具有高催化活性的钴纳米颗粒和足够的碳源存在，进而影响碳纳米管的形成。Li 等报道了更复杂的磷化钴/碳纳米管空心纳米笼结构[168]。他们首先合成了 ZIF-8 纳米晶体，随后在 ZIF-8 晶体外生长一层 ZIF-67，形成 ZIF-8 为核、ZIF-67 为壳的壳核结构。该壳-核结构依次经过氩气气氛煅烧、空气气氛煅烧和磷化处理后便可得到磷化钴/碳纳米管空心纳米笼结构。该空心结构有利于物质传输，碳纳米管的存在则提高了复合物的导电性，使其具有较高的电化学活性，可用于电化学全解水产氢产氧应用。

　　外来引入石墨烯或碳纳米管等导电基底是一种提高金属磷化物/碳复合物电化学活性的常用方法。Jiang 等以氧化石墨烯为模板，通过室温沉淀法在氧化石墨烯表面原位生长 ZIF-67 纳米晶体，随后依次经过氩气气氛下煅烧、空气气氛下煅烧和磷化处理便得到了磷化钴/还原氧化石墨烯复合物。氧化石墨烯可以提供大量的成核位点使得 ZIF-67 在其表面均匀成核生长，因此得到的复合物也具有二维纳米片形貌，这表明石墨烯可作为形貌调控组分。类似地，Mai 等在氧化石墨烯表面均匀生长镍基 MOF，并通过氩气气氛下的煅烧和随后的磷化处理得到磷化镍负载多孔碳均匀分布在还原氧化石墨烯表面的复合材料[169]。除了石墨烯，Huang 等也报道了以碳纳米管为基底的磷化钴/碳复合结构。他们首先用聚多巴胺修饰碳纳米管的表面，随后通过直接沉淀法在修饰后的碳纳米管表面原位生长 ZIF-67 纳米晶体，依次经过氩气气氛下煅烧和磷化处理便可得到具有一维纳米结构的磷化钴/碳复合结构[170]。

　　通过调节 MOF 前驱体中金属的种类，可以制得双金属或多金属磷化物碳基复合材料。Xu 等以三维单晶 FeNi-MOF 作模板，在水热条件下添加辅助配体获得新型双金属 MOF 胶囊，其壁上存在便于物质交换的纳米"开口"。随后，以该 MOF 胶囊为前驱体和三聚氰胺混合进行热解和磷化，最终制备出由氮掺杂碳纳米管链接的碳胶囊负载磷化铁和磷化镍的复合材料（图 5-22）[171]。所得到的碳纳米胶囊同样具有较大"开口"，磷化铁和磷化镍均匀镶嵌在多孔胶囊壁上，成为电催化过程中的活性位点。基于其特有的"开口"设计和网络化连接的碳纳米管，该催化剂呈现出优异的氧析出（OER）、氢析出（HER）以及氧还原（ORR）等电催化性能。

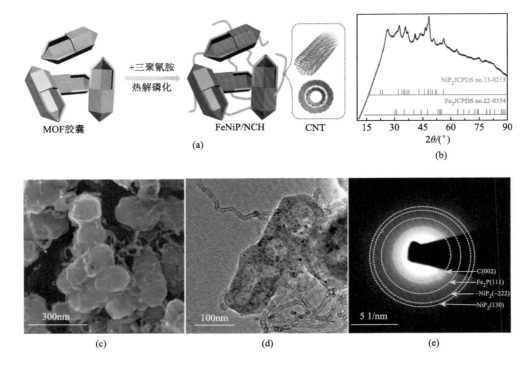

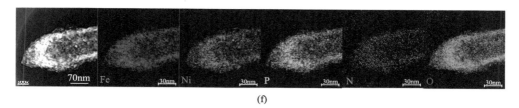

(f)

图 5-22　多孔碳胶囊镶嵌磷化铁/磷化镍复合材料的合成示意图（a），XRD 图像（b），SEM 图
　　　　像（c），TEM 图像[（d）、（e）]和 EDS 图像（f）[171]

使用自支撑导电基底也可负载 MOF 衍生金属磷化物/碳复合物。Guo 等报道
了一种以三聚氰胺海绵为自支撑基底的方法，通过在其表面原位生长 ZIF-67 纳米
颗粒，并通过磷化处理和随后的高温煅烧得到磷化钴负载自支撑多孔碳泡沫的复
合结构[172]。该复合结构可直接用作自支撑电极用于高效电解水氢析出反应。Sun
等则报道了以碳布为自支撑模板的合成磷化钴/碳/碳布复合结构的方法[173]。

5.6.6　其他金属化合物/碳复合物

在其他工作中，Zhang 等报道了一种 MOF 衍生三维大孔碳负载硒化钴的复合
物用于铝离子电池电极材料（图 5-23）[174]。他们首先合成了在三维空间中规则排
列的聚苯乙烯纳米球，随后把 ZIF-67 的前驱体硝酸钴和 2-甲基咪唑溶入甲醇中，
随后把三维聚苯乙烯纳米球模板浸入其中，并通过真空处理使模板中的气体跑出，
确保前驱体渗入模板的空隙中。随后含有前驱体的模板浸入甲醇和氨水的混合物中，
诱导 ZIF-67 的生成。作为模板的聚苯乙烯球随后通过二甲基甲酰胺溶解去除，留
下具有规则的大孔的 ZIF-67 纳米颗粒。这些规则多孔 ZIF-67 与硒粉混合后煅烧
便可得到硒化钴纳米颗粒负载规则三维多孔碳复合物。Zou 等以 ZIF-67 为钴源，
把 ZIF-67 纳米颗粒加入聚乙二醇、硼酸和尿素的混合物中煅烧，得到硼氮共掺杂
石墨烯管包裹金属钴颗粒的复合结构，其中的钴纳米颗粒经过硒化处理后转变为硒
化钴纳米颗粒，最终得到硼氮共掺杂石墨烯管包裹硒化钴纳米颗粒的复合结构[175]。
MOF 衍生的双金属硒化物/碳复合物也有报道。例如，Wang 等以钴锌双金属 MOF
为前驱体，与硒粉混合后煅烧得到钴锌双金属硒化物负载多孔碳棒用于锂离子电
池负极材料[176]。

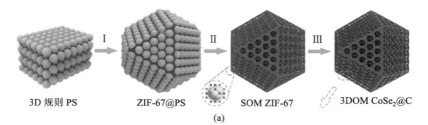

3D 规则 PS　　　　ZIF-67@PS　　　　SOM ZIF-67　　　3DOM CoSe$_2$@C

(a)

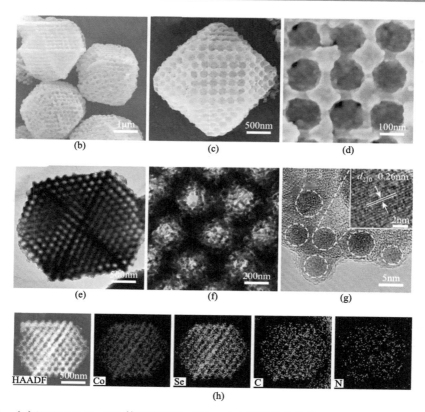

图 5-23 （a）3DOM CoSe$_2$@C 的形成路线；（b）～（d）不同放大倍数下 3DOM CoSe$_2$@C-190nm 的电场发射扫描电子显微镜图像（e），TEM 图像（f），高分辨率透射电子显微镜图像（g），高角度环形暗场扫描透射电子显微镜图像以及 Co、Se、C 和 N 的元素分布能谱图（h）[174]

金属碳化物/碳复合物也可以通过 MOF 模板法得到。Zou 等报道了一种 MOF 衍生的碳化铁负载多孔纳米纤维复合材料用于电催化氧还原反应[177]。他们首先合成了铁基 MOF 纳米颗粒，然后把这些铁基 MOF 纳米颗粒分散于聚丙烯腈中，并通过静电纺丝制备了铁基 MOF/聚丙烯腈复合物纳米纤维，经过在氩气气氛中煅烧、酸洗和二次煅烧之后便得到了碳化铁纳米颗粒负载多孔纳米纤维的复合材料。Lou 等报道了一种以铁基 MOF/锌基 MOF 复合结构为模板合成碳化铁负载多孔碳的复合结构用于高效氧还原电催化[178]。他们首先合成了铁基 MOF 纳米棒，随后把得到的铁基 MOF 纳米棒分散在硝酸锌和 2-甲基咪唑的甲醇溶液中，随着反应的进行，硝酸锌和 2-甲基咪唑会逐渐生成锌基 MOF 纳米晶体，并把铁基 MOF 纳米棒包裹于其中，最后得到铁基 MOF/锌基 MOF 复合结构。该铁基 MOF/锌基 MOF 复合结构经过在氮气气氛中煅烧便可得到碳化铁负载多孔碳的复合结构。

5.7　纳米 MOF 衍生单原子分散金属负载碳的合成

单原子分散催化剂是一种将孤立的单个金属原子分散在载体材料上的一种负载型催化剂，自 2011 年张涛院士等首次提出单原子催化剂的概念以来[179]，各种类型单原子催化剂得到了蓬勃的发展。在单原子分散催化剂中，孤立的金属活性中心具有独特的不饱和配位环境、量子尺寸效应和强金属-载体相互作用等优点，对多种催化反应都展现出了优异的催化性能，利用载体将金属原子活性中心实现单个原子级别分散，可以实现 100%的金属原子利用率，能够大大节约成本，展现出了其工业化的巨大潜力[180]。单原子分散金属负载碳是一种利用导电的碳载体分散固定金属原子实现单个原子级别分散的材料。在单原子分散金属负载碳中，具有催化活性的金属原子均匀分散在导电碳骨架上，被金属原子周围原子（如碳、氮、硫等元素）配位，金属中心及其周围原子形成独特的电子结构和几何构型，能作为多种反应的活性中心，对许多反应都展现出了超高的催化活性和选择性，其应用研究引起了广泛的关注[181]。然而，由于单原子分散的金属原子具有高比表面自由能，极易发生迁移团聚，形成颗粒，因而对如何可控制备稳定的具有明确配位结构、高负载量的新型单原子分散金属负载碳提出了更高的挑战[182]。MOF由于其具有高孔隙率、高比表面积、周期性排布并高度可调节的功能化配体和金属节点，成了优异的制备单原子分散金属负载碳的前驱体材料。相比传统方法，对 MOF 的有机配体和金属节点进行合理设计后，MOF 衍生的碳材料可以更简单地实现各种金属原子和杂原子的引入，同时获得高比表面积和实现丰富的杂原子掺杂[183-185]。这些丰富的杂原子如氮原子能够提供丰富的金属原子结合的位点，大大提高金属单原子在碳基底上的稳定性，多种金属原子如铁[186]、钴[187]、镍[188]、锰[189]、钌[190]等都已成功由 MOF 衍生制备，实现在碳基底上单原子级别的分散，同时 MOF 衍生单原子分散金属负载碳的高比表面积和多孔性使其活性位点可以充分地暴露，大大促进催化反应的物质运输过程。

目前，利用 MOF 制备单原子分散金属负载碳，主要通过高温热解 MOF 前驱体来获得。根据 MOF 衍生制备单原子分散金属负载碳机理的不同，主要可以分为直接利用高温热解 MOF 前驱体获得单原子分散金属负载碳以及间接将 MOF 衍生碳负载金属颗粒材料转换为单原子分散金属负载碳两种方式。其中，直接高温热解 MOF 获得单原子分散金属负载碳，需要先对 MOF 进行预处理，将金属原子均匀稳定分散在 MOF 中，避免在热解中金属原子团聚成颗粒。将金属原子分散在 MOF 中，可以通过形成双金属 MOF 将金属原子固定在金属节点实现均匀分散，也可以利用有机配体将金属原子锚定在 MOF 骨架中分散，还可以利用 MOF 的多孔限域作用将金属原子分散在孔中。间接将 MOF 衍生碳负载金属颗粒材料转换为单原子分散金属负载碳，需要将金属颗粒转化为单原子或去除多余的金属颗粒而保留单原子分散的金属原子，可以通过酸刻蚀、电化学活化或利用强金属-载体相互作用将金属颗粒转化成金属单原子等方法来实现这种转化。本书总结了以下四种方法利用 MOF 制备单原子分散金属负载碳，并对这些方法进行了详细的讨论：①MOF 金属节点分散金属原子策略；②MOF 有机配体分散金属原子；③孔限域分散金属原子；④自上而下法制备单原子分散负载碳。

5.7.1 MOF 金属节点分散金属原子

在 MOF 中，金属节点与有机配体周期性排布，金属节点被有机配体均匀地分散固定，同时高度可调节，这使得在 MOF 中可以引入两种或多种金属节点并均匀分散[186, 187]。锌基沸石咪唑酯骨架材料（ZIF-8）是一类由锌单金属中心作为金属节点，富含氮元素的 2-甲基咪唑作为有机配体构成的 MOF 材料。在合成 ZIF-8 的过程中，当同时加入与 Zn^{2+} 具有相似离子半径和电荷的金属离子如 Fe^{2+}、Co^{2+}、Ni^{2+} 等即可合成双金属 ZIF[186-188]，这些金属离子在 ZIF 骨架中被 2-甲基咪唑配位固定，锌和有机配体使这些金属离子稳定且保持一定距离地分散在 ZIF 骨架中。这种方式相较于用 MOF 物理吸附金属原子分散，具有更均匀的分散性以及更好的稳定性，能有效避免将金属原子引入 MOF 前驱体过程中引起的团聚现象。通过一步高温热解双金属 ZIF，锌原子在高温下挥发（沸点为 906℃）同时长生大量孔隙，目标金属原子位点被富氮的多孔碳基底捕获并稳定，形成单原子分散金属负载碳，有效避免高温煅烧的过程中金属原子的迁移和团聚。

ZIF-67 具有与 ZIF-8 相同的晶体结构，因而锌钴双金属 ZIF 可以通过简单的溶液混合两种金属盐的方式获得，所以锌钴双金属 ZI（F）前驱体成了制备单原子分散金属钴负载碳的最简单的方法之一。Li 课题组通过简单溶液法合成了一种锌钴比为 1∶1 的锌钴双金属 ZIF，通过合理调节锌钴比，使得 Co^{2+} 被 Zn^{2+} 部分取代，Co^{2+} 间保持相对较远的距离，避免了在煅烧过程中形成 Co—Co 键。高温煅烧使有机配体碳化，进而还原 Zn^{2+} 和 Co^{2+}，低沸点的 Zn 在高温下挥发留下丰富的 N 空位点，而 Co 被这些 N 捕获并稳定存在，最终形成了 Co 负载量为 4wt% 的单原子分散金属钴负载碳[187]。他们还发现不同热解温度会导致不同的 CoN_x 配位模式，800℃ 热解会生成 $Co-N_4$ 物种，900℃ 热解会生成 $Co-N_2$ 物种，其中 $Co-N_2$ 物种表现出了更好的热稳定性和化学稳定性以及更高的电催化氧还原性能。这一工作为以 ZIF 为前驱体可控制备单原子分散金属钴负载碳开辟了方向，通过合理地调节双金属 ZIF 的锌钴比和煅烧温度，可以精确合成具有不同负载量和 Co 活性中心的单原子分散金属钴负载碳，并具有优异的催化性能[191, 192]。

钴离子可以直接形成纯 ZIF-67，因而可以与锌离子形成任意比的锌钴双金属

ZIF，进而制备单原子分散金属钴负载碳。尽管其他金属离子如镍、铁、锰等离子
不能像钴一样单独形成纯 ZIF 材料，但这些金属离子可以通过部分取代锌离子的
方式掺杂进 ZIF-8 骨架中，形成目标原子单原子分散的双金属 ZIF。例如，Wu 等
报道了通过溶液合成法成功将 Fe 离子掺杂进 ZIF-8 骨架中，Fe 离子部分取代锌
离子，以 Fe-N 配位的形式被均匀分散于 ZIF 骨架中，在随后的高温碳化过程中
锌原子挥发，而铁离子与氮原子配位形成稳定的 FeN_4 物种，并表现出优异的酸性
ORR 活性，其半波电位达到了 0.85V（图 5-24）[193]。与铁离子类似，镍离子也
用相似的方法通过简单溶液法掺杂进 ZIF-8 骨架中，再以双金属锌镍 ZIF 为前驱
体通过一步高温热解获得单原子分散金属镍负载碳[188]。

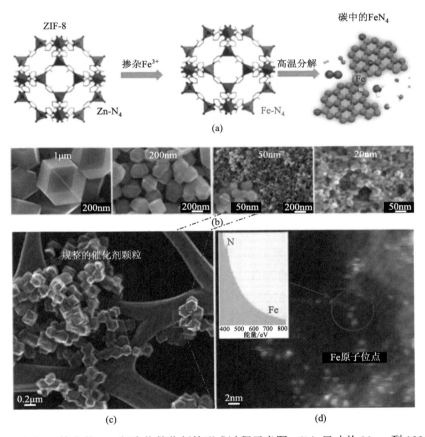

图 5-24　（a）Fe 掺杂的 ZIF 衍生物催化剂的形成过程示意图；（b）尺寸从 20nm 到 1000nm 的
Fe-ZIF 颗粒形貌；（c）、（d）性能最好的 Fe 掺杂 ZIF 催化剂（50nm）的高角度环形暗场扫描透
射电子显微镜图像，（d）中左上方插图为电子能量损失谱[193]

　　然而在热解过程中，MOF 衍生的碳材料通常会发生碳骨架的聚集，特别是对

于小尺寸的碳颗粒，会导致比表面积急剧减小，阻碍电解质的扩散过程。采用牺牲模板法可在单原子分散金属负载碳内有效构建额外的介孔/微孔结构，以减少碳骨架的聚集并促进电解质的扩散。例如，Manthiram 等使用二元模板法，利用碲纳米管和 ZIF 作为双重模板来合成具有分级微孔介孔结构的一维单原子分散金属负载碳纳米管。一维碲纳米管可以诱导 ZIF 生长成一维形貌，通过调节双金属 ZIF 的锌钴比可以有效调节最终单原子分散金属钴的含量，在高温煅烧过程中，由于碲和锌的高温挥发，模板最终被去除而获得一维碳纳米管，同时产生大量分级多孔结构，这种二元模板法为生成具有特定形貌、构造多级孔结构单原子分散金属负载碳提供了有效途径，使得单原子分散金属活性位点丰富且均匀分布，大大增加活性位点的暴露，加快物质传递过程[194]。除了采用硬模板法来防止碳颗粒团聚，影响活性位点暴露和传质过程，Gascon 等通过在锌钴双金属 ZIF 的孔中引入硅酸甲酯，再将其水解，形成被 ZIF 封装的二氧化硅颗粒，随后高温煅烧并用碱洗掉二氧化硅即可获得具有大量介孔结构的单原子分散金属钴负载碳。ZIF 骨架的孔隙空间中存在 SiO_2，可以延长钴原子之间的初始空间距离，从而有效地避免了 Co 原子的团聚，形成了高度稳定的 $Co-N_x$ 位点，且去除二氧化硅引入大量多级孔结构使得活性位点充分暴露[195]。

5.7.2　MOF 有机配体分散金属原子

与上述中利用 MOF 的金属节点来分散金属原子相似，MOF 中的有机配体也可以实现分散固定金属离子。通过路易斯酸碱作用，利用 MOF 有机配体中具有孤对电子的官能团与目标金属原子配位，如—NH_2 基团[190]，可以使金属原子稳定固定在 MOF 的骨架中。与构造双金属 MOF 类似，合理地选择由无金属和金属化的有机配体及金属节点构建的 MOF，不会影响其原始骨架的拓扑和结晶度，而且由于具有周期性且可定制的 MOF 结构，因此可以通过简单地更改混合配体的比例来调节相邻金属化配体之间的距离。当距离达到临界值时，在热解过程中可以有效地分散金属原子，抑制金属簇和纳米颗粒的形成，并且可以成功实现单原子分散金属负载碳。

近期，Li 等利用 UiO-66-NH_2 作为前驱体，利用带有—NH_2 游离基的连接配体来实现在 MOF 中均匀分散 Ru^{3+}，Ru^{3+} 和—NH_2 之间的强配位相互作用将 Ru 金属离子限制在 UiO-66-NH_2 通道内（图 5-25）[190]。在高温下热解后，UiO-66-NH_2 中的有机配体转化为 N 掺杂的多孔碳（N—C)，而金属离子转化为 ZrO_2 纳米颗粒。同时，吸附的 Ru 离子可以被周围的碳还原。用氟化氢（HF）刻蚀 ZrO_2 后，得到锚固在 N-C 催化剂上的 Ru 单原子（Ru SAs/N-C）。相反，如果直接用没有—NH_2 基团的 MOF 作为前驱体来分散 Ru 离子，在热解过程中 Ru 离子会聚集成纳米团簇和小的纳米颗粒。球差校正透射电子显微镜和 X 射线吸收精细结构谱（XAFS)

表明，Ru 以单原子的形式分散在氮掺杂碳基底上。使用相似的方法，Li 等还成功地利用 UiO-66-NH$_2$ 作为前驱体，通过—NH$_2$ 和钨离子的强配位作用来分散钨离子，并通过高温热解获得了以 W$_1$N$_1$C$_3$ 形式存在的单原子分散金属钨负载碳[196]。

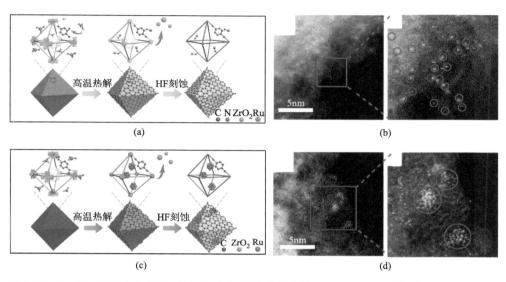

图 5-25　Ru SAs/N-C（a）和 Ru NCs/C（c）的形成机理图；Ru SAs/N-C（b）和 Ru NCs/C（d）的高角环形暗场扫描透射电子显微镜图像[190]

此外，卟啉基 MOF 也是一种有效的常用来固定金属离子的前驱体材料，其中 MOF 中的卟啉环在正方形平面几何结构中包含四个吡咯氮原子位点，可以充当单金属原子的稳定的捕获位点。Jiang 等成功报道了一种新颖的在卟啉基 MOF 中进行混配体来制备单原子分散金属负载碳[197]。在预先设计的卟啉 MOF（Fe$_x$-PCN-222）中，使用带有和不带有 Fe^{III} 中心的 TCPP[四（4-羧基苯基）卟啉]配体，从而增大了三维 MOF 网络中 Fe^{III} 离子的空间距离，有效地抑制了热解过程中的 Fe 原子聚集，从而单原子 Fe 被锚定在多孔 N 掺杂碳上，形成单原子分散金属铁负载碳。值得注意的是，在单原子分散金属铁负载碳中，铁原子的负载量达到了 1.76wt%，高度有序的介孔结构在碳化后也得到了保留，大大促进了传质过程和活性位点的暴露，对电催化氧还原反应展现出了超高活性和稳定性。此外，利用卟啉基 MOF 来分散金属原子，还可以通过后合成策略。Jiang 等就成功将单个 Pt 原子限制在高度稳定的铝基卟啉 MOF 中[198]。在铝基卟啉 MOF 中，无限的 Al（OH）O$_4$ 链通过卟啉配体互连形成三维微孔框架，通过简单地将铝基卟啉 MOF 与 K$_2$PtCl$_4$ 在溶液中混合以及氢气还原，Pt 单原子就可以与卟啉环中的单原子形成较强的相互作用，以 Pt^{II}-N 的形式固定在卟啉中心。利用 MOF 的有机配体通过配位作用稳定金属离子，调节无金属和金属化配体的比例可以有效实现对金属离子的分散，从而使得碳化过程中金属原子能以单原子位点固定在碳基底上，这种策略为利用 MOF 制备单原子分散金属负载碳提供了新的方向。

5.7.3　孔限域分散金属原子

上述利用 MOF 的金属节点和有机配体来分散和稳定目标金属离子的策略往往需要精心设计其反应过程，构造金属离子和 MOF 组件的化学相互作用，然而对于一些具有不同金属价态和离子半径的金属离子往往很难利用这种相互作用来实现将金属离子稳定分散在 MOF 骨架中。除了将金属离子引入 MOF 骨架中来实现对金属离子的分散和稳定，利用 MOF 的多孔结构来实现物理分散金属离子也是一种十分有效的方法。MOF 的孔隙起到封装和分离金属前驱体的作用，金属前驱体的分子直径应小于 MOF 的孔径以保证将金属前驱体限域在狭小的笼内。此外，金属前驱体的分子尺寸还需要大于 MOF 孔隙的一半大小，这样可以保证只有一个前驱体分子被限制在一个 MOF 的孔隙中，以避免后续热解过程中金属原子的团聚。因此，具有较大尺寸配体的金属前驱体如金属乙酰丙酮络合物、二茂铁等是合适的用于 MOF 孔限域策略制备单原子分散金属负载碳的金属前驱体材料。Li 课题组利用 MOF 孔限域策略开发了一种箱式包封前驱体热解方法，制备了单原子 Fe/N 掺杂多孔碳，Fe 的负载量为 2.16wt%[199]。在这种方法中，MOF 前驱体 ZIF-8 的孔直径为 11.6Å，孔窗口大小为 3.4Å，乙酰丙酮铁[Fe(acac)$_3$]分子直径为 9.7Å。因此，由于尺寸效应，一个 Fe(acac)$_3$ 分子被封装在一个 ZIF 的孔笼里，铁前驱体被孔分散开，经高温热解后形成的单原子分散金属铁负载碳，有效避免了金属原子的团聚。X 射线吸收近边结构和扩展 X 射线吸收精细结构谱证实，孤立的铁原子被锚定在 N 掺杂碳基底上，被四个单原子配位。利用 MOF 孔道空间限域策略除了可以实现单个金属原子活性位点负载碳的制备，也可以扩展到多核心金属位点负载碳的制备，这种材料可以由两个或三个金属原子及其周围配位原子构成活性位点。例如，Li 课题组采用分子直径为 8.0Å 三金属中心的 Ru$_3$(CO)$_{12}$ 作为金属前驱体，在合成 ZIF-8 的过程中加入 Ru$_3$(CO)$_{12}$，ZIF-8 孔道可以有效地封装 ZIF-8，将三核钌金配合物均匀在 ZIF 中且避免了其分子间的接触，经高温煅烧后，三金属钌中心得到了保留，三个金属钌原子作为活性中心被锚定在 N 掺杂碳骨架上[200]。经 STEM 表征，可以发现碳基底上三个明显的钌原子的亮点，同步辐射表征分析和第一性原理计算模拟表明存在 Ru$_3$ 簇的形式，Ru$_3$ 簇被碳基底掺杂的 N 原子配位稳定，并带有正电荷，对邻氨基苯甲醇氧化展现出了超高活性。这一利用 MOF 的孔限域策略为制备单原子或多原子分散金属负载碳指明了新的方向。

为了提高金属位点的暴露程度，控制载体的结构和形貌是一种行之有效的方法。Xu 等通过改变碳化过程中 MOF 表面的张力变化，成功制备了单位点铁镶嵌的飞檐状碳笼结构[201]。作者首先将 Fe 源前驱体引入 ZIF-8 的有序孔笼中，然后再经过可控的湿化学方法制备了 Fe/ZIF-8@SiOx 核壳结构。经碳化处理并去除氧化硅层后就可得到单原子铁催化剂。如果表面没有硅层包覆，碳化后的产物将保持原来的 ZIF 多面体形貌。氮气吸附测试表明，合成的飞檐状碳材料具有超高的比表面积和丰富的孔径分布，为催化反应的进行提供了更多的反应位点。

5.7.4　异原子调制策略制备双原子催化剂

尽管可以采用不同的方法将金属离子分散到 MOF 孔道中，但如何精确控制这些金属原子在随后的热处理过程中的分散，防止其聚集成金属纳米颗粒，一直是目前制备高活性单原子催化剂的关键之一。为此，Xu 等通过异原子调制策略，成功制备出碳层负载的双原子铁催化剂（图 5-26）[202]。他们首先设计合成了一例

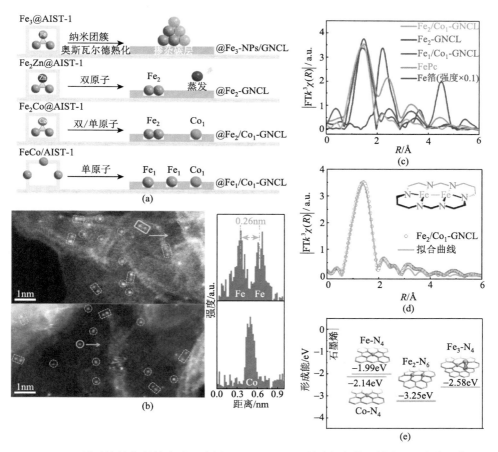

图 5-26　（a）双原子铁催化剂的合成示意图；Fe₂/Co₁-GNCL 的暗场扫描透射电子显微镜图像（b），傅里叶变换 k^3-weight EXAFS 曲线（c）和 FT-EXAFS 拟合曲线（d）；（e）DFT 计算结果[202]

多孔的 Zn-MOF，并采用"双溶剂法"将一种三核金属配合物固定到该 Zn-MOF 的孔道中。通过调控三核配位物的成分，热解后可得到高石墨化程度碳层负载的单原子、双原子或金属纳米颗粒催化剂。负载 Fe(Ⅲ)₂Fe(Ⅱ)三核金属配合时，碳化后得到纳米铁金属团簇催化剂；如果将三聚体中的二价铁原子 Fe（Ⅱ）用其他二价金属元素取代，如 Zn（Ⅱ）或者 Co（Ⅱ），热解后可形成稳定的铁二聚体。作者还利用 X 射线吸收精细结构分析（EXAS）、透射电子显微镜（STEM）和模拟计算等手段证实了上述实验现象。两个铁原子与周围的六个氮原子配位，形成典型的 Fe₂N₆ 结构。该工作表明，通过调控封装的三核配合物中异原子种类，可成功实现不同数目和种类的金属原子的热聚集行为，并通过合理设计，最终制备出高分散单/双原子/金属团簇催化剂。

5.7.5 自上而下法制备单原子分散金属负载碳

自上而下的方法不需要在 MOF 中实现金属前驱体的单原子分散，可以直接由金属块体和 MOF 为前驱体在高温煅烧过程中获得单原子分散负载碳。在上述的直接一步高温煅烧 MOF 制备单原子分散金属负载碳过程中，当目标金属被过量固定在 MOF 的金属节点/有机配体或封装进孔中的情况下，难以实现金属前驱体在 MOF 中的单原子分散，再经高温热解后往往在碳基底上会生成许多金属颗粒的形式，同时伴随金属单原子被锚定在碳骨架上。在这种情况下，我们需要采用酸刻蚀等方法去除这些金属大颗粒，来获得只有金属单原子被锚定在碳骨架上的材料。酸刻蚀法是最有效的利用 MOF 为前驱体制备单原子分散金属负载碳的方法之一，酸洗后，大的金属颗粒被去除，而碳骨架上仍会有许多金属原子以单原子形式分散在碳基底上。例如，Chen 课题组报道了一种利用酸洗刻蚀制备单原子分散金属锰负载碳催化剂的方法[196]。他们先在氮气气氛下对 Mn-BTC 材料高温热解，获得了一种三维碳骨架材料，由于 MOF 前驱体中存在大量锰，煅烧后 3D 碳骨架上负载了很多 MnO 颗粒，随后他们用 HCl 对其进行酸洗去除掉 MnO 颗粒，同时，再在 NH₃ 气氛下煅烧对材料进行活化，保证单原子分散的锰原子更好地被碳骨架稳定分散。通过 STEM 表征发现，单原子分散的 Mn 原子大量存在于 3D 石墨骨架上，进一步结合扩展 X 射线精细结构谱和理论计算模拟，他们发现 Mn 原子被 N 和 O 原子同时配位，NH₃ 活化过程使得与 Mn 配位的氧原子部分被氮原子取代，Mn 价态处于 0 价到 2 价之间，这种 Mn—N—O 物种使得这种单原子分散金属锰负载 3D 石墨骨架展现出了超高的电催化氧还原活性。采用类似的策略，酸刻蚀的方法还有利于多孔结构的调控，Wang 等使用一种酸洗策略构造了一系列具有不同分级多孔结构和可调金属活性位点的单原子分散金属铁负载碳材料（图 5-27）[203]。他们选择分子直径为 14.6Å 的酞菁铁[Fe(Ⅱ)Pc]作为金属-氮双重前驱物，由于其分子直径（11.6Å）大于 ZIF 笼的腔直径，利用 ZIF 来封装酞菁铁会破坏 ZIF 笼的限

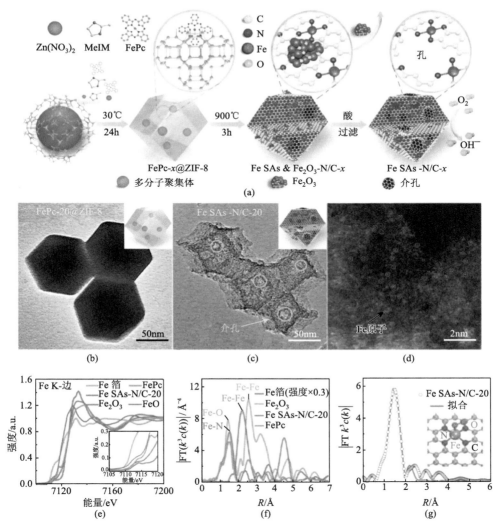

图 5-27　（a）Fe SAs-N/C-20 的形成过程示意图；（b）FePc-20@ZIF-8 复合物的 TEM 图像；
（c）Fe SAs-N/C-20 的高分辨率透射电子显微镜图像；（d）Fe SAs-N/C-20 催化剂的高角环
形暗场扫描透射电子显微镜图像；（e）Fe K-边 XANES 谱（插图为放大后的曲线）；
（f）Fe SAs-N/C-20 以及参比样品的傅里叶变换 k^3-weight EXAFS 曲线；
（g）Fe SAs-N/C-20 的 FT-EXAFS 拟合曲线[203]

域作用，使金属前驱体在 ZIF 中以聚集体存在。在煅烧过程中，过量的酞菁铁分
子聚集体会通过 Kirkendall 效应诱导 Fe_2O_3 颗粒的产生，而随后的酸洗可去除多
余的金属氧化物颗粒并且导致具有介孔结构的单原子分散金属铁负载碳的生成。
通过调节金属前驱体的量，可以有效控制材料的介孔尺寸的分布，其可调节数量

的原子分散的 Fe-N₄ 位点和可调的利于内部活性位点暴露的分级微孔介孔结构，使得这种分级多孔单原子分散金属铁负载碳展现出优异的 ORR 活性。

此外，除了酸刻蚀法，利用电化学活化的方法也能将 MOF 衍生金属颗粒负载碳转化成单原子分散金属负载碳，Yao 等以 Ni-MOF 为前驱体，在 700℃氮气气氛下对 Ni-MOF 进行碳化，得到了石墨层包覆的 Ni 纳米颗粒多孔碳材料[204]。随后利用 HCl 酸洗掉大部分 Ni 金属颗粒得到具有少量 Ni 颗粒的碳材料，再对其进行电化学活化，发现材料的碱性析氢性能随着活化时间的增加而增强，直至趋于最优的稳定活性。通过表征分析发现，在电化学活化的过程中，金属 Ni 颗粒被转化成为孤立的金属 Ni 原子，镶嵌在周围的碳层捕获并稳定，这种单原子分散镍负载碳展现出了远超过金属镍负载碳的氢析出活性。然而这种电化学活化将金属颗粒转化为金属单原子的方法到目前为止还没有被证实其普遍适用性，其转化机理和适用条件有待进一步深入研究。

以 MOF 为前驱体，除了要利用 MOF 的三维结构实现对金属前驱体的分离，MOF 高温煅烧后生成的富氮的碳骨架还可以产生强金属-碳载体相互作用，实现对金属原子的捕获和实现单分散。因而基于 MOF 衍生材料的强金属-碳相互作用，金属前驱体即使以聚集体如纳米颗粒形式存在于 MOF 中，也可以在一定条件下被转化为单原子分散金属负载碳。例如，Li 等利用高温煅烧 ZIF 包覆贵金属纳米颗粒（Pd、Pt、Au）前驱体获得了一系列单原子分散金属负载碳，并通过球差校正电子显微镜和同步辐射分析证明了金属以 M-N₄ 形式存在于碳骨架上[205]。此外他们发现，在惰性气氛中高温煅烧的过程中，当温度达到 900℃以上时，这些纳米颗粒会被转化为更热稳定的金属单原子状态。为了解释这种转换的机理，他们通过原位环境透射电子显微镜观察高温下贵金属颗粒被转化为金属单原子的动态过程，发现通过长时间热解，较小的贵金属纳米颗粒（直径约 2nm）先聚集为较大的贵金属纳米颗粒（5nm 左右）后，在 MOF 有机配体衍生的碳骨架中移动，然后逐渐被捕获生成 M-N₄ 单原子位点。结合密度泛函理论计算模拟贵金属纳米颗粒转化为金属单原子位点的过程，分析发现该过程是一个强放热反应，越过约 1.47eV 能垒后释放-3.96eV 能量，在高温环境下，与 Pd—Pd 相比，Pd—N 的配位更稳定，有利于金属纳米颗粒跨越能垒转化为金属单原子位点。而在较低温度（300～900℃）下烧结起主要作用，以形成金属颗粒为主。在高温纳米颗粒转化为金属单原子的过程中，单金属原子与 ZIF-8 衍生的氮掺杂碳之间的强相互作用确保了金属颗粒不断被碳基底捕获其金属原子，这些金属原子在高温下分散在碳基底上被稳定而不会聚集。这一高温动态转化过程的发现创造性地开发了自上而下地由金属颗粒制备金属单原子催化剂的方法，也为开发具有高度热稳定性的贵金属单原子催化剂开辟了新道路。在这之后，Wu 等同样利用这种强金属-碳相互作用来将金属颗粒转化为金属单原子，他们先将 Ni 纳米颗粒负载在 ZIF-8 衍生的富氮碳颗粒表面，随后在 1173K 高温下对其进行煅烧，通过 TEM 表征发现，在碳颗粒表面的 Ni 金属颗粒消失，留下了丰富的孔结构，进一步球差校正透射电子显微镜表征和元素分布能谱分析发现，碳颗粒表面上存在丰富的金属原子位点，结合同步辐射证明这些 Ni 金属原子被 N 原子配位稳定[206]。这种金属颗粒的原子化过程得益于富氮和缺陷的碳基底，而采用纯碳颗粒负载 Ni 金属颗粒在高温下煅烧最终无法得到单原子分散金属负载碳，丰富的缺陷和氮掺杂是金属原子被碳基底捕获的必要条件。结合环境 TEM 发现，升温过程中，镍金属颗粒随温度升高先烧结团聚成相对较大的颗粒，随着温度进一步升高，金属颗粒逐渐消失，被转化为单原子被锚定在碳骨架上。这一工作进一步证明了利用富氮碳骨架将金属颗粒转化为金属单原子负载碳的可行性，为批量制备多种单原子分散金属负载碳指明了道路。

此外，Li 课题组还开发了一种气体迁移策略，直接将块体金属材料转化为单原子分散金属负载碳。他们以 ZIF-8 为前驱体，ZIF-8 在高温下碳化得到的具有大量缺陷的富氮的碳颗粒可以作为金属原子的载体[207]。在密闭的管式炉中，在气体上游和下游分别放置泡沫铜块体和 ZIF-8，在通入 NH_3 气体的过程中进行高温加热，NH_3 氛围下，基于路易斯酸碱强相互作用，NH_3 会和泡沫铜表面的铜原子配位形成易挥发的 $Cu(NH_3)_x$ 物种，随着 NH_3 的流动，原子态分散的 $Cu(NH_3)_x$ 物种被 ZIF-8 衍生的 N 掺杂的碳载体中的缺陷捕获。经球差校正透射电子显微镜和 XFAS 等表征分析，Cu 在氮掺杂的碳载体上以单原子形式存在，每个铜原子被四个氮原子配位，这种单原子分散金属铜负载碳的铜负载量达到 1.26%。同时分析发现，泡沫铜仅有表面少数铜原子被 NH_3 带走，随着反应时间的延长，过多的铜原子沉积在碳载体上，会倾向于形成铜纳米颗粒。这种气体迁移策略被证明同样适用于制备单原子分散金属钴、镍负载碳等材料。相比于传统直接制备单原子分散金属负载碳的合成路线，这种自上而下的由块体金属获得单原子分散金属负载碳提供了简便可行的方案，没有烦琐的程序，此策略为扩展到工业级别生产规模奠定了基础。

5.7.6　小结

单原子分散金属负载碳由于其独特的结构和特性在能源、环境和催化等领域展现出了非凡的潜力，而利用 MOF 衍生制备单原子分散金属负载碳成了目前最有效简单、最具潜力的方法之一。由于 MOF 其成分和结构高度可调，通过调节 MOF 前驱体的结构，可以有效控制衍生的碳载体的结构，如尺寸和形状，同时，MOF 衍生材料可以有效继承 MOF 前驱体的多孔结构，MOF 衍生的单原子分散金属负载碳可以获得高比表面积和高孔隙率，大大促进活性位点的暴露。通过合理选择 MOF 的金属节点和有机配体类型，可以有效设计 MOF 的孔道结构、不饱和位点等特性，可以在 MOF 前驱体中有效实现特定金属锚定方式和含量，这为精确设计特定金属原子结构和负载金属原子含量提供了有效便利的途径。

　　然而，尽管针对 MOF 衍生的单原子分散金属负载碳的各种策略发展迅速，但仍然存在着巨大的挑战，大多数策略都集中在基于 ZIF 的材料上。在大多数情况下，其他 MOF 前驱体的高温热解通常会导致生成聚集的金属纳米颗粒而不是单原子分散的金属原子。生成单原子分散金属负载碳需要选择合适的 MOF，并对制备条件进行精细控制。MOF 前驱体中目标金属原子负载方式、MOF 的氮含量、热解温度和热解气氛都对单原子分散金属负载碳的形成有重要的影响。此外，金属原子活性位点密度是影响单原子分散金属负载碳性能的关键因素，在单原子分散金属负载碳的实际应用中，增加金属负载量仍是亟待解决的难题，高负载量往往导致金属原子团聚成颗粒。迄今，在 MOF 衍生的碳载单原子催化剂（SAC）中达到的最高金属负载量约为 4%，这与实际需求仍相去甚远[30, 208]。使用具有高氮含量组成的 MOF 前驱体，可以有效增加稳定金属原子的配位位点和缺陷位点，有效增强锚定金属原子负载量。深入了解 MOF 热解过程中单个原子的形成过程，并通过合理设计，如添加额外的含氮化合物、优化热解温度、采取多步金属负载过程等策略，也可有效增加金属含量。此外，几乎关于 MOF 衍生的 SAC 的所有报道都限于 N 掺杂的碳基材料。其他杂原子掺杂的碳材料，如硫掺杂的碳，也已被证明能够固定单个金属原子。基于 MOF 前驱体的合理设计合成，可精确设计由多种杂原子配位稳定金属原子负载碳材料，为设计特定反应的高效催化剂提供方向。

5.8 MOF 衍生碳基超结构的合成

　　将一维或二维纳米结构组装成三维有序的超结构是材料科学和物理化学的关键主题之一。由简单的纳米结构组装成的三维有序超结构不仅在一定程度上继承了纳米结构本身的优点，还可能获得新的特殊性能，这使得三维超结构的设计和合成近年来受到广泛关注。三维超结构广泛存在于自然界中，人工合成的三维超结构种类依然稀少，尤其是将具有各向异性的一维或二维纳米结构组装成三维有序的超结构并不容易。基于 MOF 有着丰富的结合位点，相对于其他材料来讲更容易设计成三维有序的 MOF 超结构，而该 MOF 超结构又可以通过适当的热处理方式来获得其他组分的三维超结构。以球形超结构为例，直接将一维碳纳米棒/管或二维碳纳米片组装成三维大曲率球形超结构的方法和实例鲜有报道。利用 MOF 自组装的原理，Xu 等通过控制 MOF 纳米阵列的组装过程，首先制得形貌均一的三维有序 MOF 纳米棒球形超结构，再经过碳化处理使之转变为三维碳纳米棒球形超结构（图 5-28）[209]。在氩气中碳化处理后，球形超结构能够完整保存。一维碳纳米棒由球心向四周辐射，形成一个直径在 10μm 左右的板栗壳层结构，中心有一个 3μm 左右的空腔。HAADF-STEM 图像显示，碳纳米棒具有明显的多孔结构。氮气吸附实验表明该碳纳米棒球形超结构具有分级多孔结构，其比表面积为 2350m^2/g，孔体积高达 2.0cm^3/g。

超高的比表面和孔隙率有助于金属纳米颗粒的负载以及催化反应的进行，而碳纳米棒间的缝隙为催化反应过程中反应物和生成物的快速扩散提供了便利。

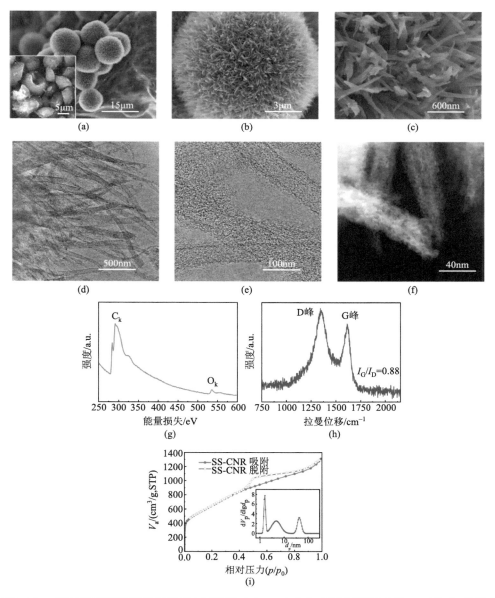

图 5-28　碳纳米棒球形超结构的 SEM 图像[（a）～（c）]，TEM 图像[（d）～（f）]，EELS 曲线（g），拉曼图谱（h），氮气吸附等温线（i），插图为其孔径分布曲线[209]

此外，采用 MOF 前驱体转换法同样可以获得由二维碳基纳米片构筑的三维球形超结构。Yamauchi 等报道了一种利用 MOF 制备氮化硼纳米片球形超结构的可控策略[210]。通过合理的溶剂热转变过程，作者首先将含硼的 MOF 纳米颗粒转化成 MOF 纳米片组成的球形超结构，随后在氨气气氛中热解和氮化，使 MOF 纳米片球形超结构转变成氮化硼纳米片组成的三维有序球形超结构，且该结构保留了原始的球形超结构形态。研究发现，制备的氮化硼纳米片球形超结构具有优异的催化活性，可用于催化丙烷的选择性氧化脱氢制丙烯和乙烯。以上两个工作都为设计和合成三维碳纳米球形超结构提供了一种新颖的制备方案。为以 MOF 为前驱体制备三维有序碳基球形超结构奠定了基础，推动了其在催化、能量存储以及其他相关领域的应用。

除了直接碳化 MOF 模板外，通过引入客体成分来控制 MOF 热解过程中的形貌变化也是制备 MOF 超结构的一种有效方法。例如，直接碳化核-壳结构的 ZIF-8@ZIF-67 只能得到独立分散的碳笼结构。如果将客体离子（Fe）引入 MOF 孔隙中，碳化过程中生成的 Fe-Co 纳米合金会诱使碳笼表面多壁碳纳米管的生长[211]。这些碳纳米管能有效连接邻近的碳笼颗粒基元，最终自发组装成三维有序的类绣球花状的超结构材料。研究表明，Fe 的含量对最终产物的形貌有着至关重要的影响。少量 Fe 的加入会导致碳笼表面的孔道增大，形成开放型碳笼结构。进一步增加 Fe 含量则易于三维类绣球花状超结构的形成。由于该超结构不仅具有其组成基元碳笼的基本功能，还表现出较高的整体导电性和多类活性位点的可控协同作用，使其在氧气还原反应和氧气析出反应中都表现出优异的催化活性，进而在锌-空气可充电电池中表现出异乎寻常的充放电性能和持久稳定性。

合理地设计 MOF 与其他碳源或氮源之间的结合方式以获得三维有序的复合结构是制备碳纳米超结构的有效方法之一。Xu 课题组以 MOF 纳米颗粒为模板，PVP 为额外碳源制备了超大蜂窝状碳纳米片超结构，其几何尺寸可达厘米级，能直接用作超级电容器的电极；当负载金属纳米颗粒后，该碳纳米片超结构体现出优异的氧还原催化活性和锌-空电池性能[212]。研究结果表明，通过控制 MOF 纳米颗粒的尺寸和其与 PVP 的比例易于调节碳纳米片的厚度及超结构的空腔尺寸。在 MOF 与 PVP 的质量比例为 1：1 的情况下，以 50nm 左右的 ZIF-8 为模板，可得到碳纳米片层厚度为 5nm、空腔尺寸为 75nm 左右的碳纳米片超结构。而当采用 500nm 左右的 ZIF-8 为模板时，其片层厚度和空腔尺寸分别达到 35nm 和 650nm。另外，该合成方法除了保持材料原有蜂窝状形貌外，还极易控制材料的化学成分，可实现一种乃至多种金属元素的掺杂（如铁、钴、镍等），从而适应于不同的电化学反应。基于以上优点，合成的超大蜂窝状超结构体现出优异的电化学性能。

值得指出的是，尽管在以 MOF 为前驱体制备新型碳纳米结构材料方面已取得巨大成就，但基于 MOF 为前驱体制备三维碳基超结构的研究还处在初始阶段。目前仅有少数研究证明了 MOF 在合成碳基超结构方面的可行性。深入合理地设计 MOF 超结构的形貌、组分是实现高性能碳纳米超结构的前提条件。随着合成技术的不断发展，相信在不久的将来，MOF 衍生碳基超结构的开发和利用会越来越多。

参 考 文 献

[1] Lee J, Farha O K, Roberts J, et al. Metal-organic framework materials as catalysts[J]. Chemical Society Reviews, 2009, 38 (5): 1450.

[2] Sumida K, Rogow D L, Mason J A, et al. Carbon dioxide capture in metal-organic frameworks[J]. Chemical Reviews, 2012, 112 (2): 724-781.

[3] Murray L J, Dincă M, Long J R. Hydrogen storage in metal-organic frameworks[J]. Chemical Society Reviews, 2009, 38 (5): 1294-1314.

[4] Rosi N L, Eckert J, Eddaoudi M, et al. Hydrogen storage in microporous metal-organic frameworks[J]. Science, 2003, 300 (5622): 1127-1129.

[5] Zhou H C, Long J R, Yaghi O M. Introduction to metal-organic frameworks[J]. Chemical Reviews, 2012, 112 (2): 673-674.

[6] Cui Y J, Yue Y F, Qian G D, et al. Luminescent functional metal-organic frameworks[J]. Chemical Reviews, 2012, 112 (2): 1126-1162.

[7] Kreno L E, Leong K, Farha O K, et al. Metal-organic framework materials as chemical sensors[J]. Chemical Reviews, 2012, 112 (2): 1105-1125.

[8] Xia W, Mahmood A, Zou R Q, et al. Metal-organic frameworks and their derived nanostructures for electrochemical energy storage and conversion[J]. Energy & Environmental Science, 2015, 8 (7): 1837-1866.

[9] Wang L, Han Y Z, Feng X, et al. Metal-organic frameworks for energy storage: batteries and supercapacitors[J]. Coordination Chemistry Reviews, 2016, 307: 361-381.

[10] Sun J K, Xu Q. Functional materials derived from open framework templates/precursors: synthesis and applications[J]. Energy & Environmental Science, 2014, 7 (7): 2071-2100.

[11] Cao X H, Tan C L, Sindoro M, et al. Hybrid micro-/nano-structures derived from metal-organic frameworks: preparation and applications in energy storage and conversion[J]. Chemical Society Reviews, 2017, 46 (10): 2660-2677.

[12] Morozan A, Jaouen F. Metal organic frameworks for electrochemical applications[J]. Energy & Environmental Science, 2012, 5 (11): 9269-9290.

[13] Salunkhe R R, Kaneti Y V, Yamauchi Y. Metal-organic framework-derived nanoporous metal oxides toward supercapacitor applications: progress and prospects[J]. ACS Nano, 2017, 11 (6): 5293-5308.

[14] Kaneti Y V, Tang J, Salunkhe R R, et al. Nanoarchitectured design of porous materials and nanocomposites from metal-organic frameworks[J]. Advanced Materials, 2017, 29 (12): 1604898.

[15] Salunkhe R R, Kaneti Y V, Kim J, et al. Nanoarchitectures for metal-organic framework-derived nanoporous carbons toward supercapacitor applications[J]. Accounts of Chemical Research, 2016, 49 (12): 2796-2806.

[16] Liu B, Shioyama H, Akita T, et al. Metal-organic framework as a template for porous carbon synthesis[J]. Journal of the American Chemical Society, 2008, 130 (16): 5390-5391.

[17] Jiang H L, Liu B, Lan Y Q, et al. From metal-organic framework to nanoporous carbon: toward a very high surface area and hydrogen uptake[J]. Journal of the American Chemical Society, 2011, 133 (31): 11854-11857.

[18] Zhu Q L, Xia W, Zheng L R, et al. Atomically dispersed Fe/N-doped hierarchical carbon architectures derived from a metal-organic framework composite for extremely efficient electrocatalysis[J]. ACS Energy Letters, 2017, 2 (2): 504-511.

[19] Zhu Q L, Xia W, Akita T, et al. Metal-organic framework-derived honeycomb-like open porous nanostructures as precious-metal-free catalysts for highly efficient oxygen electroreduction[J]. Advanced Materials, 2016, 28 (30): 6391-6398.

[20] Guo W H, Liang Z B, Zhao J L, et al. Hierarchical cobalt phosphide hollow nanocages toward electrocatalytic ammonia synthesis under ambient pressure and room temperature[J]. Small Methods, 2018, 2 (12): 1800204.

[21] Cendrowski K, Skumial P, Spera P, et al.Thermally induced formation of zinc oxide nanostructures with tailoring morphology during metal organic framework (MOF-5) carbonization process[J]. Materials & Design, 2016, 110: 740-748.

[22] Lim S, Suh K, Kim Y, et al. Porous carbon materials with a controllable surface area synthesized from metal-organic frameworks[J]. Chemical Communications, 2012, 48 (60): 7447-7449.

[23] Hu M, Reboul J, Furukawa S, et al. Direct carbonization of Al-based porous coordination polymer for synthesis of nanoporous carbon[J]. Journal of the American Chemical Society, 2012, 134 (6): 2864-2867.

[24] Xia W, Qiu B, Xia D, et al. Facile preparation of hierarchically porous carbons from metal-organic gels and their application in energy storage[J]. Scientific Reports, 2013, 3: 1935.

[25] Zhang P, Sun F, Xiang Z H, et al. ZIF-derived *in situ* nitrogen-doped porous carbons as efficient metal-free electrocatalysts for oxygen reduction reaction[J]. Energy Environmental Science, 2014, 7 (1): 442-450.

[26] Xia W, Qu C, Liang Z B, et al. High-performance energy storage and conversion materials derived from a single metal-organic framework/graphene aerogel composite[J]. Nano Letters, 2017, 17 (5): 2788-2795.

[27] Peng H J, Hao G X, Chu Z H, et al. From metal-organic framework to porous carbon polyhedron: toward highly reversible lithium storage[J]. Inorganic Chemistry, 2017, 56 (16): 10007-10012.

[28] Li X, Xu G J, Peng J X, et al. Highly porous metal-free graphitic carbon derived from metal-organic framework for profiling of N-linked glycans[J]. ACS Applied Materials & Interfaces, 2018, 10 (14): 11896-11906.

[29] Zhang W, Jiang X, Zhao Y, et al. Hollow carbon nanobubbles: monocrystalline MOF nanobubbles and their pyrolysis[J]. Chemical Science, 2017, 8 (5): 3538-3546.

[30] Wang T S, Kim H K, Liu Y J, et al. Bottom-up formation of carbon-based structures with multilevel hierarchy from MOF-guest polyhedra[J]. Journal of the American Chemical Society, 2018, 140 (19): 6130-6136.

[31] Pachfule P, Shinde D, Majumder M, et al. Fabrication of carbon nanorods and graphene nanoribbons from a metal-organic framework[J]. Nature Chemistry, 2016, 8 (7): 718-724.

[32] Zhao R, Xia W, Lin C, et al. A pore-expansion strategy to synthesize hierarchically porous carbon derived from metal-organic framework for enhanced oxygen reduction[J]. Carbon, 2017, 114: 284-290.

[33] Pandiaraj S, Aiyappa H B, Banerjee R, et al. Post modification of MOF derived carbon via g-C$_3$N$_4$ entrapment for an efficient metal-free oxygen reduction reaction[J]. Chemical Communications, 2014, 50 (25): 3363-3366.

[34] Zhang L J, Wang X Y, Wang R H, et al. Structural evolution from metal-organic framework to hybrids of nitrogen-doped porous carbon and carbon nanotubes for enhanced oxygen reduction activity[J]. Chemistry of Materials, 2015, 27 (22): 7610-7618.

[35] Wu M, Li C, Zhao J, et al. Tannic acid-mediated synthesis of dual-heteroatom-doped hollow carbon from a metal-organic framework for efficient oxygen reduction reaction[J]. Dalton Transactions, 2018, 47 (23): 7812-7818.

[36]　Mahmood A，Li S，Ali Z，et al. Ultrafast sodium/potassium-ion intercalation into hierarchically porous thin carbon shells[J]. Advanced Materials，2019，31（2）：1805430.

[37]　Li J S，Chen Y Y，Tang Y J，et al. Metal-organic framework templated nitrogen and sulfur co-doped porous carbons as highly efficient metal-free electrocatalysts for oxygen reduction reactions[J]. Journal of Materials Chemistry A，2014，2（18）：6316-6319.

[38]　Wu J，Yang R Z，Yan W N. Phosphorus-doped hierarchical porous carbon as efficient metal-free electrocatalysts for oxygen reduction reaction[J]. International Journal of Hydrogen Energy，2019，44（26）：12941-12951.

[39]　Ma W J，Wang N，Tong T Z，et al. Nitrogen, phosphorus, and sulfur tri-doped hollow carbon shells derived from ZIF-67@poly（cyclotriphosphazene-*co*-4, 4′-sulfonyldiphenol）as a robust catalyst of peroxymonosulfate activation for degradation of bisphenol A[J]. Carbon，2018，137：291-303.

[40]　Li J S，Li S L，Tang Y J，et al. Heteroatoms ternary-doped porous carbons derived from MOFs as metal-free electrocatalysts for oxygen reduction reaction[J]. Scientific Reports，2014，4：5130.

[41]　Kaneti Y V，Zhang X，Liu M S，et al. Experimental and theoretical studies of gold nanoparticle decorated zinc oxide nanoflakes with exposed {1 0 1‾ 0} facets for butylamine sensing[J]. Sensors and Actuators B：Chemical，2016，230：581-591.

[42]　Du N，Zhang H，Chen B，et al. Porous indium oxide nanotubes：layer-by-layer assembly on carbon-nanotube templates and application for room-temperature NH_3 gas sensors[J]. Advanced Materials，2007，19（12）：1641-1645.

[43]　Kaneti Y V，Yue J，Jiang X C，et al. Controllable synthesis of ZnO nanoflakes with exposed (10ī0) for enhanced gas sensing performance[J]. The Journal of Physical Chemistry C，2013，117（25）：13153-13162.

[44]　Miller D R，Akbar S A，Morris P A. Nanoscale metal oxide-based heterojunctions for gas sensing：a review[J]. Sensors and Actuators B：Chemical，2014，204：250-272.

[45]　Sun Y F，Liu S B，Meng F L，et al. Metal oxide nanostructures and their gas sensing properties：a review[J]. Sensors，2012，12（3）：2610-2631.

[46]　Zheng N F，Stucky G D. A general synthetic strategy for oxide-supported metal nanoparticle catalysts[J]. Journal of the American Chemical Society，2006，128（44）：14278-14280.

[47]　Wang X D，Summers C J，Wang Z L. Large-scale hexagonal-patterned growth of aligned ZnO nanorods for nano-optoelectronics and nanosensor arrays[J]. Nano Letters，2004，4（3）：423-426.

[48]　Yu X G，Marks T J，Facchetti A. Metal oxides for optoelectronic applications[J]. Nature Materials，2016，15（4）：383-396.

[49]　Devan R S，Patil R A，Lin J H，et al. One-dimensional metal-oxide nanostructures：recent developments in synthesis，characterization，and applications[J]. Advanced Functional Materials，2012，22（16）：3326-3370.

[50]　Ren Y，Ma Z，Bruce P G. Ordered mesoporous metal oxides：synthesis and applications[J]. Chemical Society Reviews，2012，41（14）：4909-4927.

[51]　Zhai T，Fang X，Liao M，et al. A comprehensive review of one-dimensional metal-oxide nanostructure photodetectors[J]. Sensors，2009，9（8）：6504-6529.

[52]　Arafat M M，Dinan B，Akbar S A，et al. Gas sensors based on one dimensional nanostructured metal-oxides：a review[J]. Sensors，2012，12（6）：7207-7258.

[53]　Solanki P R，Kaushik A，Agrawal V V，et al. Nanostructured metal oxide-based biosensors[J]. NPG Asia Materials，2011，3（1）：17-24.

[54]　Ellis B L，Knauth P，Djenizian T. Three-dimensional self-supported metal oxides for advanced energy storage[J].

Advanced Materials, 2014, 26 (21): 3368-3397.

[55] Xia W, Mahmood A, Zou R Q, et al. Metal-organic frameworks and their derived nanostructures for electrochemical energy storage and conversion[J]. Energy & Environmental Science, 2015, 8 (7): 1837-1866.

[56] Hayashi H, Hakuta Y. Hydrothermal synthesis of metal oxide nanoparticles in supercritical water[J]. Materials, 2010, 3 (7): 3794-3817.

[57] Dang H Y, Wang J, Fan S S. The synthesis of metal oxide nanowires by directly heating metal samples in appropriate oxygen atmospheres[J]. Nanotechnology, 2003, 14 (7): 738-741.

[58] Lai X, Li J, Korgel B A, et al. General synthesis and gas-sensing properties of multiple-shell metal oxide hollow microspheres[J]. Angewandte Chemie International Edition, 2011, 50 (12): 2738-2741.

[59] Xia X H, Zhang Y Q, Chao D L, et al. Solution synthesis of metal oxides for electrochemical energy storage applications[J]. Nanoscale, 2014, 6 (10): 5008-5048.

[60] Salunkhe R R, Kaneti Y V, Yamauchi Y. Metal-organic framework-derived nanoporous metal oxides toward supercapacitor applications: progress and prospects[J]. ACS Nano, 2017, 11 (6): 5293-5308.

[61] Adarsh N N. Metal-organic framework (MOF) —derived metal oxides for supercapacitors[M]//Metal Oxides in Supercapacitors. Amsterdam: Elsevier, 2017: 165-192.

[62] Xu X D, Cao R G, Jeong S, et al. Spindle-like mesoporous α-Fe_2O_3 anode material prepared from MOF template for high-rate lithium batteries[J]. Nano Letters, 2012, 12 (9): 4988-4991.

[63] Zhan Y Y, Shen L J, Xu C B, et al. MOF-derived porous Fe_2O_3 with controllable shapes and improved catalytic activities in H_2S selective oxidation[J]. CrystEngComm, 2018, 20 (25): 3449-3454.

[64] Cho W, Park S, Oh M. Coordination polymer nanorods of Fe-MIL-88B and their utilization for selective preparation of hematite and magnetite nanorods[J]. Chemical Communications, 2011, 47 (14): 4138-4140.

[65] Wang Y, Wang B F, Xiao F, et al. Facile synthesis of nanocage Co_3O_4 for advanced lithium-ion batteries[J]. Journal of Power Sources, 2015, 298: 203-208.

[66] Salunkhe R R, Tang J, Kamachi Y, et al. Asymmetric supercapacitors using 3D nanoporous carbon and cobalt oxide electrodes synthesized from a single metal-organic framework[J]. ACS Nano, 2015, 9 (6): 6288-6296.

[67] Saraf M, Rajak R, Mobin S M. MOF derived high surface area enabled porous Co_3O_4 nanoparticles for supercapacitors[J]. ChemistrySelect, 2019, 4 (27): 8142-8149.

[68] Zhang E H, Xie Y, Ci S Q, et al. Porous Co_3O_4 hollow nanododecahedra for nonenzymatic glucose biosensor and biofuel cell[J]. Biosensors and Bioelectronics, 2016, 81: 46-53.

[69] Dong X Q, Su Y Y, Lu T, et al. MOFs-derived dodecahedra porous Co_3O_4: an efficient cataluminescence sensing material for H_2S[J]. Sensors and Actuators B: Chemical, 2018, 258: 349-357.

[70] Wu R B, Qian X K, Rui X H, et al. Zeolitic imidazolate framework 67-derived high symmetric porous Co_3O_4 hollow dodecahedra with highly enhanced lithium storage capability[J]. Small, 2014, 10 (10): 1932-1938.

[71] Chen W Y, Han B, Tian C, et al. MOFs-derived ultrathin holey Co_3O_4 nanosheets for enhanced visible light CO_2 reduction[J]. Applied Catalysis B: Environmental, 2019, 244: 996-1003.

[72] Wang M J, Shen Z R, Zhao X D, et al. Rational shape control of porous Co_3O_4 assemblies derived from MOF and their structural effects on n-butanol sensing[J]. Journal of Hazardous Materials, 2019, 371: 352-361.

[73] Wei G J, Zhou Z, Zhao X X, et al. Ultrathin metal-organic framework nanosheet-derived ultrathin Co_3O_4 nanomeshes with robust oxygen-evolving performance and asymmetric supercapacitors[J]. ACS Applied Materials & Interfaces, 2018, 10 (28): 23721-23730.

[74] Zheng F C, Yin Z C, Xia H Y, et al. MOF-derived porous Co_3O_4 cuboids with excellent performance as anode

materials for lithium-ion batteries[J]. Materials Letters，2017，197：188-191.

[75]　Li C，Chen T，Xu W，et al. Mesoporous nanostructured Co_3O_4 derived from MOF template：a high-performance anode material for lithium-ion batteries[J]. Journal of Materials Chemistry A，2015，3（10）：5585-5591.

[76]　Han Y，Zhang S，Shen N，et al. MOF-derived porous NiO nanoparticle architecture for high performance supercapacitors[J]. Materials Letters，2017，188：1-4.

[77]　Kong S F，Dai R L，Li H，et al. Microwave hydrothermal synthesis of Ni-based metal-organic frameworks and their derived yolk-shell NiO for Li-ion storage and supported ammonia borane for hydrogen desorption[J]. ACS Sustainable Chemistry & Engineering，2015，3（8）：1830-1838.

[78]　Wu M K，Chen C，Zhou J J，et al. MOF-derived hollow double-shelled NiO nanospheres for high-performance supercapacitors[J]. Journal of Alloys and Compounds，2018，734：1-8.

[79]　Hou X Y，Yan X L，Wang X，et al. Tuning the porosity of mesoporous NiO through calcining isostructural Ni-MOFs toward supercapacitor applications[J]. Journal of Solid State Chemistry，2018，263：72-78.

[80]　Li W H，Wu X F，Han N，et al. MOF-derived hierarchical hollow ZnO nanocages with enhanced low-concentration VOCs gas-sensing performance[J]. Sensors and Actuators B：Chemical，2016，225：158-166.

[81]　Khaletskaya K，Pougin A，Medishetty R，et al. Fabrication of gold/titania photocatalyst for CO_2 reduction based on pyrolytic conversion of the metal-organic framework NH_2-MIL-125（Ti）loaded with gold nanoparticles[J]. Chemistry of Materials，2015，27（21）：7248-7257.

[82]　Xiu Z L，Alfaruqi M H，Gim J，et al. MOF-derived mesoporous anatase TiO_2 as anode material for lithium-ion batteries with high rate capability and long cycle stability[J]. Journal of Alloys and Compounds，2016，674：174-178.

[83]　Zhang X J，Wang M，Zhu G，et al. Porous cake-like TiO_2 derived from metal-organic frameworks as superior anode material for sodium ion batteries[J]. Ceramics International，2017，43（2）：2398-2402.

[84]　Cho W，Lee Y H，Lee H J，et al. Systematic transformation of coordination polymer particles to hollow and non-hollow In_2O_3 with pre-defined morphology[J]. Chemical Communications，2009，（31）：4756-4758.

[85]　Gan X Y，Zheng R J，Liu T L，et al. N-doped mesoporous In_2O_3 for photocatalytic oxygen evolution from the in-based metal-organic frameworks[J]. Chemistry—A European Journal，2017，23（30）：7264-7271.

[86]　Banerjee A，Singh U，Aravindan V，et al. Synthesis of CuO nanostructures from Cu-based metal organic framework（MOF-199）for application as anode for Li-ion batteries[J]. Nano Energy，2013，2（6）：1158-1163.

[87]　Wu R B，Qian X K，Yu F，et al. MOF-templated formation of porous CuO hollow octahedra for lithium-ion battery anode materials[J]. Journal of Materials Chemistry A，2013，1（37）：11126-11129.

[88]　Hu X S，Li C，Lou X B，et al. Hierarchical CuO octahedra inherited from copper metal-organic frameworks：high-rate and high-capacity lithium-ion storage materials stimulated by pseudocapacitance[J]. Journal of Materials Chemistry A，2017，5（25）：12828-12837.

[89]　Zeng Q X，Xu G C，Zhang L，et al. Porous CuO nanofibers derived from a Cu-based coordination polymer as a photocatalyst for the degradation of rhodamine B[J]. New Journal of Chemistry，2018，42（9）：7016-7024.

[90]　Wang T，Shi L，Tang J，et al. A Co_3O_4-embedded porous ZnO rhombic dodecahedron prepared using zeolitic imidazolate frameworks as precursors for CO_2 photoreduction[J]. Nanoscale，2016，8（12）：6712-6720.

[91]　Zhang G H，Hou S C，Zhang H，et al. High-performance and ultra-stable lithium-ion batteries based on MOF-derived ZnO@ZnO quantum dots/C core-shell nanorod arrays on a carbon cloth anode[J]. Advanced Materials，2015，27（14）：2400-2405.

[92]　Yuan H Y，Aljneibi S A A，Yuan J R，et al. ZnO nanosheets abundant in oxygen vacancies derived from

metal-organic frameworks for ppb-level gas sensing[J]. Advanced Materials，2019，31（11）：1807161.

[93] Feng Y，Lu H Q，Gu X L，et al. ZIF-8 derived porous N-doped ZnO with enhanced visible light-driven photocatalytic activity[J]. Journal of Physics and Chemistry of Solids，2017，102：110-114.

[94] Abdelillah A E E，Şahin S，Bayazit Ş S. Preparation of CeO$_2$ nanofibers derived from Ce-BTC metal-organic frameworks and its application on pesticide adsorption[J]. Journal of Molecular Liquids，2018，255：10-17.

[95] Chen G Z，Guo Z Y，Zhao W，et al. Design of porous/hollow structured ceria by partial thermal decomposition of Ce-MOF and selective etching[J]. ACS Applied Materials & Interfaces，2017，9（45）：39594-39601.

[96] Qiu T J，Liang Z B，Guo W H，et al. Highly exposed ruthenium-based electrocatalysts from bimetallic metal-organic frameworks for overall water splitting[J]. Nano Energy，2019，58：1-10.

[97] Lu X X，Luo F，Xiong Q Q，et al. Sn-MOF derived bimodal-distributed SnO$_2$ nanosphere as a high performance anode of sodium ion batteries with high gravimetric and volumetric capacities[J]. Materials Research Bulletin，2018，99：45-51.

[98] Yue Z F，Liu S C，Liu Y. Yttria stabilized zirconia derived from metal–organic frameworks[J]. RSC Advances，2015，5（14）：10619-10622.

[99] Wang P，Feng J，Zhao Y P，et al. MOF derived mesoporous K-ZrO$_2$ with enhanced basic catalytic performance for Knoevenagel condensations[J]. RSC Advances，2017，7（88）：55920-55926.

[100] Kaneti Y V，Zakaria Q M D，Zhang Z J，et al. Solvothermal synthesis of ZnO-decorated α-Fe$_2$O$_3$ nanorods with highly enhanced gas-sensing performance toward n-butanol[J]. Journal of Materials Chemistry A，2014，2（33）：13283-13292.

[101] Wang Z Y，Zhou L，Lou X W. Metal oxide hollow nanostructures for lithium-ion batteries[J]. Advanced Materials，2012，24（14）：1903-1911.

[102] De Krafft K E，Wang C，Lin W B. Metal-organic framework templated synthesis of Fe$_2$O$_3$/TiO$_2$ Nanocomposite for hydrogen production[J]. Advanced Materials，2012，24（15）：2014-2018.

[103] Hu L，Huang Y M，Zhang F P，et al. CuO/Cu$_2$O composite hollow polyhedrons fabricated from metal-organic framework templates for lithium-ion battery anodes with a long cycling life[J]. Nanoscale，2013，5（10）：4186.

[104] Wang Q，O'Hare D. Recent advances in the synthesis and application of layered double hydroxide（LDH）nanosheets[J]. Chemical Reviews，2012，112（7）：4124-4155.

[105] Zhao M Q，Zhang Q，Huang J Q，et al. Hierarchical nanocomposites derived from nanocarbons and layered double hydroxides - properties，synthesis，and applications[J]. Advanced Functional Materials，22（4）：675-694.

[106] Hu H，Guan B Y，Xia B Y，et al. Designed formation of Co$_3$O$_4$/NiCo$_2$O$_4$ double-shelled nanocages with enhanced pseudocapacitive and electrocatalytic properties[J]. Journal of the American Chemical Society，2015，137（16）：5590-5595.

[107] Wang C S，Zhang J H，Shi C Y，et al. Facile synthesis of Ni-Co LDH nanocages with improved electrocatalytic activity for water oxidation reaction[J]. International Journal of Electrochemical Science，2017，12：10003-10014.

[108] Zhang J T，Hu H，Li Z，et al. Double-shelled nanocages with cobalt hydroxide inner shell and layered double hydroxides outer shell as high-efficiency polysulfide mediator for lithium-sulfur batteries[J]. Angewandte Chemie International Edition，2016，55（12）：3982-3986.

[109] Hu H J，Liu J Y，Xu Z H，et al. Hierarchical porous Ni/Co-LDH hollow dodecahedron with excellent adsorption property for Congo red and Cr（Ⅵ）ions[J]. Applied Surface Science，2019，478：981-990.

[110] Liang Z B，Qu C，Zhou W Y，et al. Synergistic effect of Co-Ni hybrid phosphide nanocages for ultrahigh capacity fast energy storage[J]. Advanced Science，2019，6（8）：1802005.

[111] Wang Q，Wang X F，Shi C L. LDH nanoflower lantern derived from ZIF-67 and its application for adsorptive removal of organics from water[J]. Industrial & Engineering Chemistry Research，2018，57（37）：12478-12484.

[112] Li R M，Che R，Liu Q，et al. Hierarchically structured layered-double-hydroxides derived by ZIF-67 for uranium recovery from simulated seawater[J]. Journal of Hazardous Materials，2017，338：167-176.

[113] Saghir S，Fu E F，Xiao Z G. Synthesis of CoCu-LDH nanosheets derived from zeolitic imidazole framework-67 （ZIF-67）as an efficient adsorbent for azo dye from waste water[J]. Microporous and Mesoporous Materials，2020，297：110010.

[114] Zheng X L，Han X，Zhao X X，et al. Construction of Ni-Co-Mn layered double hydroxide nanoflakes assembled hollow nanocages from bimetallic imidazolate frameworks for supercapacitors[J]. Materials Research Bulletin，2018，106：243-249.

[115] Xiao Z Y，Mei Y J，Yuan S，et al. Controlled hydrolysis of metal-organic frameworks：hierarchical Ni/Co-layered double hydroxide microspheres for high-performance supercapacitors[J]. ACS Nano，2019，13（6）：7024-7030.

[116] Qu C，Zhao B T，Jiao Y，et al. Functionalized bimetallic hydroxides derived from metal-organic frameworks for high-performance hybrid supercapacitor with exceptional cycling stability[J]. ACS Energy Letters，2017，2（6）：1263-1269.

[117] He S H，Li Z P，Wang J Q，et al. MOF-derived $Ni_xCo_{1-x}(OH)_2$ composite microspheres for high-performance supercapacitors[J]. RSC Advances，2016，6（55）：49478-49486.

[118] Wei X J，Li Y H，Peng H R，et al. Metal-organic framework-derived hollow CoS nanobox for high performance electrochemical energy storage[J]. Chemical Engineering Journal，2018，341：618-627.

[119] Chen C，Zhou J J，Li Y L，et al. Mesoporous Ni_2CoS_4 electrode materials derived from coordination polymer bricks for high-performance supercapacitor[J]. Journal of Solid State Chemistry，2019，271：239-245.

[120] Yang L F，Zhang L，Xu G C，et al. Metal-organic-framework-derived hollow CoS_x@MoS_2 microcubes as superior bifunctional electrocatalysts for hydrogen evolution and oxygen evolution reactions[J]. ACS Sustainable Chemistry & Engineering，2018，6（10）：12961-12968.

[121] Tian T，Huang L，Ai L H，et al. Surface anion-rich NiS_2 hollow microspheres derived from metal-organic frameworks as a robust electrocatalyst for the hydrogen evolution reaction[J]. Journal of Materials Chemistry A，2017，5（39）：20985-20992.

[122] Liu X M，Ai L H，Jiang J. Interconnected porous hollow CuS microspheres derived from metal-organic frameworks for efficient adsorption and electrochemical biosensing[J]. Powder Technology，2015，283：539-548.

[123] Liu G X，Zhang H Y，Li J，et al. Ultrathin nanosheets-assembled $NiCo_2S_4$ nanocages derived from ZIF-67 for high-performance supercapacitors[J]. Journal of Materials Science，2019，54（13）：9666-9678.

[124] Yu Z，Bai Y，Zhang S M，et al. MOF-directed templating synthesis of hollow nickel-cobalt sulfide with enhanced electrocatalytic activity for oxygen evolution[J]. International Journal of Hydrogen Energy，2018，43（18）：8815-8823.

[125] Yilmaz G，Yang T，Du Y H，et al. Stimulated electrocatalytic hydrogen evolution activity of MOF-derived MoS_2 basal domains via charge injection through surface functionalization and heteroatom doping[J]. Advanced Science，2019，6（15）：1900140.

[126] Xu H J，Cao J，Shan C F，et al. MOF-derived hollow CoS decorated with CeO_x nanoparticles for boosting oxygen evolution reaction electrocatalysis[J]. Angewandte Chemie International Edition，2018，57（28）：8654-8658.

[127] Gao L C，Chen S，Zhang H W，et al. Porous CoP nanostructure electrocatalyst derived from DUT-58 for hydrogen evolution reaction[J]. International Journal of Hydrogen Energy，2018，43（30）：13904-13910.

[128] Wang W W，Zhang L，Xu G C，et al. Structure-designed synthesis of CoP microcubes from metal-organic frameworks with enhanced supercapacitor properties[J]. Inorganic Chemistry，2018，57（16）：10287-10294.

[129] Das R，Pachfule P，Banerjee R，et al. Metal and metal oxidenanoparticle synthesis from metal organic frameworks （MOFs）：finding the border of metal and metal oxides[J]. Nanoscale，2012，4（2）：591-599.

[130] Xia B Y，Yan Y，Li N，et al.A metal-organic framework-derived bifunctional oxygen electrocatalyst[J]. Nature Energy，2016，1：15006.

[131] Ai L H，Tian T，Jiang J. Ultrathin graphene layers encapsulating nickel nanoparticles derived metal-organic frameworks for highly efficient electrocatalytic hydrogen and oxygen evolution reactions[J]. ACS Sustainable Chemistry & Engineering，2017，5（6）：4771-4777.

[132] Xia W，Zhu J H，Guo W H，et al. Well-defined carbon polyhedrons prepared from nano metal-organic frameworks for oxygen reduction[J]. Journal of Materials Chemistry A，2014，2（30）：11606-11613.

[133] Xu X L，Shi W H，Li P，et al. Facile fabrication of three-dimensional graphene and metal-organic framework composites and their derivatives for flexible all-solid-state supercapacitors[J]. Chemistry of Materials，2017，29（14）：6058-6065.

[134] Wang L，Wang Z H，Xie L L，et al. ZIF-67-derived N-doped Co/C nanocubes as high-performance anode materials for lithium-ion batteries[J]. ACS Applied Materials & Interfaces，2019，11（18）：16619-16628.

[135] Tan S Y，Long Y，Han Q，et al. Designed fabrication of polymer-mediated MOF-derived magnetic hollow carbon nanocages for specific isolation of bovine hemoglobin[J]. ACS Biomaterials Science & Engineering，2020，6（3）：1387-1396.

[136] Zhang X L，Zhang D X，Chang G G，et al. Bimetallic（Zn/Co）MOFs-derived highly dispersed metallic Co/HPC for completely hydrolytic dehydrogenation of ammonia-borane[J]. Industrial & Engineering Chemistry Research，2019，58（17）：7209-7216.

[137] Zou L L，Hou C C，Liu Z，et al. Superlong single-crystal metal-rganic framework nanotubes[J]. Journal of the American Chemical Society，2018，140（45）：15393-15401.

[138] Lin X H，Wang S B，Tu W G，et al. MOF-derived hierarchical hollow spheres composed of carbon-confined Ni nanoparticles for efficient CO_2 methanation[J]. Catalysis Science & Technology，2019，9（3）：731-738.

[139] Xu D，Pan Y，Chen M Y，et al. Synthesis and application of a MOF-derived Ni@C catalyst by the guidance from an in situ hot stage in TEM[J]. RSC Advances，2017，7（42）：26377-26383.

[140] Zhao K，Liu Y M，Quan X，et al. CO_2 electroreduction at low overpotential on oxide-derived Cu/carbons fabricated from metal organic framework[J]. ACS Applied Materials & Interfaces，2017，9（6）：5302-5311.

[141] Raoof J B，Hosseini S R，Ojani R，et al. MOF-derived Cu/nanoporous carbon composite and its application for electro-catalysis of hydrogen evolution reaction[J]. Energy，2015，90：1075-1081.

[142] Wei C T，Li X，Xu F G，et al. Metal organic framework-derived anthill-like Cu@carbon nanocomposites for nonenzymatic glucose sensor[J]. Analytical Methods，2014，6（5）：1550-1557.

[143] Tan H L，Ma C J，Gao L，et al. Metal-organic framework-derived copper Nanoparticle@Carbon nanocomposites as peroxidase mimics for colorimetric sensing of ascorbic acid[J]. Chemistry—A European Journal，2014，20（49）：16377-16383.

[144] Meng X K，Liao K M，Dai J，et al. Ultralong cycle life Li-O_2 battery enabled by a MOF-derived ruthenium-carbon composite catalyst with a durable regenerative surface[J]. ACS Applied Materials & Interfaces，2019，11（22）：20091-20097.

[145] Li A Q，Shen K，Chen J Y，et al. Highly selective hydrogenation of phenol to cyclohexanol over MOF-derived

non-noble Co-Ni@NC catalysts[J]. Chemical Engineering Science，166：66-76.

[146] Zhang S L，Guan B Y，Lou X W. Co-Fe alloy/N-doped carbon hollow spheres derived from dual metal-organic frameworks for enhanced electrocatalytic oxygen reduction[J]. Small，2019，15（13）：1805324.

[147] Yu L T，Liu J，Xu X J，et al. Metal-organic framework-derived NiSb alloy embedded in carbon hollow spheres as superior lithium-ion battery anodes[J]. ACS Applied Materials & Interfaces，2017，9（3）：2516-2525.

[148] Yang K，Jiang P，Chen J T，et al. Nanoporous PtFe nanoparticles supported on N-doped porous carbon sheets derived from metal-organic frameworks as highly efficient and durable oxygen reduction reaction catalysts[J]. ACS Applied Materials & Interfaces，2017，9（37）：32106-32113.

[149] Wang X X，Hwang S，Pan Y T，et al. Ordered Pt$_3$Co intermetallic nanoparticles derived from metal-organic frameworks for oxygen reduction[J]. Nano Letters，2018，18（7）：4163-4171.

[150] Yue H Y，Shi Z P，Wang Q X，et al. MOF-derived cobalt-doped ZnO@C composites as a high-performance anode material for lithium-ion batteries[J]. ACS Applied Materials & Interfaces，2014，6（19）：17067-17074.

[151] Banerjee A，Gokhale R，Bhatnagar S，et al. MOF derived porous carbon-Fe$_3$O$_4$ nanocomposite as a high performance，recyclable environmental superadsorbent[J]. Journal of Materials Chemistry，2012，22（37）：19694-19699.

[152] Xu J，Zhang W X，Chen Y，et al. MOF-derived porous N-Co$_3$O$_4$@N-C nanododecahedra wrapped with reduced graphene oxide as a high capacity cathode for lithium-sulfur batteries[J]. Journal of Materials Chemistry A，2018，6（6）：2797-2807.

[153] Zhang J，Chu R X，Chen Y L，et al. MOF-derived transition metal oxide encapsulated in carbon layer as stable lithium ion battery anodes[J]. Journal of Alloys and Compounds，2019，797：83-91.

[154] Zhang H，Wang Y S，Zhao W Q，et al. MOF-derived ZnO nanoparticles covered by N-doped carbon layers and hybridized on carbon nanotubes for lithium-ion battery anodes[J]. ACS Applied Materials & Interfaces，2017，9（43）：37813-37822.

[155] Deng X Y，Li J J，Zhu S，et al. Metal-organic frameworks-derived honeycomb-like Co$_3$O$_4$/three-dimensional graphene networks/Ni foam hybrid as a binder-free electrode for supercapacitors[J]. Journal of Alloys and Compounds，2017，693：16-24.

[156] Bai X，Liu Q，Lu Z T，et al. Rational design of sandwiched Ni-Co layered double hydroxides hollow nanocages/graphene derived from metal-organic framework for sustainable energy storage[J]. ACS Sustainable Chemistry & Engineering，2017，5（11）：9923-9934.

[157] Jin H X，Yuan D Q，Zhu S Y，et al. Ni-Co layered double hydroxide on carbon nanorods and graphene nanoribbons derived from MOFs for supercapacitors[J]. Dalton Transactions，2018，47（26）：8706-8715.

[158] Asadian E，Shahrokhian S，Iraji Zad A. Highly sensitive nonenzymetic glucose sensing platform based on MOF-derived NiCo LDH nanosheets/graphene nanoribbons composite[J]. Journal of Electroanalytical Chemistry，2018，808：114-123.

[159] Pan Y T，Wan J T，Zhao X L，et al. Interfacial growth of MOF-derived layered double hydroxide nanosheets on graphene slab towards fabrication of multifunctional epoxy nanocomposites[J]. Chemical Engineering Journal，2017，330：1222-1231.

[160] Wang Q F，Zou R Q，Xia W，et al. Facile synthesis of ultrasmall CoS$_2$ nanoparticles within thin N-doped porous carbon shell for high performance lithium-ion batteries[J]. Small，2015，11（21）：2511-2517.

[161] Li J B，Li J L，Yan D，et al. Design of pomegranate-like clusters with NiS$_2$ nanoparticles anchored on nitrogen-doped porous carbon for improved sodium ion storage performance[J]. Journal of Materials Chemistry A，

2018，6（15）：6595-6605.

[162] Liu J，Wu C，Xiao D D，et al. MOF-derived hollow Co₉S₈ nanoparticles embedded in graphitic carbon nanocages with superior Li-ion storage[J]. Small，2016，12（17）：2354-2364.

[163] Qu C，Zhang L，Meng W，et al. MOF-derived α-NiS nanorods on graphene as an electrode for high-energy-density supercapacitors[J]. Journal of Materials Chemistry A，2018，6（9）：4003-4012.

[164] Yin D M，Huang G，Zhang F F，et al. Coated/sandwiched rGO/CoSₓ composites derived from metal-organic frameworks/GO as advanced anode materials for lithium-ion batteries[J]. Chemistry—A European Journal，2016，22（4）：1467-1474.

[165] Yang Y，Li M L，Lin J N，et al. MOF-derived Ni₃S₄ encapsulated in 3D conductive network for high-performance supercapacitor[J]. Inorganic Chemistry，2020，59（4）：2406-2412.

[166] Yang F L，Chen Y T，Cheng G Z，et al. Ultrathin nitrogen-doped carbon coated with CoP for efficient hydrogen evolution[J]. ACS Catalysis，2017，7（6）：3824-3831.

[167] Wang K D，Wu C，Wang F，et al. MOF-derived CoPₓ nanoparticles embedded in nitrogen-doped porous carbon polyhedrons for nanomolar sensing of p-nitrophenol[J]. ACS Applied Nano Materials，2018，1（10）：5843-5853.

[168] Pan Y，Sun K A，Liu S J，et al. Core-shell ZIF-8@ZIF-67-derived CoP nanoparticle-embedded N-doped carbon nanotube hollow polyhedron for efficient overall water splitting[J]. Journal of the American Chemical Society，2018，140（7）：2610-2618.

[169] Wang M M，Lin M T，Li J T，et al. Metal-organic framework derived carbon-confined Ni₂P nanocrystals supported on graphene for an efficient oxygen evolution reaction[J]. Chemical Communications，2017，53（59）：8372-8375.

[170] Wang X，Ma Z J，Chai L L，et al. MOF derived N-doped carbon coated CoP particle/carbon nanotube composite for efficient oxygen evolution reaction[J]. Carbon，2019，141：643-651.

[171] Wei Y S，Zhang M，Kitta M，et al. A single-crystal open-capsule metal-organic framework[J]. Journal of the American Chemical Society，2019，141（19）：7906-7916.

[172] Wang Y Z，Li S，Chen Y，et al. 3D hierarchical MOF-derived CoP@N-doped carbon composite foam for efficient hydrogen evolution reaction[J]. Applied Surface Science，2020，505：144503.

[173] Liu X，Dong J M，You B，et al. Competent overall water-splitting electrocatalysts derived from ZIF-67 grown on carbon cloth[J]. RSC Advances，2016，6（77）：73336-73342.

[174] Hong H，Liu J L，Huang H W，et al. Ordered macro-microporous metal-organic framework single crystals and their derivatives for rechargeable aluminum-ion batteries[J]. Journal of the American Chemical Society，2019，141（37）：14764-14771.

[175] Tabassum H，Zhi C X，Hussain T，et al. Encapsulating trogtalite CoSe₂ nanobuds into BCN nanotubes as high storage capacity sodium ion battery anodes[J]. Advanced Energy Materials，2019，9（39）：1901778.

[176] Sun W W，Cai C，Tang X X，et al. Carbon coated mixed-metal selenide microrod: bimetal-organic-framework derivation approach and applications for lithium-ion batteries[J]. Chemical Engineering Journal，2018，351：169-176.

[177] Zhong R Q，Wu Y X，Liang Z B，et al. Fabricating hierarchically porous and Fe₃C-embeded nitrogen-rich carbon nanofibers as exceptional electocatalysts for oxygen reduction[J]. Carbon，2019，142：115-122.

[178] Guan B Y，Yu L，Lou X W. A dual-metal-organic-framework derived electrocatalyst for oxygen reduction[J]. Energy & Environmental Science，2016，9（10）：3092-3096.

[179] Qiao B，Wang A，Yang X，et al. Single-atom catalysis of CO oxidation using Pt₁/FeOₓ[J]. Nature Chemistry，2011，3（8）：634-641.

[180] Chen Y J，Ji S F，Chen C，et al. Single-atom catalysts：synthetic strategies and electrochemical applications[J]. Joule，2018，2（7）：1242-1264.

[181] Zhang W C，Liu Y J，Guo Z P. Approaching high-performance potassium-ion batteries via advanced design strategies and engineering[J]. Science Advances，2019，5（5）：eaav7412.

[182] Sun T T，Xu L B，Wang D S，et al. Metal organic frameworks derived single atom catalysts for electrocatalytic energy conversion[J]. Nano Research，2019，12（9）：2067-2080.

[183] Qiu T J，Liang Z B，Guo W H，et al. Metal-organic framework-based materials for energy conversion and storage[J]. ACS Energy Letters，2020，5（2）：520-532.

[184] Liang Z B，Qu C，Guo W H，et al. Pristine metal-organic frameworks and their composites for energy storage and conversion[J]. Advanced Materials，2018，30（37）：1702891.

[185] Liang Z B，Zhao R，Qiu T J，et al. Metal-organic framework-derived materials for electrochemical energy applications[J]. EnergyChem，2019，1（1）：100001.

[186] Pan F P，Zhang H G，Liu K X，et al. Unveiling active sites of CO_2 reduction on nitrogen-coordinated and atomically dispersed iron and cobalt catalysts[J]. ACS Catalysis，2018，8（4）：3116-3122.

[187] Yin P Q，Yao T，Wu Y E，et al. Single cobalt atoms with precise N-coordination as superior oxygen reduction reaction catalysts[J]. Angewandte Chemie International Edition，2016，55（36）：10800-10805.

[188] Dai X，Chen Z，Yao T，et al. Single Ni sites distributed on N-doped carbon for selective hydrogenation of acetylene[J]. Chemical Communications（Cambridge，England），2017，53（84）：11568-11571.

[189] Li J Z，Chen M J，Cullen D A，et al. Atomically dispersed manganese catalysts for oxygen reduction in proton-exchange membrane fuel cells[J]. Nature Catalysis，2018，1（12）：935-945.

[190] Wang X，Chen W X，Zhang L，et al. Uncoordinated amine groups of metal-organic frameworks to anchor single Ru sites as chemoselective catalysts toward the hydrogenation of quinoline[J]. Journal of the American Chemical Society，2017，139（28）：9419-9422.

[191] Hwang J Y，Myung S T，Sun Y K. Recent progress in rechargeable potassium batteries[J]. Advanced Functional Materials，2018，28（43）：1802938.

[192] Wang X X，Cullen D A，Pan Y T，et al. Nitrogen-coordinated single cobalt atom catalysts for oxygen reduction in proton exchange membrane fuel cells[J]. Advanced Materials，2018，30（11）：1706758.

[193] Zhang H G，Hwang S，Wang M Y，et al. Single atomic iron catalysts for oxygen reduction in acidic media：particle size control and thermal activation[J]. Journal of the American Chemical Society，2017，139（40）：14143-14149.

[194] Ahn S H，Klein M J，Manthiram A.1D Co- and N-doped hierarchically porous carbon nanotubes derived from bimetallic metal organic framework for efficient oxygen and tri-iodide reduction reactions[J]. Advanced Energy Materials，2017，7（7）：1601979.

[195] Sun X H，Olivos-Suarez A I，Osadchii D，et al. Single cobalt sites in mesoporous N-doped carbon matrix for selective catalytic hydrogenation of nitroarenes[J]. Journal of Catalysis，2018，357：20-28.

[196] Chen W X，Pei J J，He C T，et al. Single tungsten atoms supported on MOF-derived N-doped carbon for robust electrochemical hydrogen evolution[J]. Advanced Materials，2018，30（30）：1800396.

[197] Jiao L，Wan G，Zhang R，et al. From metal-organic frameworks to single-atom Fe implanted N-doped porous carbons：efficient oxygen reduction in both alkaline and acidic media[J]. Angewandte Chemie International Edition，2018，57（28）：8525-8529.

[198] Fang X Z，Shang Q C，Wang Y，et al. Single Pt atoms confined into a metal-organic framework for efficient photocatalysis[J]. Advanced Materials，2018，30（7）：1705112.

[199] Chen Y J，Ji S F，Wang Y G，et al. Isolated single iron atoms anchored on N-doped porous carbon as an efficient electrocatalyst for the oxygen reduction reaction[J]. Angewandte Chemie International Edition，2017，56（24）：6937-6941.

[200] Ji S F，Chen Y J，Fu Q，et al. Confined pyrolysis within metal-organic frameworks to form uniform Ru3 clusters for efficient oxidation of alcohols[J]. Journal of the American Chemical Society，2017，139（29）：9795-9798.

[201] Hou C C，Zou L L，Sun L M，et al. Single-atom iron catalysts on overhang-eave carbon cages for high-performance oxygen reduction reaction[J]. Angewandte Chemie International Edition，2020，59（19）：7384-7389.

[202] Wei Y S，Sun L M，Wang M，et al.Fabricating dual-atom iron catalysts for efficient oxygen evolution reaction：a heteroatom modulator approach[J]. Angewandte Chemie International Edition，2020，59（37）：16013-16022.

[203] Jiang R，Li L，Sheng T，et al.，2018. Edge-site engineering of atomically dispersed Fe-N_4 by selective C—N bond cleavage for enhanced oxygen reduction reaction activities[J]. Journal of the American Chemical Society，140（37）：11594-11598.

[204] Fan L，Liu P F，Yan X，et al. Atomically isolated nickel species anchored on graphitized carbon for efficient hydrogen evolution electrocatalysis[J]. Nature Communications，2016，7：10667.

[205] Wei S，Li A，Liu J C，et al. Direct observation of noble metal nanoparticles transforming to thermally stable single atoms[J]. Nature Nanotechnology，2018，13（9）：856-861.

[206] Yang J，Qiu Z Y，Zhao C M，et al. In situ thermal atomization to convert supported nickel nanoparticles into surface-bound nickel single-atom catalysts[J]. Angewandte Chemie International Edition，2018，57（43）：14095-14100.

[207] Qu Y T，Li Z J，Chen W X，et al. Direct transformation of bulk copper into copper single sites via emitting and trapping of atoms[J]. Nature Catalysis，2018，1（10）：781-786.

[208] Liu D B，Wu C Q，Chen S M，et al.In situ trapped high-density single metal atoms within graphene：Iron-containing hybrids as representatives for efficient oxygen reduction[J]. Nano Research，2018，11（4）：2217-2228.

[209] Zou L L，Kitta M，Hong J H，et al. Fabrication of a spherical superstructure of carbon nanorods[J]. Advanced Materials，2019，31（24）：1900440.

[210] Cao L，Dai P C，Tang J，et al. Spherical superstructure of boron nitride nanosheets derived from boron-containing metal-organic frameworks[J]. Journal of the American Chemical Society，2020，142（19）：8755-8762.

[211] Hou C C，Zou L L，Xu Q. A hydrangea-like superstructure of open carbon cages with hierarchical porosity and highly active metal sites[J]. Advanced Materials，2019，31（46）：1904689.

[212] Zou L L，Hou C C，Wang Q J，et al. A honeycomb-like bulk superstructure of carbon nanosheets for electrocatalysis and energy storage[J]. Angewandte Chemie International Edition，2020，59（44）：19627-19632.

第6章

纳米 MOF 衍生物的应用

6.1 概论

多孔碳材料以其独特的高比表面积、孔体积和稳定性，在催化、传感、气体吸附和分离、能量存储和转换等方面都有很好的应用前景，且这些材料的性能又与它们的微观结构密切相关。目前，主要通过选择具有物理或化学活性的有机前驱体直接碳化获得高比表面积的多孔碳材料。然而，该方法得到的碳材料含有尺寸分布较宽的无序结构，这极大地限制了其广泛的应用，特别是在处理选择性分子扩散或区分方面[1]。为了控制孔径分布相对较窄的有序孔结构，采用模板法是一种有效的途径。模板法是近些年用于合成新型纳米多孔材料的有效方法，根据模板自身特点和局限性的不同可分为硬模板法和软模版法。硬模板指以共价键形式存在的刚性材料如多孔氧化铝、碳纳米管、介孔沸石等，硬模板法具有较高稳定性，但制备过程费时费力，模板结构单一，形貌变化少。与硬模板法相比，软模板通常为两亲性分子形成的有序聚集体，制备方法相对简单，但仍然避免不了去除模板的复杂后处理过程。除了模板法制备，还有水热法、自组装法、刻蚀法、乳液聚合法等，都是常见的得到多孔碳材料的合成策略。

金属-有机框架（metal-organic framework，MOF）作为配位聚合物（coordination polymer，CP）中一类非常重要的多孔结构，是一种由金属离子或金属簇与有机配体以配位键自组装形成的具有周期性网络结构的新颖无机-有机杂化材料，具有诸多显著的优势，如结晶度高、孔隙率高、比表面积大、柔性大、吸附活性大等。在 MOF 材料中，由于金属离子或金属簇与有机配体之间的多种选择性，可以形成各种不同的框架孔隙结构，表现出 MOF 材料的结构多样性和可设计性，从而其能够具有优异的物理和化学性能。随着对 MOF 材料的深入研究，目前纯 MOF 材料也暴露出一些不可忽视的缺点。例如，不少 MOF 材料中配位键较弱，导致其物理化学稳定性较差；一些 MOF 材料对水蒸气敏感，导致吸附性能很差；还有一些 MOF 材料由于其导电性不足的限制，电催化测试结果往往不能满足应用需求。因此，为了得到更加优异稳定的性能，越来越多的工作开始探索 MOF 衍生的新型纳米材料。

由于具有丰富的有机支撑物的高度有序的多孔结构，MOF 可以用作模板或前驱体，在适当的热解条件下产生高比表面积和高孔隙率的多孔碳材料。同时，由于 MOF 前驱体中金属节点的规则排列，在原位碳化过程中，控制合成条件还可以制备金属/金属氧化物/多孔碳的杂化材料。总之，在适当的热解条件下，MOF 可以衍生出功能各异的纳米结构材料。相比 MOF 材料，MOF 衍生物由于具有以下优点而成为非常有希望的候选材料，在许多领域都有着重要的应用价值。[2]①合成过程简单方便，无需额外的模板；②比表面积高，容易得到高密度的活性中心；③有序的多孔结构和可调节的纳米孔径保证了高通量传质；④通过预先设计 MOF 前驱体来精确控制活性中心，有利于调节结构和改善性能。本章将重点介绍纳米 MOF 衍生物比较热门的研究内容，包括气体分离和存储、热催化、电化学催化、光（电）催化、超级电容器、电池等方面。

6.2 气体分离和存储

随着人类生产和社会发展的进步，环境和资源问题日渐严重，气体分离和存储越来越被重视，尤其是氢气、甲烷等清洁燃料气体、引起温室效应的二氧化碳气体以及其他有害气体。气体分离效果很大程度上取决于吸附材料的选择性。目前常用的吸附材料主要是一些比表面积大、作用力强的多孔材料，如沸石、活性炭、MOF 等。随着各领域对分离和存储要求的不断提高，设计合成新型的纳米 MOF 衍生物以提高吸附性能变得越来越重要。

6.2.1 储氢

日益增加的能源资源需求，使化石燃料如煤炭、石油等不可再生资源面临着枯竭的危险，因此开发利用新型可再生能源成为当今世界的首要策略。氢能作为可再生能源，具有环境友好、来源丰富等优势，是目前优先考虑使用的清洁能源。虽然氢能的发展还未达到商业化的程度，但根据研究表明，氢能已经在车载氢燃料电池汽车中投入使用，可替代传统燃烧汽油的车辆，实现环保零排放。然而目前市面上的氢燃料电池汽车仍然存在着主要瓶颈——储氢。为了提高在交通方面的长远使用和对传统汽车的可靠替代，在储氢应用方面的研究还有很长的路要走。

从过去十几年至今，储氢材料的发现和研究一直是热门领域。已知的活性炭、碳纳米管、沸石、MOF 等多孔材料均表现出良好的吸附特性，但与目标还存在不小的差距。在这里，考虑到 MOF 材料具有高比表面积、高孔体积、可设计性等特性，主要研究保留原 MOF 特性而衍生的多孔材料在储氢方面的吸附特性。本节将简要介绍一些代表性的研究工作。

　　MOF 的热处理通常是制备多孔碳材料的有效方法。通常使用 MOF 作为模板或前驱体，并加入额外的碳源如糠醇（FA）或葡萄糖等有机物浸渍到 MOF 的孔隙空间中，然后在 MOF 的孔隙空间内进行聚合碳化[1]。Xu 等首次以最具代表性的 MOF-5 为模板，FA 为碳前驱体设计了一种用于吸附氢气的多孔材料[3]。其中，FA 在脱气的 MOF-5 的孔中聚合得到 PFA/MOF-5 复合材料，在 Ar 气流下于 1000℃进行了碳化。在外加碳源的作用下，MOF 的热分解导致了纳米多孔碳材料（NPC）的生成。结果显示，NPC 样品的 BET 比表面积为 2872m^2/g，孔体积为 2.06cm^3/g。在–196℃和 760Torr 下的吸氢量高达 2.6wt%，远高于相同条件下 MOF-5 的吸氢量（1.3wt%）。此外，考虑到 ZIF-8 是沸石咪唑酯骨架材料中的典型代表，其性能的研究对于其他沸石咪唑酯骨架材料的性能研究具有参考价值。他们又利用 ZIF-8 和 FA 通过相似的方法（图 6-1）成功地制备了 BET 比表面积为 3405m^2/g 和孔体积为 2.58cm^3/g 的纳米多孔碳材料[4]。其中，C1000 在–196℃、1atm 下的储氢容量达到了 2.77wt%，远高于 ZIF-8（～140cm^3/g STP，1bar）。等温线没有表现出任何滞后现象，证实了多孔碳材料吸氢的可逆性。这种引入碳前驱体的制备策略为设计合成更多其他具有高比表面积和孔体积的多孔碳材料提供了可行的依据。

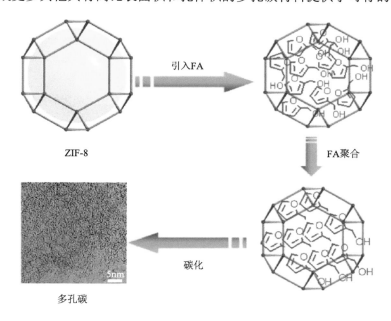

ZIF-8

引入FA

FA聚合

碳化

多孔碳

5nm

图 6-1　纳米多孔碳的制备过程示意图[4]

比表面积和孔隙率的不同直接影响气体的吸附性能，为了增大气体吸附量，通常情况下希望得到高比表面积和高孔隙率的多孔碳材料。在某些情况下，活化还可以促进孔隙率的增加。Mokaya 等利用模板碳化技术，将 FA 浸渍到 ZIF-8 的孔中经不同温度聚合碳化，生成微孔率为 90%～95% 的微孔碳（BF-T）[5]。再经 KOH 化学活化后，孔隙率随碳化温度的不同而增加 30%～240%，从而获得高达 3188m²/g 的 BET 比表面积和 1.94cm³/g 的孔体积。尽管孔隙率急剧增加，但活化的 ZIF 模板碳（ACBF-T）仍然保持了显著的微孔率，微孔占比表面积的 80%～90%，占孔体积的 60%～70%。这是因为活化过程仅增强现有的孔隙率，而非生成新的更大的孔隙。活化后的 ZIF 模板碳的吸氢能力提高了 25%～140%，在 −196℃ 和 20bar 下从 2.6wt%～3.1wt% 提高到 3.9wt%～6.2wt%（图 6-2）。由于其微孔性质，碳在 13.0～15.5μmol H₂/m² 范围内显示出高的储氢密度。

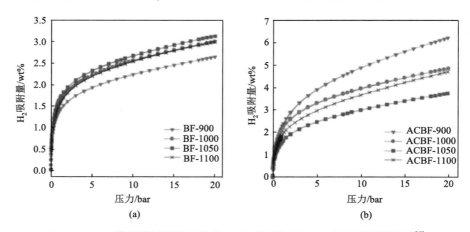

图 6-2　ZIF 模板碳材料在活化前（a）和活化后（b）的氢吸附等温线[5]

　　而许多 MOF 结构中含有大量丰富的有机物种，无需添加碳前驱体而直接热解便能获得纳米结构碳材料，同时成本降低，操作过程简化。Park 课题组描述了一种由 IRMOF-1 通过直接热解制备分层级多孔碳材料的方法，不需要其他复杂的工艺[6]。在碳化过程中，晶态 MOF 重组为超微孔碳纳米颗粒聚集体，并保持了原始的立方体形貌。多孔碳材料 MDC-1 对 N₂ 的吸附量达到 2625cm³/g，显示出高 BET 比表面积（3174m²/g）（Langmuir 比表面积为 5004m²/g）和高孔体积（4.06cm³/g）。由于其卓越的孔隙率，MDC-1 在 1bar 和 77K 时对 H₂ 的吸附量为 3.25wt%，比 IRMOF-1 显著增加了 2.5 倍，有利于碳材料在低压下进行 H₂ 储存；并且在 100bar 和 298K 下，IRMOF-1 和 MDC-1 分别表现出 0.45wt% 和 0.94wt% 的 H₂ 存储容，优于许多已知的多孔碳和 MOF 材料。

　　此外，具有三维空间结构的 MIL-100 系列由于具备较高的热稳定性和不饱和金属位点，作为模板制备的衍生物在储氢方面也表现出潜在价值。Xu 等介绍了以介孔分子筛 MIL-100（Al）为模板和前驱体碳化，在 HF 存在下进行可控刻蚀反应合成 BET 比表面积为 1711m²/g 的分级中空八面体碳笼 h-C800 的方法，且该材料保持了原始 MOF 的形状[7]。h-C800 表现出较好的吸氢性能，在 77K 和 1atm 条件下单位质量的吸氢体积为 168cm³/g，对应的吸氢量为 1.5wt%。除此之外，还可以在介孔分子筛的孔道中制备高度分散的金属氧化物纳米颗粒。最近，Joseph 等使用 MIL-100（Cr）作为模板和氨基胍盐酸盐（AG）来制备一系列由氧化铬纳米粒子功能化的介孔碳氮化物（MCN），其中在 CN 网络内包含游离的 NH₂ 基团，有助于固定金属氧化物纳米颗粒并提供高度分散的碱性位点（图 6-3）[8]。改变 AG 与 MIL-100（Cr）的比例以控制胺官能团和结构参数，可以获得比表面积为 1294m²/g、孔体积为 0.42cm³/g 的 MCN。在 50bar 和 50℃下，氢吸附容量最高为 22.5mmol/g，远高于 MIL-100（Cr）。这种高吸附能力主要是由于具有高比表面积的 MCN 与高度分散的金属氧化物纳米颗粒之间的强协同作用。

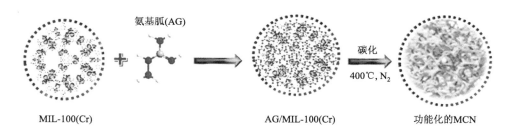

氨基胍(AG)

碳化
400℃, N₂

MIL-100(Cr)　　　　　　　　　AG/MIL-100(Cr)　　　　　　　功能化的MCN

图 6-3　介孔碳氮化物的制备过程示意图[8]

6.2.2　二氧化碳吸附和分离

自工业革命以来，人们大量开采使用化石燃料，几十年来的需求不减，导致过量的二氧化碳气体排放，自然环境面临着全球气候变暖的严重威胁。自然界由于变暖而降低了对二氧化碳的吸附能力。因此，从源头上减少二氧化碳的排放或开发新型高效的二氧化碳吸附材料是至关重要的。在工业上，天然气中二氧化碳的存在不仅降低了能源含量，而且导致了天然气管道的腐蚀，因此在燃烧前需从天然气中先分离出二氧化碳。同时，化石燃料燃烧后会产生含大量 N₂ 的烟气，需要技术分离选择二氧化碳。为了更好地了解吸附材料对二氧化碳的捕获能力，通常会在模拟烟气 CO_2/N_2、CO_2/CH_4 等混合气体过程中，进行吸附能力的判断。

近年来，CO_2 吸附和分离技术受到了研究工作者的广泛关注。目前发展比较成熟的 MOF 材料在气体吸附研究方面已经有大量实验成果。但大多数 MOF 材料的低化学稳定性和热稳定性使其在大规模工业应用中具有挑战性，为了提高其对 CO_2 的吸附性能，考虑将 MOF 材料作为模板或前驱体碳化获得性能更优异的衍生物。自 Xu 等 [3, 4]首次在 MOF-5 和 ZIF-8 的微孔中引入 FA 作为第二前驱体，制备了具有很高比表面积的纳米多孔碳材料,模板法已被认为是制备具有可控结构、相对窄的孔径分布以及理想的物理和化学性质的多孔碳材料的最有效方法之一。与传统的无机模板法相比,使用 MOF 作为模板相对简单方便,MOF 的结构、性质会极大地影响所得多孔碳材料的性质和应用性能,不同 MOF 模板在不同反应条件下获得的材料在吸附 CO_2 上也具有较大差异。MOF 衍生的多孔碳材料已经成为目前常用于研究 CO_2 吸附的对象之一。本节将简要介绍一些具有代表性的工作报道并将文献中 CO_2 吸附性能进行总结比较(表 6-1)。

表 6-1 文献中 MOF 衍生多孔碳的二氧化碳吸附特性的比较

MOF 衍生物	MOF	CO_2 吸附量/(mmol/g)		参考文献
		273K	298K	
MUC600	MOF-5	3.55	2.44	[18]
MUC900	MOF-5	3.71	2.31	[18]
BM-900	bio-MOF-1	4.62	3.55	[17]
KBM-700	bio-MOF-1	4.75	3.29	[17]
CMAF-6	MAF-6	5.58	3.63	[11]
ZDC-700	ZIF-8	—	3.51	[19]
C700W	ZIF-8	5.51	3.80	[12]
Zn/Ni-ZIF-81000	Zn/Ni-ZIF-8	4.25	—	[16]
NC900	ZIF-8	5.1	3.9	[14]
NC600	ZIF-8	3.3	2.4	[14]
NC800	MIL-100(Al)	5.7*	2.3*	[15]
C800	MIL-100(Al)	4.1*	2.6*	[15]
AAC-2W	MIL-100(Al)	6.5	4.8	[20]
NPC-600	NUT-21	8.3	5.1	[13]

注:"—"代表无明确数值,CO_2 吸附量一般在 1bar 气压下获得,"*"代表在 1atm 气压下获得。

一般而言,将原始 MOF 作为模板或前驱体转化为含碳或含金属的多孔纳米材料的策略主要依赖于在惰性气氛中的热解或使用简单的溶液浸渍方法[2]。MOF 模板在惰性(如 Ar、N_2)气氛下直接热解,通过原位蒸发实现低沸点金属物种的浸出,得到无金属的多孔碳材料[9]。利用该方法,Srinivas 等对 MOF-5 在 600~1100℃范围内直接碳化,合成一组 BET 比表面积高达 2734m^2/g、总孔体积高达 5.53cm^3/g 的新型分级多孔碳(HPC)[10]。在碳化过程中,Zn^{2+} 在 MOF-5 中分解形成 ZnO,并随着温度的升高被还原成单质 Zn;当温度超过 900℃时,Zn 和 CO 蒸发留下多孔碳结构(图 6-4)。HPC 本质上是高度 sp^2 键合的石墨烯,具有很高比例的缺陷碳结构。所得的 HPC 在 30bar 和 27℃下显示出高 CO_2 吸附量，超过 27mmol/g（119wt%），高于其 MOF 对应的 CO_2 吸收值。由于其优异的热/化学稳定性和增强的 CO_2 捕获性能，HPC 比其对应的 MOF 更适合用于变压吸附/真空变压吸附（PSA/VSA）。

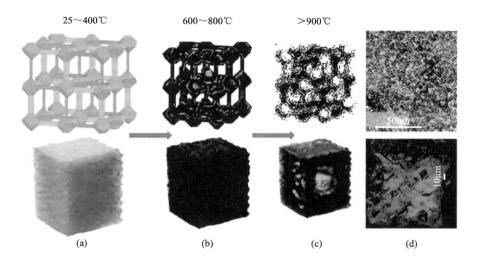

图 6-4　由 MOF-5 制备 HPC 的结构变化示意图[10]

Zhang 课题组对一系列 MAF 材料进行直接热解处理，分别得到了保持形貌的 N 掺杂多孔碳 CMAF-5、CMAF-6 和 CMAF-32[11]。值得注意的是，CMAF-6 的孔体积为 0.65cm³/g，BET 比表面积和 Langmuir 比表面积分别为 1453m²/g 和 1920m²/g。在 273K 和 298K、1bar 下表现出最高的 CO_2 吸附量（5.58mmol/g、3.63mmol/g）。对于 CMAF-5 和 CMAF-32，298K 和 1bar 条件下 CO_2/N_2 的理想吸附溶液理论（IAST）选择性分别达到相当高的 180 和 262。混合气体穿透实验表明，CMAF-32 的 CO_2/N_2 选择性为 234。

考虑到高 N 含量的 MOF 前驱体有利于形成发达的孔隙率和生成大量的 N 掺杂位点，可以提高 CO_2 吸附容量和选择性，因此之后的研究更倾向于采用富氮 MOF 作为模板。Xia 等在不同条件下将 N 含量高达 24.5wt%的 ZIF-8 直接碳化，再用稀盐酸进一步去除无机化合物制备了具有不同 N 含量（7.1wt%～24.8wt%）的多孔碳材料[12]。其中，C700W 具有 21.7%的较高 N 含量，在 25℃和 1bar 下表现出良好的 CO_2 吸收能力，可达 3.8mmol/g，远大于 ZIF-8；在更高的 CO_2 覆盖率下，其 CO_2 吸附能高达 26kJ/mol。同样地，Sun 等利用 N 含量高达 46.16wt%的前驱体 NUT-21 在不同温度下进行碳化，成功合成了一系列具有不同孔隙率和 N 含量的 NPC[13]。NPC-500 和 NPC-600 的 N 含量分别达到 10.32wt%和 7.41wt%的高值。其中，NPC-600 的 BET 比表面积为 2208m²/g，微孔孔体积为 0.791cm³/g，在 273K 和 1bar 下表现出显著的 CO_2 捕获能力，吸附量高达 8.3mmol/g（图 6-5）。IAST 表明 CO_2/N_2 选择性为 67，并且可以在温和条件下完全再生。所获得的 NPC 可作为极有希望的候选者用于从天然气和烟道气等气体混合物中分离 CO_2。

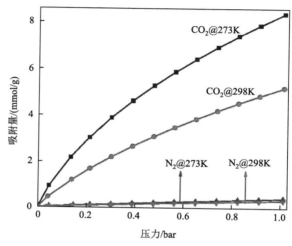

图 6-5　273K 和 298K 下 NPC-600 对 CO_2 和 N_2 的吸附等温线[13]

同时，在 MOF 模板中合理引入含硼、氮、磷等原子的客体物种，通过热解均匀分散在 MOF 衍生的碳骨架中，可以有效改善其表面性质。Xu 课题组以 ZIF-8 为模板和前驱体，分别以 FA 和 NH_4OH 为二次碳源和氮源，通过 600~1000℃的高温煅烧合成 N 修饰纳米多孔碳（NC）[14]。元素分析表明，随着煅烧温度的升高，碳骨架中的 N 含量降低。这些碳材料具有较高的 BET 比表面积（455~3268m²/g）和孔体积（0.25~2.15cm³/g）。其中，N 含量达 2.7wt%的 NC900 在 273K 和 298K 的常压下表现出最高的 CO_2 吸附量，分别为 5.1mmol/g 和 3.9mmol/g。在 273K 和 298K 时，N 含量最高（25.9wt%）但比表面积小得多的 NC600 对 CO_2 的吸附量分别为 3.3mmol/g 和 2.4mmol/g。显然，比表面积和 N 含量都是决定 CO_2 吸附容量的重要因素。吸附热 Q_{st} 值在 CO_2 低覆盖率下高达 69kJ/mol，在高覆盖率下高达 30kJ/mol。较高的微孔率和 Q_{st} 值有望为 CO_2 提供比 N_2 和 CH_4 更高的选择性，在 273K 下，NC700 的 CO_2/N_2 和 CO_2/CH_4 选择性分别为 59 和 11。此外，他们还通过将含 N 和 N/B 的离子液体（IL）浸渍在 MIL-100（Al）中（图 6-6），为获得高 N 和 N/B 修饰的具有窄孔径分布的碳材料提供良好的机会[15]。碳化结果表现出显著的 CO_2 吸附能力（表 6-1）。

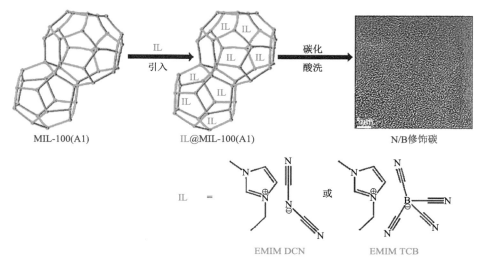

图 6-6　具有 N 和 N/B 修饰的纳米多孔碳的合成示意图[15]

　　由于基于低沸点金属的 MOF 的直接高温热解产生的活性中心比较有限，在 MOF 模板热解前取代为高沸点的金属物种，可以得到含金属活性位点的多孔碳材料，增加吸附性能。Hu 课题组通过热解镍取代沸石咪唑酸盐骨架前驱体来制备高比表面积的金属和 N 掺杂的多孔碳复合材料[16]。对于由 Zn/Ni-ZIF-8 在 1000℃下制备得到的 Zn/Ni-ZIF-8-1000 复合物，在 273K 下获得了 4.25mmol/g 的高 CO_2 吸附量。他们推测这是由存在含 N 的碱性基团以及金属活性位点引起的。IAST 计算表明，在模拟烟气条件（15% CO_2、85% N_2），313K 和 1bar 下 Zn/Ni-ZIF-8-1000 的 CO_2/N_2 选择性为 124；在 50% CO_2 和 50% CH_4 平衡条件下，298K 和 1bar 下的 CO_2/CH_4 选择性为 3，均表现出出色的分离性能。吸附热结果显示，Zn/Ni-ZIF-8-1000 的初始 Q_{st}（61.2kJ/mol）明显高于 Zn/Ni-ZIF-8（21.3kJ/mol），表明该复合材料具有较强的亲和力。

　　另外，先采用溶液浸渍法在含有特定前驱体的溶液中渗透 MOF，然后进行热处理，可以引入合适的金属离子活性中心，也是制备 MOF 衍生材料的策略之一。Xue 课题组首次提出了在 MOF 模板孔中引入 K^+ 活性中心的新策略，以相同的条件将原 bio-MOF-1 和 K@bio-MOF-1（K^+ 渗透的 bio-MOF-1）一步碳化，制备了一系列 N 掺杂多孔碳材料（图 6-7）[17]，系统地研究了 K^+ 的引入对多孔碳结构性质的影响。和 bio-MOF-1 衍生的多孔碳 BM-900 具有良好的中孔性相比，K@bio-MOF-1 衍生的微孔碳 KBM-700 有较高的含氮量（10.16wt%）和微孔体积（73%），在 273K 时表现出良好的 CO_2 吸附量（4.75mmol/g），298K 和 1bar 条件下对 CO_2/N_2 有高吸附选择性（S_{ads} = 99.1）。与 BM-T 样品比，KBM-T 对 CO_2 吸附选择性的极大提高可归因于其发达的微孔结构和因 K^+ 活化而导致的窄孔径分布。

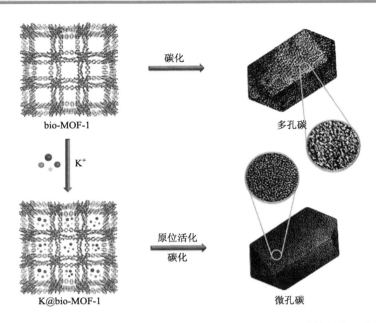

图 6-7　以 bio-MOF-1 和 K@bio-MOF-1 为前驱体制备的多孔碳材料的示意图[17]

6.2.3　低分子量烃类吸附分离

天然气主要由甲烷（CH₄）和其他气体杂质组成，如乙炔（C₂H₂）、乙烷（C₂H₆）、丙烷（C₃H₈）等，是工业社会最重要的能源和原料之一。甲烷被认为是未来汽车运输领域最有希望的候选能源；乙烷和丙烷都是生产乙烯和丙烯的主要原料，而乙烯和丙烯又是制造聚乙烯、聚丙烯、聚酯和其他有机化学品的基本化学品[21]。为了充分利用这些资源，有必要通过适当的方法将它们从天然气中分离出来。

目前常见的多孔材料在吸附低分子量烃类方面都有不少的成就，而 MOF 衍生的多孔碳材料由于具有一些优于 MOF 的良好性质，是最有前途的吸附剂之一。但目前的研究表明，这类材料的相关研究仍然太少，这里仅以甲烷为代表简要介绍。

在所有碳氢化合物中，甲烷具有最高的氢碳比，甲烷燃烧产生的每单位热量中二氧化碳量最少。但是，在正常条件下，甲烷相对较低的体积能量密度仅为汽油的 0.11%，严重限制了其在各种可能领域中的应用，尤其是车载应用。最近，美国能源部（DOE）的能源高级研究计划局（ARPA-E）重新设定了新的甲烷存储目标，以指导基于吸附材料的甲烷存储的研究。吸附材料的体积存储能力需要达到 $350cm^3/cm^3$ STP。即使没有包装损失，体积存储能力仍需要高于 $263cm^3/cm^3$ STP，吸附材料的质量存储密度需要达到 $0.5g(CH_4)/g$[22]。

Wang 等报道了由 MIL-100（Al）、MIL-100（Al）/F-127、MIL-100（Al）/KOH 碳化衍生的含 Al_2O_3 的纳米多孔碳，分别对应 AAC-1、AAC-2、AAC-3[20]。孔径分布

分析表明，样品孔径均小于 MIL-100（Al）。所得碳比表面积为 $253\sim1097m^2/g$，总孔体积（$p/p_0 = 0.98$）为 $0.24\sim0.82cm^3/g$，氧含量为 5.3wt%～31.7wt%。酸洗后由于无机物种的去除，孔径、BET 比表面积和孔体积逐渐增大，而氧含量呈现相反的趋势，分别对应 AAC-1W、AAC-2W、AAC-3。在 273K 和 298K 时，AAC-1 对 CH_4 的吸附量最高可分别达 2.0mmol/g 和 1.2mmol/g（图 6-8）。在 298K 和 1bar 条件下，CH_4/N_2 的 IAST 选择性为 5.1。通过计算 CH_4/N_2 的动力学选择性，在 273K 和 1bar 条件下，CH_4/N_2 的选择性最高可达 11。突破模拟和吸附-脱附循环试验表明，MIL-100（Al）衍生的多孔碳具有良好的气体分离和再生性能，可作为沼气提质的固体吸附剂。

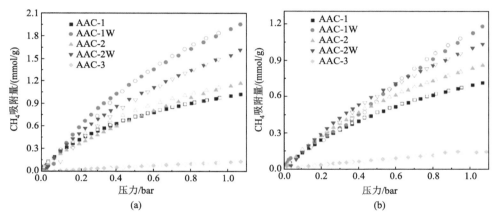

图 6-8　纳米多孔碳在 273K（a）和 298K（b）下的 CH_4 吸附量[20]

6.2.4　挥发性有机物的吸附与分离

挥发性有机物（volatile organic compounds，VOC）包括苯、甲苯、环己烷、甲醛、丙酮等，主要来源于燃料燃烧、工业废气、装修材料等。例如，甲醛便是室内装修涂料中最常见的有机物。排放出的 VOC 一旦进入空气中，不仅直接污染环境，还会对人类健康造成危害，因此有必要采取措施将这种高毒性的 VOC 进行吸附处理。本节将主要谈论目前已经报道的 MOF 衍生吸附材料在这方面的吸附应用。

Yamauchi 等在 800℃下直接碳化铝基多孔配位聚合物（Al-PCP）得到多孔碳材料，再经 HF 处理以去除残留 Al 组分后，显示出非常高的比表面积（$5500m^2/g$）和孔体积（$4.3cm^3/g$），并保留原始纤维形状[23]。为研究这种新型的碳材料对 VOC 的吸附能力，他们设计了一种将 PCP-800 粉末与聚电解质黏结剂混合的石英晶体微天平（QCM）传感器，然后暴露在蒸发气体中，并绘制了频移随时间变化的曲线（Δf）。观察到苯蒸气和甲苯的响应速度非常快，几秒钟后 Δf 分别达到 392Hz 和 438Hz。相比之下，QCM 传感器对环己烷和正己烷蒸气的吸附量非常小，Δf 分别为 141Hz 和 130Hz。表明 QCM 传感器对芳香族化合物的亲和力优于脂肪族化合物。这是由于蒸发后的芳香烃可以通过苯分子与碳骨架之间的 $\pi\text{-}\pi$ 相互作用在孔隙内自由扩散，这对于芳香族物质的高选择性检测非常重要。

除此之外，Yamauchi 等还通过 ZIF-8 简单碳化，实现了 MOF 衍生纳米多孔碳的尺寸可控合成[24]。使用纳米多孔碳混合的 QCM 传感器测试了有毒甲苯蒸气的传感活性。在小尺寸的纳米多孔碳电极上，可以清楚观察到甲苯蒸气的大量吸收（481mg/g），并且频率在几分钟内达到饱和（$\Delta f = 727\text{Hz}$）。相反，大尺寸的纳米多孔碳电极表现出较小的吸收（386mg/g，$\Delta f = 582\text{Hz}$）。表明小尺寸的纳米多孔碳可导致大量吸收，并且对有毒甲苯分子的响应速度更快。

然而在实际应用中，由于环境中普遍存在水蒸气，很多已知的 MOF 材料如 HKUST-1、MIL-101 对潮湿环境敏感，导致其吸附性能急剧下降。为此开发一种具有高吸附容量、高疏水性和良好水稳定性的新型吸附材料显得尤为重要。Wu 等使用葡萄糖和蔗糖为碳源，在 N_2 气氛下碳化得到一系列 MOF-5 衍生的多孔碳[25]。其中，经 KOH 活化后得到的 KC-S-B 进一步调节了微孔结构，表现出最佳的质构特性，高 BET 比表面积为 $1902.6\text{m}^2/\text{g}$，孔体积为 $1.29\text{cm}^3/\text{g}$。另外，KC-S-B 对正己烷的吸收量高达 10.0mmol/g，是 MOF-5 的 3.4 倍（图 6-9）。与 MOF-5 相比，KC-S-B 对正己烷的吸收显著提高不仅归因于其较高的比表面积，还因其与正己烷之间更强的相互作用。更重要的是，作为一种新型碳材料，KC-S-B 表现出高疏水性和出色的水稳定性，这在考虑应用于 VOC 吸附时是至关重要的性能。

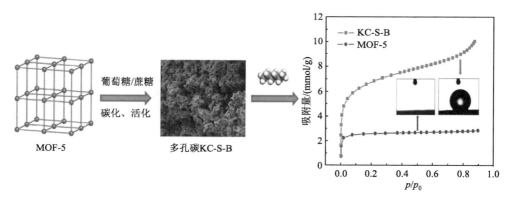

图 6-9　KC-S-B 的制备示意图以及在 298K 下，MOF-5 和 KC-S-B 对正己烷的吸附等温线[25]

6.2.5　其他气体选择性吸附分离

除了前几节提到的几类气体吸附与分离应用，MOF 衍生物在某些气体如同位素气体、稀有气体以及医用气体等方面也有所拓展，这里简单举例几种相关报道。

纯惰性气体的生产和惰性气体放射性同位素的回收均存在环境问题。从氙-氪（Xe-Kr）二元混合气体中分离 Xe 和 Kr 将大大减少要隔离的放射性废物的体积，具有重要的工业意义。Zhong 等对 ZIF-8/木糖醇复合前驱体进行程序升温碳化，制备了 N 掺杂多孔碳 C-ZX[26]。吸附测试表明，在 298K 和 1bar 条件下，C-ZX 的 Xe 比容量高达 4.42mmol/g，是相似条件下基体 ZIF-8 的 3 倍多。此外，C-ZX 还表现出最高的 Xe/N$_2$ 选择性，约为 120，远远高于所有已报道的 MOF。这主要归功于碳化消除了 H 原子对芳环上的排除效应，提高了样品对 Xe 分子的亲和力。此外，N 掺杂还导致了碳表面电荷的不均匀分布，增强了可极化 Xe 分子与多孔碳表面电荷之间的静电引力。

Gong 等以 ZIF-11 作为模板和前驱体，FA 为碳源，合成了一系列用于在与核燃料后处理相关的稀薄条件下 Xe/Kr 分离的纳米多孔碳[27]。其中，Z11CBF-1000-2 具有较高的 Xe Henry 系数[80.0mmol/(g·bar)]和热力学 Xe/Kr 选择性（19.7）。单柱突破实验表明，Z11CBF-1000-2 在动态稀释条件下对 Xe 的吸附容量为 20.6mmol/kg，在核燃料后处理装置中具有很好的捕集和分离 Xe 的潜力。吸附等温线和穿透实验表明，在 298K 和 1bar 下 Z11CBF-1000-2 在 Xe-Kr 二元混合气体中表现出高的 Xe 吸附容量（4.87mmol/g）和 Kr 吸附容量（1.81mmol/g）。Xe 的 Q_{st} 值随 Xe 吸附量的增加而减小，表明 Xe 原子与碳材料孔之间的相互作用随 Xe 占据微孔而减小。另外，这些多孔碳材料在低负荷下计算的 Kr Q_{st} 值在 20.3～24.2kJ/mol 之间，明显低于它们对 Xe 的 Q_{st} 值，表明与 Xe 的结合更强。

核能作为一种绿色、无碳排放的可靠能源，正成为最可行、最突出的替代能源之一。然而，放射性碘是核废料中易挥发的核素裂变产物之一，其放射性半衰期长，挥发性高，易溶于水，对人体代谢过程及环境有害。因此，迫切需要寻找有效材料来捕获挥发性的放射性核素碘。Han 等采用 ZIF-11 在不同温度下合成了一系列纳米多孔碳材料（Z11-X），并且均为微孔/介孔样品[28]。其中，Z11-900 具有超高的亲碘性，在 75℃时的吸附量为 3775mg/g，远高于模板 ZIF-11（图 6-10）。此外，

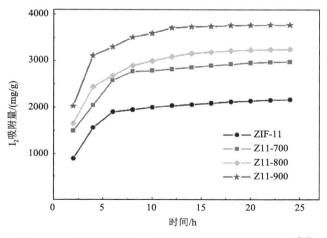

图 6-10　纳米多孔碳在 75℃下随时间的碘蒸气摄取量[28]

Z11-900 对碘分子的再生效率在重复使用 3 次后依旧具有接近 90%的高值（3672mg/g），这在环境修复方面具有广阔的应用前景。

6.3　热催化

　　热催化是指通过加热进行的催化反应，包括室温，甚至低温下进行的反应；也包括吸光升温促进的反应。目前研究表明，MOF 可参与的热催化反应非常广泛，如各种氧化反应、选择加氢反应、脱氢反应、偶联反应、环加成反应、缩合反应等，并都表现出不错的催化效率。为此，考虑到 MOF 中独特的催化活性位点，许多工作开始尝试利用 MOF 作为模板或前驱体，通过热解法、电化学转变、水热法、共还原法等方式得到了多孔纳米衍生材料，用于有机合成催化反应。其中热解法作为主要的制备方法，在反应前常常利用金属离子、杂原子、氧化石墨烯（GO）对 MOF 前驱体进行修饰，热解得到的产物既可以是作为催化剂负载剂的金属氧化物，也可以是用于负载金属纳米颗粒的碳材料载体，并且 MOF 衍生物的多孔性保证了金属纳米颗粒的稳定承载和良好分散。由于相关文献很多，反应类型繁杂，本节将以催化反应所用的催化剂按照多孔碳纳米材料、金属/金属氧化物纳米结构、金属/碳复合纳米材料、金属氧化物/碳复合纳米材料以及金属/金属氧化物/碳复合纳米材料这几类分别简单介绍代表性工作。

6.3.1　多孔碳纳米材料

　　前面介绍了以 MOF 为模板或前驱体，在碳化过程中，当温度高于 MOF 结构中金属的沸点时，金属物种蒸发排除，从而形成单一的纳米多孔碳材料。这种无金属纳米碳催化剂具有耐腐蚀、无金属污染、成本低等优异特点。若将氮（N）、磷（P）或硫（S）等杂原子引入碳基体，将引起电荷离域和电子结构的变化，同时杂原子掺杂引起的缺陷可以作为活性中心，将电荷传递给反应物，导致反应物的活化，有效改善其表面性质和电子特性，提高 MOF 衍生物的催化活性[29]。

　　Li 等报道了一种由 MOF 直接碳化而成的高度石墨化的 N 掺杂纳米多孔碳作为无金属催化剂，用于多相催化氧化（图 6-11）[30]。ZIF-67 作为牺牲模板和前驱体，在合成的钴/碳复合材料中，高度分散的 Co 纳米颗粒嵌入了 N 掺杂碳中。在酸处理除去 Co 纳米颗粒后，使原本属于 Co 纳米颗粒的位置上原位产生均匀分布的中孔，从而产生可用于催化反应的 N 位点。金属刻蚀后的碳具有较大的比表面积和孔体积，同时具有较高的 sp^2 键合碳含量。作为无金属催化剂，这些 N 掺杂碳材料在环己烷和甲苯的有氧氧化以及胺的氧化偶联等一系列氧化反应中表现出优异的催化性能和可循环性。

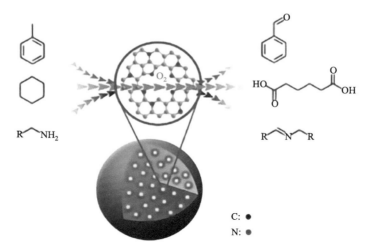

图 6-11　N 掺杂纳米多孔碳在氧化催化反应中的应用[30]

其中，67-CN-600 能够有效地抑制甲苯的自氧化反应，在 1MPa O_2 和 160℃下对苯甲醛有极高的选择性（＞99%），这可能是由于氧化机理从自氧化到多相氧化的变化。在胺的氧化偶联反应中，于 1bar O_2 和 100℃条件下反应 12h 后，苄胺到 N-亚苄基苄胺的转化率可达 99%以上；当芳环中存在不同取代基时，苄胺的转化率依旧很高（82%～99%），不同的产率取决于它们的位置（对＞间＞邻），卤化和含杂原子的胺在该催化体系中也有很好的耐受性（78%～92%）。此外，还能够选择性地催化脂肪胺的氧化偶联，获得相应亚胺的良好产率，可达 81%。该催化剂易于分离，可以方便地重复使用，有望取代传统的金属催化剂用于各种催化氧化反应。

6.3.2　金属/金属氧化物纳米结构

MOF 的骨架特性，即高度有序的金属节点被有机配体的长链很好地分开，使得 MOF 在热解制备金属氧化物纳米颗粒方面有很强的可行性[31]。贵金属由于具备突出的催化活性被广泛负载在合适载体上进行催化反应，其中 MOF 衍生的金属氧化物如 CeO_2、ZrO_2、ZnO 等便是一类潜在的催化剂载体。最近，为了实现 CO_2 的高效利用，解决经济和环境问题，CO_2 催化加氢生产有用的燃料和化学品（如 CO、CH_4、甲醇等）受到了关注。Kennedy 等提出了一种高活性的 CO_2 甲烷化催化剂[32]，由 Ru 浸渍锆基 MOF（1Ru/UiO-66）材料衍生而来，最终催化剂 Ru/ZrO_2 是由单斜相和四方相 ZrO_2 负载的 Ru 纳米颗粒的混合物组成。在 350℃和高气体流量下显示出 96%～98%的 CO_2 转化率。此外，在超过 160h 的测试中，它表现出了显著的稳定性和对甲烷的高选择性，并抑制了 CO_2 甲烷化中常见副产物 CO 的形成。

Zhou 等报道了一种基于含钯的沸石咪唑骨架（Pd@ZIF-8）的新型高效 PdZn 合金催化剂的制备及其在 CO_2 加氢制甲醇中的应用[33]。ZIF-8 微孔骨架可以限制亚纳米 Pd 颗粒的生长，有利于在空气条件下简单热解后形成 Pd-ZnO 界面，且 ZnO 的多孔结构和高比表面积保证了 Pd 纳米粒子的高分散性。在 270℃、4.5MPa 条件下，PZ8-400 的甲醇产率最高，为 $0.65g/(g_{cat}·h)$，转换频率（TOF）为 $972h^{-1}$。这种优异的活性可能是由 H_2 还原后形成的小尺寸 PdZn 合金颗粒和 ZnO 表面丰富的氧缺陷所致。PdZn 和 ZnO 之间的强金属-载体相互作用也保证了 PdZn 催化剂的长期稳定性。

MOF 衍生的金属氧化物不仅可以作为包封金属纳米颗粒的载体，还可以作为活性组分负载在合适的载体上，进行催化反应。然而，设计负载型纳米颗粒的尺寸、分散性以及负载量的控制，以影响催化活性和选择性一直是巨大的挑战。因此，Li 等设想通过操纵载体上的 MOF 壳层的厚度，在随后的热分解中获得高度分散和稳定的金属氧化物纳米颗粒[34]。选择 Cu-BTC 和 TiO_2 晶须载体在 300℃的 O_2/He 气氛中反应 2h，得到了一种分散良好、尺寸可控的 CuO/TiO_2 催化剂，记为 MC（x）（其中 x = CuO 的负载量），可以实现在不同温度下的 CO 完全转换。其中，MC（2.5）的活性最高，载体上 CuO 含量和高分散度之间达到最佳平衡，CO 在 175℃时能够完全转化。

使用酸性载体也是获得高度分散的金属氧化物纳米颗粒的有效手段之一。Cirujano 等用 MOF（HKUST-1 或 MOF-5）与硅铝酸盐（USY 或 MCM-41）共煅烧，H-USY 沸石作为酸性载体得到的非贵金属氧化物纳米粒子记为 $MO_{MOF}Y_w$（M = Cu、Zn，w 为金属负载量）[35]。载体的酸度有利于促进 CuO 团簇的高度分散。在"醛-炔-胺"三组分偶联（A3 偶联）反应和 2-氨基二苯甲酮与乙酰丙酮的 Friedländer 缩合反应中，以微孔 H-USY 沸石为载体的双功能 CuO/H^+ 中心的催化活性高于使用非酸性介孔或无定形二氧化硅载体时的催化活性。此外，$ZnO_{MOF}Y_w$ 在吲哚与 β-硝基苯乙烯的 Michael 加成反应和苯甲醛与羟吲哚的羟醛缩合反应中也表现出良好的催化活性。$MO_{MOF}Y_w$ 作为高活性和稳定的热催化剂，90℃温和条件下在 N 杂环支架上形成一系列 C—C 和 C—N 键，得到取代炔丙胺、喹啉、吲哚、氧吲哚和螺氧吲哚（图 6-12）。

在大多数报道里为了完全分解 MOF，常常需要以高温进行煅烧，从而提高金属氧化物的纯度和结晶度，但这却导致了其表面积的降低。由于高表面积的催化剂不仅有利于二次组分的分散，而且有利于反应物分子更有效地迁移到活性位点，Chen 等提出以 Ce-MOF 部分热分解后通过选择蚀刻法，用乳酸去除残留的 Ce-MOF，使得到的多孔空心结构 CeO_2 具有高比表面积[36]，且被用作氧化铜的载体时有利于氧化铜的高分散性，并表现出很强的协同作用，可以提高氧的迁移率，降低催化剂的还原温度。300℃下制备的 CeO_2 与 CuO 结合的催化剂在 98℃时便实现了 100%的 CO 转化率，且具有良好的耐久性。

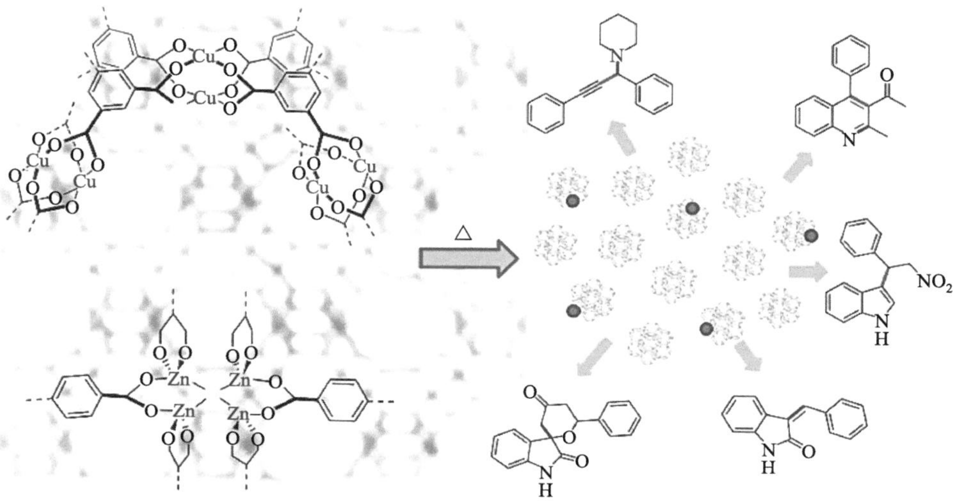

图 6-12　在多孔 H-USY 中均匀分散的 MOF 衍生金属氧化物的应用[35]

　　与单组分结构相比，多组分杂化结构由于具有协同效应和界面效应等附加作用，通常表现出更好的催化性能[37]。尤其是界面效应，在多相催化氧化性能中起着至关重要的作用。暴露的界面可以产生具有丰富氧化还原反应位点的杂化结，作为催化活性位点。Chen 等利用 MOF 直接退火得到的多孔 CeO_2/Co_3O_4 纳米结对 CO 氧化表现出显著的催化活性，可以在 110℃的温度下将 CO 完全氧化为 CO_2[38]，优于纯 Co_3O_4（190℃）。此外，纳米结在 110℃下放置 16h 后仍然保持 CO 的完全转换，具有良好的催化稳定性。密度泛函理论（DFT）计算表明，CeO_2/Co_3O_4 纳米结催化活性的增强可归因于纳米结界面和 CO 分子之间明显存在的电荷转移。CO 分子与界面形成共价键，这种结合伴随着电子从界面回馈到 CO 分子的 $2\pi^*$反键轨道，使 CO 分子更具活性。

　　淡水供应压力的增加加剧了全球对来自农业、医药和其他工业品的微污染物（MPS）日益严重的水污染的担忧。基于过氧单硫酸盐（PMS）能够产生 $SO_4 \cdot -$，在良好条件下可用于降解许多难降解的 MPS，被广泛用于多相或均相催化剂活化。其中，尖晶石型 $CoMn_2O_4$ 材料是一种很有前途的 PMS 多相活化催化剂。由 MOF 衍生的 $CoMn_2O_4$（MD）对 PMS 活化和磺胺（SA）降解具有良好的催化活性[39]。结果显示，$CoMn_2O_4$（MD）对 SA 氧化降解能够在 30min 内完成，去除速率较高（运动常数为 $0.155min^{-1}$），几乎没有金属浸出。在催化剂中，Co 在 PMS 的活化中起着关键作用，Co 离子作为 Lewis 位点与 H_2O 分子结合，形成丰富的羟基。Co 和 Mn 之间的分子级相互作用使得能够形成更多的 Co—OH 羟基，从而有利于与 PMS 相互作用，具体机理分析如图 6-13 所示。该催化剂具有良好的催化稳定性和重复使用性能，具有很好的环保应用前景。

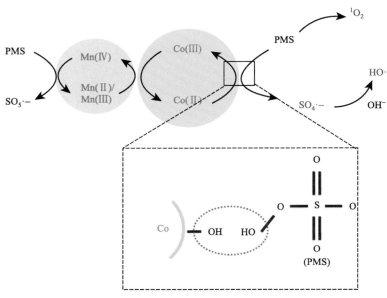

图 6-13　MOF 衍生的 CoMn$_2$O$_4$（MD）催化剂活化 PMS 的机理[39]

　　除了利用热分解制备获取 MOF 衍生的金属氧化物外，Park 等在室温下用硼氢化钠溶液还原 Cu(Ⅱ)-MOF 得到了 Cu@Cu$_2$O 核-壳纳米颗粒，在温和的反应条件下对含各种取代基的叠氮-炔环加成反应表现出良好的催化活性[40]。Huisgen 叠氮-炔环加成是点击化学的经典反应之一。使用苄基叠氮、苯乙炔和 2.3mol%的 Cu@Cu$_2$O 核-壳纳米催化剂在 50℃下进行催化反应 5h 便可完全转化为所需产物，而使用 Cu(Ⅱ)-MOF 进行催化的反应转化率仅为 12%。

　　大多数 MOF 具有有限的热稳定性和化学稳定性，在设计合成中可以加载在稳定的二氧化硅支架上。Zhan 等报道了通过简单水浸法，将夹心结构的 ZIF-67@Pt@mSiO$_2$ 纳米立方相变得到多孔迷宫状 Pt@CSN 纳米反应器（CSN = 硅酸钴纳米立方体）[41]，在气相 CO$_2$ 加氢中具有最高活性。随着压力从 1bar 增加到 30bar，CH$_4$ 选择性从 6.6%增加到 93.8%；在 30bar 下，当温度从 200℃升到 320℃时，CO$_2$ 的转化率从 1.1%增加到 41.8%；同时，由于在高温下 CO 转化为 CH$_4$ 的热力学有限，280℃时可实现最大的 CH$_4$ 选择性（94%）。其中反应途径如下：①通过逆向水煤气变换反应在 Pt 位点上解离 CO$_2$ 形成 CO；②CO 在附近的 Co 位点催化下发生甲烷化反应。壳层中超薄层结构硅酸钴的堆积不仅为气体吸附和金属纳米颗粒固定提供了较大比表面积（700~800m^2/g），而且为催化剂表面上的气体/反应中间体提供了额外的扩散途径，从根本上增加了捕获时间，并增加了 CO 进一步转化为 CH_4 的可能性。

　　铜基催化剂由于其高催化活性和低成本，是一种很有前途的催化材料，然而，其较差的稳定性严重制约了它们的工业应用。为了得到高稳定性的铜基催化剂，Yao 等使用溶胶-凝胶法将 HKUST-1 原位负载在 SiO_2 载体上，在 350℃ 煅烧 5h 制备了 Cu/SiO_2 催化剂，并用于草酸二甲酯（DMO）加氢转化为乙二醇（EG）[42]。Cu/SiO_2 催化剂中 Cu 不仅可以避免 SiO_2 的包封，暴露出具有较小粒径（4.2nm）的活性位点，还可以保持其良好分散。结果表明，在 200℃ 时 EG 的最大选择性达到 98.6%，且 210℃ 下反应运行 220h 后，EG 选择性仍然超过 95.0%。这表明，MOF 衍生的 Cu/SiO_2 催化剂不仅具有良好的活性，而且具有较好的稳定性。相反，以硝酸铜为铜前驱体制得的具有相似铜负载量的 Cu/SiO_2-CN 催化剂显示出低得多的催化活性，这是因为 Cu 物质被包封在 SiO_2 网络中，不易被反应物获得。因此，以 MOF 为铜前驱体，通过涂覆 SiO_2 基体解决了 Cu 物种高度分散而无活性的问题。

6.3.3　金属/多孔碳材料

1. 贵金属/多孔碳材料

　　MOF 衍生的碳材料由于具备独特的多孔结构，常常适合作为金属负载的载体，防止金属纳米粒子聚集而导致其催化活性丧失。其中贵金属如 Pt、Pd 因催化性能优越、可重复使用、易分离、稳定性好，在有机热催化反应中具有很大的应用价值。通过浸渍法将 Pd 纳米颗粒固定在 MOF-5 衍生的 N 掺杂多孔碳（NPC）上，所得的 MOF-5-NPC-900-Pd 在室温下能够有效地催化芳基硼酸和芳基卤化物的 Suzuki-Miyaura 偶联反应，可在 0.75～1.5h 内以高收率完成，收率范围为 90%～99%[43]。考虑到相似的性质，由 MOF-253 热解合成的 N 掺杂多孔碳作为载体负载 Pd 纳米颗粒（Pd/Cz-MOF-253-800），在连续 Knoevenagel 缩合-加氢催化过程中，证明其能有效地促进这些反应，逐步得到基于各种取代苯甲醛的苄基丙二腈。它们的高催化性能可归因于掺杂 N 的高 Lewis 碱性和多孔碳的高孔隙性[44]。

　　由于单一贵金属基的催化效率仍然有限，开发新型贵金属/非贵金属的双金属催化剂，有望提高催化性能，并且最大限度地减少贵金属的使用。Xia 等通过共还原法合成了分散良好的双金属 NiRh 纳米颗粒，并负载在 ZIF-8 衍生的 NPC 上（图 6-14）[45]。NPC-900 负载的 NiRh 催化剂在联氨制氢反应中表现出最高的催化活性，TOF 值为 $156h^{-1}$，并且在 50℃ 的碱性溶液中对肼脱氢的选择性为 100%。这些性质可以归因于 NPC 的高比表面积和高度石墨化。

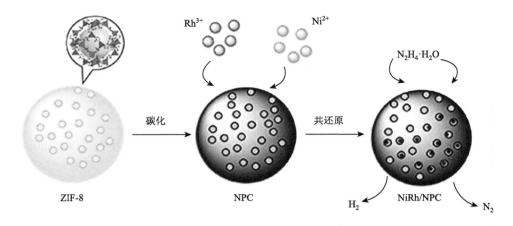

图 6-14   ZIF-8 衍生 NPC 负载的 NiRh 催化剂的制备示意图[45]

用甲酸将有毒的 Cr(Ⅵ) 还原为 Cr(Ⅲ) 是铬修复领域的研究热点，但仍需要有效的催化剂来促进其反应。采用 MOF/GO 复合材料作为牺牲模板来制备石墨烯基多孔碳，可以有利于活性物种的稳定，使其具有良好的分散性，提高催化效率。Liu 等采用水热法将 PdCu 纳米合金均匀固定在由 ZIF-8/GO 前驱体制备的 N 掺杂碳/石墨烯（PdCu/NCG）多孔纳米片中，对甲酸还原 Cr(Ⅳ) 表现出 $38.2\,min^{-1}\cdot mg^{-1}$ 的高催化活性[46]。DFT 计算和 XPS 分析证明，合金化过程中存在从 Cu 到 Pd 的电子转移，导致 PdCu 金属的 d 带中心（ε_d）相对于费米能级上移。升高的 ε_d 有利于甲酸在催化剂上的化学吸附和 C—H 断裂，生成活性 H 物种。这种合金化诱导的 PdCu 合金电子修饰和 NCG 纳米片的多孔特性都是催化增强的原因。

MOF 前驱体在热分解条件下，内部规则排列的金属节点可以原位转化为金属纳米颗粒，而由于 MOF 的限制作用，丰富的有机配体往往会形成高孔隙率的碳材料[47]。利用 MOF 衍生的金属纳米颗粒作为牺牲模板，通过电化学置换反应还原贵金属离子，获得非贵金属@贵金属核壳型纳米催化剂，在催化性能上远远超过传统的 MOF 对贵金属纳米颗粒的支持。Li 等分别以 ZIF-67 和 Pd(NO₃)₂ 为前驱体和 Pd 源，成功在 N 掺杂碳基体中嵌入 Pd@Co 纳米粒子（记为 Co@Pd/CN）[48]。在室温和常压下的硝基苯加氢反应中，Co@Pd/CN 催化剂表现出前所未有的高活性，反应 45min 后转化率达到 98%，其活性远高于在相同条件下的 Pd/ZIF-67（在90min 后转化率为 40%）。同时，它对一系列含各种取代基的硝基芳烃显示出良好的转化率（＞93%）和选择性（＞98%），具有良好的磁性和可重复性。

Wang 等以 HKUST-1 为模板剂，制备了分散良好的 Pd-Cu 合金纳米颗粒，并将其嵌入空心八面体 N 掺杂多孔碳中（Pd-Cu@HO-NPC）（图 6-15）[49]。Pd-Cu@HO-NPC 在 120℃ 条件下的烃类氧化反应中表现出较高的催化活性、选择性和可回收性。主要归功于其良好的结构特征：①空腔和介孔壳层有利于底物和产物的传质/

扩散；②Pd-Cu 合金纳米颗粒在介孔壳层中分布均匀，易于与烃类和氧分子相互作用；③碳壳层中氮原子的加入不仅使 Pd-Cu 合金纳米颗粒富含电子，而且显著增强了碳壳与嵌入的金属纳米颗粒之间的相互作用；④碳壳的高度石墨化有利于烃类催化氧化过程中的电子迁移率和自由基的稳定。这项工作突出了水敏性 MOF 在与分散良好的金属合金纳米颗粒结合的中空碳材料的巧妙设计中的优越性。

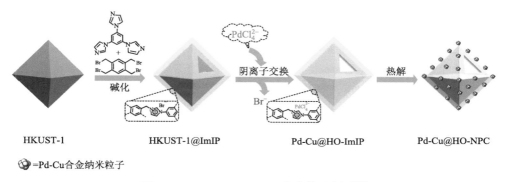

图 6-15　Pd-Cu@HO-NPC 合成的示意图[49]

2. 非贵金属/多孔碳材料

虽然贵金属具有高催化活性，但由于其昂贵的价格和稀缺的存在，让更多的目光转移到低成本、易回收的非贵金属催化剂的开发上。第四周期过渡金属纳米颗粒，特别是 Fe、Co、Ni 和 Cu 纳米颗粒，由于其独特的物理化学性质和与贵金属相当的活性，在许多反应体系中具有取代贵金属催化剂的潜力。利用含过渡金属的 MOF 前驱体直接热解，可以有效地获得高比表面积、高催化活性的非贵金属/碳催化剂。其中，多孔碳基体可以起到载体的作用，稳定高分散的金属纳米颗粒，防止它们聚集。

以 Co 基催化剂为例，在热催化过程中常常被用于研究各种氧化还原反应。Li 等将 ZIF-67@ZIF-8 水热法得到的空心 Zn/Co-ZIF 前驱体直接热解来合成高效且可回收的 Co@C-N 纳米反应器[50]。基于对 Zn/Co-ZIF 的热解温度和壳厚度的系统优化，C-N 纳米片可以有效地稳定 Co 纳米颗粒，并且还提供优异的电子协同作用。此外，空心密闭腔和多孔的 C-N 壳有助于促进物质的运输并防止 Co 纳米颗粒的浸出。由于具有这些独特的特性，Co@C-N 纳米反应器在常压和无碱条件下，对纯水中醇氧化显示出显著优异的催化转化率（＞99%）。其中，Co@C-N(1)-800 在 383K 时，催化 1-苯基乙醇的完全转化只需 1h，其 TOF 值为 $9.97h^{-1}$，并且显示出良好的可回收性、磁可重复使用性以及广泛的底物范围。

Zhang 等将溶剂浸渍法得到的 Co-ZIF-8 沉积在碳载体上，于 Ar 气流下 1000℃进一步热解制备了 N 掺杂碳负载的亚纳米钴催化剂，评估了其对 1, 2, 3, 4-四氢喹噁啉（THQX）和苯亚磺酸钠选择性 C—H 氧化磺化反应的催化性能[51]。当使用 2.5mol%（摩尔分数）的 Co-N-C 和 1.2eq 碘化铵在 60℃下反应 16h，获得了高产率（85%）的目标产物。其中，THQX 芳环上的取代基显著影响产物的产率，给电子基团可以比吸电子基团以更高的产率得到产物。这是由于富电子基团提高了 THQX 中 N 原子的电子密度，从而有利于氧化过程形成更稳定的芳基。

　　MOF 前驱体的含氮量在 Fischer-Tropsch 合成中表现出显著的影响。随着石油的快速消耗，合成气（天然气、煤和生物质制得的 CO 和 H_2）反应制备的燃料已成为替代石油燃料的一种有效策略。通过选择合适的 MOF 前驱体，为设计高活性、高选择性的新型 Fischer-Tropsch 合成催化剂开辟一条新的途径。Ma 等在碳化过程中使用了两种典型的 MOF，即富氮的 ZIF-67 和无氮的 Co-MOF-74（图 6-16）[52]。Co-MOF-74 衍生复合材料（Co@C）表现出高 CO 转化率（30%）、C_5^+ 产物高选择性（65%）和短链烃（$C_2 \sim C_4$）低选择性（10%）。相比之下，ZIF-67 衍生复合材料（Co@NC）的 CO 转化率低（10%），对 C_5^+ 产物的选择性较低（31%），而 $C_2 \sim C_4$ 的选择性较高（37%）。良好的 CO 转化率归功于碳载体的大孔径，有利于碳氢化合物的扩散，而 $C_2 \sim C_4$ 的高选择性源于碳载体中 N 物种的影响。

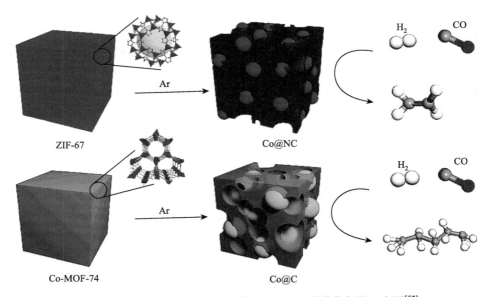

图 6-16　通过两种典型 MOF 的热解合成 Co 基催化剂的示意图[52]

　　基于单金属催化剂的优异催化活性，利用含不同过渡金属的 MOF 前驱体，可以将过渡金属离子转化为高度分散的合金纳米颗粒并嵌入 N 掺杂碳基体中，不同过渡金属之间存在明显的协同活化作用，合金纳米颗粒中的金属与 N 原子之间存在很强的配位相互作用[53]。Li 等在无碱条件下，测试 Co-Ni（3∶1）@C-N 催化剂于 80℃和 N_2 气氛中进行苯甲腈的转移氢化反应时，表现出最好的催化性能，其催化活性几乎是单金属催化剂的 5 倍。Xiao 等用浸渍法得到的 $Ni(NO_3)_2$ @Cu-BTC 直接热解制备了碳基质包埋的 CuNi 双金属纳米粒子（CuNi@C），并将其应用于催化糠醛选择性转化为环戊酮[54]。$CuNi_{0.5}$@C 在 130℃、5MPa 的最佳反应条件下反应 5h 表现出最佳的催化性能，糠醛转化率为 99.3%，环戊酮收率为 96.9%。此外，$CuNi_{0.5}$@C 可重复使用，具有良好的活性和稳定性。

3. 碳载金属单原子催化剂

此外，金属单原子催化剂由于在多相热催化反应中表现出的优异性能而备受关注。除了常见的金属或金属氧化物载体，碳材料因其多孔特性而作为载体，也可以有效地提高金属单原子催化剂的催化性能。另外，碳材料中的掺杂的杂原子（如 N、S、O 等）可以通过与金属的配位作用来稳定金属单原子。其中，MOF 含有均匀有序分散的金属节点和丰富的有机成分，可作为热解制备金属单原子催化剂的优良前驱体。

生物质是地球上最丰富的可再生资源，开发高性能的非贵金属选择加氢催化剂将使生物质替代迅速减少的化石资源成为可能。利用 ZIF-67 衍生的 N 掺杂碳纳米管来限制具有 $Co-N_x$ 活性中心的 Co 单原子催化剂（Co@N-CNT）[55]，对多种生物质衍生化合物的醛、酮、羧基和硝基选择性氢化反应均表现出优异的催化活性、选择性和稳定性。其中，Co-900 在室温下对糠醛和其他生物质衍生的醛（包括苯甲醛、羟甲基糠醛、香兰醛和肉桂醛）转化为醇的催化性能测试表明，所有醛类均有 100%的转化率。糠醛、苯甲醛和肉桂醛的选择性基本为 100%，羟甲基糠醛和香草醛的选择性分别为 86.1%和 92.1%。此外，在硝基芳烃还原实验中都能达到 100%的转化率和选择性。

另外值得一提的是，从节约能源和成本的角度考虑，开发一种高效利用太阳能而非加热的光热效应来驱动吸热反应的策略是非常有意义的。江海龙课题组尝试将 ZIF-8 衍生的空心多孔碳（HPC）通过内部空隙多次反射促进光热效应，催化 CO_2 与环氧化物的环加成反应[56]。同时，处于 $Zn^{\delta+}$（$0<\delta<2$）氧化态的 Zn 单原子具有接受电子的空轨道，可作为 Lewis 酸位，与其周围 N 原子的 Lewis 碱位协同促进反应。结果表明，优化后的 HPC-800 催化剂利用超高负载量（11.3wt%）的 Zn 单原子和均匀的 N 活性中心，能够在常温、光照条件下高效催化 CO_2 与 3-溴环氧丙烷的环加成反应，催化产率高达 94%。

4. 金属化合物/多孔碳材料

过渡金属化合物，如硫化物、磷化物和碳化物，因其稳定性好、耐腐蚀性好、熔点高、机械性能好、成本低等优点，在过去几年中备受关注[57]。研究表明，含有过渡金属化合物的 MOF 衍生碳具有优异的催化性能。

Queen 等先后利用 ZIF-67 与磷和硫代乙酰胺为前驱体,热解快速合成了新型 Co_2P/CN_x[58]和 Co_3S_4/CN[59]纳米复合材料,在硝基对苯胺的选择性加氢反应中表现出优异的催化性能,在 60℃条件下的转化率和选择性都超过 99%。优化条件后,底物范围扩大到了其他一系列不同官能团的硝基化合物。结果表明,催化剂为各种含有给电子或吸电子取代基的硝基芳烃底物提供了高的转化率和选择性;卤族取代基无论其位置如何(邻位、间位或对位),加氢反应均未检测到脱卤副产物。此外,Co_2P/CN_x 还具有良好的稳定性和可回收性。

Li 等首先采用自上而下刻蚀策略制备的空心 ZIF-67 为前驱体,热处理合成空心 Co_3O_4/C(HCo_3O_4/C),作为活化 PMS 的活性催化剂[60]。结果表明,HCO_3O_4/C 催化剂对 PMS 活化生成 $SO_4\cdot-$表现出较好的效率,目标污染物双酚 A(BPA)在 4min 内的降解率可达 97%。PMS 分子通过扩散进入碳空腔内,被 HCo_3O_4 催化活化,产生了一些表面结合的自由基($SO_4\cdot-$);催化剂表面(HCo_3O_4/C)吸附的 BPA 分子在最接近的 $SO_4\cdot-$处发生原位连续降解。其中,空心结构提供了额外的活性位点和高比表面积,增强了反应动力学。

为了制备粒径较小、分散性较好、孔隙率较高的高效金属氧化物基催化剂,除了使用单金属 MOF 外,双金属 MOF 在高温热解后能够选择性地除去其中一种组成金属(主要是 Zn)而生成单金属氧化物材料。Jhung 等通过热解双金属(Zn/Mn)MOF-74 获得了掺杂 MnO 的 MOF 衍生纳米材料(MDNM),均表现出良好的催化活性[61]。其中,MDNM(75Zn25Mn)在 110℃时对氧化苯甲醇具有最高转化率,在 80℃下可高效地从模型燃料中氧化去除二苯并噻吩(DBT),这可能是由于随着双金属 MOF-74 中锌含量的增加,MDNM 的孔隙率增加,MnO 的尺寸和含量单调减少并均匀分散。同样地,直接热解 Zn/Co-ZIF@聚合物前驱体得到的空心 $Zn_nCo_{5-n}O_x@C$ 结构在经过一系列原始 Zn 含量微调后,可以优化 Co 的颗粒尺寸,得到的 $Zn_4Co_1O_x@C$ 在 70℃、5MPa H_2 下进行的硝基苯加氢反应中表现出了优异的催化活性(>99%的选择性和>99%的转化率)、稳定性和可重用性,反应 8 次后无失活现象[62]。

目前有很多污染物如有机染料亚甲基蓝(MB)、双酚 A 因不可生物降解性给人类带来了很多麻烦。利用煅烧 MIL-101(Fe)制备的磁性多孔 Fe_3O_4/碳八面体由包覆石墨碳层的 Fe_3O_4 纳米颗粒互穿组装而成,纳米 Fe_3O_4 含有亲水含氧官能团,在水溶液中分散良好[63]。多孔 Fe_3O_4/碳八面体在 H_2O_2 的作用下表现出高效的类 Fenton 反应,在 60min 内几乎 100%地去除 MB,并且具有长期的催化耐久性和可回收性。Fe_3O_4/碳八面体良好的类 Fenton 催化性能归因于石墨碳层的催化和牺牲作用,氧化了 C═C sp^2 键,防止了 Fe^{2+}位的失活。此外,独特的介孔骨架与纳米颗粒相互穿透,促进了电子转移,进一步提高了催化性能。

5. 金属/金属氧化物/多孔碳材料

　　某些金属纳米颗粒和金属氧化物形成异质结，由于各组分之间相应的电子相互作用，可能会产生意想不到的高催化性能。江海龙课题组报道了由 ZIF-67 直接热解制备的 Co-CoO@N 掺杂多孔碳复合材料（图 6-17）[64]。将优化后的 Co-500-3h 催化剂应用于室温下对氨硼烷脱氢和硝基化合物后续加氢的串联工艺中，还原反应速率比使用 1bar H_2 的还原反应速率显著提高 1100 倍。此外，Co-500-3h 对多种脂肪族和芳香族硝基化合物的还原表现出较高的化学选择性和磁回收性能。除了催化剂的优点外，反应速率大幅提高的关键还归功于氨硼烷的快速产氢，使高浓度的氢分布在整个反应溶液中，大大增加了氢与硝基化合物接触的概率，从而提高了反应活性。Liu 等通过热解 Co-MOF@葡萄糖聚合物（Co-MOF@GP），生成了由碳壳和 Co 纳米颗粒组成的核壳结构，Co 纳米粒子的受控部分氧化形成了包裹在碳壳中的 Co-CoO$_x$ 异质结[65]。其中 Co-Co$_3$O$_4$@C-Ⅱ 由于 Co 与 Co$_3$O$_4$ 纳米粒子之间的协同作用，在室温下催化硼氢化钠水解脱氢反应的最大产氢速率为 5360mL/(min·g$_{Co}$)。

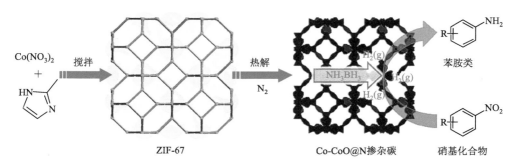

図 6-17　ZIF-67 衍生的 N 掺杂多孔碳包裹 Co-CoO 纳米粒子的制备过程和应用[64]

　　Chen 等通过 DFT 计算发现，Cu-BTC 直接退火得到的多孔碳稳定支撑的 Cu/Cu$_2$O 和 Cu/CuO 纳米结界面电子密度的显著增加对 CO 氧化起着关键作用[66]。由于 Cu/Cu$_2$O 和 Cu/CuO 形成的异质结 Cu/CuO$_x$/C 颗粒和多孔碳基质之间的协同作用，Cu/CuO$_x$/C 纳米复合材料表现出了显著的 CO 氧化催化活性，在 CO 体积分数为 1%和 5%、温度为 155℃的条件下，能够实现完全转化。此外，其在 1vol%（体积分数）CO 下持续反应 40h，表现出良好的稳定性。

　　与传统的块体材料相比，超细贵金属纳米颗粒可以达到亚纳米级别，具有极其优异的催化性能。基于该理念，Sun 等设计了多孔氮化碳包裹的亚纳米厚壁磁性空心铂纳米立方体（Fe$_3$O$_4$@snPt@PCN）的合成，其对各种硝基芳烃的催化转移加氢表现出优异的性能[67]。在催化转移加氢反应中，氧化铁与铂纳米壁之间的电子交换加速了电子转移，协同效应提高了催化活性。采用铂壁作为催化反应的活性中心，具有较高的原子利用率。由于该催化剂以磁性核纳米笼状结构存在，并被氮化碳进一步包裹，因此催化剂可以很容易地回收和重复使用 8 次以上，而不会有明显的活性损失。

采用 MOF/GO 复合材料作为牺牲模板来制备金属氧化物/多孔碳/氧化石墨烯纳米复合材料已经成为一个新的合成策略。MOF 在 GO 表面的均匀覆盖，有效生成均匀分布在还原氧化石墨烯（rGO）上的金属氧化物/多孔碳。作为高性能催化剂载体，存的金属氧化物可以修饰金属纳米颗粒的表面电子结构，从而优化所得催化剂的催化性能。Xu 等利用 Uio-66/GO 在 Ar 气流下热处理制备了 $ZrO_2/C/rGO$ 纳米复合材料，单分散的 PdAg 纳米颗粒可以很容易地固定在 $ZrO_2/C/rGO$ 载体上，并且最大限度地避免了金属纳米颗粒的团聚（图 6-18）[68]。此外，ZrO_2 的存在有利于 PdAg 表面的电子转移，越富电子的 PdAg 纳米粒子表面越有利于甲酸分子的 O—H 键的解离，从而有利于纳米粒子脱氢反应的初始阶段形成 PdAg-甲酸盐中间体。在随后的 β 氢化物消除过程中，中间体随着 CO_2 的释放进一步裂解成氢化钯，最后与 $[H]^+$ 结合生成 H_2。由于金属纳米颗粒与载体间的协同作用，$PdAg@ZrO_2/C/rGO$ 纳米催化剂对甲酸的脱氢表现出极高的催化性能，在 333K 时，TOF 值可达 $4500h^{-1}$，H_2 选择性为 100%，并且重复使用五次还能表现出良好的稳定性。

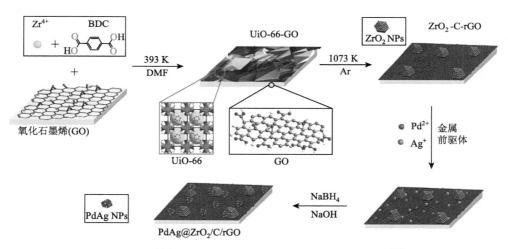

图 6-18　制备 $PdAg@ZrO_2/C/rGO$ 纳米催化剂的原理图[68]

以 Cu-BTC/rGO 为前驱体制备的 $Cu/Cu_2O@C$ 核壳纳米复合材料可良好分散在 rGO 的表面[69]。由于 rGO 层与 4-NP 之间存在 π-π 堆积作用，反应物分子可以在 $Cu/Cu_2O@C$-rGO 复合材料周围富集。rGO 层的高导电性有助于表面氢物种的转移，从而进一步加速了 4-NP 的还原（图 6-19）。测试结果表明，当催化剂用量为 0.1mg 时，90s 转化率接近 100%。此外，该催化剂对亚甲基蓝（MB）、甲基橙（MO）和罗丹明 B（RhB）染料的降解也表现出良好的性能。根据紫外-可见光光谱监测，在最大波长下，RhB 的最大吸收峰迅速下降，在 90s 内几乎消失，而对于 MB 和 MO 溶液则在 60s 内消失。

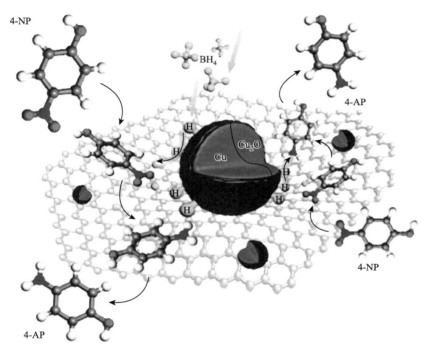

图 6-19　用 Cu/Cu$_2$O@C-rGO 核壳纳米复合材料还原 4-NP 的示意图[69]

6.4　电化学催化

　　MOF 材料通过有效的热处理、电转化等方式可以获得一系列具有优秀电催化活性的衍生物，而其优秀的电催化活性主要归因于以下几点[70-74]：①能够较好地保留 MOF 前驱体的特性，如高比表面积、多孔性等特点；②由有机配体形成的碳骨架材料具有导电的网络结构，可以有效促进电子转移；③有机配体中的杂原子可以直接掺杂到碳基体中，能够诱导产生更多的活性中心；④MOF 前驱体中的金属原子能够形成均匀分布在碳基体中的金属/金属化合物；⑤MOF 衍生物的形貌、尺寸和结构可通过控制合成条件来实现调控。本节将介绍 MOF 衍生物在氧还原反应（ORR）、析氧反应（OER）、析氢反应（HER）、二氧化碳还原反应（CO$_2$RR）、氮还原反应（NRR）等中的应用。

6.4.1　氧还原反应

为了应对气候变化和化石燃料枯竭，发展清洁能源变得至关重要。其中，燃料电池和金属空气电池具有资源广泛、能量密度高、排放无害等特点而备受关注[75, 76]。但是两者在能量转换效率上均受到阴极 ORR 高过电位和缓慢的动力学限制[72, 77]。在 ORR 过程中存在四电子和二电子两种反应途径：

四电子途径：

$$酸性条件下：O_2 + 4H^+ + 4e^- \longrightarrow 2H_2O \qquad (6-1)$$

$$碱性条件下：O_2 + 2H_2O + 4e^- \longrightarrow 4OH^- \qquad (6-2)$$

二电子途径：

$$酸性条件下：O_2 + 2H^+ + 2e^- \longrightarrow H_2O_2 \qquad (6-3)$$

$$H_2O_2 + 2H^+ + 2e^- \longrightarrow 2H_2O \qquad (6-4)$$

$$碱性条件下：O_2 + H_2O + 2e^- \longrightarrow HO_2^- + OH^- \qquad (6-5)$$

$$HO_2^- + H_2O + 2e^- \longrightarrow 3OH^- \qquad (6-6)$$

通常，在实际反应过程中两种途径共同存在，然而四电子途径被认为是更为有利的途径，具有更高的反应效率，且不会产生对电池组件有害的 H_2O_2[78, 79]。以 MOF 作为前驱体制备的 ORR 催化剂具有独特、可控的结构，超高比表面积、高密度的活性中心、可提供快速的质量和质子转移通道等优点引起研究人员广泛关注[70]。利用 MOF 衍生物所制备的 ORR 催化剂种类繁多，本节将其分成两大类进行介绍，一类为非碳基催化剂，另一类为碳基催化剂。其中，碳基催化剂又可以进一步分为碳基非金属催化剂和碳基金属催化剂。

当 MOF 中的有机配体通过在空气中煅烧或者化学腐蚀的方法被完全消耗时，可以得到第一类 MOF 衍生物，即非碳基催化剂。其中，金属氧化物因其易于制备且在氧化或碱性环境中具有高稳定性等优点而被广泛研究[72]。Wang 等采用溶剂热法合成了一系列具有不同 Co/Mn 摩尔比的 MIL-53 前驱体[80]。在空气中简单退火后得到了四种 Mn-Co 混合氧化物，并同时制备了 Co_3O_4 和 Mn_2O_3 作为对比。实验结果表明，与单一金属氧化物相比，Mn-Co 混合氧化物在碱性介质中表现出更好的 ORR 活性。当 Co/Mn 摩尔比为 0.5∶1 时，处理得到的 Co_2Mn-O_4 含有 $MnCo_2O_4$ 尖晶石结构，表现出最佳的催化活性。在 0.1mol/L KOH 溶液中，其起始电位和半波电位分别为 0.863V 和 0.772V（*vs.* RHE），半波电位仅比商业化 Pt/C 催化剂低 40mV。

在电催化反应中，MOF 衍生的金属氧化物尽管有着众多的优点，但其与碳基催化剂相比，存在致命的导电性差的问题[81]。因此，更多的研究者试图通过改变制备条件，将 MOF 前驱体中的有机配体以无机碳材料的形式保留，或者引入导电性材料如石墨烯等，以获得导电性能、催化性能更好的碳基催化剂[72, 82]。

Wang 等通过直接碳化无孔 MOF 制备高比表面积的介孔碳（MPC-np）。在没有任何杂原子掺杂和残余金属存在下，其表现出高的 ORR 催化活性[71]。在 0.1mol/L KOH 溶液中，MPC-np 的起始电压为–1.2V（*vs.* SCE）。在–0.6V 电压下，测得 MPC-np 的动力学密度为 24.57mA/cm^2。实验结果表明，介孔和高比表面积在提高 ORR 催化活性方面起着关键作用。这可能是由于介孔比微孔提供更大的通道，有利于电解质和氧气的扩散。此外，介孔结构能够暴露出更多的活性位点。

与无掺杂碳基催化剂相比，通过在碳基材料中引入杂原子（S、P、N、B 等）可以诱导掺杂点与相邻碳原子之间产生电荷转移，从而有效地引起电荷重分布，提高碳基材料的电催化活性[77, 83]。Huang 等通过使用预先设计的 ZnO@ZIF-8 核壳微粒作为自牺牲模板，以一种自下而上的策略制备了一种具有分层多孔结构的介孔 N 掺杂碳微球（HNCS）[84]。在碱性条件下，与商业化 Pt/C 催化剂相比，HNCS 具有可竞争性的 ORR 催化活性，且表现出更好的稳定性和抗甲醇毒性。在 0.1mol/L KOH 溶液中，HNCS 的起始电位、半波电位、极限电流密度分别为 0.92V、0.64V、5.34mA/cm^2，优于商业化 Pt/C 催化剂（0.97V、0.83V、5.30mA/cm^2）。HNCS 的高 ORR 催化性能可归因于其具有独特的介孔结构、高的石墨化程度和丰富的石墨氮/吡啶氮掺杂。

MOF 的直接热解通常会引起大量碳和氮物种的流失，导致碳材料的产率以及氮掺杂程度变低。Wang 等通过改进的机械化学合成法，将 ZIF-8 封装在 NaCl 晶体中形成 ZIF-8@NaCl，并通过热解 ZIF-8@NaCl 获得一种具有丰富缺陷和高氮掺杂的三维碳纳米材料（NLPC），合成方案如图 6-20 所示[85]。ZIF-8 被封装在 NaCl 晶体中，热解过程中原本会损失的中间体将以碳纳米片的形式被保留，并将与碳多面体（PC）原位形成具有丰富缺陷和高电导率的三维碳网络结构。在 0.1mol/L KOH 溶液中 NLPC 的起始电位为 0.92V（*vs.* RHE），接近于商业化 Pt/C 催化剂（0.94V）。当电压为 0.7V 时，NLPC 的动力学密度为 27.47mA/cm^2。在 0～0.8V 下，NLPC 的电子迁移数为 3.91～3.98，接近于理想的四电子途径。

在研究过程中，存在 MOF 衍生的碳纳米材料活性位点利用率低的问题。针对这一问题，Sun 等通过 KOH 活化的方式制备了一种具有高表面缺陷、高活性位点暴露的 N 掺杂碳纳米材料（NPC）[86]。实验结果表明，采用 KOH 活化不仅扩大了 NPC 的孔径，使得更多的活性位点得以暴露，而且能产生大量缺陷结构。密度泛函理论（DFT）计算表明，与不含缺陷的 N 掺杂碳材料相比，含有丰富缺陷的 N 掺杂碳纳米材料有着更高的 ORR 催化活性。这是因为缺陷结构会适当增强材料对氧的吸附能力，从而促进 ORR 过程。在所有实验条件中，KOH 活化时间尤为

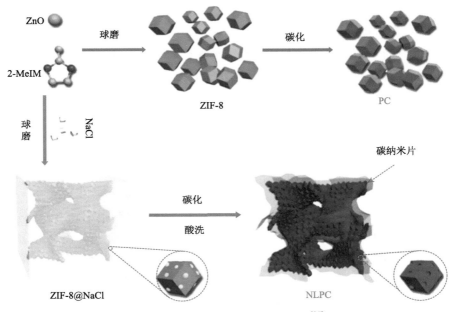

图 6-20　PC 和 NLPC 合成示意图[85]

关键，当活化时间为 4h 时，获得了具有高介孔率、高石墨 N 和吡啶 N 含量的 N 掺杂碳纳米材料（NPC-4）。NPC-4 在 0.9V（*vs*. RHE）电压下的电流密度为 0.257mA/cm²。

　　与单杂原子掺杂相比，多杂原子掺杂可以产生更大的电子自旋密度变化，因此可能有着更高的催化活性[87]。Wen 等通过直接热解植酸钠、十二烷基硫醇预处理过的 ZIF-8，合成了 N、P、S 三元掺杂介孔碳材料（NPSpC）[88]。在 0.1mol/L KOH 溶液中，其起始电位、半波电位、极限扩散电流密度分别为 0.923V（*vs*. RHE）、0.821V、4.89mA/cm²，接近于商业化 Pt/C 催化剂（0.945V，0.839V，5.01mA/cm²）。此外，该材料在酸性溶液（0.5mol/L H$_2$SO$_4$）、中性溶液（0.1mol/L PBS）中，同样表现出与 Pt/C 催化剂相当的催化性能。Sun 和 Liu 等利用 ZIF-8 为前驱体，硫脲作为外加 S 源，制备了具有高活性位点的 N, S 耦合掺杂多孔碳纳米材料（N, S-NH$_3$-C-7）[89]。在 0.1mol/L KOH 溶液中，N, S-NH$_3$-C-7 的半波电位为 –0.13V（*vs*. Ag/Cl），仅比 Pt/C 催化剂低 10mV，且其极限扩散电流密度为 3.99mA/cm²，大于 Pt/C 催化剂的 3.75mA/cm²。第一性原理计算表明，N, S-NH$_3$-C-7 优异的电催化性能主要归因于 N, S 耦合掺杂产生的协同效应。N, S 耦合掺杂的碳位点能为吸附的 O$_2$ 提供更高的电子密度，使得 ORR 发生变得更加容易。此外，该工作揭示了掺杂结构与催化性能之间的关系。与分离的 N, S 掺杂催化剂相比，N, S 掺杂在同一个 C 原子上能产生具有更高 ORR 催化活性的活性位点。如图 6-21 所示，N, S 耦合掺杂催化剂具有最低的过电位，因此表现出最佳的催化活性。

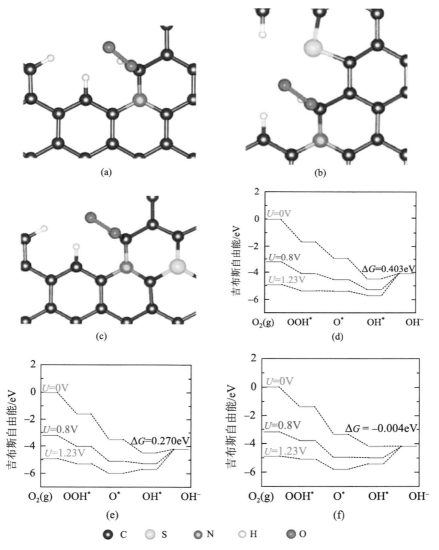

图 6-21 稳定吸附 O$_2$ 的结构优化模型：（a）N 掺杂碳纳米材料，（b）N, S 分离掺杂碳纳米材料，（c）N, S 耦合掺杂碳纳米材料；在碱性介质中 ORR 反应的吉布斯自由能图：（d）N 掺杂碳纳米材料，（e）N, S 分离掺杂碳纳米材料，（f）N, S 耦合掺杂碳纳米材料[89]

　　与碳基非金属材料相比，碳基金属材料中的金属原子可以很好地分散在生成的多孔碳中，成为活性位点，从而提高活性中心密度[90]。Liu 等利用 ZIF-67 和 ZIF-8@ZIF-67 为前驱体，制备了一种含有超低 Pt 含量的高活性而稳定的电催化剂（LP@PF-1 和 LP@PF-2）[91]。图 6-22 为 LP@PF 催化剂活性位点示意图。绝大多数 Pt 以 Pt-Co NPs 的形式均匀分布在具有高密度 Co-N$_x$-C$_y$ 位点的基质上，Pt-Co

NPs 具有 Pt-Co 核-壳结构。在 0.1mol/L $HClO_4$ 溶液中 LP@PF-2 的半波电位＞LP@PF-1＞商业化 Pt/C（TKK，46.7wt%Pt），且能达到 0.96V（*vs.* RHE）。理论计算表明，Pt-Co 纳米颗粒和不含 Pt 催化剂（PGM-Free）位点之间的相互作用提高了催化活性和耐久性。PGM-Free 催化剂的引入补偿了 Pt 低负载量造成的活性下降，而 Pt-Co 合金催化剂促进了 PGM-Free 周围 H_2O_2 的分解，减少 H_2O_2 对 PGM-Free 催化剂的破坏作用。

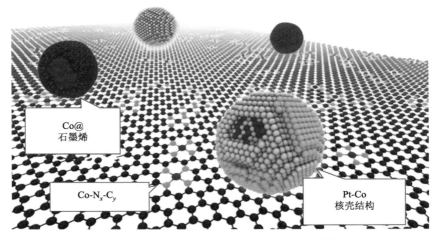

图 6-22　LP@PF 催化剂活性位点示意图[91]

尽管 Pt 基催化剂被公认为是最有效的 ORR 催化剂，但其因过高的成本、较低的稳定性而严重限制了在工业中大规模的应用[82]。因此，开发廉价、高效且稳定的 ORR 催化剂显得至关重要。量子化学计算表明，Co_9S_8 的电催化行为与 Pt 电极相似[92]，此外，N，S 共掺杂碳纳米材料具有显著的协同效应[89]。因此，若将硫化钴纳米颗粒引入 N，S 共掺杂的碳纳米结构中，似乎可以获得具有优异 ORR 催化活性的催化剂。Xu 等首次报道了从 MOF 复合材料中制备负载硫化钴纳米颗粒的 N，S 共掺杂蜂窝状多孔碳纳米材料（Co_9S_8@CNST）[93]。图 6-23 为 Co_9S_8@CNS900 的 SEM 和 TEM 图。由于其独特的纳米结构和协同效应，Co_9S_8@CNST 表现出了优异的 ORR 催化性能。当热解温度为 900℃时，得到 Co_9S_8@CNS900 纳米材料。其在 0.1mol/L KOH 溶液中表现出最高的电催化活性，起始电位为–0.05V（*vs.* Ag/Cl），半波电位为–0.17V，与 20wt%Pt/C 催化性能相当（分别为–0.04V、–0.15V）。Wang 等以 ZIF-67 为单一前驱体，在 Ar/H_2 气氛下热解合成了一种由晶态氮掺杂碳纳米管（NCNTs）相互连接构成的介孔骨架材料（NCNTFs）[94]。该材料可作为 ORR 和 OER 双功能电催化剂。在 0.1mol/L KOH 溶液中 NCNTFs 表现出优异的 ORR 活性[图 6-24（a）]和稳定性[图 6-24（b）]。其半波电位为 0.87V，比 Pt/C

（40wt%，Johnson Matthey）催化剂高 30mV。且在经过 5000 次 CV 循环后，半波电位只出现了 7mV 的偏差。这种优异的性能可能与 NCNTs 的化学组成、结构，以及它坚固的整体骨架有关。

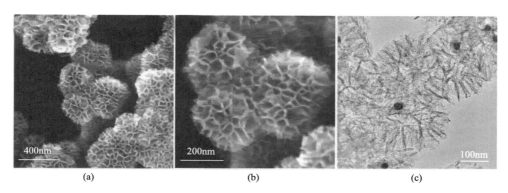

图 6-23　Co₉S₈@CNS900 纳米材料的 SEM 图[（a）、（b）]和 TEM 图（c）[93]

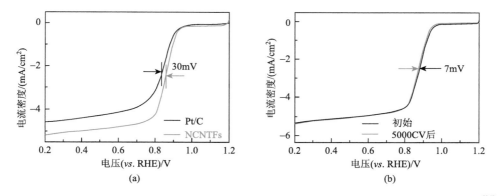

图 6-24　（a）NCNTFs 和 Pt/C 催化剂的 LSV 曲线；（b）NCNTFs5000 次 CV 循环后的 LSV 曲线[94]

　　与单金属催化剂相比，双金属合金催化剂具有更高的电催化活性[95]。Lou 等报道了一种双 MOF 辅助合成 Co-Fe 合金@N 掺杂碳空心球作为 ORR 催化剂的方法[96]。这种新方法的特点是，每个基于 Co 的 ZIF-67 纳米壳都可以有效地包裹许多基于 Fe 的 MIL-101 纳米晶。通过在不同温度下热解 PS@MIL-101/ZIF-67，可以获得一系列 Co-Fe/NC 材料，其中 Co-Fe/NC-700 有着最佳的催化性能。值得一提的是，纳米空间限制的热转化过程可确保将双 MOF 纳米壳中的 Fe^{3+} 和 Co^{2+} 均匀地热解并转化为 Co-Fe 合金。在 0.1mol/L KOH 溶液中，Co-Fe/NC-700 的半波电位为 0.854V（*vs.* RHE），高于 20wt%Pt/C（0.835V）。

　　单原子催化剂（SAC）因可以最大限度地利用金属位点，能够有效提升催化效率而备受关注。然而，在高负载量下获得原子分散的金属仍是一个巨大的挑战。

Jiang 等开发了一种新型混合配体策略来制备 SAC[97]。他们以直径为 3.2nm 的一维中孔卟啉 MOF（PCN-222）为前驱体，通过调节铁-四（4-羧基苯基卟啉）（Fe-TCPP）和 H_2-TCPP 混合配体之间的比例，得到了一系列同构 MOF（Fe_x-PCN-222）。进一步通过热解，获得了相对高 Fe 单原子含量（1.76wt%）且均匀分布的 N 掺杂多孔碳（Fe_{SA}-N-C）。得益于 Fe 单原子位点卓越的催化活性和特殊的多孔结构，Fe_{SA}-N-C 催化剂在碱性和酸性介质中均展现出优异的氧还原活性和稳定性。在 0.1mol/L KOH 溶液中，Fe_{SA}-N-C 的半波电位为 0.891V（*vs.* RHE），在 0.85V 电压下的电流密度为 23.27mA/cm^2，远高于商业化 Pt/C 催化剂（0.848 V、5.61mA/cm^2）。对其进行稳定性和甲醇添加实验，发现其活性衰减几乎可以忽略不计，表现出强的稳定性和抗甲醇毒性。此外，在 0.1mol/L $HClO_4$ 溶液中，Fe_{SA}-N-C 的半波电位达到 0.776V，仅比 Pt/C 低 5mV。

6.4.2 析氧反应

析氧反应（OER）在水电解、可充电金属-空气电池等电化学过程中起着重要作用。无论是在酸性溶液还是碱性溶液中，OER 都是一个复杂的四电子反应，反应方程式如下：

酸性溶液：

$$2H_2O \longrightarrow O_2 + 4H^+ + 4e^- \tag{6-7}$$

碱性溶液：

$$4OH^- \longrightarrow O_2 + 2H_2O + 4e^- \tag{6-8}$$

OER 反应动力学缓慢，过电位高。以电解水为例，高的过电位使得析氧电位要远高于水的理论分解电压（1.23V *vs.* RHE）。因此，设计和合成高效的 OER 催化剂是提高水电解、可充电金属-空气电池等性能的关键。本节将 MOF 衍生物所制备的 OER 催化剂分为金属基和非金属基两大类，其中 MOF 衍生的金属基催化剂又可分为贵金属掺杂催化剂和非贵金属基催化剂。

碳基催化剂具有材料成本低、分布广泛等优点，并且可以通过掺杂氮、硼等杂原子来进一步提高催化剂的催化活性。Zhao 等通过在 H_2/Ar 混合气体中热解 Zn-MOF（MC-BIF-1S）的方式，得到一种高孔隙率、高杂原子掺杂以及高吡啶氮含量的 B-N 双掺杂高孔隙碳（BNPC）[98]。在 6mol/L KOH 溶液中，当电流密度为 10mA/cm^2 时，其电压为 1.55V（*vs.* RHE）。热退火已被用于控制 MOF 衍生碳材料的化学组成，然而高温退火往往会导致孔隙坍塌，影响孔隙结构。与之相比，阴极极化（CPT）可以调节碳材料的表面化学成分，而不会显著改变其形貌和孔结构。Wei 和 Chen 等提出了一种以简单 MOF 为前驱体合成高性能的双功能非金属碳基电催化剂的方法[99]。合成方法如图 6-25 所示，通过高温热解和酸浸的方法首先将 ZIF-8 转化为 N 掺杂的分级多孔碳材料（ZIF-8-C_0）。随后，通过不同时间的 CPT 来调节碳材料表面氮、氧官能团的组成，获得 ZIF-8-C_2～ZIF-8-C_8 材料。其中，经过 6h 的 CPT 后，得到 ZIF-8-C_6 材料，该材料在 0.5mol/L H_2SO_4 电解液中表现出良好的 HER 催化活性。经过 4h 的 CPT 后，得到 ZIF-8-C_4 材料，该材料在 0.1mol/L KOH 溶液中有着极好的 OER 催化活性。当电流密度为 10mA/cm^2 时，其过电位为 467mV，Tafel 斜率为 78.5mV/dec。实验结果表明，该催化剂的优异活性源于 CPT 对催化剂表面官能团的调控。

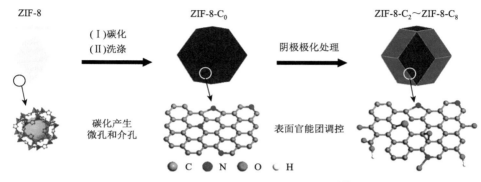

图 6-25　ZIF-8-C_2～ZIF-8-C_8 合成示意图[99]

贵金属氧化物 RuO_2、IrO_2 在酸性和碱性条件下均有着高的 OER 催化活性，它们通常被认为是 OER 的基准电催化剂[100-102]。Chen 等报道了一种通过热解 Ru 修饰的 Cu-BTC 前驱体的方式，获得一种嵌入在无定形碳骨架中的超小 Ru/Cu 掺杂的 RuO_2 络合物[103]。该材料作为 HER、OER 双功能催化剂被用于全水解研究。分别采用 HCl、$FeCl_3$ 处理，得到不含 CuO 的 S-400-H 以及不含 Cu 元素的 S-F-400。在 1mol/L KOH 溶液中，当电流密度为 10mA/cm^2 时，S-F-400、S-400-H 的过电位分别为 241mV 和 204mV，均低于商业化 RuO_2/C（306mV）。且商业化 RuO_2/C 催化剂的电流密度在测量范围内不能达到 100mA/cm^2，这表明在实际应用中，S-F-400 和 S-400-H 都比市售 RuO_2/C 具有更多优势。S-F-400 和 S-400-H 的 Tafel 斜率分别为 67mV/dec、56mV/dec，远低于 RuO_2/C（127mV/dec）。此外，计时电流法测量显示，商业化 RuO_2/C 的衰减明显超过 S-400-H。DFT 计算进一步验证了实验结果，Cu 掺杂剂可以有效地调整 d 带中心，从而调整 RuO_2（110）平面上 Ru 活性位的电子结构，并最终改善 RuO_2 的 OER 性能。

在酸性溶液中，RuO_2 基 OER 催化剂的活性和耐久性远低于碱性溶液，不能满足取代碱性电解池的要求。针对这一问题，Chen 和 Tian 等通过采取掺杂 Cu 和暴露高活性面的策略，来进一步提高 RuO_2 在酸性介质中的 OER 性能[104]。通过一步退火 Ru 交换的 Cu-BTC（HKUST-1）衍生物，制备了由超小型纳米晶组成的 Cu 掺杂 RuO_2 中空多孔多面体。实验结果表明：优化表面结构和电子结构后所制备的催化剂（S-300），在 0.5mol/L H_2SO_4 溶液中表现出优异的催化活性和稳定性。当电流密度为 10mA/cm² 时，过电位为 188mV，Tafel 斜率为 43.96mV/dec。经过 10000 次循环的耐久性测试以及 10mA/cm² 的电流密度下连续测试 8h 后仍表现出优秀的稳定性。DFT 计算表明，高指数晶面上高度不饱和的 Ru 位点可以逐渐被氧化，从而降低决速步的能垒。另外，Cu 掺杂剂可以调节电子结构以进一步增强 OER 活性。

尽管 Ir 和 Ru 等贵金属及其氧化物有着出色的 OER 催化活性，但高成本和稀缺性在一定程度上无疑限制了其在生产中的大规模应用[105]。因此，人们投入了大量精力来研究过渡金属基催化剂。目前过渡金属基 OER 催化剂主要包括过渡金属纳米颗粒、过渡金属氧化物、过渡金属氢氧化物（羟基氧化物）、过渡金属硫族（S、Se）化合物、过渡金属磷化物、过渡金属氮化物等[78, 105, 106]。这类过渡金属基催化剂可通过形成金属—非金属键，来改变催化剂表面环境。此外，可以利用不同物种之间的协同效应，通过优化表面电子分布达到降低势垒的目的，共同促进 OER 反应[107]。

过渡金属纳米颗粒和过渡金属氧化物是常见的两种过渡金属基 OER 催化剂。Liang 等通过在 Ar/H_2 混合气氛下热解 ZIF-67 制备了一种含有 Co 纳米颗粒的 N 掺杂碳纳米管（MOF-NCNT）[108]。该材料作为 OER、ORR 双功能催化剂在钠-空气电池中表现出优异的催化性能和稳定性。在 0.1mol/L KOH 溶液中，当电流密度为 10mA/cm² 时，MOF-NCNT、Pt/C 以及 RuO_2 的电势分别为 1.68V、1.78V、1.63V（vs. RHE）。Liu 等以掺杂 Ni 的 ZIF-67 为前驱体，制备了负载在 Co/N 修饰石墨烯的镍钴氧化物（$Ni_xCo_yO_4$/Co-NG）[109]。在 0.1mol/L KOH 溶液中，当电流密度为 10mA/cm² 时，$Ni_xCo_yO_4$/Co-NG 催化剂的电势和 Tafel 斜率分别为 1.629V（vs. RHE）、77.2mV/dec，优于 IrO_2/C 催化剂（1.726V 和 148.7mV/dec）。Xiao 等以 MOF($Co_3[Fe(CN)_6]_2 \cdot 10H_2O$) 为前驱体，合成了一种新型功能材料 Co-Fe 混合金属氧化物（Co_3O_4/Fe_2O_3）纳米立方体（CFNC）[110]。该材料可作为对称超级电容器和析氧反应的电极材料。在 1.0mol/L KOH 溶液中，当电流密度为 10mA/cm² 时，CFNC 的过电位为 310mV，比 RuO_2 低 20mV。CFNC 的 Tafel 斜率为 67mV/dec，低于 RuO_2（87mV/dec）。此外，CFNC 具有优异的电化学稳定性，在 20h 内，保持电流密度为 10mA/cm²，电压几乎保持不变。

在碱性环境中，过渡金属氢氧化物被认为是一类具有高效催化活性、原料来源广泛且易制备的 OER 催化剂。Wang 等以 ZIF-67 为前驱体，采用离子交换法合成(Co，Ni)Se_2 纳米笼，并进一步用 NiFe 层状双氢氧化物纳米片修饰，得到了具有等级孔的（Co，Ni）Se_2 层状双氢氧化物纳米笼材料[（Co，Ni）Se_2@NiFeLDH][111]。在 1mol/L KOH 溶液中，（Co，Ni）Se_2@NiFe LDH 的 Tafel 斜率为 75mV/dec，且只需 277mV（vs. RHE）即可达到 10mA/cm² 的电流密度，而商业化 RuO_2 则需要

332mV。FeOOH 是一种经济、高效的析氧反应催化剂，然而低的导电性限制了其潜在的应用。针对其导电性差等问题，Li 等通过煅烧生长在泡沫镍上的 ZIF-8 得到泡沫镍支撑的 N 掺杂多孔碳材料，并进一步通过电沉积 FeOOH 的方法，得到 FeOOH/ NPC-NF 材料[112]。在 1mol/L KOH 溶液中，当 FeOOH/NPC-NF 的过电位为 230mV（vs. RHE）时，即可达到 100mA/cm^2 的电流密度，且 Tafel 斜率为 33.8mV/dec。此外，该材料表现出优异的稳定性，保持电流密度为 10mA/cm^2，在 50h 内电位仅表现出轻微的变化，且经过 1000 次 CV 扫描后，其极化曲线基本不变。

过渡金属硫化物和硒化物因其价格低廉、储量丰富，且常表现出较为优秀的 OER 催化活性而备受关注。Schuhmann 和 Fischer 等以 MOF-74 为前驱体，通过溶剂热法引入氮掺杂氧化石墨烯以及硫脲，合成了一种氮掺杂氧化石墨烯/硫化镍复合纳米片（NGO/Ni$_7$S$_6$）[113]。在碱性条件下，该材料可作为 HER 和 OER 双功能催化剂。在 0.1mol/L KOH 溶液中，当 NGO/Ni$_7$S$_6$ 的电势为 1.621V（vs. RHE）时，电流密度即可达到 10mA/cm^2，而 RuO$_2$ 在相同电流密度下的电势为 1.62V，且 NGO/Ni$_7$S$_6$ 的 Tafel 曲线斜率为 45.4mV/dec，低于 RuO$_2$ 的 89.0mV/dec。Tang 和 Xi 等将原位生成的 CeO$_x$ 纳米颗粒修饰在 ZIF-67 衍生的空心 CoS 表面，得到了一种新型的杂化纳米结构（CeO$_x$/CoS）[114]。在 1mol/L KOH 溶液中，当电流密度为 10mA/cm^2 时，CeO$_x$/CoS 的最低过电位为 269mV（vs. RHE），比商业化 Ir/C 催化剂低 11mV。CeO$_x$/CoS 和商业化 Ir/C 催化剂的 Tafel 斜率分别为 50mV/dec 和 59mV/dec。根据分子轨道理论，CoSe$_2$ 有着促进质子快速转移的优势，并且若将其设计成空心结构，不仅可以避免反应过程中 CoSe$_2$ 的团聚，而且可以提供开放的活性位点促进 OER 反应。基于上述思考，Fan 等[115]以 Co-MOF 为前驱体，通过在氩气气氛下热诱导硒化得到一种内部中空的 CoSe$_2$ 纳米球。当反应温度为 450℃时，所得到的 CoSe$_2$-450 催化剂有着最佳的 OER 催化性能。在 1.0mol/L KOH 溶液中，当电流密度为 10mA/cm^2 时，CoSe$_2$-450 的过电位为 330mV（vs. RHE），Tafel 斜率为 79mV/dec，其催化性能优于商业化 IrO$_2$ 催化剂（368mV、125mV/dec）。

过渡金属氮化物由于其高导电性和优良的化学稳定性而显示出良好的 OER 催化活性。Yoon 等通过原位氮化和煅烧普鲁士蓝类似物 Co$_3$[Co(CN)$_6$]$_2$ 纳米立方体得到一种具有独特介孔的 Co$_3$N@非晶态 N 掺杂碳纳米立方体（Co$_3$N@AN-CNC）[116]。在 450℃下氮化 2h 获得 Co$_3$N@AN-C NCs（2h）材料，其在 1.0mol/L KOH 溶液中，当电流密度为 10mA/cm^2 时，过电位为 280mV（vs. RHE）。Wang 等以具有二维分层结构的 Co-ZIF 为前驱体，合成了一种 Co/CoN$_x$ 纳米颗粒修饰的氮掺杂碳纳米阵列（NC-Co/CoN$_x$）[117]。该材料可用于柔性可充电锌空气电池。在 1.0mol/L KOH 溶液中，当电流密度为 10mA/cm^2 时，NC-Co/CoN 的过电位为 289mV（vs. RHE）。

与其他过渡金属化合物相比，绝大多数过渡金属磷化物在相同的电流密度下展现出更小的过电位，表现出更好的 OER 催化活性。Li 和 Dou 等采用一种 MOF

模板导向策略，合成一系列具有介孔结构的 $Co_3O_4@X$（X = Co_3O_4、CoS、C 和 CoP）复合材料[118]。合成方法如图 6-26（a）所示，ZIF-67 在定向排列的碱式碳酸钴纳米棒上原位生长得到 CCH@ZIF-67。通过氧化、硫化、碳化以及磷化分别得到 $Co_3O_4@X$（X = Co_3O_4、CoS、C 和 CoP）复合材料。在 1mol/L KOH 溶液中，这一系列材料均表现出优异的 OER 催化活性及稳定性。当电流密度为 10mA/cm^2 时，$Co_3O_4@CoP$ 的过电位为 238mV（$vs.$ SCE），比 $Co_3O_4@C$、$Co_3O_4@CoS$、$Co_3O_4@Co_3O_4$ 以及 Ir/C 分别低 23mV、51mV、63mV 以及 72mV[图 6-26（b）]。$Co_3O_4@CoP$ 同样有着出色的 Tafel 斜率[图 6-26（c）]。在保持电流密度为 10mA/cm^2 条件下，连续运行 10h，$Co_3O_4@CoP$、$Co_3O_4@C$、$Co_3O_4@CoS$ 均表现出比 Ir/C 催化剂更好的稳定性[图 6-26（d）]。Zhao 等通过低温磷化具有不同 Co/Ni 摩尔比的 MOF-74，得到一系列镍-钴双金属磷化物纳米管（Co_xNi_yP）[119]。该材料可作为高效的水分解电催化剂。当 Co/Ni 摩尔比为 4∶1 时，得到有着最佳催化性能的 Co_4Ni_1P 材料。其在 1.0mol/L KOH 溶液中，当电流密度为 10mA/cm^2 时，过电位为 245mV（$vs.$RHE），Tafel 斜率为 61mV/dec，分别比商业化 RuO_2 低 35mV、9mV/dec。Xu 等以层状膦酸盐基 MOF（H_3LCo）为前驱体，合成一系列磷酸钴碳

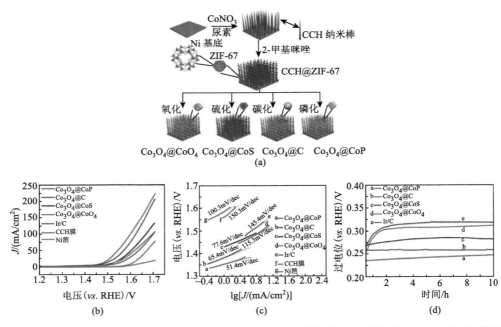

图 6-26　（a）$Co_3O_4@X$（X = Co_3O_4、CoS、C 和 CoP）催化剂合成示意图；1mol/L KOH 溶液中催化剂的 OER 催化性能测试：（b）LSV 曲线图；（c）Tafel 曲线图；（d）计时电位法测量催化剂达到 10mA/cm^2 时所需的电位[118]

（Co-P-C）混合物[120]。当热解温度为 800℃时，得到 $H_3LCoCN800$ 材料。在 1.0mol/L KOH 溶液中，当电流密度为 10mA/cm^2 时，过电位为 260mV（*vs.* RHE），Tafel 斜率为 64mV/dec。当以原位生长在泡沫镍上的 H_3LCo 为前驱体时，可获得具有更高 OER 催化性能的 $H_3LCoCN-NF$ 材料（215mV，61mV/dec）。

6.4.3　析氢反应

氢气作为清洁和可再生能源的载体，具有能量密度高、完全燃烧后唯一产物是水等优点，被认为是理想的绿色能源[121]。在所有的制氢方法中，电解水制氢有着装置操作简单、制氢纯度高（＞99.999%）等优点，被认为是最有效的制氢方法之一[122]。水分解反应由 OER 和 HER 两个半反应组成，HER 与 OER 都有着较高的能量势垒和较大的过电位[123]，因此，需要借助催化剂来降低过电位，提高反应速率和效率。

表 6-2 介绍了在酸性、碱性条件下 HER 反应方程式及反应机理[122, 124]。HER 包含两个步骤，第一步是对氢的吸附反应，称为 Volmer 反应；第二步是氢气的形成，包含 Heyrovsky 和 Tafel 两种反应途径。Heyrovsky 反应和 Tafel 反应的区别在于前者通过电化学脱附形成氢气，后者则是通过化学脱附形成氢气。因此，HER 存在两种反应机理：Volmer-Heyrovsky 和 Volmer-Tafel。

表 6-2　酸性、碱性环境中 HER 的反应方程式及历程

项目	酸性条件下	碱性条件下
HER	$2H_3O^+ + 2e^- \longrightarrow H_2 + 2H_2O$	$2H_2O + 2e^- \longrightarrow H_2 + 2OH^-$
Volmer 反应	$H_3O^+ + e^- \longrightarrow H^* + H_2O$	$H_2O + e^- \longrightarrow H^* + OH^-$
Heyrovsky 反应	$H_3O^+ + e^- + H^* \longrightarrow H_2 + H_2O$	$H_2O + e^- + H^* \longrightarrow H_2 + OH^-$
Tafel 反应	$H^* + H^* \longrightarrow H_2$	$H^* + H^* \longrightarrow H_2$

注：H^* 表示被吸附在活性位点上的 H。

本节将介绍 MOF 衍生的非金属基催化剂、单原子催化剂、贵金属基催化剂、过渡金属及过渡金属化合物催化剂（碳化物、氮化物、磷化物以及硫属化物）在 HER 中的应用。

反应中间态的吉布斯自由能（ΔG_{H^*}）对于整个析氢反应有着重要影响，当 ΔG_{H^*} 接近于 0 时，表现出强的析氢活性。Chen 等以 Cu-BTC 作为前驱体，通过直接煅烧和溶剂热处理得到类石墨烯粒子聚集体[图 6-27（a）][125]。有趣的是，该聚集体经 CV 循环后，在 0.5mol/L H_2SO_4 溶液中的电催化析氢性能逐渐提高，达到最优值时，在 10mA/cm^2 电流密度下，过电位仅为 57mV（*vs.* RHE），Tafel 斜率为 44.6mV/dec，表现出与已报道的高活性金属基催化剂和 Pt/C（20wt%）催化剂相当的电催化析氢性能。实验表征结果表明，该碳基材料形成了双石墨型氮掺杂于一个石墨烯晶格六元环的新结构。DFT 计算进一步揭示该新结构可以显著改变材料中与两个氮原子结合的碳原子的电子结构，可以降低碳活性位点的 ΔG_{H^*} 值至非常接近于 0eV[图 6-27（b）～（e）]。这将有利于增强 H 在 C 活性位点上的吸附，从而提高催化活性。

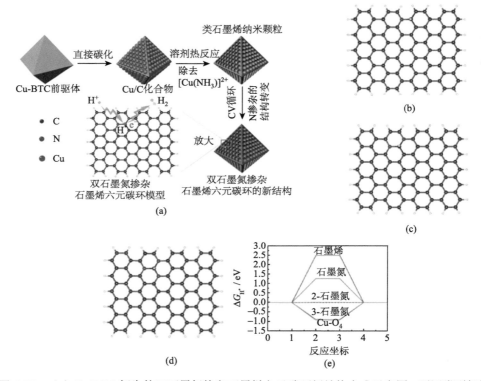

图 6-27　（a）Cu-BTC 衍生的双石墨氮掺杂石墨烯六元碳环新结构合成示意图；不同类型氮掺杂石墨烯吸附 H* 的优化模型：（b）石墨氮模型；（c）双重（2-）石墨氮模型；（d）三重（3-）石墨氮模型；（e）HER 自由能图（在平衡电势下计算 ΔG_{H^*} ）[125]

　　贵金属 Pt 基催化剂可以有效地降低能量势垒，加速 HER 进程，被认为是最有效的 HER 催化剂。Chen 等将 Pt 纳米颗粒封装在 ZIF-8 中，并在其表面涂覆单宁聚合物，通过热解该前驱体获得一种嵌入高度分散 Pt 纳米颗粒的 N 掺杂中空多孔碳多面体（Pt@NHPCP）[126]。在 0.1mol/L HClO₄ 溶液中，Pt@NHPCP 仅需 −57.0mV 工作电势即可达到 10mA/cm² 的电流密度，且 Tafel 曲线斜率为 27mV/dec，表现出比 Pt/C 催化剂更好的催化性能（−69.6mV、32mV/dec）。更值得关注的是，在经过 5000 次 CV 循环后，在 10mA/cm² 的电流密度下，Pt@NHPCP 的过电位以及 Tafel 曲线斜率仅有 5.2mV、6mV/dec 的变化，变化程度远小于 Pt/C 催化剂的 27.7mV、8mV/dec。进一步实验发现，与 Pt/C 催化剂相比，Pt@NHPCP 的形貌、多孔纳米结构以及 Pt 纳米颗粒的尺寸及分布均没有发生明显变化，展现出优异的 HER 催化活性和稳定性。

增加催化剂活性位点的暴露程度将有利于提高催化反应性能。Zou 等报道了一种基于双金属 MOF（CuRu-MOF）的策略，制备了具有高暴露 Ru 活性位点的 Ru 基电催化剂（Ru-HPC），图 6-28 为该催化剂的合成示意图[127]。在这种策略中，CuRu-MOF 起着重要作用：①Ru 和 Cu 能均匀分布在金属节点中，且 Ru 位点可以被 Cu 及 CuRu-MOF 中的有机配体有效隔离，从而避免 Ru 在热解过程中发生聚集；②CuRu-MOF 的高比表面积及多孔特性可以被部分保留，且在除去 Cu 纳米颗粒后，可以产生大量的介孔和大孔结构，这将使得 Ru 纳米颗粒得以高度暴露，并有利于快速的质量传递；③由 CuRu-MOF 中的有机配体衍生得到的分级多孔碳，可以作为导电基底来锚定 Ru 纳米颗粒，这能促使电子/质量转移并抑制 Ru 的聚集。由于其独特的结构，Ru-HPC 有着优异的 HER 催化活性。在 1mol/L KOH 溶液中，当电流密度为 25mA/cm_{geo}^2 和 50mA/cm_{geo}^2（几何表面积归一化）时，Ru-HPC 的过电位分别为 22.7mV（*vs*. RHE）、44.6mV，几乎是商业化 20wt%Pt/C 催化剂的一半（45.4mV、84.4mV），且 Ru-HPC 的 Tafel 斜率为 33.9mV/dec，低于 20wt%Pt/C（41mV/dec）。

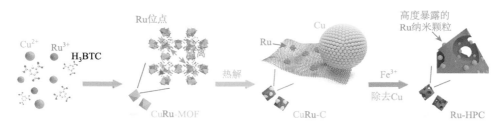

图 6-28　Ru-HPC 催化剂合成示意图[127]

单原子催化剂凭借自身高的原子利用率和独特的电子、几何结构，表现出优异的催化性能[128]。Wang 等将 WCl_5 封装在 MOF 骨架中（Uio-66-NH_2），通过热解、氢氟酸处理得到一种氮掺杂碳材料负载单原子钨催化剂（W-SAC）[129]。在 0.1mol/L KOH（0.5mol/L H_2SO_4）溶液中，当电流密度为 10mA/cm^2，该催化剂的过电位为 85mV（105mV *vs*. RHE），Tafel 斜率为 53mV/dec（58mV/dec）。在碱性条件中，其催化性能可与商业化 Pt/C 催化剂相媲美。结合 DFT 计算，研究人员认为催化剂中的 $W_1N_1C_3$ 位点对催化起着重要作用。Yao 等通过碳化 Ni-MOF 的方法制备 Ni-C 基催化剂，进一步采用电化学电位活化获得锚定在石墨化碳上且原子分散的 Ni 催化剂（A-Ni-C）[130]。该催化剂在 0.5mol/L H_2SO_4 溶液中，当电流密度分别为 10mA/cm^2、20mA/cm^2 和 30mA/cm^2 时，过电位分别为–34mV、–48mV 和–112mV（*vs.* RHE）。A-Ni-C 有着低的 Tafel 斜率（41mV/dec），且在运行 25h 后性能没有明显失活。

MOF 的热分解是制备金属催化剂的重要手段。在大多数情况下，由于高的分解温度，金属纳米颗粒发生严重的团聚，从而导致活性催化位点的丧失。Li 等通过低温 NH$_3$ 等离子体修饰生长在泡沫镍上的 Ni 基 MOF（Ni MOF-74），得到一种有着类似杨桃层状 3D 结构的整体电极[131]。该材料中有着超细 Ni 纳米颗粒，且包裹在 N 掺杂的碳薄层中。在 1mol/L KOH 溶液中，当电流密度为 10mA/cm^2 时，该材料的过电位为 61mV（*vs.* RHE），Tafel 斜率为 89mV/dec。Wu 等以锌基/钴基咪唑酯骨架包覆石墨烯（ZIF-67@ZIF-8@GO）的三明治结构为前驱体，通过同步热诱导还原和碳化，得到一种由零维钴纳米颗粒、一维氮掺杂碳纳米管和二维还原氧化石墨烯耦合而成的三维分级复合材料（Co@N-CNT@rGO）[132]。图 6-29（a）为该材料的合成示意图，Co 纳米颗粒被包裹在原位形成的 N 掺杂碳纳米管中，而 N 掺杂碳纳米管接枝在还原氧化石墨烯的两侧。在 1.0mol/L KOH 以及 0.5mol/L H$_2$SO$_4$ 溶液中，当电流密度为 10mA/cm^2 时，该材料的过电位分别为 108mV 和 87mV，Tafel 斜率分别为 55mV/dec 和 52mV/dec。DFT 计算表明，Co 对氢的吸附能达到–0.49eV，不利于氢的脱附。但通过与 N 掺杂碳相结合，可以将氢的吸附能调节到 0.16eV，从而提高其反应活性[图 6-29（b）]。

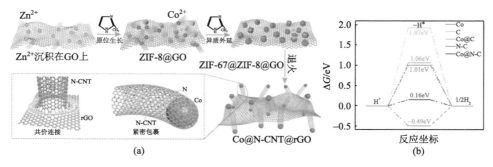

图 6-29　（a）Co@N-CNT@rGO 催化剂合成示意图；（b）C、Co、Co@C、N-C、Co@N-C 材料上的 HER 的吉布斯自由能图[132]

在非贵金属材料中，过渡金属碳化物的析氢反应研究非常广泛。研究表明，过渡金属碳化物有着与 Pt 相似的 d 带态密度[133, 134]，表现出优异的 HER 活性。Lou 等利用离子交换法在 ZIF-8 中引入 MO$_4^{2-}$（M = Mo 或 W），进一步调节 MO$_4$ 单元的取代量，并通过高温煅烧的方法，成功合成了限域在多孔氮掺杂碳十二面体的双相碳化物纳米晶（MC-M$_2$C/PNCDs）[135]。在 1.0mol/L KOH 溶液中，当电流密度为 10mA/cm^2 以及 100mA/cm^2 时，MoC-Mo$_2$C/PNCDs 的过电位分别为

121mV 及 182mV（*vs.* RHE），Tafel 斜率为 60mV/dec。而 WC-W$_2$C/PNCDs 的过电位分别为 101mV 和 192mV，Tafel 斜率为 90mV/dec。上述两种双相碳化物均有着比单相碳化物更好的电化学析氢性能。Zhang 等以 HZIF-W 为前驱体，制备了一种用 N，S 修饰的多孔碳基质包裹 WS$_2$/W$_2$C 的纳米复合材料（WS$_2$/W$_2$C@NSPC）[136]。在 0.5mol/L H$_2$SO$_4$ 和 1.0mol/L KOH 溶液中，当电流密度为 10mA/cm^2 时，该材料的过电位分别为 126mV 和 205mV（*vs.* RHE），Tafel 斜率分别为 68mV/dec 和 72mV/dec。

　　过渡金属氮化物通常有着类似金属高导电性的特征，而表现出优异的析氢活性。Guo 等在室温超声作用下，利用 Ni(NO$_3$)$_2$ 对 ZIF-67 进行化学蚀刻，随后进行低温热氨解得到一种新型强耦合镍-钴氮化物/碳复合材料纳米笼（NiCoN/C）[137]。在 1.0mol/L KOH 溶液中，当电流密度为 20mA/cm^2 时，该材料的过电位为 142mV（*vs.* RHE），比商业化 Pt/C 催化剂低 34mV。且当过电位为 200mV 时，NiCoN/C 的质量活性为 0.204mA/μg，与商业化 Pt/C 催化剂 0.451mA/μg 相当。此外，在碱性溶液中，NiCoN/C 还表现出优异的稳定性。在 200mV 过电位下测试 10h，NiCoN/C 可以保持 98.1%的电流，优于商业化 Pt/C 催化剂（87%）。研究表明，非化学计量比化合物有利于空位诱导产生丰富的活性中心。Wu 等以 ZIF-67 为自模板，采用同步氮化、碳化工艺，将非化学计量比的氮化钴纳米颗粒（Co$_{5.47}$N）原位包裹在 N 掺杂碳多面体（Co$_{5.47}$NNP@N-PC）中[138]。该材料在碱性溶液中有着优异的 HER 和 OER 催化活性。在 1.0mol/L KOH 溶液中，当电流密度为 10mA/cm^2 时，该材料的过电位为 149mV（*vs.* RHE），Tafel 斜率为 86mV/dec。

　　过渡金属磷化物中的磷和金属都可以成为活性中心，且磷可充当质子载体，因而能有效提高 HER 催化活性。Zang 等以 Cu 基 MOF（Cu-NPMOF）为前驱体，制备了一种均匀分散的 Cu$_3$P 纳米颗粒（Cu$_3$P@NPPC）[139]。该纳米颗粒由 N、P 共掺杂碳壳包覆，并嵌入在具有相同掺杂的分层多孔碳基体上。煅烧温度将会影响催化剂的比表面积、孔径分布、导电性等。优化后的 Cu$_3$P@NPPC 可作为 ORR 和 HER 双功能催化剂。在 0.5mol/L H$_2$SO$_4$ 溶液中有着优异的 HER 催化活性。当电流密度为 10mA/cm^2 时，该材料的过电位为 89mV（*vs.* RHE），Tafel 斜率为 76mV/dec。Zou 等通过先后热解、磷化 ZIF-67 得到一种封装在 B/N 共掺杂石墨烯碳纳米管中的 CoP 纳米颗粒（CoP@BCN）[140]。考察了磷化过程中的不同亚磷酸浓度对所制备的催化剂的催化活性的影响。在优化条件下，得到 CoP@BCN-1 材料，该材料在全 pH 中展现出优异的 HER 催化活性和稳定性。在 0.5mol/L H$_2$SO$_4$、1mol/L KOH、1mol/L PBS 溶液中，当电流密度为−10mA/cm^2 时，该材料的过电位分别为 87mV、215mV 和 122mV（*vs.* RHE），Tafel 斜率分别为 46mV/dec、52mV/dec 和 59mV/dec，且在 2000 次 CV 循环后，均只表现出轻微的活性损失。

过渡金属硫属化合物（硫化物、硒化物、碲化物）具有成本低、催化活性高等优点，被认为是替代贵金属基析氢反应电催化剂的理想材料[141]。Ho 等以 Co、Zn 双金属 MOF（BMOF）为前驱体，利用杂原子掺杂以及配体功能化修饰的方法对 MoS$_2$ 的催化活性进行调节，原位合成了一种具有优异催化活性和稳定性的材料（MoS-CoS-Zn），合成方法如图 6-30（a）所示[142]。图 6-30（b）和（c）为该材料在 0.5mol/L H$_2$SO$_4$ 溶液中的性能测试图。当电流密度为–10mA/cm^2 时，该材料的过电位为 72.6mV（vs. RHE），Tafel 斜率为 37.6mV/dec。采用计时电流法检测 MoS-CoS-Zn 催化剂的稳定性，在 60h 内该催化剂能够保持初始电流密度几乎不变[图 6-30（d）]。此外，MoS-CoS-Zn 催化剂表现出对 pH 的广普性，在 1mol/L KOH 以及 1mol/L PBS 溶液中同样具有优异的催化活性，其过电位和 Tafel 斜率分别为 85.4mV 和 116.2mV，49.1mV/dec 和 58.6mV/dec。XPS、UPS、Raman、XANES 光谱研究和 DFT 计算共同揭示了通过合理设计富电子中心可以保证有效的电荷注入，扩大影响非活性位点的电子结构。Chen 等以生长在碳布上的 Co-MOF 纳米片阵列为前驱体，制备了一种生长在碳布上且镶嵌了 CoSe$_2$ 纳米颗粒的 Co-N 掺杂碳纳米片阵列（CS@CNC NAs/cc）[143]。在 0.5mol/L H$_2$SO$_4$ 溶液中，当电流密度为 10mA/cm^2 时，该材料过电位为 84mV（vs. RHE），Tafel 斜率为 38mV/dec，且在经过 2000 次 CV 循环后，其性能几乎不变。此外，该材料在恒定 84V 过电

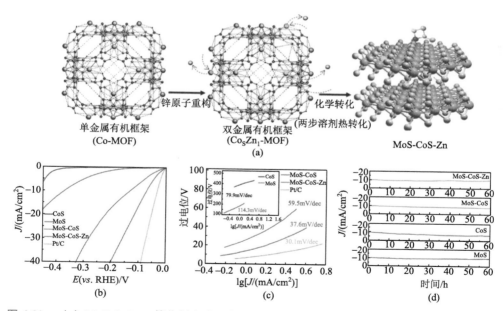

图 6-30 （a）MoS-CoS-Zn 催化剂合成示意图；MoS-CoS-Zn 系列催化剂在 0.5mol/L H$_2$SO$_4$ 溶液中催化性能：（b）HER 极化曲线图；（c）Tafel 斜率图；（d）计时电流法测试催化剂在 60h 内的稳定性[142]

位下能保持性能长达 72h。Sun 等通过原位硒化 Ni-MOF 获得一种珊瑚状的 NiSe@NC 纳米复合物。硒化温度对材料析氢性能有着重要影响，当硒化温度为 600℃时，获得一种在全 pH 范围内均有优异析氢活性的 NiSe@NC-600[144]。在 0.5mol/L H_2SO_4、1mol/L KOH 以及 1mol/L PBS 溶液中，当电流密度为 10mA/cm² 时，该材料的过电位分别为 123mV、25mV 和 300mV（*vs.* RHE），Tafel 斜率分别为 53.3mV/dec、55.3mV/dec 和 66.2mV/dec。Wang 等以 ZIF-67 为前驱体，通过调节煅烧温度以及 Co/Te 比例，制备了一系列封装在 N 掺杂介孔石墨碳骨架内的碲化钴纳米颗粒（CoTe/C、$Co_{1.11}Te_2$/C、$CoTe_2$/C）[145]。在 1mol/L KOH 溶液中，$Co_{1.11}Te_2$/C 有着最佳的析氢活性。当电流密度为 10mA/cm² 时，其过电位为 178mV（*vs.* RHE），Tafel 斜率为 77.3mV/dec。Li 等通过在 H_2/Ar 气氛下直接碲化 ZIF-67 得到一种硫化钴封装在氮掺杂碳纳米管骨架中的高效 OER/HER 双功能电催化剂（$CoTe_2$@NCNTFs）[146]。在优化条件后所制备的 $CoTe_2$@NCNTFs 催化剂在酸性、碱性溶液中均表现出优异的 HER 催化活性。在 1.0mol/L KOH、0.5mol/L H_2SO_4 溶液中，当电流密度为 10mA/cm² 时，其过电位分别为–208mV 和–240mV（*vs.* RHE），Tafel 斜率分别为 58.04 mV/dec 和 61.67mV/dec。

6.4.4　二氧化碳还原反应

　　二氧化碳引起的全球变暖已成为人们最关心的环保问题之一，如何减少大气中的二氧化碳含量是实现人类社会可持续发展亟须解决的问题。电化学还原二氧化碳（CO_2RR）是一种使用电作为能源来转化二氧化碳以生成各种工业碳材料（如甲醇、甲酸和其他碳氢化合物）的方法。CO_2RR 有着反应条件温和且电能可以由可再生能源提供等优点。然而，二氧化碳含有高氧化态的碳，具有很强的惰性，使其从热动力学理论上对化学转化困难。此外，由于反应通常在水溶液中进行，常常伴随着析氢反应的竞争过程[147, 148]。因此，需要合适的催化剂催化反应进行。

　　二氧化碳的电催化还原是一个多电子、多质子的还原反应，还原产物的种类和数量与所用电催化剂、电解质的种类等因素有关[148]。通常可以将还原产物分为气相产物和液相产物。表 6-3 给出了在水溶液体系中，常见的气相产物（一氧化碳、甲醛、甲烷、乙烯等）和液相产物（甲醇、乙醇、甲酸）的标准电极电位。本节将从还原产物状态角度出发，重点介绍 MOF 衍生物电催化还原二氧化碳生成气体产物（一氧化碳、乙烯）和液体产物（甲醇、乙醇、甲酸/甲酸盐等）。

表 6-3　部分 CO_2 还原产物的标准电极电位（101.325kPa，25℃，水溶液体系）[149]

电化学半反应方程式	标准电极电位(*vs.* SHE)/V
$CO_2(g) + 2H_2O(l) + 2e^- \Longrightarrow CO(g) + 2OH^-$	–0.934
$CO_2(g) + 3H_2O(l) + 4e^- \Longrightarrow CH_2O(l) + 4OH^-$	–0.898

续表

电化学半反应方程式	标准电极电位(vs. SHE)/V
$CO_2(g) + 6H_2O(l) + 8e^- \Longrightarrow CH_4(g) + 8OH^-$	−0.659
$2CO_2(g) + 8H_2O(l) + 12e^- \Longrightarrow CH_2CH_2(g) + 12OH^-$	−0.764
$CO_2(g) + 5H_2O(l) + 6e^- \Longrightarrow CH_3OH(l) + 6OH^-$	−0.812
$2CO_2(g) + 9H_2O(l) + 12e^- \Longrightarrow CH_3CH_2OH(l) + 12OH^-$	−0.744
$CO_2(g) + 2H_2O(l) + 2e^- \Longrightarrow HCOO^-(aq) + OH^-$	−1.078

CO 是 CO_2 的二电子还原产物，是二氧化碳电催化还原中最常见的产物。CO 是工业上最重要的原料之一，可以通过 Fischer-Tropsch 工艺进一步合成液体燃料。低成本的氮掺杂的碳材料能有效催化 CO_2RR，其催化活性及选择性取决于氮掺杂浓度和氮掺杂类型。Huang 等报道了一种简单直接的策略来设计高效的 N 掺杂多孔碳电催化剂（NPC）[150]。通过热解富含氧的 Zn-MOF-74 与三聚氰胺的混合物，制备了具有大量活性 N（吡啶 N 和石墨态 N）和高孔隙结构的 NPC。通过进一步优化煅烧温度和时间，调节 N 活性位点的种类和数量。在高孔隙结构的帮助下，这些活性位点可以更好地暴露在电解液中，进而有效提高 CO_2RR 的催化活性。所得的 NPC 催化剂在 CO_2 饱和的 0.5mol/L $KHCO_3$ 溶液中表现出优异的 CO_2RR 催化活性，其起始电位为−0.35V（vs. RHE），在−0.55V 对 CO 的法拉第效率为 98.4%，电流密度为 3.01mA/cm^2。

多孔碳纳米管有着大的比表面积、独特的管式结构以及强的导电性等特点，将其作为催化剂载体不仅能够充分暴露金属活性位点，而且能够促进电解液和 CO_2 的扩散，从而能够提高催化活性。Cao 等以氧化锌/金属有机框架（ZnO@ZIF-ZnNi）核壳纳米棒作为前驱体和自牺牲模板，经过热解得到了一种均匀分散在氮掺杂碳纳米管上的 Ni 单原子催化剂（Ni/NCT）[151]。在 CO_2 饱和的 0.5mol/L $KHCO_3$ 溶液中，Ni/NCT 表现出优异的 CO_2RR 催化性能：在一个较宽的电势窗口下，CO 的法拉第效率几乎可以达到 100%，且在−1.0V（vs. RHE）电压下，该催化剂的转换频率可以达到 9366h^{-1}。此外，在−0.8V 电压下连续电解 20h，其仍能保持 98%的活性。同位素跟踪实验表明，CO 来源于 CO_2 与电解质中的 HCO_3^-。

实现单原子催化剂（SAC）配位环境的通用调控和合成仍然是一个巨大的挑战。Jiang 等通过在双金属有机框架（MgNi-MOF-74）中引入聚吡咯（PPy）来实现一种通用的主-客体协同保护策略来构建 SAC，合成策略如图 6-31（a）所示[152]。通过在 MgNi-MOF-74 中引入 Mg^{2+}实现相邻 Ni 原子的空间分离，引入 PPy 客体作为 N 源，并可以防止 Ni 原子在热解过程中聚集。通过对热解温度的调节，制备了一系列不同 N 配位数的单原子镍催化剂（$Ni_{SA}-N_x-C$）。通过比较 $Ni_{SA}-N_2-C$、$Ni_{SA}-N_3C$ 和 $Ni_{SA}-N_4-C$ 的催化性能，发现有着最低的 N 配位数的 $Ni_{SA}-N_2-C$ 催化剂表现出最佳的催化活性。如图 6-31（b）～（d）所示，在 CO_2 饱和的 0.5mol/L $KHCO_3$ 溶液中，Ni_{SA}-N_2-C 催化剂有着高的电流密度，当电压为–0.8V（*vs.* RHE）时，CO 法拉第效率为 98%，转换频率为 $1622h^{-1}$。理论计算表明[图 6-31（e）]，Ni_{SA}-N_2-C 中单原子 Ni 位点的低 N 配位数有着最低的 ΔG，这有利于 $COOH^*$ 中间体的形成，也是其活性较好的原因。

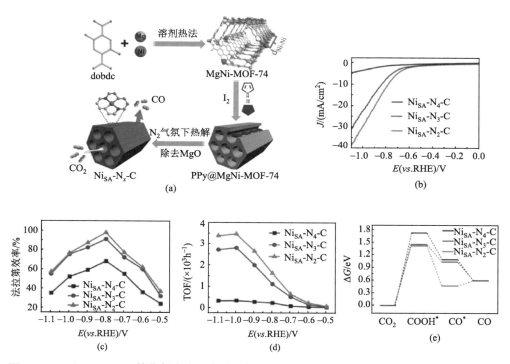

图 6-31　（a）Ni_{SA}-N_x-C 催化剂合成示意图；在 CO_2 饱和的 0.5mol/L $KHCO_3$ 溶液中，Ni_{SA}-N_x-C 的 LSV 曲线（b），法拉第效率与电解电位关系图（c），转换频率与电解电位关系图（d）；DFT 计算 CO_2RR 自由能图（e）[152]

　　高温热解有机物前驱体合成的碳基催化剂会不可避免地发生部分熔融和聚集，这使得大量活性位被封装在内部碳基质中，难以参与反应。针对这一问题，Qiu 等以 ZIF-8 为前驱体，使用 SiO_2 作为表面保护涂层，合成了有着分级孔隙结构的 Fe，N 共掺杂多孔碳纳米颗粒（Fe-CNP）[153]。在热解过程中 SiO_2 可以有效防止 ZIF-8 发生团聚，并可以产生单分散且多孔的碳纳米颗粒。由于 Fe-CNP 的孔隙效应，其表现出高的 CO_2RR 生成 CO 的选择性。在 CO_2 饱和的 1mol/L $KHCO_3$ 溶液中，当电压为–0.85V（*vs.* RHE）时，生成 CO 的法拉第效率达到 98.8%，远高于直接热解制备的低孔隙率催化剂（74.1%）。采用相同方案制备了一系列 Ni

基和 Co 基催化剂，同样表现出高的孔隙诱导 CO_2 电还原为 CO 的选择性。这可能是因为与 CO_2RR 相比，HER 的质子传递过程更容易受到影响[154]。Fe-CNP 中的分级孔隙结构形成的扩散梯度明显地抑制了 HER 过程，同时能保持 CO_2RR 活性不变。此外，表面的多孔特征可以改变表面能和润湿性，同样有利于提高 CO_2RR 的催化性能。

二氧化碳电还原为甲醇和乙醇分别需要转移 6 个电子以及 12 个电子，该反应在动力学上是不利的。Quan 等通过碳化 Cu 基 MOF（HKUST-1）获得一种氧化物衍生的 Cu/碳催化剂（OD Cu/C）[155]。当碳化温度为 1000℃ 时，获得 OD Cu/C-1000 催化剂，该催化剂在低过电位下表现出优异的 CO_2 电还原为醇类化合物的选择性。在 CO_2 饱和的 0.1mol/L $KHCO_3$ 溶液中，生成甲醇和乙醇的初始电位都为–0.1V（vs. RHE），过电位分别为 120mV 和 190mV。当电位为–0.1～–0.7V，甲醇和乙醇的产率分别为 5.1～12.4mg/(L·h) 和 3.7～13.4mg/(L·h) 时，醇的总法拉第效率为 45.2%～71.2%。Zhang 等制备了一种负载于碳表面的 Cu/Cu_2O 纳米复合材料（Cu GNC-VL）[156]。该碳是由垂直涂覆在氧化石墨烯上的二维交叉型分子筛咪唑骨架-L（ZIF-L）直接碳化而来。Cu GNC-VL 催化剂有着三维几何结构，具有丰富的活性中心和高效的电子导电性。在 CO_2 饱和的 0.5mol/L $KHCO_3$ 溶液中，当电位为–0.87V（vs. RHE）时，总电流密度达到 10.4mA/cm^2，乙醇的法拉第效率达到最大（70.52%）。当电位为–0.77V 时，甲醇的法拉第效率达到最大（19.13%）。

甲酸/甲酸盐是 CO_2 的 2 电子还原产物。其存在形式与电解液的 pH 有关，例如，在广泛使用的碳酸氢钾电解液中，得到的实际产物是甲酸盐而不是甲酸。Hang 等以 MIL-68（In）为碳前驱体，合成了铟掺杂多孔碳负载 MoP 纳米颗粒催化剂（MoP@In-PC）[157]。研究人员发现，MoP@In-PC 具有出色的二氧化碳还原为甲酸的性能。当采用离子液体[Bmim]PF_6(30wt%)/MeCN/H_2O（5wt%）作为电解液时，在–2.2V（vs. Ag/Ag$^+$）电压下，法拉第效率和电流密度分别达到了 96.5% 和 43.8mA/cm^2。金属铋（Bi）纳米材料可通过电催化过程将 CO_2 以较高活性转化为甲酸，具有超薄二维结构的铋烯材料（Bi-ene, bismuthene）是一类非常有潜力的高效 CO_2RR 电催化剂。Zhu 和 Xu 等首次以 2D 铋基 MOF 为前驱体，通过原位电化学转化成功制备了具有类石墨烯结构的原子薄层 Bi-ene 纳米片[图 6-32（a）]，其厚度仅为 1.28～1.45nm，对应 3～4 个原子层[158]。该 Bi-ene 独特的结构不仅赋予其极高的电化学活性面积，还大幅提升了金属原子的本征活性。将其直接作为电催化剂用于 CO_2RR，可表现出非常优异的电催化性能[图 6-32（b）～（e）]：电流密度可超过 70mA/cm^2，在–0.83 到–1.18V 的宽电位范围内均能以～100%的法拉第效率将 CO_2 转化为甲酸，同时具有很高的催化稳定性。进一步使用液流电解池，Bi-ene 可提供超过 300mA/cm^2 的高电流密度。

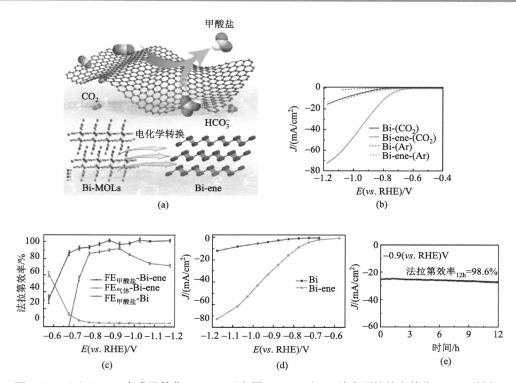

图 6-32　（a）Bi-ene 合成及催化 CO_2RR 示意图；Bi-ene 和 Bi 纳米颗粒的电催化 CO_2RR 性能；（b）在 Ar 或者 CO_2 饱和的 0.5mol/L $KHCO_3$ 溶液中，扫描速度为 10mV/S 条件下的 LSV 曲线；（c）甲酸盐和气体产物的法拉第效率与电位关系图；（d）甲酸盐的部分电流密度图；（e）Bi-ene 的长时间稳定性测试图[158]

6.4.5　氨还原反应

　　氨在人类生产生活中扮演着重要的角色，它不仅是生产化肥和其他化工产品的原料，同时也是一种潜在的绿色能源。传统的合成氨的方法如 Haber-Bosch 法，有着反应条件苛刻、能耗高、污染严重等缺点。与之相比，电催化合成氨（NRR）可以实现在常温常压下利用 N_2 和 H_2O 为原料进行氨的合成，且所需的电能可以来自太阳能、风能等清洁能源。通常认为 NRR 存在两种不同的反应机理[159]：解离和非解离，且反应过程是通过多个质子-电子转移反应进行的，涉及多个中间产物，包括六电子途径生成 NH_3，四电子途径生成 N_2H_4，二电子途径生成 N_2H_2。反应方程式如下[160, 161]：

$$N_2 + 6H^+ + 6e^- \longrightarrow 2NH_3 \quad E^\ominus = -0.148（vs. RHE）V \quad （6-9）$$

$$N_2 + 4H^+ + 4e^- \longrightarrow N_2H_4 \quad E^\ominus \approx -0.332（vs. RHE）V \quad （6-10）$$

$$N_2 + 2H^+ + 2e^- \longrightarrow N_2H_2 \quad E^\ominus \approx -1.10（vs. RHE）V \quad （6-11）$$

　　然而，N$_2$ 有着强的惰性，且 NRR 反应常以水溶液作为电解液，存在激烈的 HER 竞争反应，这使得 NRR 反应有着高的过电位、较低的效率[162]。因此，迫切需要找到一种合适的催化剂来降低反应的过电位，提高 NRR 反应效率。本小节将介绍 MOF 衍生的单原子催化剂、金属氧化物催化剂、非金属基催化剂在 NRR 中的应用。

　　Zeng 等通过热解 Ru 基 ZIF-8 得到一种锚定在 N 掺杂碳上的单原子 Ru 电催化剂（Ru SAs/N-C），合成方法如图 6-33（a）所示[163]。在氮气饱和的 0.05mol/L H$_2$SO$_4$ 电解液中，Ru SAs/N-C 催化剂展现出优异的 NRR 催化活性和耐久性，电化学性能测试如图 6-33（b）～（e）所示。与负载 Ru 纳米颗粒的氮掺杂碳催化剂（Ru NPs/N-C）相比，在 −0.2～−0.6V（vs. RHE）电压范围内，Ru SAs/N-C 有着更高的电流密度和法拉第效率，且在 −0.2V 电压下，NH$_3$ 的部分电流密度可以达到 −0.13mA/cm^2，NH$_3$ 的法拉第效率达到最大值 29.6%。如图 6-33（d）所示，当电压为 −0.2V 时，在 Ru SAs/N-C 催化剂作用下的氨气产率可以达到 120.9 μg_{NH_3}/（mg$_{cat}$·h）。此外，Ru SAs/N-C 催化剂有着优异的耐久性[图 6-33（e）]，控制电压为 −0.2V 对其进行 12h 的耐久性测试，NH$_3$ 产率仅下降不到 7%，进一步实验发现即使在电解后 Ru 仍以单原子形式分散在氮杂碳上。

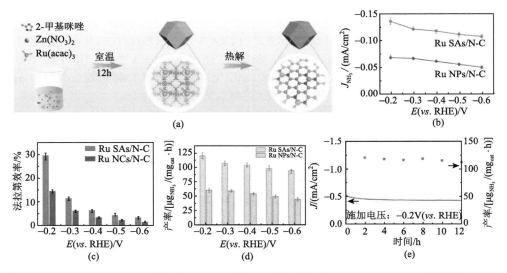

图 6-33　（a）Ru SAs/N-C 催化剂合成示意图；在氮气饱和的 0.05mol/L H$_2$SO$_4$ 电解液中，NH$_3$ 电流密度随电压变化（b），NH$_3$ 法拉第效率随电压变化（c），NH$_3$ 产率随电压变化（d），在 −0.2V 电压下，Ru SAs/N-C 催化剂耐久性测试（e）[163]

　　Sun 等报道了以 UiO-66 为前驱体，通过协调辅助策略在 N 掺杂多孔碳上锚定单原子 Ru 实现高效 NRR[164]。以氮气饱和的 0.1mol/L HCl 溶液作为电解液，当电压为–0.21V（*vs.* RHE），NH_3 的产率可以达到 $3.665\,mg_{NH_3}/(h\cdot mg_{Ru})$。进一步发现，加入 ZrO_2 可以有效抑制 HER，提高 NH_3 法拉第效率，在 0.17V 较低的过电位下，NH_3 法拉第效率可以达到 21%。DFT 计算表明，N_2 还原反应主要发生在具有氧空位的 Ru 位点，其高催化性能可归因于：①增强对 N_2 的吸附；②减弱对 *H 的吸附，提高 NRR 的选择性，抑制 HER；③降低了中间体 *NNH 的生成自由能，降低了过电位。Jiang 等采用混合配体策略，通过合理控制 Fe 修饰的卟啉 MOF（PCN-222）中相邻 Fe 原子间的距离，成功合成了具有铁单原子分散的氮掺杂碳催化剂（Fe_1-N-C）[7]。在氮气饱和的 0.05mol/L H_2SO_4 电解液中，该催化剂在–0.05V（*vs.* RHE）电压下，NH_3 产率可以达到 $1.56\times10^{-11}\,mol/(cm^2\cdot s)$，法拉第效率为 4.51%，性能优于相同条件下制备的 Co_1-N-C 和 Ni_1-N-C 催化剂。DFT 计算表明，这可能是因为在 Fe_1-N-C 催化下，NRR 决速步的能垒低于 Co_1-N-C 和 Ni_1-N-C。

通常过渡金属氧化物中含有丰富的氧空位，而氧空位常被认为是 NRR 的活性位点，在氮气吸附和活化上起着重要作用。Luo 等以廉价且易制备的 Ni-BTC 为前驱体，通过两步热处理得到具有空心管状结构的 C@NiO@Ni 催化剂[165]。在氮气饱和的 0.1mol/L KOH 溶液中，当电压为–0.7V（*vs.* RHE），NH_3 产率和法拉第效率分别可以达到 $43.15\mu g/(h\cdot mg_{cat})$ 和 10.9%。机理研究表明，NiO 中丰富的氧空位为 NRR 反应的活性位点，可以促进氮气活化。而材料中丰富的 NiO/Ni 界面能够促进质子吸附和传输，与氧空位一起构建催化活性中心，共同加速 NRR 过程。研究表明，在过渡金属氧化阴离子晶格中合理掺杂杂原子可以提高 NRR 反应活性。Oschatz 等以 MIL-125（Ti）作为前驱体，制备了一种碳掺杂 TiO_2/C 的纳米复合物（C-Ti_xO_y）[166]。通过碳掺杂取代部分阴离子的方式使得该催化剂产生（O—）Ti—C 键。特殊的（O—）Ti—C 键和丰富氧空位使得 C-Ti_xO_y 有着优异的 NRR 催化活性。在氮气饱和的 0.1mol/L $LiClO_4$ 电解液中，当电压为–0.4V（*vs.* RHE）时，NH_3 的产率为 $14.8\mu g/(h\cdot mg_{cat})$，法拉第效率为 17.8%。DFT 计算进一步表明，C-Ti_xO_y 催化剂中的（O—）Ti—C 键与未掺杂的氧空位相比，有着更强的活化和还原 N_2 的能力。

讨论催化剂中氧空位的稳定性、氧空位的功能和分布（表面或体相内），对进一步提升电催化性能有着重要意义。Liu 等以 UiO-66 为前驱体，通过掺杂 Y^{3+} 制备了含有丰富氧空位的碳包覆钇稳定氧化锆（C@YSZ）催化剂[167]。在氮气饱和的 0.1mol/L Na_2SO_4 溶液中，当电压为–0.5V（*vs.* RHE）时，NH_3 产率为 $24.6\mu g/(h\cdot mg_{cat})$，法拉第效率为 8.2%。如图 6-34 所示，该催化剂在工作 7 天后仍能保持 89% 的催化性能，而未掺杂 Y^{3+} 的碳包覆氧化锆（C@ZrO_2）催化剂在工作 3 天后即失活。采用 XRD、EPR 等测试手段证明了材料中的表面氧空位是固氮反应的活性位点，而体相氧空位具有增强电荷转移的作用。进一步采用纳克级质量敏感的原位电化学石英晶体微天平对催化剂固氮反应进行原位测试，实验结果表明，C@ZrO$_2$ 中的表面氧空位在长时间反应中可能更容易被电解液中的含氧基团填充，导致催化剂失活。此外，DFT 计算进一步证明了 C@YSZ 与 C@ZrO$_2$ 两种材料的氧空位稳定性具有较大差异，这将直接影响其使用寿命。

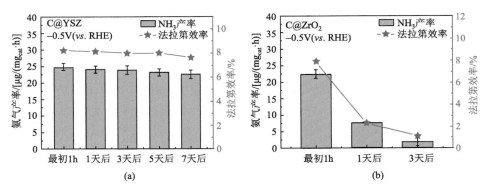

图 6-34 长时间 NRR 测试[167]

(a) C@YSZ；(b) C@ZrO$_2$

非金属基多孔碳材料有着高比表面积、多孔性等优点，在 NRR 中将有利于吸附和活化氮气。Song 等以 MOF-5 为前驱体，制备了一种 N，P 共掺杂多孔碳催化剂（NP-C-MOF-5）。在氮气饱和的 0.1mol/L HCl 溶液中，NRR 反应产物包括 NH$_3$ 和 N$_2$H$_4$·H$_2$O[168]。当电压为 -0.1V（vs. RHE）时，NH$_3$ 和 N$_2$H$_4$·H$_2$O 的产率分别为 1.08μg/(mg$_{cat}$·h) 和 5.77×10^{-4}μg/(mg$_{cat}$·h)。此外，采用电化学原位 FTIR 技术研究 NRR 反应途径。图 6-35 为反应途径示意图，实验证实了在 NP-C-MOF-5 上形成了 N$_2$H$_y$（1≤y≤4）中间体，表明该反应遵循缔合反应机理。

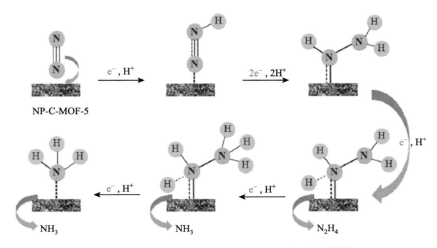

图 6-35 NP-C-MOF-5 表面 NRR 反应示意图[168]

由沸石咪唑酯骨架（ZIF）热解衍生的氮掺杂多孔碳材料（NPC）有着高 N 含量和可调控 N 种类的优点。Quan 等通过热解 ZIF-8 得到一种高吡啶氮和吡咯氮含量的 NPC[169]。在氮气饱和的 0.05mol/L H_2SO_4 溶液中，当电压为–0.9V（*vs*. RHE）时，NH_3 产率为 1.40mmol/(g·h)。此外，以空气作为氮源时，同样表现出高的 NH_3 产率[1.02mmol/(g·h)]。DFT 计算表明吡啶氮和吡咯氮是 NRR 反应的活性位点，高含量的吡啶氮和吡咯氮将会促进 NRR 反应，且在 NRR 反应中，能量最优的反应途径可能是：$^*N\equiv N \longrightarrow {}^*NH\equiv NH \longrightarrow {}^*NH_2—NH_2 \longrightarrow 2NH_3$。Wu 等以 ZIF-8 为前驱体，通过一步热活化法制备了几乎不含金属的氮掺杂且富含缺陷的纳米多孔碳催化剂[170]。氮掺杂的种类及碳结构可以通过控制热解温度和热解时间进行调控。优化条件后的催化剂在氮气饱和的 0.1mol/L KOH 电解液中表现出良好的 NRR 催化性能。当电压为–0.3V（*vs*. RHE）时，在室温下，NH_3 的产率为 3.4×10^{-6}mol/(cm²·h)，法拉第效率为 10.2%。当温度提高至 60℃时，产率达到 7.3×10^{-6}mol/(cm²·h)。当以 0.1mol/L HCl 作为电解质时，升高温度会促进 HER 反应而使得 NH_3 产率降低。此外，利用 Fe 基 ZIF-8 制备含有 Fe 的催化剂来考察 Fe 掺杂对 NRR 的影响。实验表明，与此前 ORR 等反应不同，碳材料中存在的 FeN_4 位点因会使活性位点碳/氮空位减少，以及促进 HER 反应，而在 NRR 中起着消极作用。

6.5　光（电）催化

为应对能源短缺这一重要问题，开发风能、核能、太阳能等成为解决这一问题的主要途径。光催化是借助半导体材料，利用太阳能来驱动化学反应，是解决全球能源短缺和环境危机的重要手段之一。半导体作为传统的催化剂被广泛用于光催化研究中。目前，很多 MOF 衍生物能够表现出类似半导体的行为，同时其丰富的多孔特性更是便于光生载流子的有效利用，极大地改善了光催化性能，在染料降解、有机物转化、光解水、二氧化碳还原等领域受到越来越广泛的关注。

6.5.1　染料降解

科学技术给人类带来很大便利的同时，也不可避免地引发了一系列的环境问题，尤其工业的快速发展造成的污染，其中包括水污染、海洋污染、大气污染等[171]。而水是生命之源，对污水的处理更是亟待解决的问题，当前的处理方法大多是通过将污染物分离出来，或是将污染物转化成无毒无害的小分子，以此来达到净化的目的，这些方法面临着高的处理成本。

MOF 衍生物材料在各个领域得到了广泛的应用，在光催化降解领域也受到越来越多的关注。具有纳米结构和超分子结构的 MOF 是制备新颖结构和高性能纳米金属和金属氧化物的理想前驱体。Zhang 等通过在不同气氛（氮气和空气）中直接煅烧 Fe$_3$O$_4$@HKUST-1，成功制备了具有核/壳结构的 Fe$_3$O$_4$@C/Cu 和 Fe$_3$O$_4$@CuO 磁性纳米复合材料[172]。表征结果显示，纳米复合材料由 Fe$_3$O$_4$ 核和 C/Cu（或 CuO）壳组成，Fe$_3$O$_4$@C/Cu 纳米球中 C/Cu 外壳的厚度减小到 50nm。嵌入碳中的铜纳米粒子尺寸在 6～10nm 之间，这种碳保护铜纳米颗粒表面不受金属氧化物杂质的影响，并起到阻止颗粒团聚的作用[图 6-36]。通过紫外-可见光光谱表征了样品的光学性质并计算得到 Fe$_3$O$_4$@C/Cu 的带隙能约为 1.75eV。与 Fe$_3$O$_4$@CuO 纳米复合材料、最常用的光催化剂 TiO$_2$，以及最近发展起来的石墨碳氮化物（g-C$_3$N$_4$）相比，Fe$_3$O$_4$@C/Cu 材料在可见光照射下对亚甲基蓝的降解表现出更强的光催化活性。同时，合成的催化剂在反应过程中具有良好的稳定性，所制备的磁性材料高磁化强度值有利于催化剂在催化反应后从反应介质中分离回收。与其他方法相比，该合成路线的优点在于简单，易于合成，使用磁性 MOF 前驱体的环境友好，不使用任何还原剂，这为进一步优化此类材料的制备提供了依据。

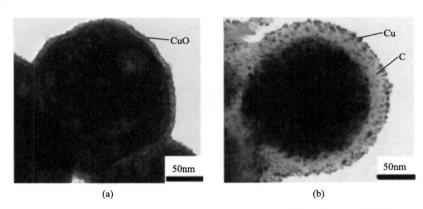

图 6-36　Fe$_3$O$_4$@CuO（a）和 Fe$_3$O$_4$@C/Cu（b）样品的 TEM 图[172]

　　除了上述核壳结构的材料外，中空结构材料对一些染料也可以达到很好的降解效果。Fu 等通过 MIL-68 用水、甲酸钠、乙酸钠、丙酸钠和氟化钠作为调节剂制备了一系列中空 In$_2$S$_3$ 样品，通过实验发现用氟化钠制备出的中空 In$_2$S$_3$ 性能最优，In$_2$S$_3$ 光催化反应机理如图 6-37（a）所示[173]。并通过 SEM 表征发现 MIL-68 完全转换成了中空 In$_2$S$_3$[图 6-37（b）]，形成的中空 In$_2$S$_3$ 对甲基橙降解具有很高的光催化活性，在可见光照射下，不同体系中的转化率和动力学常数如图 6-37（c）和（d）所示。此外，制备的材料可重复利用性好，经过 5 次运行后，光催化性能没有明显下降。这是由于其优良的结晶度和光学性质有效地促进了光诱导电子-空穴对的有效分离，从而提高了光催化活性。

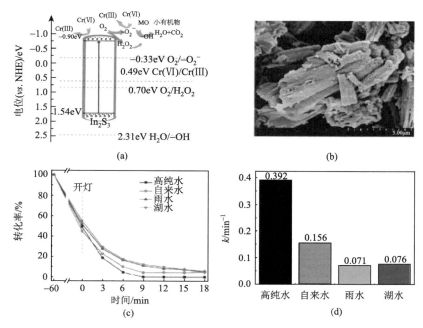

图 6-37　（a）In_2S_3 光催化反应的机理图；（b）In_2S_3 的扫描电子显微镜图像；各体系中 In_2S_3 的光催化转化曲线（c）及反应中的动力学常数 k 值（d）[173]

6.5.2　有机物转化

在工业生产的有机合成过程中通常需要高温高压，并会产生有害的副产物。开发新的有机合成反应体系是一个巨大但值得挑战的课题。为开发可持续的再生能源工艺，研究人员利用太阳能光催化合成手段，进行有机物的转化。目前报道的相关光催化转化体系中太阳能的转化率约为 3.8%，MOF 衍生材料有望在有机物的转化合成过程中进一步提高太阳能的利用率[174]。

有机物光催化转化可以应用在很多反应过程中，其中选择性苯甲醇（BA）氧化制备苯甲醛（BAD）是目前研究和工业应用中最重要和最普遍的有机转化反应之一。BAD 被广泛用于制备各种药物、维生素和香料。在工业生产过程中，BAD 通常是通过铬酸盐、高锰酸盐等强氧化剂合成，且反应中选择性低，工业废水排放量大。光催化氧化合成 BAD 是一种利用丰富、清洁、可持续的太阳能的环保工艺。Liu 等通过利用多元金属 MOF 硫化过程中对均匀分布金属离子的自识别，构建了 Z 型 Co_9S_8/CdS 异质结构[175]。TEM 表明 Co_9S_8/CdS 为粒径在 10～20nm 之间均匀分布的纳米颗粒[图 6-38（a）]。原位生成的 CdS 和 Co_9S_8 紧密接触形成直接 Z 形异质结构，有利于界面电荷分离，使氧化电位和还原电位分别提高到 2.09V 和 -0.74V（*vs*. RHE）。Z 型 Co_9S_8/CdS 催化 BA 在纯水中的氧化选择性比 CdS 和

物理混合的 Co_9S_8/CdS 分别高 21 倍和 16 倍。同时图 6-38（b）显示了 Z 型 Co_9S_8/CdS、CdS 和 Co_9S_8 的瞬时光电流曲线，可以看出构建的 Z 型 Co_9S_8/CdS 瞬时光电流明显高于 CdS 和 Co_9S_8。这为从固溶体中构建 Z 型异质结构改善光催化有机物转换的活性提供了一种新的策略，可以在不使用任何牺牲剂的情况下显著提高高附加值化学品的产量。

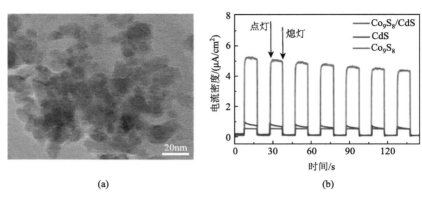

(a)　　　　　　　　　　　　　(b)

图 6-38　（a）Co_9S_8/CdS 的 TEM 图；（b）Z 型 Co_9S_8/CdS、CdS 和 Co_9S_8 的瞬时光电流曲线[175]

6.5.3　分解水产氢

　　光催化水裂解产氢是一种有效的产氢方式。自从 Fujishima A 和 Honda K 报道了在紫外光照射下 TiO_2 催化水分解产氢（HER）后，通过四十多年光催化科学的发展，开发高效的光响应 HER 催化剂，以及使用各种技术手段来直接观察水与催化剂界面的化学变化过程，成为当今界面化学研究领域的难点与热点[176]。利用光催化分解水制氢有望解决能源问题，但该技术面临着太阳能利用率低和多相光催化机理不明确。如何进一步开发新型光催化剂以提高光催化效率是光催化分解水制氢的关键环节，这有利于光催化制氢在工业生产中得到大规模应用。

　　开发高活性、可回收、廉价的可见光 HER 催化剂，对于太阳能直接转化为各种绿色能源应用的化学燃料具有重要意义。近年来 MOF 材料光催化产氢驱动了其在催化领域的迅速发展，但纯 MOF 材料的催化效率低，于是 MOF 衍生材料应运而生。Zhao 等采用 MOF-5 为模板制备了具有优异光催化活性的异质结构纳米催化剂 ZnO/ZnS[图 6-39（a）][177]。同时通过调整 ZnS@C 的热解时间，合成了一系列不同 ZnO/ZnS 比例的纳米材料，被命名为 ZnOS-n：ZnOS-15、ZnOS-30、ZnOS-45 和 ZnOS-60（这里 n 代表空气中处理时不同的 ZnO/ZnS 比例）。并研究了在可见光下，以 Na_2S 和 Na_2SO_3 为牺牲电子供体的光催化制氢活性[图 6-39（b）和（c）]。如图 6-39（c）所示，随着 ZnOS-n 中 ZnO 含量的增加，其产氢速度逐渐加快，达到 ZnOS-30 的高达 415.3μmol/(g·h) 的最佳值。随着 ZnO 含量的进一步增加，

HER 速率降低。值得注意的是，ZnOS-n 材料中 ZnO 和 ZnS 的相对含量对光催化 HER 活性起着重要作用。以 MOF-5 辅助制备的纳米 ZnO/ZnS 异质结构，为催化和能量转换过程中合成金属氧化物和硫化物的异质纳米结构提供了一种新的途径。

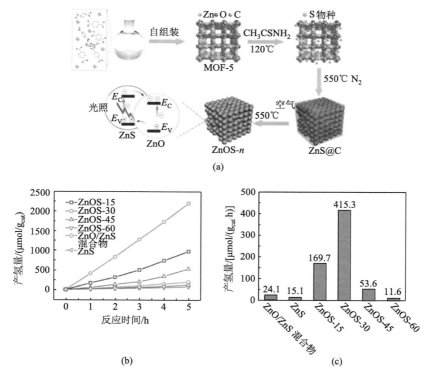

图 6-39　（a）ZnO/ZnS 异质结构合成过程示意图（E_C=导带，E_V=价带）；（b）ZnOS-n 在可见光（λ>420nm，300W Xe 灯）下的催化析氢；（c）可见光照射下 ZnS/ZnO 混合物、ZnS 和 ZnOS-n 光催化反应的比较[177]

6.5.4　光催化水氧化

　　光催化水氧化（OER）是光解水中另一个重要的半反应，涉及一个复杂的四电子转移过程。因此，需要一个相当大的过电位来确保该反应自发进行，各种半导体材料，包括金属氧化物、硫族化合物和硅等用于光催化 OER 反应，但由于催化剂性能的限制，光催化 OER 的效率仍不高[178]。

　　如何设计高效、稳定的光催化 OER 催化剂面临着巨大的挑战。Liang 等采用简单的两步热解 ZIF-8 前驱体合成了碳氮共掺杂 ZnO，研究发现杂原子掺杂量对 OER 反应的催化性能有很大影响，其中 600℃ 下的样品标记为 6C25[179]。SEM 表征了其微观结构，发现碳网络分解并崩塌，导致 ZnO 颗粒紧密聚集在一起形成

6C25[图 6-40（a）]。6C25 的 TEM 图像[图 6-40（b）]显示，ZnO 颗粒约为 16nm。样品的光催化 OER 性能如图 6-40（c）所示，结果表明，氧释放速率在前 10min 达到最大值，随后由于电子受体 Ag^+ 的消耗和 Ag 的产生引起光的阻挡而降低。ZnO-R、商业 ZnO 和 6C25 的 O_2 析出量分别为 1.85μmol/min、4.65μmol/min 和 5.50μmol/min，表明碳和氮掺杂通过降低带隙能和阻止光激发电子和空穴的复合可以促进 OER 过程。

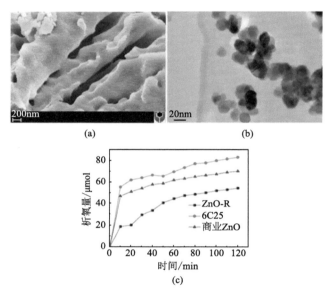

图 6-40　6C25 样品的 SEM（a）和 TEM 图（b）；（c）在模拟太阳光下
6C25 样品上的 O_2 释放量[179]

6.5.5　光催化二氧化碳还原

由温室气体（主要是 CO_2）导致的海洋酸化和全球变暖引起了人们的广泛关注，于是需要开发不同的捕集和分离工业 CO_2 的材料。同时，CO_2 作为一种丰富的、廉价的、可再生的 C_1 资源，可以将其转化为多种增值产品[180]。人们越来越有兴趣用 CO_2 作为一种原料资源，将捕获的 CO_2 化学转化为高附加值的产品是碳资源再利用的重要策略[181]。

近年来，MOF 常用作制备各种多孔和空心纳米结构材料的模板和前驱体。Chen 等采用热处理 Zn-Ni-MOF 的方法成功制备了 ZnO/NiO 多孔空心球[182]。在 0.51mmol $Ni(NO_3)_2 \cdot 6H_2O$ 条件下合成的 Zn-Ni-MOF 前驱体热解得到的样品（ZN-30）有最佳的光催化 CO_2RR 性能，其 SEM 如图 6-41（a）、（b）所示，可以观察到大量平均直径约为 3μm 的均匀球体，这些球体的表面由许多纳米薄片组成，厚度约为 10nm。Zn-Ni-MOF 分解生成的非均相 n 型 ZnO 和 p 型 NiO 均匀混合在一起，形成许多有利于电荷分离的 p-n 异质结。图 6-41（c）是 p-NiO/n-ZnO 异质结形成的模型及 p-n 结上光催化反应时电子-空穴分离的过程。如图 6-41（d）所示，ZnO 催化 CO_2RR 的活性相对较低[CH_3OH 的产率为 0.6μmol/(h·g)]，主要是因为比表面积低，对 CO_2 的吸附能力差，光生电子和空穴的复合率高。相比之下，所有的 ZnO/NiO 复合材料表现出更高的 CO_2RR 性能，其中 ZN-30 的 CH_3OH 析出率最高，约为 ZnO 的 3 倍。因此，适当比例的 NiO 加入有利于高比表面积多孔空心结构的形成，吸收 CO_2 并改善电荷分离，从而提高光催化 CO_2RR 的活性。

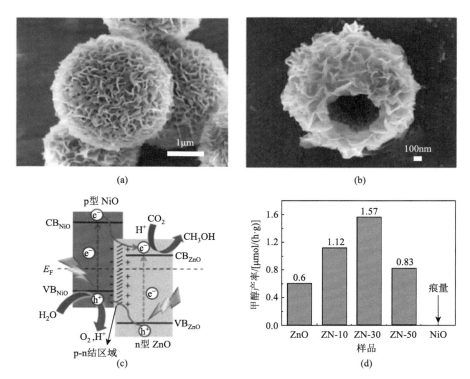

图 6-41　（a）、（b）样品 ZN-30 的 SEM 图；（c）p-NiO/n-ZnO 异质结形成模型及 p-n 结电子-空穴分离过程示意图；（d）全光谱 Xe 灯照射下 ZnO、ZnO/NiO 复合材料（ZN-10、ZN-30、ZN-50）和 NiO 样品的 CH_3OH 产率比较[182]

　　除了上述中空金属氧化物用作光催化 CO_2RR 之外，由于 CO_2 的惰性，通常需要较高的温度来驱动反应。考虑到反应过程中的能源和成本，开发适用于室温下反应的高效多相催化剂来进行 CO_2 的光热反应是另一种有效的途径。因此，碳基材料作为一类重要的光热材料，利用太阳能而不是加热并通过催化剂的光热效应来驱动吸热反应的进行，已经得到了广泛的研究。Jiang 课题组通过热分解一种空心结构的富含锌的 ZIF-8 材料，合理地制备了不同温度下具有氮掺杂和锌单原子超高负载（11.3wt%）的空心多孔碳（HPC-T）[图 6-42（a）][56]。SEM 如图 6-42（b）所示，可以看出 HPC-800 的壳层都是由热解的 ZIF-8 纳米粒子相互连接而成。优化后的 800℃下合成的 HPC-800 中，利用单原子 Zn 和均匀的 N 活性中心，以及高效的光转化以及碳壳中的分层孔，在室温光照条件下可以实现高效催化 CO_2RR。所制备的高性能碳具有以下优点：①高比表面积的多孔壳层能富集 CO_2 分子，提高催化活性；②原子级分散的 Zn/N 活性中心易于生成环氧化物；③多孔壳层有利于底物/产物的迁移；④中空结构通过多次反射改善太阳能利用。

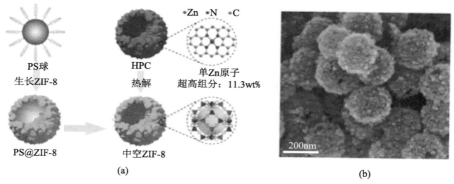

图 6-42　（a）中空多孔碳（HPC）的制备过程示意图；（b）HPC-800 的 SEM 图[56]

6.6　超级电容器

随着便携式电子设备市场的快速发展，人们对环境友好、可持续、高效的储能技术的需求越来越强烈[183]。一些高效的能量存储与转换系统，如各种电池和超级电容器（SC）等，已经引起研究人员广泛的关注。SC 也称为电化学电容器（EC），与电池相比，具有功率密度高、充放电时间短、循环寿命长、工作温度范围宽等优势[184-186]。因此，SC 在新能源汽车、储能、通信、国防等领域中展现出巨大的潜力。根据储能机理的不同，通常可以将 SC 分为两类[187-189]：双电层电容器（EDLC）和法拉第赝电容器。前者的工作原理是通过在电极与电解质界面上完成电荷的积累与分离进行充电和放电，是物理吸附过程。通常使用具有高比表面积、高孔隙率的碳材料作为电极。后者的工作原理是通过电极发生可逆氧化还原反应来完成充电和放电。通常使用具有电化学活性的过渡金属氧化物、过渡金属硫化物等作为电极。因此，两者相比较，EDLC 具有循环稳定性高、功率密度高但能量密度低的特点。而赝电容器能量密度较高，但循环稳定性以及功率密度较低。为了取得优异的功率密度和能量存储能力，电极材料应该满足高导电性和大的电解质可接触面积两个主要的先决条件[186]。

近年来，研究人员通过调整 MOF 的微观形貌和结构，将其作为模板或前驱体，可以制备多孔碳、金属硫化物/氧化物/氢氧化物、复合物等衍生材料。这类衍生物能够很好地满足上述两个先决条件，当用于 SC 储能时，通常优于传统方法合成的材料。本小节将根据材料的组分，将用于 SC 的 MOF 衍生物大致分为碳材料、金属化合物、金属氧化物/碳复合材料等类别进行介绍。

6.6.1　碳材料

多孔碳材料因其有着大的比表面积和出色的稳定性，在 SC 中广泛应用。与使用常规前驱体制备的碳材料相比，MOF 衍生的碳材料具有可控的多孔结构、孔体积和比表面积，在 EDLC 中有着更加出色的性能。Xu 等首次以 MOF-5 为模板制备纳米多孔碳，并将其作为 EDLC 的电极材料[3]。该材料展现出优异的电化学性质，制备的 EDLC 即使在电流密度为 250mA/g 时，比电容仍能保持在 258F/g。该团队进一步研究了碳化温度对材料比表面积、孔径分布以及电化学性能的影响[190]。实验结果表明，当碳化温度高于 600℃时，获得的碳材料具有高的介孔率及良好的导电性，因而表现出理想的电容器性能。在扫描速度为 5mV/s 以及电流密度为 50mA/g 时，最高的比电容分别可以达到 167F/g 以及 222F/g。与之相反，当碳化温度为 530℃时，即使获得的材料比表面积可以达到 3040m^2/g，仍因碳化不完全导致的低电导率而表现出低电容性能。在扫描速度为 5mV/s 条件下，比电容仅为 12F/g。除了 MOF-5 外，ZIF-8 是常用的用于制备多孔碳材料的自牺牲 MOF，MOF-5 和 ZIF-8 都是 Zn 基 MOF。在高温下，低沸点的金属锌绝大多数将以锌蒸气的形式离开，这有利于生成具有丰富孔隙结构的碳材料。Yamauchi 等在 800℃氮气气氛下直接碳化 ZIF-8，后续经过简单的酸洗后得到 ZIF-8 衍生的多孔碳材料（NPC）[191]。NPC 材料表现出优异的超级电容器性能，在扫描速度为 5mV/s 时，最大比电容可以达到 251F/g。将其应用到对称超级电容器中，展现出高的能量密度 10.86(W·h)/kg，功率密度能达到 225W/kg。多模态孔隙有助于提高电容并降低传输阻力，然而使用 MOF 作为前驱体制备同时含有微孔和介孔的多孔碳材料仍然是一个巨大的挑战。Zou 和 Zhu 等提出了一种在多孔碳中产生多模态孔隙的简单策略，如图 6-43 所示[192]。即以自牺牲 ZIF-8 为前驱体，并通过自组装的方式结合二氧化硅胶体，其中二氧化硅作为额外的造孔剂。经过简单的退火和除硅后，得到具有特殊多模态孔隙结构的多孔碳材料。该材料展现出高电容、低电阻以及好的电容保持率（2000 圈，92%～97%）。

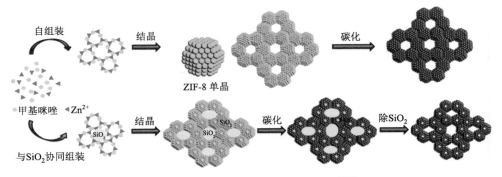

图 6-43　双峰分布多孔碳制备示意图[192]

　　杂原子 N 等掺杂可以有效提高碳材料的润湿性和导电性，从而能进一步增加电容性能。Xu 等用一种简单的无模板法从 MOF 复合物中制备了具有高比表面积和孔容的 N，S 共掺杂中空蜂窝状纳米碳胶囊，合成方法如图 6-44（a）所示[193]。其中，分散在 MOF 孔中的硫脲分子不仅可以作为杂原子源实现 N，S 均匀掺杂，而且可以作为结构导向剂去调控原位生成大的内部空隙和多孔蜂窝状壳结构。当热解温度为 900℃时，得到 h-CNS900，该材料有着独特的多级孔结构[图 6-44（b）]，

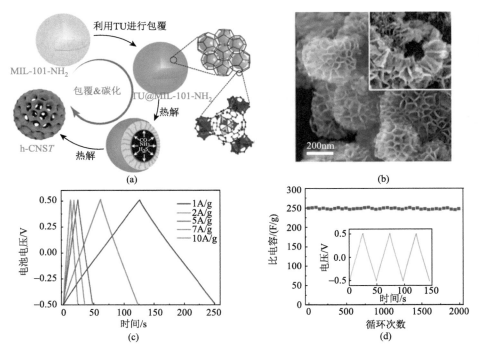

图 6-44　（a）h-CNST 合成示意图（TU=硫脲）；（b）h-CNS900 的 SEM 图；（c）h-CNS900 在不同电流密度下的恒电流充放电曲线；（d）扫描速度为 5A/g 时，h-CNS900 循环稳定性测试[193]

表现出优异的电化学性能[图 6-44（c）和（d）]。在 0.1A/g 下，h-CNS900 有着最大比电容 272F/g。当电流密度升高至 10A/g，比电容略有下降（240F/g）。此外，h-CNS900 在 5A/g 下表现出高的循环稳定性。2D MOF 被认为是合成储能碳材料很有前景的前驱体。然而传统的 2D MOF 合成方法存在成本高、产率低等问题。He 等报道了一种简单、低成本的自下而上的策略合成超薄 Zn(bim)(OAc)MOF 纳米片（厚度约 5nm，产率约 65%）[194]，并通过碳化合成的纳米片获得厚度在（2.5±0.8）nm 的 N 掺杂多孔超薄碳纳米片（UT-CNS）。UT-CNS 作为电容器电极展现出优异的电化学性能。当电流密度为 0.5A/g 时，比电容可以达到 347F/g。Yamauchi 等通过种子媒介生长法成功合成了具有核壳结构的 ZIF-8@ZIF-67 晶体[195]。并通过进一步热解 ZIF-8@ZIF-67 晶体得到选择性功能化的纳米多孔杂化碳材料。该材料以氮掺杂碳为核心，高石墨碳为外壳，实现了在纳米尺度上形成 NC@GC 结构。该材料集成了 NC 和 GC 的有利属性，如 NC 的高含氮量、GC 的高石墨化程度和高导电性等。因而 NC@GC 有着优秀的电化学性能，当电流密度为 2A/g 时，比电容达到 270F/g。

6.6.2　金属化合物

过渡金属氧化物（TMO）、过渡金属硫化物（TMS）等是常见的 SC 电极材料。与碳材料相比，它们通常表现出更好的电容性能。其中，TMO 具有可逆的表面氧化还原反应、高的化学响应、低制备成本和易加工等优点，在能量转换和储能方面显示出潜在的应用前景。MOF 衍生的 TMO 具有较大的内表面积，可以促进离子在高度多孔的亚结构中扩散，这对电极的电化学活性至关重要[186, 189, 196]。

在 TMO 中，Co_3O_4 因其优异的电化学稳定性、高理论电容、低成本和高丰度等优点，成为在 SC 中应用最广泛的氧化物之一。Huang 等通过煅烧具有菱形十二面体结构的 ZIF-67 获得了一种同样具有菱形十二面体结构的多孔中空的 Co_3O_4[197]。该材料是一种优秀的 SC 电极材料，在 1.25A/g（12.5A/g）电流密度下，比电容为 1100F/g（437F/g）。并且表现出良好的循环稳定性，在 6.25A/g 下，进行 6000 次的充放电循环，比电容保持率高达 95.1%。Guo 等通过两步热解 Co-MOF 获得一种多孔 Co_3O_4 颗粒[198]。将其用于 SC，电化学测试结果表明，Co_3O_4 颗粒在电流密度为 1A/g 下，比电容为 150F/g，并且在经过 3400 次循环后，电容性能略有增加。

与单元 TMO 相比，多元 TMO 在 SC 中常常表现出更加优秀的性能。这主要是因为多元 TMO 可以提供多个氧化还原中心，而且表现出更高的电导率[196, 199, 200]。Liu 等通过热转换 ZIF-8@ZIF-67 制备 Co_3O_4/ZnO[199]。Co_3O_4/ZnO 异质结构在 0.5A/g 下表现出高的比电容（415F/g）。在电流密度为 10A/g 时，循环 1000 圈后，电容保持率为 93.2%。进一步将其作为正极、活性炭（AC）作为负极制备不对称超级电容器（ASC），在功率密度为 1401W/kg 时，能量密度可以达到 43.2Wh/kg。Zhu 等利用 ZIF-8 为模板，通过溶剂热的方法原位生成 ZIF-8/Zn-Ni-Co 氢氧化物前驱体，后在空气中热退火得到 ZnO/ZnCo$_2$O$_4$/NiO（ZZN）材料[图 6-45（a）][201]。电化学测试表明，当原料中硝酸镍和硝酸钴的摩尔比为 1 时，获得的材料（ZZN1）有着最佳的电化学性能[图 6-45（b）和（c）]。在电流密度为 1A/g 时，比电容能达到 1136.4F/g。在循环 5000 圈后，电容保持率为 86.54%，表现出良好的循环稳定性。当作为正极组装成 ZZN//AC ASC 时，同样表现出优异的性能。该电容器可以在大的电势范围（0～1.6V）实现可逆循环，并可以提供 46.04(E·h)/kg 的能量密度以及 7987.5W/kg 的功率密度。

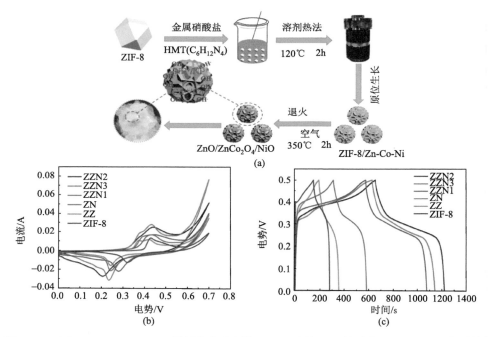

图 6-45　（a）ZnO/ZnCo$_2$O$_4$/NiO 材料合成示意图（HMT=环六亚甲基四胺）；（b）ZZN 系列材料 CV 图（ZN=ZnO/NiO，ZZ=ZnO/ZnCo$_2$O$_4$）；（c）ZZN 系列材料 1A/g 电流密度下充放电曲线图[201]

　　TMS 因其高的理论电容、优异的本征导电性、低成本以及高丰度引起人们极大的关注。Chen 等使用 ZIF-67 作为模板制备了一种无定形 CoS 中空纳米立方。在 1A/g（10A/g）下，比电容为 1475F/g（932F/g）[202]。在 10A/g 电流密度下循环 1000 圈，电容保持率在 88.2%。Jia 等利用低成本的甲酸镍骨架为前驱体，通过与 S^{2-}进行阴离子交换反应合成具有分级中空立方结构的 NiS[203]。该材料作为 SC 电极表现出高的比电容和良好的循环稳定性。在 1A/g 下，比电容为 874.5F/g。在 4A/g 电流密度下循环 3000 圈，电容保持率在 90.2%。此外，以 NiS 为正极、碳纳米纤维（CNF）为负极制备的 NiS//CNF ASC，同样有着优秀的性质，在功率密度为 387.5W/kg 时，能量密度为 34.9Wh/kg。

6.6.3　金属氧化物/碳复合材料

金属氧化物/碳复合材料在稳定性、导电性、能量密度以及电化学窗口上均优于单一金属氧化物，通常表现出更加优秀的电化学性能[184, 204, 205]。Wang 等报道了一种在柔性碳布上制备中空多孔 NiCo$_2$O$_4$ 纳米墙阵列的方法[图 6-46（a）][206]。该方法首先通过在碳布上构建 2D 钴基 MOF 实心纳米墙阵列（2D Co-MOF），随后在乙醇溶液中与 Ni(NO$_3$)$_2$ 进行离子交换和刻蚀反应获得 Ni-Co LDH，最后在空气中进行热处理得到中空多孔 NiCo$_2$O$_4$ 纳米墙阵列（CC@NiCo$_2$O$_4$）。将其作为电极用于 SC，在 2.5mA/cm^2 下，比电容可以达到 1055.3F/g，当电流密度增大到 60mA/cm^2 时，比电容仍能保持在 483.3F/g [图 6-46（b）]。进一步将其作为阴极组装成柔性超级电容器并测试其性能。在 2.9kW/kg 下，该柔性电容器有着最大的能量密度 31.9(W·h)/kg，并且表现出优异的循环稳定性。CC@NiCo$_2$O$_4$ 优异的电化学性能可归因于以下三点：①高度中空和多孔结构有利于电解质渗透并加快离子/质量传递；②直接生长在柔性导电碳布上，使得该材料可以直接作为电极，无需外加黏结剂，并且有着更好的机械稳定性和导电性；③独特的二维纳米结构有着高的比表面积，并能缩短离子传输距离。

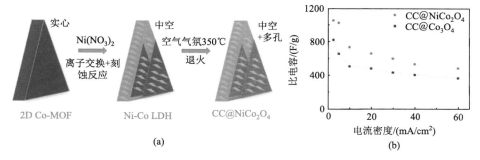

图 6-46　（a）CC@NiCo$_2$O$_4$ 材料合成示意图；（b）CC@NiCo$_2$O$_4$、CC@Co$_3$O$_4$ 的比电容随电流密度变化图[206]

研究表明，在碳材料中掺杂杂原子可以显著提高电化学性能。杂原子掺杂不仅可以提高电容性能，而且可以增强碳材料的润湿性，增强电解质溶液的渗透能力[207-209]。Sun 等通过在 Ar 气气氛中一步热解以六（4-羧基苯氧基）环三磷腈（CPT-COOH）为配体的 Co-MOF，获得了高 N，P，O 掺杂的 Co/C 复合材料[图 6-47（a）][210]。采用 CPT-COOH 为配体，可以在碳化过程中直接引入高含量的杂原子。当碳化温度为 650℃时，可以获得高杂原子掺杂率的 Co/C650 复合物（N：

2.54wt%，P：9.22wt%，O：23.08%）。Co/C650 复合物即使有着低的 Co 含量[3.3at%（原子分数）或者 12.7wt%]，但仍然表现出优越的电化学性能[图 6-47（b）、（c）]。在 6mol/L KOH 溶液中，当电流密度为 1A/g 时，最大比电容为 739.6F/g。在电流密度为 8A/g 下循环 5000 圈，电容保持率为 80.6%。进一步以 Co/C650 为正极、活性炭为负极组装成 ASC，并测试其电化学性能。在 1A/g 下，比电容为 85.3F/g。在功率密度为 800W/kg（8000W/kg）时，有着最大能量密度 30.4Wh/kg（14.4Wh/kg）。此外，在电流密度为 5A/g 下循环 10000 圈后，电容保持率为 71.3%。

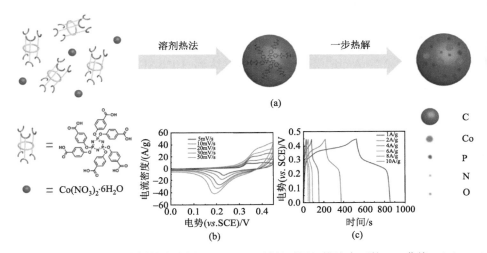

图 6-47　（a）Co/C 复合材料合成图；（b）Co/C 材料不同扫描速度下的 CV 曲线；（c）Co/C 材料不同电流密度下的充放电曲线[210]

6.7　电池

为了满足全球日益增长的能源需求，缓解对不可再生化石燃料的依赖，迫切需要可持续和环保的能源储存和转换技术，因此急需大力发展锂离子电池（LIB）、钠离子电池（SIB）、锂硫电池（LSB）等先进的储能转换装置[211]。电极材料是提高两种器件电化学性能的关键，一般来说，具有优异储存性能的理想电极材料应满足以下方面：①纳米级空腔和开放孔道，促进电解质的充分渗透；②高比表面积，提供大的电极/电解质界面；③良好的导电性，促进电子的传递；④中空或多孔结构，以缓冲循环过程中的体积变化[212]。与其他材料相比，MOF 是一种很有前途的前驱体，具有比表面积大、结构可调、孔道有序、金属中心均匀等优点，是制备多孔碳基材料、金属氧化物、金属硫化物、金属磷化物、金属硒化物及其复合材料等纳米结构材料的优秀模板，受到广泛关注。

6.7.1　锂离子电池

LIB 作为下一代电化学储能器件的典型代表，具有理论能量密度较高、循环稳定性长、自放电低、无记忆效应等优点，在便携式电子设备中显示出巨大的商业价值[213]。目前，商品化石墨阳极的比容量（372mA·h/g）较低，已不能满足市场需求。因此，开发具有良好电化学性能的阳极材料具有十分重要的意义。对此，Xiong 等提出了一种有效可控的方法，利用 ZIF-8@ZIF-67 前驱体在氩气气氛下以800℃退火，制备了 Co/Zn 包埋氮碳的多孔双金属纳米笼（Co-Zn/N-C）[214]。Co-Zn/N-C 多孔纳米笼具有 349.12m^2/g 的大比表面积，并且金属 Co、Zn 颗粒均匀分散在碳基体中，这得益于有机配体的碳化和钴在焙烧过程中的催化作用。Co-Zn/N-C 纳米笼作为 LIB 的阳极，在 0.2A/g 的电流密度下，400 次循环后的首次放电容量为 809mA·h/g，容量保持率为 702mA·h/g。在较高的电流密度（2A/g）下，可逆容量为 444mA·h/g。电化学性能的提高归功于 Zn 和 Co 的协同作用、独特的多孔空心结构以及 N 的掺杂，缓解了体积变化的影响，保持了电极的良好导电性，提高了锂的电化学储存活性。

过渡金属氧化物（TMO）资源丰富、成本低、比容量高（＞600mA·h/g），可通过充电/放电过程中的转化反应获得，因此被认为是很有前途的商品石墨阳极的替代品，特别是尺寸可调、形貌可控的 TMO，可以通过在空气中热解 MOF 得到。同时，为了提高 TMO 电极的导电性，在三维导电衬底上构建 TMO 也是一种有效的方法。Zhou 等用 3D 石墨烯网络（3D GN）衬底表面均匀生长的铜基 MOF 后经热处理，以分离出分散良好的纳米结构 CuO 八面体包裹的 3D GN[215]。将 3D GN/CuO 复合材料作为 LIB 的无黏结剂阳极，在 100mA/g 下产生了 409mA·h/g 的可逆容量（0.39mA·h/cm^2 的大面积容量）；具有优异的循环性能，50 次循环后容量保持率为 99%，在 1600mA/g 时的倍率性能为 219mA·h/g。复合电极的优异性能可以归因于高容量的八面体 CuO 纳米粒子与大比表面积的三维石墨烯导电网络之间的协同作用。

TMO 的循环稳定性和倍率性能较差，这可能会阻碍其未来的发展。为了解决这一问题，人们通过煅烧双金属或多金属 MOF 前驱体制备了二元、三元甚至多掺杂的 TMO，确实比单一的 TMO 表现出了更好的储锂性能。Sun 等报道了以Co/Ni-MOF 为前驱体，合成了具有可调谐成分的介孔 Ni$_x$Co$_{3-x}$O$_4$ 纳米棒[216]。所制得的介孔 Ni$_{0.3}$Co$_{2.7}$O$_4$ 纳米棒在 100mA/g 的小电流下循环 200 次后的可逆容量为 1410mA·h/g，表现出优异的锂离子电池高倍率性能。在大电流分别为 2A/g 和5A/g 下循环 500 次后，仍能保持 812mA·h/g 和 656mA·h/g 的大可逆容量。三元金属氧化物优异的电化学性能主要归功于其相互连接的纳米颗粒集成的介孔纳米棒结构和双金属氧化物组分的协同作用。

由于 MOF 具有较高的比表面积、开放的骨架结构和较高的有机部分，被认为是制备多孔碳材料的理想模板和前驱体，直接可以在惰性气氛中热解获得。Chen 课题组采用多面体 ZIF-8 前驱体碳化法制备了氮含量高达 17.72wt%的 N 掺杂石墨烯颗粒类似物，并用于 LIB 阳极[图 6-48（a）][217]。优化后的 N-C-800 材料由于其独特的结构和较高的 N 掺杂量，表现出极大的储锂性能，在 100mA/g 的电流密度下经 50 次循环后容量达到 2132mA·h/g，在 5A/g 下经 1000 次循环后容量达到 785mA·h/g[图 6-48（b）]。DFT 结果表明，石墨烯颗粒类似物的边缘为 N 杂原子的结合提供了丰富的活性中心，尤其是吡啶型 N 和吡咯型 N，从而促进电化学性能的提高。

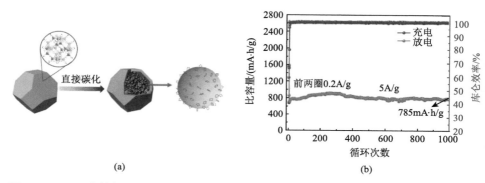

图 6-48　（a）高掺氮多孔碳的合成；（b）高掺氮多孔碳在 5A/g 电流密度下的循环性能[217]

尽管 MOF 衍生的 TMO 或碳材料在 LIB 中表现出了良好的电化学性能，但大多数 MOF 衍生材料在充电-放电过程中的高体积膨胀和循环稳定性较差仍然是障碍。因此，在合适的热解条件下，通过碳化 MOF 前驱体很容易得到 TMO 与碳组分的复合材料。结合 TMO 的高理论容量和碳出色的导电性优势，可以提供更优异的储锂性能。在 500℃的 N_2 气氛中，通过对设计良好的富 N 的 Co-MOF 进行化学转化，成功地制备了多孔掺 N 碳涂层 Co_3O_4 鱼鳞结构[179]。由于组装的多孔 Co_3O_4 纳米粒子与 N 掺杂碳涂层之间的协同作用，样品表现出优异的电化学性能。作为 LIB 阳极材料，在 1000mA/g 的电流下，500 次循环后比容量可保持在 612mA·h/g 左右。

同时，与单一的 TMO 相比，混合 TMO 具有更高的电导率，这是由于它们的电子转移活化能相对较低，且有独特的协同作用[218]。Huang 等以空心 Fe(Ⅲ)-MOF-5 为自牺牲模板制备了均匀多孔的 $ZnO/ZnFe_2O_4/C$ 八面体[图 6-49（a）]，成功地将小于 5nm 的超细 ZnO 和 $ZnFe_2O_4$ 纳米晶嵌入有机连接物衍生的三维互连碳骨架中[219]。由于独特的结构和组件优势，这种材料在作为 LIB 阳极材料进行评估时显示出高的可逆容量和倍率性能[图 6-49（b）～（c）]。在 0.5A/g 和 2A/g 电流密度下，100 次循环后的容量分别为 1390mA·h/g 和 988mA·h/g。

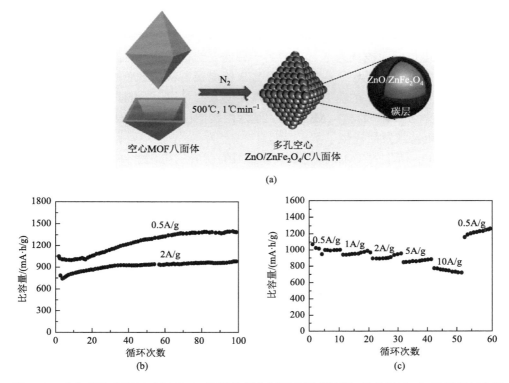

图 6-49　（a）多孔中空 ZnO/ZnFe$_2$O$_4$/C 纳米复合材料的形成过程；ZnO/ZnFe$_2$O$_4$/C 纳米复合材料的循环性能（b）和倍率性能（c）[219]

此外，金属硒化物具有很高的理论容量，作为 LIB 阳极材料具有诱人的潜力。然而，在循环过程中存在体积变化大、电导率低、结构坍塌等问题，导致电池倍率性能差、容量衰减快。因此，Zhou 课题组采用简单的溶液法制备了双金属 Zn/Co-ZIF/CNT 前驱体，并在中温下的原位热解和硒化得到了 N 掺杂碳多面体包裹的二元金属硒化物（ZnSe/CoSe）（ZCS@NC/CNT）[220]。这种多孔的 ZCS@NC/CNT 分级结构提供了一个稳定的互连导电网络，缩短了电荷传输路径，协同提高了 Li$^+$ 的插入能力。所设计的 ZCS@NC/CNT 具有高容量、优异的倍率性能和优异的循环稳定性。特别地，ZCS@NC/CNT 在 0.5A/g 下循环 500 次后容量高达 873mA·h/g。即使在 1A/g 的较高电流密度下，1000 次循环后仍能保持 768mA·h/g 的高稳定容量。这一策略可以推广到其他多孔金属硒化物或硫化物，以开发用于先进储能系统的大功率、高能量密度的电极。

6.7.2　钠离子电池

LIB 为便携式电子产品在能源市场上的成功商业化做出了贡献，但它们仍然面临着许多挑战，如功率密度低、安全性差、地壳锂资源短缺等。SIB 作为一类发展迅速的储能器件，其电化学行为与 LIB 相似，因其元素钠丰富、价格低廉、钠的电化学电位低而被认为是 LIB 的另一种诱人的替代品。然而，较大的离子半径和钠离子的摩尔质量导致许多适用于 LIB 的电极材料在倍率能力、寿命和能量密度方面不再满足 SIB 的需要。这些缺点促使人们寻找合适的具有优异电化学储钠性能的新型 SIB 阳极材料。MOF 衍生纳米结构的出现为具有优异电化学性能的 SIB 阳极的可持续发展提供了契机[212]。

由于 MOF 衍生的 TMO 作为 LIB 阳极具有优异的电化学性能，有大量的工作来探索它们相应的电化学钠存储性能。通过使用一种 Cu-BTC MOF 作为模板，Zhang 团队成功地制备了空心多孔 CuO/Cu$_2$O 八面体，并将其作为 SIB 的阳极材料[221]。结果表明，煅烧温度是影响 CuO/Cu$_2$O 复合材料电化学性能的关键因素，优化后的 CuO/Cu$_2$O-300 在 50mA/g 下经 50 次循环后表现出出色的钠存储容量（415mA·h/g）。在更高的电流密度下具有优异的循环能力以及良好的倍率能力，这归因于 CuO 和 Cu$_2$O 之间的协同作用以及出色的稳定性。

除了空心结构外，MOF 衍生的金属氧化物/多孔碳纳米复合材料不仅继承了高比表面积和多孔结构，而且提高了导电性和结构稳定性，突出了它们在 SIB 中的广泛应用。Wang 等报道了具有高钠离子存储容量和长寿命循环稳定性的掺氮碳包覆 Co$_3$O$_4$ 纳米粒子（Co$_3$O$_4$@NC）[222]，其具有多孔结构，比表面积为 101m^2/g。当用作 SIB 阳极时，Co$_3$O$_4$@NC 在 100mA/g、400mA/g 和 1000mA/g 下的可逆容量分别为 506mA·h/g、317mA·h/g 和 263mA·h/g。尤其在 1000mA/g 的大电流密度下，1100 次循环容量仅下降 0.03%。优异的钠离子储存性能归因于 N 掺杂碳涂层促进了电容反应，减小了 Co$_3$O$_4$ 的体积变化，提高了电子导电性。

Kaneti 等通过在 Ar 气氛中以 500℃ 焙烧双金属 NiCo-ZIF 颗粒，成功地制备了具有菱形十二面体形貌的 Co/CoO/NC 杂化颗粒[223]。Ni 掺杂 Co/CoO/NC 作为 SIB 阳极材料具有优异的倍率性能、循环可逆性和良好的循环稳定性。在 100mA/g 电流密度下的放电容量为 307mA·h/g，当电流密度增加到 1A/g 时，放电容量仍保持在 189mA·h/g，并且在 100mA/g 和 500mA/g 的电流密度下循环 100 次后，放电容量分别达到 279.5mA·h/g 和 218.7mA·h/g。掺杂 Ni 的 Co/CoO/NC 杂化材料作为 SIB 阳极材料展现出优异电化学性能可能是多种因素协同作用的结果，包括：①存在的碳基质可以在嵌钠和脱钠的过程中起到防止活性物质发生聚集和粉碎；②高度发达的微孔并同时存在少量介孔的结构，将有助于促进 Na$^+$ 更好地嵌入/脱嵌；③通过部分取代的方式进行 Ni 掺杂，将在 CoO 的原子结构上引入缺陷位点，从而提高 CoO 的导电性，并因此提高整个混合材料的导电性；④N 掺杂产生的缺陷位点将会加快 Na$^+$ 穿过碳层的迁移速度，从而提高杂化材料中碳基质的导电性。由于 MOF 可以通过调整起始金属前驱体以及煅烧温度、时间和气氛，制备出具有所需组成和形貌的 MOF 衍生物，因此可以将目前的双金属 MOF 策略扩展到其他复合金属氧化物/碳或金属/金属氧化物/碳复合材料的合成及 SIB 应用研究。

　　Guan 等在柔性碳布上设计和制备了超薄 MoS_2 纳米片@MOF 衍生的 N 掺杂碳纳米墙阵列（CC@CN@MoS2），并作为高性能 SIB 的独立阳极[图 6-50（a）][224]。作为 SIB 阳极材料，CC@CN@MoS2 电极具有高容量（在 200mA/g 下第二次循环后为 653.9mA·h/g，100 次循环后为 619.2mA·h/g）、优异的倍率性能和较长的循环寿命稳定性（在 1A/g 下 1000 次循环后比容量为 265mA·h/g）[图 6-50（b）～（c）]。其优异的电化学性能可以归功于其独特的二维杂化结构，其中具有扩展中间层的超薄 MoS_2 纳米片可以提供更短的离子扩散路径和良好的 Na^+ 嵌入和脱嵌，而在柔性碳布上的多孔 N 掺杂碳纳米墙阵列能够提高导电性并保持结构的完整性。此外，N 掺杂引起的缺陷也有利于 Na^+ 的有效存储，从而提高了 MoS_2 的容量和倍率性能。

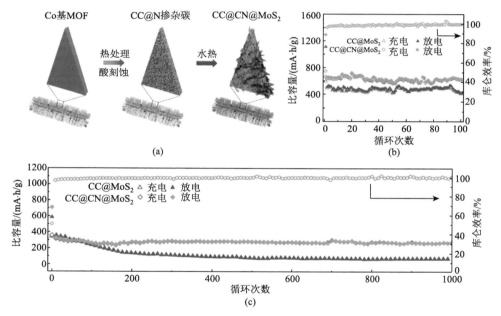

图 6-50　（a）合成 CC@CN@MoS2 阵列的示意图；CC@CN@MoS2 和 CC@MoS2 在 200mA/g（b）和 1A/g（c）下的循环性能图[224]

6.7.3　锂硫电池

　　LSB 具有 1675mA·h/g 的高理论比容量和 2500W·h/kg 的能量密度，并且依赖廉价和环保的硫作为阴极材料，显示出非凡的潜力[225]。但是，LSB 还存在一些固有的缺点，如使用电绝缘硫作为阴极，LSB 的活性物质利用率低且倍率性能差。另外，作为中间产物形成的多硫化锂 Li_2S_n（$4 \leqslant n \leqslant 8$）可溶于电解质。溶解的多硫化物可能引起"穿梭效应"并与锂阳极发生反应，从而导致容量快速下降和库仑效率降低[226]。为了克服此问题，最有效的方法之一是将硫包封在碳主体中来构建碳/硫杂化物。具有大比表面积、足够的孔和分级结构的新型碳材料由于可以具有有效提高电导率、适应巨大的体积变化以及固定硫的能力，被认为是作为阴极材料的优良硫载体[227]。

近年来，由于比表面积大、微孔丰富、导电性好等原因，由 MOF 衍生的多孔碳材料正成为 LSB 的理想候选材料。最近发现了一种以 MOF 衍生的石墨烯基多孔碳（NPC/G）为硫载体的多功能碳杂化材料[228]。一方面，碳纳米粒子的高比表面积和氮掺杂可以通过物理限制和化学吸附有效地固定多硫化物；另一方面，高导电性的石墨烯提供了一个相互连接的导电骨架，促进了电子的快速传输，提高了硫的利用率。结果表明，NPC/G 基硫阴极具有 1372mA·h/g 的高容量，300 次循环稳定性好，为高性能 LSB 用 MOF 衍生碳材料的设计提供了一条很有前途的途径。

Yin 等通过碳化法制备了 RGO 包裹 MOF 衍生的钴掺杂多孔碳多面体用作高性能 LSB 正极的固硫剂（RGO/C-Co-S）[229]。RGO/C-Co-S 正极材料电化学性能显著提高，在电流密度为 0.3A/g 时，300 次循环后比容量达到 949mA·h/g；在电流密度为 0.5A/g、1A/g 和 2A/g 时，比容量分别达到 772(mA·h)/g、704(mA·h)/g 和 606mA·h/g（图 6-51）。MOF 衍生的多孔碳、均匀分布的 Co 纳米颗粒和 RGO 纳米片三者的协同作用促进对硫物种的限制；丰富的中孔和微孔的存在有利于大量 S 物种的固定化，并且均匀镶嵌的超细 Co 纳米粒子可以通过 Co 与硫/多硫化物之间的化学作用进一步固定硫。此外，紧密包裹在碳载体上的 RGO 纳米片起到阻挡层的作用，防止多硫化物扩散出基质，进一步抑制穿梭效应。

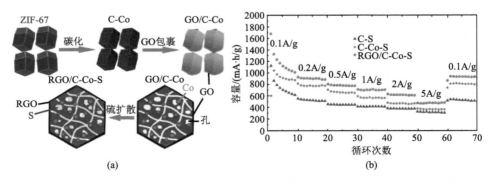

图 6-51　（a）RGO/C-Co-S 纳米杂化多面体形成示意图；（b）RGO/C-Co-S、C-Co-S 和 C-S 纳米杂化阴极在不同电流密度下的倍率性能[229]

　　一般而言，MOF 衍生多孔碳应用于 LSB 的优点包括：①高孔隙率提高硫的负载量；②窄分布的微孔可以有效地捕获和固定硫，从而减少多硫化物的溶解；③层次化的多孔结构可以诱导 Li^+ 的快速传输，从而导致高硫负载量。同时，它可以改善多孔碳与硫之间的相互作用[227]。

6.7.4　其他典型电池

　　除上述储能系统应用外，MOF 衍生材料还被证明适用于许多其他能源体系，包括锂氧电池、锂硒电池、金属-空气电池等。本小节简要介绍 MOF 衍生材料在这些能源系统中的应用，以便读者对这一领域有更广泛的了解。

　　锂氧电池已成为一种具有超高理论比容量的可充电电池，但由于氧化还原反应动力学缓慢以及 Li_2O_2 等固体中间体的形成，其往返效率低，循环稳定性差，这就造成了实际性能和理论性能之间的巨大差距，极大地阻碍了它们的广泛应用[230]。MOF 衍生材料因其具有层次结构和均匀分布的催化活性中心，适合于物质输运、ORR/OER 电催化和固体中间体的调节，是一种具有很好前景的锂氧电池阴极材料。

　　锂硒电池中硒作为最具竞争力的阴极材料之一，与硫相比，具有相似的锂化机理。硒在 $4.82g/cm^3$ 的基础上提供了 $3253mA\cdot h/cm^3$ 的理论体积比容量，与硫相当（$2.07g/cm^3$ 时为 $3467mA\cdot h/cm^3$），保证了较高的活性物质利用率和一定程度上的反应活性能力[231, 232]。相比于硫，硒有着更好的导电性，但在电化学反应过程中硒阴极依然存在大体积膨胀的问题，这限制了它的库仑效率和循环性能[233]。解决这些问题的有效途径之一是将硒与导电多孔碳材料结合起来，空心多孔结构可以作为缓冲层，缓解嵌锂/脱锂过程中的体积变化，改善电极材料与电解液的接触面积，以实现快速离子扩散。MOF 衍生的碳材料就是考虑的对象之一。

　　金属-空气电池具有能量密度高、环境友好、成本低等优点，是继 LIB 最有前途的替代品之一。典型的金属-空气电池由金属阳极、隔膜、空气阴极和电解液组成。在这些部件中，空气阴极是决定金属-空气电池性能的最关键部件之一。因此，ORR 和 OER 作为金属-空气电池最重要的两个反应，人们致力于开发用于 ORR 和 OER 反应的非贵金属电催化剂，以实现高性能的可充电金属-空气电池[227]。通过在空气正极上使用高效催化剂来提高锌空气电池的可充性和能量效率，已经得到了广泛的研究。近年来，MOF 衍生碳材料由于杂原子掺杂均匀、比表面积大、有序性好等优点，作为锌-空气电池贵金属电催化剂的替代品引起了人们的极大兴趣。然而，目前的材料还存在着一些问题，如热解过程中碳骨架坍塌、孔径分布窄、催化活性中心暴露不足等。因此，设计 MOF 衍生材料的形貌和结构是非常重要的。

6.8 　其他应用

6.8.1 　燃料脱硫脱氮

在原油液体燃料中，天然存在的含硫/氮类有机物是主要的污染物。含硫类有机物主要有硫醇、噻吩（TP）及其衍生物如苯并噻吩（BT）、4-甲基苯并噻吩（4-MBT）、4, 6-二甲基二苯并噻吩（4, 6-DMDBT）等。含氮类有机物主要有吡啶、喹啉（QUI）、吡咯（PRL）、吲哚（IND）、咔唑（CBZ）及其衍生物。这些类型的有机物在燃烧时分别释放有毒的 SO_x 和 NO_x，并造成严重的环境和健康问题，包括空气和水污染、全球变暖以及对生物的有害影响。到目前为止，研究人员已经报道了许多方法来尝试从原油中去除这些有害化合物，降低硫/氮含量。其中，加氢脱硫/脱氮（HDS/HDN）技术在实现噻吩类硫化物的去除要求上尚不成熟；氧化脱硫/脱氮（ODS/ODN）工艺简单，吸附高效，但能量要求高；生物脱硫/脱氮、萃取脱硫/脱氮（EDS/EDN）的相关报道较少；吸附脱硫/脱氮（ADS/AND）操作条件温和，不需要氢气、氧气的参与，认为是最简单的过程，能够将含硫/氮有机物去除到很低的水平。

过去有报道证实将 Cu_2O 掺入载体形成多孔吸附剂可以成功地用于脱氮技术[234, 235]。但由于非常苛刻的负载条件，热稳定性较差的 MOF 材料不能用作 Cu_2O 的载体。考虑到 MOF 材料的特性，Jhung 课题组尝试以 MAF-6 为原料、KOH 为活化剂，热解合成了孔隙率较高的 MOF 衍生碳 MDC-K[236]，并成功在 MDC-K 载体的孔内低温合成 Cu_2O 颗粒，制备了高孔 Cu_2O/MDC-K 吸附剂。在已报道的碳基吸附剂中，Cu_2O/MDC-K 对喹啉（454mg/g）和吲哚（435mg/g）的最大吸附容量（Q_m）分别位居第一和第二位。与不加 KOH 的 MDC 相比，Cu_2O/MDC-K 对喹啉和吲哚的吸附量分别提高了 213% 和 243% 左右，是传统活性炭的 5～6 倍。在甲苯等芳烃溶剂存在下，Cu_2O/MDC-K 对喹啉和吲哚表现出较高的选择性，且易于回收。在这项工作中，Cu_2O/MDC-K 的显著吸附可以通过载体上引入的 Cu（I）物种（具有丰富的 d 电子和空的 s 轨道）与喹啉或吲哚环上的 π 电子云有效地相互作用来解释。

6.8.2 　药物缓释

随着人口的增加，城市化和生活水平不断提高，包括地表水和地下水在内的水资源已受到有机物的污染，部分原因是制药和个人护理产品（PPCP）的大量生产及广泛使用。因此，PPCP 作为新兴污染物，该领域吸附工作也将不可避免。到目前为止，含碳材料由于具有高疏水性、高孔隙率和相对较低的成本，可用于吸附净化水中的污染物。MOF 衍生的碳材料就是有潜力的一类多孔材料。迄今，已报道的多孔吸附剂在吸附水中有机物时，表现出的多种吸附机理主要有范德瓦耳斯作用、静电作用、π-π 作用、疏水作用、酸碱作用和氢键作用等，均会影响对有机物的吸附效果。

　　Jhung 课题组由 ZIF-8 热解制备了由 MOF 衍生的多孔碳（PCDM）[237]。当温度升高到一定程度时，材料中的元素被热解形成孔隙，从而提高材料的比表面积和吸附能力。在所测试的各类吸附剂中，PCDM-1000 具有较高的吸附容量和较快的吸附动力学，对布洛芬（IBP，320mg/g）和双氯芬酸钠（DCF，400mg/g）的最大吸附容量分别是活性炭的 3 倍和 5 倍。他们认为，PCDM-1000 对 DCF 和 IBP 的显著去除效果可以用氢键相互作用来解释，其中氢键给体是 PCDM-1000（主要通过酚基），IBP/DCF 是氢键受体。

　　随后，他们又使用 MAF-6 在 KOH 活化剂的存在下热解获得的一系列多孔碳材料纯化有机物污染的水[238]。值得注意的是，无论其酸碱度如何，CDM6-K1000 对五种 PPCP[酸性布洛芬（IBP）、弱酸性氧化苯甲酮（OXB）、三氯生（TCS）、碱性双氯芬酸钠（DCF）和阿替洛尔（ATNL）]显示出高吸附能力，对 IBP 和 DCF 的最高吸附容量分别达 408mg/g 和 503mg/g，且通过溶剂洗涤易于回收。他们分析，对 IBP 的吸附可以用范德瓦耳斯作用和疏水相互作用来解释，较高 pH 下吸附量较低可能是由于带负电荷的碳与 IBP 阴离子之间的排斥作用。考虑到 PPCP 上的官能团不同，其他 PPCP 的吸附机理可能与 IBP 的吸附机理不同，因此可能需要进一步的工作来了解其他 PPCP 的吸附机理。

6.8.3　吸波材料

　　随着科学技术的飞速发展，各种新兴电子设备接踵而来，提高了人们的生活质量和促进了社会的全面进步。特别是对运用于军事领域的雷达技术投入了大量精力。然而这些电子产品在给人类带来便利的同时，过度的电磁波辐射也给周围带来了环境污染，甚至危害人体健康。因此，研发高性能的微波吸收材料将具有非常重要的价值。为了获得良好的吸波材料，应尽量使材料的波阻抗与自由空间的波阻抗相匹配。同时电磁波在吸波材料内部传输时，介电损耗或磁损耗等损耗机制会造成电磁能量衰减，因此材料需具有较高的电磁损耗性能，才能实现电磁波的高效吸收。

　　在航空和微电子领域，通常还要求吸波材料满足厚度薄、质量轻。然而，包括铁氧体、陶瓷及其复合材料在内的传统材料很难满足所有的要求。作为替代材料，碳材料因其具有介电损耗能力强、密度低、热稳定性和化学稳定性高、易于从自然界制备等独特的性能而备受关注。目前被报道的如碳纤维、碳纳米管、石墨烯等几种碳材料具有良好的微波吸收性能，但仍存在缺点，要实现商业价值还需要做更多的尝试。

考虑到 MOF 材料结构和孔道的可调性，Ji 等利用铁前驱体包裹的 ZIF-8 合成分散良好的铁纳米颗粒修饰的多孔碳复合材料 Fe/C，具有较低的铁纳米颗粒含量，有利于降低吸收材料的质量密度[239]。Fe/C 复合材料在基体中的填充量仅为 15wt%的情况下，在 17.20GHz 处的最小反射损耗（RL）为–29.50dB，厚度为 2.50mm。由于相似的化学性质，Liu 等从镍基 MOF 中制备了不同温度下的多孔 Ni/C 复合材料[240]。结果表明，S500 具有最强的微波吸收性能，厚度为 2.6mm 时，在 10.44GHz 处的 RL 值为–51.8dB，有效频带宽度（f_e）为 3.48GHz。Chen 课题组在氮气气氛下高温烧结 Co-MOF-74，合成具有包封在多孔碳壳中的钴核复合材料[241]。这些复合材料的有效吸收带宽范围为 4.1～18GHz。当碳化温度为 800℃时，Co-C 样品在 9.15GHz 时 RL 值达到–45.69dB，厚度为 3mm。在 11.85GHz 和厚度为 2.4mm 的情况下，RL 的最小值达到–62.12dB。除了多孔碳骨架的介电损耗和金属纳米颗粒的磁损耗以外，MOF 衍生碳复合材料中两组分间的界面极化和产生多重散射也至关重要。目前，关于从 MOF 衍生的材料吸收微波的研究仍然有限，这类多孔结构的成功制造为增强电磁波吸收提供了新思路。

6.8.4　医学治疗应用

光疗包括两种治疗技术：光热疗法（PTT）和光动力疗法（PDT）。PTT 包括光热剂，它通过电子-声子和声子-声子耦合作用，将近红外（NIR）光子能量转化为热能，杀死癌细胞。在光动力疗法中，光敏剂在特定波长的照射下激活活性氧（ROS），经过一系列的生化和生物物理过程，可以不可逆转地破坏附近的癌细胞[242]。合理设计将 PTT 和 PDT 整合在一起，协同作用的联合治疗有利于克服单一治疗方式下的细胞耐药性。

卟啉及其衍生物是光动力疗法中常用的光敏剂，并经美国食品和药品监督管理局（FDA）批准[243]。然而，卟啉类增敏剂存在一些缺点，如对光漂白不稳定、疏水性差、穿透深度差、具光毒性等，阻碍了卟啉类增敏剂的临床应用。

Liu 等首先在 ZIF-8 表面包覆介孔二氧化硅（mSiO$_2$）壳层，通过高温处理将得到的 ZIF-8@mSiO$_2$ 转变为 PMCS@mSiO$_2$[244]，避免了在高温热解过程中过渡金属和氮共掺碳的不可逆聚集，最后用氢氧化钠溶液腐蚀 mSiO$_2$ 壳层，得到了含类卟啉金属中心的介孔碳纳米球（PMCS），其比表面积为 950m^2/g，孔体积为 1.97cm^3/g。由于 EPR 效应，PMCS 的大小和单分散性适合于肿瘤治疗的纳米颗粒的快速吸收和渗透。在 808nm 激光照射下，PMCS 表现出良好的稳定性和较高的光热转换效率（33.0%），其单线态氧（$^1O_2$）量子产率（$\Phi \approx 0.0023$）与常用的近红外荧光染料/光敏剂吲哚青绿（$\Phi_{ICG} = 0.0020$）相当，表明 PMCS 是优良的 PDT 增敏剂。急性毒性研究表明，PMCS 在体内和体外均具有良好的生物相容性。在近红外激光照射下，PMCS 可引起高度的肿瘤细胞坏死/凋亡。此外，结合 IR 和光声成像，PMCS 在有效的适形肿瘤治疗方面具有巨大的潜力，证明了含有类似卟啉金属中心的碳纳米球可能在未来的癌症治疗中发挥重要作用。

虽然具有极大的发展空间，但光疗仍然存在体内渗透率低的问题。声动力疗法（SDT）由于安全性好、组织渗透深度大、成本低等优点，成为一种新的癌症治疗策略[245]。Liu 等发现，由于其独特的类卟啉结构，PMCS 作为声敏剂不仅可以通过产生高 ROS 来杀灭肿瘤细胞，还可以通过增加 PMCS 微孔/中孔中的空化核来增强空化效应，从而提高 SDT 效率[246]。通过电子自旋共振和染料测量，证实了在超声作用下，PMCS 产生了较高的羟自由基（·OH），单线态氧（$^1O_2$）的产生效率提高了 203.6%。此外，体外和体内治疗结果都显示 PMCS 作为声敏剂具有很高的抑瘤率（85%）。这一系列的发现将有助于加深对 MOF 衍生碳纳米结构相关声化学机理的理解，并指导设计高 ROS 产率和优异稳定性的无机声敏剂。

6.8.5　生物传感

近年来，纳米生物技术在医学检测方面已有了不小的发展，通过纳米检测手段，及时获取有效信息可以大大减少药物治疗带来的负担。现今多数 MOF 材料除了应用于催化领域，其在传感方面也有不少的研究。由于块状材料的尺寸限制了其在生物传感领域的应用，因此必须考虑利用 MOF 作为模板开发新型纳米衍生材料，用于医疗和环境检测，改善人体健康。

重金属砷是土壤和水生系统中常见的污染物，对人体器官和生态系统具有众多的危害。检测 As（Ⅴ）的传感器主要有比色法、荧光法和电化学传感器。其中，荧光法因操作简便、灵敏度高、选择性好、易于在实际样品分析中应用等优点，在 As（Ⅴ）的检测中备受关注。Muppidathi 等采用一锅固相模板法制备了 MOF 衍生磁性多孔碳（MPC）荧光生物传感复合材料[247]。当 FAM（羧基荧光素）标记的单链脱氧核糖核酸（FAM-ssDNA）吸附在复合材料表面上时，可以导致荧光急剧猝灭，猝灭效率达到 96%；当 As（Ⅴ）引入传感系统时，由于 MPC 复合材料表面对 As（Ⅴ）有很强的亲和力，可以导致荧光急剧增强。因此，在该传感系统中，同时发生"关闭"和"开启"感测（吸附和解吸），实现了 As（Ⅴ）的高效检测。此外，该传感器在 0～15nm 范围内对 As（Ⅴ）表现出高灵敏的荧光响应，检测下限低至 630pm。这种基于荧光的生物传感器结构简单、稳定性高、具有良好的分析性能，在其他环境样品和生物应用上具有很大的潜力。

抗坏血酸（AA）作为一种维持人类健康的重要微量营养素，具有抗氧化和清除自由基的能力，可以促进健康细胞的发育和正常组织的生长，用于治疗过敏、药物中毒、坏血病等疾病。然而过量摄入 AA 也会对身体造成不适。为设计一种简单、高效、生物相容性好的荧光探针来提高检测 AA 的灵敏度，Wang 等以叶状 MOF-5（MOF-5-L）为模板，Eu(CF$_3$COO)$_3$ 为前驱体合成了发光 Eu HDS 纳米花[248]。

由于 CF_3COO^- 插层在 Eu 氢氧化层中，得到的 Eu HDS 纳米花在水溶液中发出强烈的红色荧光，寿命为 617.33μs，阴离子 AA^- 对 Eu HDS 纳米花的荧光有很强的抑制作用，这是由于 AA^- 与 CF_3COO^- 之间的阴离子交换作用。基于 Eu HDS 表面 AA 和 OH 基团之间存在空间效应和氢键作用，以 Eu HDS 纳米花制备的纳米探针对 AA 的检测具有良好的灵敏度和选择性，检测下限为 1.46nm。此外，该纳米探针成功地用于测定人体体液中的 AA，在临床诊断中具有广阔的应用前景。

糖尿病作为对人类健康最大的威胁之一，准确监测血糖水平对糖尿病的诊断至关重要。电化学方法由于具在内优势，如高灵敏性、低成本和简单的操作过程，被认为是检测葡萄糖最有效和最方便的手段。Hu 等通过高效的一步煅烧方法将 Ni 和 NiO 纳米粒子以及碳骨架与 Ni-MOF 结合，形成 Ni-MOF/Ni/NiO/C 纳米复合材料，并固定在带有 Nafion 膜的玻璃碳电极（GCE）上，以构建高性能的非酶葡萄糖电化学传感器[249]。电流检测结果显示，该葡萄糖传感器具有低检测限（0.8μmol/L），高灵敏度[367.45(mA·L)/(mol·cm²)]和宽线性范围（4~5664μmol/L）。重要的是，在所制造的葡萄糖传感器中获得了良好的重现性、长期稳定性和优异的选择性。此外，利用所构建的高性能传感器监测人血清中的葡萄糖水平获得了满意的结果。

土霉素（OTC）在水产养殖系统中是一种广泛用于治疗感染性动物疾病的抗生素。然而，由于其生物利用度低，摄入的 OTC 只有一小部分在动物体内代谢，残留的 OTC 排出并释放到土壤、地表水和地下水中，危害生态健康。Zhang 等以 Fe-MOF 为原料，制备了具有优异电化学性能的 $Fe_3O_4@mC$ 纳米复合材料，并将其用于痕量 OTC 的检测[250]。$Fe_3O_4@mC$ 具有高比表面积、良好的生物相容性和很强的生物亲和力。比较发现，$Fe_3O_4@mC_{900}$ 具有优异的纳米结构和高电化学性能，基于 $Fe_3O_4@mC_{900}$ 的电化学适配传感器检测下限为 0.027pg/mL（58.6fmol/L），在 OTC 浓度为 0.005~1.0ng/mL 范围内呈良好的线性关系，是实现 OTC 高灵敏度、高选择性检测的最佳候选材料。该纳米复合材料在牛奶样品中还具有高的重现性、稳定性和再生性等性质，为抗生素的痕量快速检测搭建了重要平台。

6.9 小结

在可持续发展的迫切要求下，利用绿色、生态友好的可再生能源是在能源和环境问题日益严峻的情况下解决危机的必由之路。为了促进能源转换和存储技术的发展，急需开发与创新化学相关的新材料。MOF 作为一类多孔材料，具有大比表面积、高孔隙率、孔结构和功能可调等优势，通过简单方法便能够获得其多种衍生物，包括多孔碳材料、金属纳米颗粒、金属氧化物、硫化物、磷化物及其复合材料等，通过调控其形貌、结构的特点，可以满足绝大部分的应用需求。

目前已证明 MOF 衍生物在气体分离与存储、热催化、电催化、光（电）催化、能量存储等许多应用方面都有优秀的表现。MOF 作为合成具有独特纳米结构的金属化合物和碳材料的优质模板，不仅继承了 MOF 本身特性，在性能上也有所提高。预先设计 MOF 前驱体来精确控制活性中心，调节纳米孔径尺寸，保证了高通量传质；超高的比表面积和孔隙率满足了多孔吸附剂的基本要求，同时在催化和储能中可以有效提高传质作用；基于均匀分散的金属离子和具有功能性的开放骨架，可以设计具有新工作机制的催化剂；此外，还发现了 MOF 衍生物在物理、军事、生物、医学等方面的拓展。总而言之，本章我们总结了基于 MOF 衍生物的各种应用。尽管 MOF 衍生物在研究中显示出非常诱人的性能和应用价值，但目前被开发的 MOF 衍生物仍是少数，还需要更多的工作和精力去发现新的材料；同时，要实现 MOF 衍生物的工业化和商业化，还有很长的路要走。

参 考 文 献

[1] Sun J K，Xu Q. Functional materials derived from open framework templates/precursors：synthesis and applications[J]. Energy & Environmental Science，2014，7（7）：2071.

[2] Mai H D，Rafiq K，Yoo H. Nano metal-organic framework-derived inorganic hybrid nanomaterials：synthetic strategies and applications[J]. Chemistry—A European Journal，2017，23（24）：5631-5651.

[3] Liu B，Shioyama H，Akita T，et al. Metal-organic framework as a template for porous carbon synthesis[J]. Journal of the American Chemical Society，2008，130（16）：5390-5391.

[4] Jiang H L，Liu B，Lan Y Q，et al. From metal-organic framework to nanoporous carbon：toward a very high surface area and hydrogen uptake[J]. Journal of the American Chemical Society，2011，133（31）：11854-11857.

[5] Almasoudi A，Mokaya R. Preparation and hydrogen storage capacity of templated and activated carbons nanocast from commercially available zeolitic imidazolate framework[J]. Journal of Materials Chemistry，2012，22（1）：146-152.

[6] Yang S J，Kim T，Im J H，et al. MOF-derived hierarchically porous carbon with exceptional porosity and hydrogen storage capacity[J]. Chemistry of Materials，2012，24（3）：464-470.

[7] Aijaz A，Sun J K，Pachfule P，et al. From a metal-organic framework to hierarchical high surface-area hollow octahedral carbon cages[J]. Chemical Communications，2015，51（73）：13945-13948.

[8] Joseph S，Kempaiah D M，Benzigar M，et al. Metal organic framework derived mesoporous carbon nitrides with a high specific surface area and chromium oxide nanoparticles for CO_2 and hydrogen adsorption[J]. Journal of Materials Chemistry A，2017，5（40）：21542-21549.

[9] Chen Y Z，Zhang R，Jiao L，et al. Metal-organic framework-derived porous materials for catalysis[J]. Coordination Chemistry Reviews，2018，362：1-23.

[10] Srinivas G，Krungleviciute V，Guo Z X，et al. Exceptional CO_2 capture in a hierarchically porous carbon with simultaneous high surface area and pore volume[J]. Energy & Environmental Science，2014，7（1）：335-342.

[11] Zhang X W，Jiang L，Mo Z W，et al. Nitrogen-doped porous carbons derived from isomeric metal azolate frameworks[J]. Journal of Materials Chemistry A，2017，5（46）：24263-24268.

[12] Bai F H，de Xia Y，Chen B L，et al. Preparation and carbon dioxide uptake capacity of N-doped porous carbon materials derived from direct carbonization of zeolitic imidazolate framework[J]. Carbon，2014，79：213-226.

[13] Peng A Z，Qi S C，Liu X，et al. N-doped porous carbons derived from a polymer precursor with a record-high N content：efficient adsorbents for CO_2 capture[J]. Chemical Engineering Journal，2019，372：656-664.

[14] Aijaz A，Fujiwara N，Xu Q. From metal-organic framework to nitrogen-decorated nanoporous carbons：high CO_2 uptake and efficient catalytic oxygen reduction[J]. Journal of the American Chemical Society，2014，136（19）：6790-6793.

[15] Aijaz A，Akita T，Yang H，et al. From ionic-liquid@metal-organic framework composites to heteroatom-decorated large-surface area carbons：superior CO_2 and H_2 uptake[J]. Chemical Communications（Cambridge，England），2014，50（49）：6498-6501.

[16] Li R，Ren X Q，Feng X，et al. A highly stable metal- and nitrogen-doped nanocomposite derived from Zn/Ni-ZIF-8 capable of CO_2 capture and separation[J]. Chemical Communications，2014，50（52）：6894.

[17] Pan Y，Zhao Y X，Mu S J，et al. Cation exchanged MOF-derived nitrogen-doped porous carbons for CO_2 capture and supercapacitor electrode materials[J]. Journal of Materials Chemistry A，2017，5（20）：9544-9552.

[18] Ma X C，Li L Q，Chen R F，et al.Heteroatom-doped nanoporous carbon derived from MOF-5 for CO_2 capture[J]. Applied Surface Science，2018，435：494-502.

[19] Gadipelli S，Guo Z X. Tuning of ZIF-derived carbon with high activity，nitrogen functionality，and yield：a case for superior CO_2 capture[J]. ChemSusChem，2015，8（12）：2123-2132.

[20] Wang J，Yang J F，Krishna R，et al. A versatile synthesis of metal-organic framework-derived porous carbons for CO_2 capture and gas separation[J]. Journal of Materials Chemistry A，2016，4（48）：19095-19106.

[21] He Y B，Krishna R，Chen B L. Metal-organic frameworks with potential for energy-efficient adsorptive separation of light hydrocarbons[J]. Energy & Environmental Science，2012，5（10）：9107-9120.

[22] He Y B，Zhou W，Qian G D，et al. Methane storage in metal-organic frameworks[J]. Chemical Society Reviews，2014，43（16）：5657-5678.

[23] Hu M，Reboul J，Furukawa S，et al. Direct carbonization of Al-based porous coordination polymer for synthesis of nanoporous carbon[J]. Journal of the American Chemical Society，2012，134（6）：2864-2867.

[24] Torad N L，Hu M，Kamachi Y，et al. Facile synthesis of nanoporous carbons with controlled particle sizes by direct carbonization of monodispersed ZIF-8 crystals[J]. Chemical Communications，2013，49（25）：2521-2523.

[25] Sun X J，Wu T T，Yan Z M，et al. Novel MOF-5 derived porous carbons as excellent adsorption materials for *n*-hexane[J]. Journal of Solid State Chemistry，2019，271：354-360.

[26] Zhong S，Wang Q，Cao D. ZIF-derived nitrogen-doped porous carbons for Xe adsorption and separation[J]. Scientific Reports，2016，6：21295.

[27] Gong Y J，Tang Y M，Mao Z H，et al. Metal-organic framework derived nanoporous carbons with highly selective adsorption and separation of xenon[J]. Journal of Materials Chemistry A，2018，6（28）：13696-13704.

[28] Han T T，Wang L N，Potgieter J H. ZIF-11 derived nanoporous carbons with ultrahigh uptakes for capture and reversible storage of volatile iodine[J]. Journal of Solid State Chemistry，2020，282：121108.

[29] Hu X W，Long Y，Fan M Y，et al. Two-dimensional covalent organic frameworks as self-template derived nitrogen-doped carbon nanosheets for eco-friendly metal-free catalysis[J]. Applied Catalysis B：Environmental，2019，244：25-35.

[30] Wang X，Li Y W. Nanoporous carbons derived from MOFs as metal-free catalysts for selective aerobic oxidations[J]. Journal of Materials Chemistry A，2016，4（14）：5247-5257.

[31]　Eddaoudi M，Moler D B，Li H L，et al. Modular chemistry：secondary building units as a basis for the design of highly porous and robust metal-organic carboxylate frameworks[J]. Accounts of Chemical Research，2001，34（4）：319-330.

[32]　Lippi R，Howard S C，Barron H，et al. Highly active catalyst for CO_2 methanation derived from a metal organic framework template[J]. Journal of Materials Chemistry A，2017，5（25）：12990-12997.

[33]　Yin Y Z，Hu B，Li X L，et al. Pd@zeolitic imidazolate framework-8 derived PdZn alloy catalysts for efficient hydrogenation of CO_2 to methanol[J]. Applied Catalysis B：Environmental，2018，234：143-152.

[34]　Liu H，Zhang S Y，Liu Y Y，et al. Well-dispersed and size-controlled supported metal oxide nanoparticles derived from MOF composites and further application in catalysis[J]. Small，2015，11（26）：3130-3134.

[35]　Martín N，Dusselier M，de Vos D E，et al. Metal-organic framework derived metal oxide clusters in porous aluminosilicates：a catalyst design for the synthesis of bioactive aza-heterocycles[J]. ACS Catalysis，2019，9（1）：44-48.

[36]　Chen G Z，Guo Z Y，Zhao W，et al. Design of porous/hollow structured ceria by partial thermal decomposition of Ce-MOF and selective etching[J]. ACS Applied Materials & Interfaces，2017，9（45）：39594-39601.

[37]　Shi J L. On the synergetic catalytic effect in heterogeneous nanocomposite catalysts[J]. Chemical Reviews，2013，113（3）：2139-2181.

[38]　Wang C，Wang D，Yang Y，et al. Enhanced CO oxidation on CeO_2/Co_3O_4 nanojunctions derived from annealing of metal organic frameworks[J]. Nanoscale，2016，8（47）：19761-19768.

[39]　Li C X，Chen C B，Lu J Y，et al. Metal organic framework-derived $CoMn_2O_4$ catalyst for heterogeneous activation of peroxymonosulfate and sulfanilamide degradation[J]. Chemical Engineering Journal，2018，337：101-109.

[40]　Kim A，Muthuchamy N，Yoon C，et al. MOF-derived $Cu@Cu_2O$ nanocatalyst for oxygen reduction reaction and cycloaddition reaction[J]. Nanomaterials，2018，8（3）：E138.

[41]　Zhan G W，Zeng H C. ZIF-67-derived nanoreactors for controlling product selectivity in CO_2 hydrogenation[J]. ACS Catalysis，2017，7（11）：7509-7519.

[42]　Ye R P，Lin L，Chen C C，et al. Synthesis of robust MOF-derived Cu/SiO_2 catalyst with low copper loading via sol-gel method for the dimethyl oxalate hydrogenation reaction[J]. ACS Catalysis，2018，8（4）：3382-3394.

[43]　Dong W H，Zhang L，Wang C H，et al. Palladium nanoparticles embedded in metal-organic framework derived porous carbon：synthesis and application for efficient Suzuki-Miyaura coupling reactions[J]. RSC Advances，2016，6（43）：37118-37123.

[44]　Li X L，Zhang B Y，Fang Y H，et al. Metal-organic-framework-derived carbons：applications as solid-base catalyst and support for Pd nanoparticles in tandem catalysis[J]. Chemistry—A European Journal，2017，23（18）：4266-4270.

[45]　Xia B Q，Chen K，Luo W，et al. NiRh nanoparticles supported on nitrogen-doped porous carbon as highly efficient catalysts for dehydrogenation of hydrazine in alkaline solution[J]. Nano Research，2015，8（11）：3472-3479.

[46]　Zhao Q，Liu L J，Liu R，et al. PdCu nanoalloy immobilized in ZIF-derived N-doped carbon/graphene nanosheets：alloying effect on catalysis[J]. Chemical Engineering Journal，2018，353：311-318.

[47]　Tan H L，Ma C J，Gao L，et al. Metal-organic framework-derived copper Nanoparticle@Carbon nanocomposites as peroxidase mimics for colorimetric sensing of ascorbic acid[J]. Chemistry—A European Journal，2014，20（49）：16377-16383.

[48]　Shen K，Chen L，Long J L，et al. MOFs-templated Co@Pd core-shell NPs embedded in N-doped carbon matrix with superior hydrogenation activities[J]. ACS Catalysis，2015，5（9）：5264-5271.

[49] Zhong H，Wang Y，Cui C，et al. Facile fabrication of Cu-based alloy nanoparticles encapsulated within hollow octahedral N-doped porous carbon for selective oxidation of hydrocarbons[J]. Chemical Science，2018，9（46）：8703-8710.

[50] Chen H R，Shen K，Mao Q，et al. Nanoreactor of MOF-derived yolk-shell Co@C-N：precisely controllable structure and enhanced catalytic activity[J]. ACS Catalysis，2018，8（2）：1417-1426.

[51] Xie F，Lu G P，Xie R，et al. MOF-derived subnanometer cobalt catalyst for selective C-H oxidative sulfonylation of tetrahydroquinoxalines with sodium sulfinates[J]. ACS Catalysis，2019，9（4）：2718-2724.

[52] Qiu B，Yang C，Guo W H，et al. Highly dispersed Co-based Fischer-Tropsch synthesis catalysts from metal-organic frameworks[J]. Journal of Materials Chemistry A，2017，5（17）：8081-8086.

[53] Long J L，Shen K，Chen L，et al. Multimetal-MOF-derived transition metal alloy NPs embedded in an N-doped carbon matrix：highly active catalysts for hydrogenation reactions[J]. Journal of Materials Chemistry A，2016，4（26）：10254-10262.

[54] Wang Y，Sang S Y，Zhu W，et al. CuNi@C catalysts with high activity derived from metal-organic frameworks precursor for conversion of furfural to cyclopentanone[J]. Chemical Engineering Journal，2016，299：104-111.

[55] Gong W B，Lin Y，Chen C，et al. Nitrogen-doped carbon nanotube confined Co-N$_x$ sites for selective hydrogenation of biomass-derived compounds[J]. Advanced Materials，2019，31（11）：1808341.

[56] Yang Q H，Yang C C，Lin C H，et al. Metal-organic-framework-derived hollow N-doped porous carbon with ultrahigh concentrations of single Zn atoms for efficient carbon dioxide conversion[J]. Angewandte Chemie International Edition，2019，58（11）：3511-3515.

[57] Zheng S S，Li X R，Yan B Y，et al. Transition-metal（Fe，Co，Ni）based metal-organic frameworks for electrochemical energy storage[J]. Advanced Energy Materials，2017，7（18）：1602733.

[58] Yang S L，Peng L，Oveisi E，et al. MOF-derived cobalt phosphide/carbon nanocubes for selective hydrogenation of nitroarenes to anilines[J]. Chemistry—A European Journal，2018，24（17）：4234-4238.

[59] Yang S L，Peng L，Sun D T，et al. Metal-organic-framework-derived Co$_3$S$_4$ hollow nanoboxes for the selective reduction of nitroarenes[J]. ChemSusChem，2018，11（18）：3131-3138.

[60] Abdul Nasir Khan M，Kwame Klu P，Wang C H，et al. Metal-organic framework-derived hollow Co$_3$O$_4$/carbon as efficient catalyst for peroxymonosulfate activation[J]. Chemical Engineering Journal，2019，363：234-246.

[61] Bhadra B N，Jhung S H. Well-dispersed Ni or MnO nanoparticles on mesoporous carbons：preparation via carbonization of bimetallic MOF-74s for highly reactive redox catalysts[J]. Nanoscale，2018，10（31）：15035-15047.

[62] Tian H，Liu X Y，Dong L B，et al. Enhanced hydrogenation performance over hollow structured Co-CoO$_x$@N-C capsules[J]. Advanced Science，2019，6（22）：1900807.

[63] Li W H，Wu X F，Shuan D L，et al. Magnetic porous Fe$_3$O$_4$/carbon octahedra derived from iron-based metal-organic framework as heterogeneous Fenton-like catalyst[J]. Applied Surface Science，2018，436：252-262.

[64] Ma X，Zhou Y X，Liu H，et al. A MOF-derived Co-CoO@N-doped porous carbon for efficient tandem catalysis：dehydrogenation of ammonia borane and hydrogenation of nitro compounds[J]. Chemical Communications，2016，52（49）：7719-7722.

[65] Liu Y Y，Han G S，Zhang X Y，et al. Co-Co$_3$O$_4$@carbon core-shells derived from metal-organic framework nanocrystals as efficient hydrogen evolution catalysts[J]. Nano Research，2017，10（9）：3035-3048.

[66] Zhang R R，Hu L，Bao S X，et al. Surface polarization enhancement：high catalytic performance of Cu/CuO$_x$/C nanocomposites derived from Cu-BTC for CO oxidation[J]. Journal of Materials Chemistry A，2016，4（21）：

8412-8420.

[67]　Ai Y J，Hu Z N，Liu L，et al. Magnetically hollow Pt nanocages with ultrathin walls as a highly integrated nanoreactor for catalytic transfer hydrogenation reaction[J]. Advanced Science，2019，6（7）：1802132.

[68]　Song F Z，Zhu Q L，Yang X C，et al. Metal-organic framework templated porous carbon-metal oxide/reduced graphene oxide as superior support of bimetallic nanoparticles for efficient hydrogen generation from formic acid[J]. Advanced Energy Materials，2018，8（1）：1701416.

[69]　Yang K，Yan Y，Wang H Y，et al. Monodisperse $Cu/Cu_2O@C$ core-shell nanocomposite supported on rGO layers as an efficient catalyst derived from a Cu-based MOF/GO structure[J]. Nanoscale，2018，10（37）：17647-17655.

[70]　Ren Q，Wang H，Lu X F，et al. Recent progress on MOF-derived heteroatom-doped carbon-based electrocatalysts for oxygen reduction reaction[J]. Advanced Science，2018，5（3）：1700515.

[71]　Wang S Y，Wang X，Li X Y，et al. Nonporous MOF-derived dopant-free mesoporous carbon as an efficient metal-free electrocatalyst for the oxygen reduction reaction[J]. Journal of Materials Chemistry A，2016，4（24）：9370-9374.

[72]　Lu X F，Xia B Y，Zang S Q，et al. Metal-organic frameworks based electrocatalysts for the oxygen reduction reaction[J]. Angewandte Chemie，2020，132（12）：4662-4678.

[73]　Dang S，Zhu Q L，Xu Q. Nanomaterials derived from metal-organic frameworks[J]. Nature Reviews Materials，2017，3（1）：1-14.

[74]　Shen K，Chen X D，Chen J Y，et al. Development of MOF-derived carbon-based nanomaterials for efficient catalysis[J]. ACS Catalysis，2016，6（9）：5887-5903.

[75]　Borup R L，Meyers J P，Pivovar B，et al. Scientific aspects of polymer electrolyte fuel cell durability and degradation[J]. Chemical Reviews，2007，107（10）：3904-3951.

[76]　Li L，Chang Z W，Zhang X B. Recent progress on the development of metal-air batteries[J]. Advanced Sustainable Systems，2017，1（10）：1700036.

[77]　Mahmood A，Guo W H，Tabassum H，et al. Metal-organic framework-based nanomaterials for electrocatalysis[J]. Advanced Energy Materials，2016，6（17）：1600423.

[78]　Wang H F，Chen L，Pang H，et al. MOF-derived electrocatalysts for oxygen reduction，oxygen evolution and hydrogen evolution reactions[J]. Chemical Society Reviews，2020，49（5）：1414-1448.

[79]　Kulkarni A，Siahrostami S，Patel A，et al. Understanding catalytic activity trends in the oxygen reduction reaction[J]. Chemical Reviews，2018，118（5）：2302-2312.

[80]　Yao L L，Yang W X，Liu H L，et al. Synthesis and ORR electrocatalytic activity of mixed Mn-Co oxides derived from divalent metal-based MIL-53 analogues[J]. Dalton Transactions，2017，46（44）：15512-15519.

[81]　Pan J，Tian X L，Zaman S，et al. Recent progress on transition metal oxides as bifunctional catalysts for lithium-air and zinc-air batteries[J]. Batteries & Supercaps，2019，2（4）：336-347.

[82]　Xia Z H，An L，Chen P K，et al. Non-Pt nanostructured catalysts for oxygen reduction reaction：synthesis，catalytic activity and its key factors[J]. Advanced Energy Materials，2016，6（17）：1600458.

[83]　Tian X L，Lu X F，Xia B Y，et al. Advanced electrocatalysts for the oxygen reduction reaction in energy conversion technologies[J]. Joule，2020，4（1）：45-68.

[84]　Chai L L，Zhang L J，Wang X，et al. Bottom-up synthesis of MOF-derived hollow N-doped carbon materials for enhanced ORR performance[J]. Carbon，2019，146：248-256.

[85]　Wang Y Q，Tao L，Xiao Z H，et al. 3D carbon electrocatalysts in situ constructed by defect-rich nanosheets and polyhedrons from NaCl-sealed zeolitic imidazolate frameworks[J]. Advanced Functional Materials，2018，28（11）：

1705356.

[86] Zhu Y, Zhang Z Y, Li W Q, et al. Highly exposed active sites of defect-enriched derived MOFs for enhanced oxygen reduction reaction[J]. ACS Sustainable Chemistry & Engineering, 2019, 7 (21): 17855-17862.

[87] Liang J, Jiao Y, Jaroniec M, et al. Sulfur and nitrogen dual-doped mesoporous graphene electrocatalyst for oxygen reduction with synergistically enhanced performance[J]. Angewandte Chemie International Edition, 2012, 51 (46): 11496-11500.

[88] Rong H Q, Zhan T R, Sun Y, et al. ZIF-8 derived nitrogen, phosphorus and sulfur tri-doped mesoporous carbon for boosting electrocatalysis to oxygen reduction in universal pH range[J]. Electrochimica Acta, 2019, 318: 783-793.

[89] Song Z X, Liu W W, Cheng N C, et al. Origin of the high oxygen reduction reaction of nitrogen and sulfur co-doped MOF-derived nanocarbon electrocatalysts[J]. Materials Horizons, 2017, 4 (5): 900-907.

[90] Zhang H B, An P F, Zhou W, et al. Dynamic traction of lattice-confined platinum atoms into mesoporous carbon matrix for hydrogen evolution reaction[J]. Science Advances, 2018, 4 (1): eaao6657.

[91] Chong L, Wen J, Kubal J, et al. Ultralow-loading platinum-cobalt fuel cell catalysts derived from imidazolate frameworks[J]. Science, 2018, 362 (6420): 1276-1281.

[92] Sidik R A, Anderson A B. Co_9S_8 as a catalyst for electroreduction of O_2: quantum chemistry predictions[J]. Journal of Physical Chemistry B, 2006, 110 (2): 936-941.

[93] Zhu Q L, Xia W, Akita T, et al. Metal-organic framework-derived honeycomb-like open porous nanostructures as precious-metal-free catalysts for highly efficient oxygen electroreduction[J]. Advanced Materials, 2016, 28 (30): 6391-6398.

[94] Xia B Y, Yan Y, Li N, et al. A metal-organic framework-derived bifunctional oxygen electrocatalyst[J]. Nature Energy, 1 (1): 1-8.

[95] Noh S H, Seo M H, Kang J, et al. Towards a comprehensive understanding of FeCo coated with N-doped carbon as a stable bi-functional catalyst in acidic media[J]. NPG Asia Materials, 2016, 8 (9): e312.

[96] Zhang S L, Guan B Y, Lou X W, et al. Co-Fe alloy/N-doped carbon hollow spheres derived from dual metal-organic frameworks for enhanced electrocatalytic oxygen reduction[J]. Small, 2019, 15 (13): 1805324.

[97] Jiao L, Wan G, Zhang R, et al. From metal-organic frameworks to single-atom Fe implanted N-doped porous carbons: efficient oxygen reduction in both alkaline and acidic media[J]. Angewandte Chemie International Edition, 2018, 57 (28): 8525-8529.

[98] Qian Y H, Hu Z G, Ge X M, et al. A metal-free ORR/OER bifunctional electrocatalyst derived from metal-organic frameworks for rechargeable Zn-air batteries[J]. Carbon, 2017, 111: 641-650.

[99] Lei Y J, Li W, Zhai S L, et al. Metal-free bifunctional carbon electrocatalysts derived from zeolitic imidazolate frameworks for efficient water splitting[J]. Materials Chemistry Frontiers, 2018, 2 (1): 102-111.

[100] Frydendal R, Paoli E A, Knudsen B P, et al. Benchmarking the stability of oxygen evolution reaction catalysts: the importance of monitoring mass losses[J]. ChemElectroChem, 2014, 1 (12): 2075-2081.

[101] Lee Y, Suntivich J, May K J, et al. Synthesis and activities of rutile IrO_2 and RuO_2 nanoparticles for oxygen evolution in acid and alkaline solutions[J]. The Journal of Physical Chemistry Letters, 2012, 3 (3): 399-404.

[102] Suen N T, Hung S F, Quan Q, et al. Electrocatalysis for the oxygen evolution reaction: recent development and future perspectives[J]. Chemical Society Reviews, 2017, 46 (2): 337-365.

[103] Yang K, Xu P P, Lin Z Y, et al. Ultrasmall Ru/Cu-doped RuO_2 complex embedded in amorphous carbon skeleton as highly active bifunctional electrocatalysts for overall water splitting[J]. Small, 2018, 14 (41): 1803009.

[104] Su J W，Ge R X，Jiang K M，et al. Assembling ultrasmall copper-doped ruthenium oxide nanocrystals into hollow porous polyhedra: highly robust electrocatalysts for oxygen evolution in acidic media[J]. Advanced Materials，2018，30（29）：1801351.

[105] Shi Q R，Fu S F，Zhu C Z，et al. Metal-organic frameworks-based catalysts for electrochemical oxygen evolution[J]. Materials Horizons，2019，6（4）：684-702.

[106] Zhang K X，Guo W H，Liang Z B，et al.Metal-organic framework based nanomaterials for electrocatalytic oxygen redox reaction[J]. Science China Chemistry，2019，62（4）：417-429.

[107] Shao Q，Yang J，Huang X Q. The design of water oxidation electrocatalysts from nanoscale metal-organic frameworks[J]. Chemistry—A European Journal，2018，24（57）：15143-15155.

[108] Wu Y Q，Qiu X C，Liang F，et al.A metal-organic framework-derived bifunctional catalyst for hybrid sodium-air batteries[J]. Applied Catalysis B: Environmental，2019，241：407-414.

[109] Hao Y C，Xu Y Q，Liu J F，et al. Nickel-cobalt oxides supported on Co/N decorated graphene as an excellent bifunctional oxygen catalyst[J]. Journal of Materials Chemistry A，2017，5（11）：5594-5600.

[110] Wei X J，Li Y H，Peng H R，et al. A novel functional material of Co$_3$O$_4$/Fe$_2$O$_3$ nanocubes derived from a MOF precursor for high-performance electrochemical energy storage and conversion application[J]. Chemical Engineering Journal，2019，355：336-340.

[111] Li J G，Sun H C，Lv L，et al. Metal-organic framework-derived hierarchical（Co，Ni）Se$_2$@NiFe LDH hollow nanocages for enhanced oxygen evolution[J]. ACS Applied Materials & Interfaces，2019，11（8）：8106-8114.

[112] Li F，Du J，Li X N，et al. Integration of FeOOH and zeolitic imidazolate framework-derived nanoporous carbon as an efficient electrocatalyst for water oxidation[J]. Advanced Energy Materials，2018，8（10）：1702598.

[113] Jayaramulu K，Masa J，Tomanec O，et al. Nanoporous nitrogen-doped graphene oxide/nickel sulfide composite sheets derived from a metal-organic framework as an efficient electrocatalyst for hydrogen and oxygen evolution[J]. Advanced Functional Materials，2017，27（33）：1700451.

[114] Xu H J，Cao J，Shan C F，et al. MOF-derived hollow CoS decorated with CeO$_x$ nanoparticles for boosting oxygen evolution reaction electrocatalysis[J]. Angewandte Chemie International Edition，2018，57（28）：8654-8658.

[115] Liu X B，Liu Y C，Fan L Z. MOF-derived CoSe$_2$ microspheres with hollow interiors as high-performance electrocatalysts for the enhanced oxygen evolution reaction[J]. Journal of Materials Chemistry A，2017，5（29）：15310-15314.

[116] Kang B K，Im S Y，Lee J，et al. *In-situ* formation of MOF derived mesoporous Co$_3$N/amorphous N-doped carbon nanocubes as an efficient electrocatalytic oxygen evolution reaction[J]. Nano Research，2019，12（7）：1605-1611.

[117] Guan C，Sumboja A，Zang W J，et al. Decorating Co/CoN$_x$ nanoparticles in nitrogen-doped carbon nanoarrays for flexible and rechargeable zinc-air batteries[J]. Energy Storage Materials，2019，16：243-250.

[118] Zhou J，Dou Y B，Zhou A，et al. MOF template-directed fabrication of hierarchically structured electrocatalysts for efficient oxygen evolution reaction[J]. Advanced Energy Materials，2017，7（12）：1602643.

[119] Yan L T，Cao L，Dai P C，et al. Metal-organic frameworks derived nanotube of nickel-cobalt bimetal phosphides as highly efficient electrocatalysts for overall water splitting[J]. Advanced Functional Materials，2017，27（40）：1703455.

[120] Zhou T H，Du Y H，Wang D P，et al. Phosphonate-based metal-organic framework derived Co-P-C hybrid as an efficient electrocatalyst for oxygen evolution reaction[J]. ACS Catalysis，2017，7（9）：6000-6007.

[121] Schlapbach L，Züttel A. Hydrogen-storage materials for mobile applications[J]. Nature，2001，414（6861）：353-358.

[122] Wen X D, Guan J Q. Recent progress on MOF-derived electrocatalysts for hydrogen evolution reaction[J]. Applied Materials Today, 2019, 16: 146-168.

[123] Chen Z L, Qing H L, Zhou K, et al. Metal-organic framework-derived nanocomposites for electrocatalytic hydrogen evolution reaction[J]. Progress in Materials Science, 2020, 108: 100618.

[124] Morales-Guio C G, Stern L A, Hu X. Nanostructured hydrotreating catalysts for electrochemical hydrogen evolution[J]. Chemical Society Reviews, 2014, 43 (18): 6555-6569.

[125] Lin Z Y, Yang Y, Li M S, et al. Dual graphitic-N doping in a six-membered C-ring of graphene-analogous particles enables an efficient electrocatalyst for the hydrogen evolution reaction[J]. Angewandte Chemie International Edition, 2019, 58 (47): 16973-16980.

[126] Ying J, Jiang G P, Paul Cano Z, et al. Nitrogen-doped hollow porous carbon polyhedrons embedded with highly dispersed Pt nanoparticles as a highly efficient and stable hydrogen evolution electrocatalyst[J]. Nano Energy, 2017, 40: 88-94.

[127] Qiu T J, Liang Z B, Guo W H, et al. Highly exposed ruthenium-based electrocatalysts from bimetallic metal-organic frameworks for overall water splitting[J]. Nano Energy, 2019, 58: 1-10.

[128] Sun T T, Xu L B, Wang D S, et al. Metal organic frameworks derived single atom catalysts for electrocatalytic energy conversion[J]. Nano Research, 2019, 12 (9): 2067-2080.

[129] Chen W X, Pei J J, He C T, et al. Single tungsten atoms supported on MOF-derived N-doped carbon for robust electrochemical hydrogen evolution[J]. Advanced Materials, 2018, 30 (30): 1800396.

[130] Fan L, Liu P F, Yan X, et al. Atomically isolated nickel species anchored on graphitized carbon for efficient hydrogen evolution electrocatalysis[J]. Nature Communications, 2016, 7: 10667.

[131] Guo Y R, Gao X, Zhang C M, et al. Plasma modification of a Ni based metal-organic framework for efficient hydrogen evolution[J]. Journal of Materials Chemistry A, 2019, 7 (14): 8129-8135.

[132] Chen Z L, Wu R B, Liu Y, et al. Ultrafine Co nanoparticles encapsulated in carbon-nanotubes-grafted graphene sheets as advanced electrocatalysts for the hydrogen evolution reaction[J]. Advanced Materials, 2018, 30 (30): 1802011.

[133] Kitchin J R, Nørskov J K, Barteau M A, et al. Trends in the chemical properties of early transition metal carbide surfaces: a density functional study[J]. Catalysis Today, 2005, 105 (1): 66-73.

[134] Chen W F, Muckerman J T, Fujita E. Recent developments in transition metal carbides and nitrides as hydrogen evolution electrocatalysts[J]. Chemical Communications, 2013, 49 (79): 8896-8909.

[135] Lu X F, Yu L, Zhang J T, et al. Ultrafine dual-phased carbide nanocrystals confined in porous nitrogen-doped carbon dodecahedrons for efficient hydrogen evolution reaction[J]. Advanced Materials, 2019, 31 (30): 1900699.

[136] Li Y, Wu X, Zhang H B, et al. Interface designing over WS_2/W_2C for enhanced hydrogen evolution catalysis[J]. ACS Applied Energy Materials, 2018, 1 (7): 3377-3384.

[137] Lai J P, Huang B L, Chao Y G, et al. Strongly coupled nickel-cobalt nitrides/carbon hybrid nanocages with Pt-like activity for hydrogen evolution catalysis[J]. Advanced Materials, 2019, 31 (2): 1805541.

[138] Chen Z L, Ha Y, Liu Y, et al. *In situ* formation of cobalt nitrides/graphitic carbon composites as efficient bifunctional electrocatalysts for overall water splitting[J]. ACS Applied Materials & Interfaces, 2018, 10 (8): 7134-7144.

[139] Wang R, Dong X Y, Du J, et al. MOF-derived bifunctional Cu_3P nanoparticles coated by a N, P-codoped carbon shell for hydrogen evolution and oxygen reduction[J]. Advanced Materials, 2018, 30 (6): 1703711.

[140] Tabassum H, Guo W H, Meng W, et al. Metal-organic frameworks derived cobalt phosphide architecture

encapsulated into B/N Co-doped graphene nanotubes for all pH value electrochemical hydrogen evolution[J]. Advanced Energy Materials，2017，7（9）：1601671.

[141]　He W H, Ifraemov R, Raslin A, et al. Room-temperature electrochemical conversion of metal-organic frameworks into porous amorphous metal sulfides with tailored composition and hydrogen evolution activity[J]. Advanced Functional Materials，2018，28（18）：1707244.

[142]　Yilmaz G, Yang T, Du Y H, et al. Stimulated electrocatalytic hydrogen evolution activity of MOF-derived MoS_2 basal domains via charge injection through surface functionalization and heteroatom doping[J]. Advanced Science，2019，6（15）：1900140.

[143]　Wang X Q, He J R, Yu B, et al. $CoSe_2$ nanoparticles embedded MOF-derived Co-N-C nanoflake arrays as efficient and stable electrocatalyst for hydrogen evolution reaction[J]. Applied Catalysis B：Environmental，2019，258：117996.

[144]　Huang Z D, Liu J H, Xiao Z Y, et al. A MOF-derived coral-like NiSe@NC nanohybrid：an efficient electrocatalyst for the hydrogen evolution reaction at all pH values[J]. Nanoscale，2018，10（48）：22758-22765.

[145]　Wang H X, Wang Y W, Tan L X, et al. Component-controllable cobalt telluride nanoparticles encapsulated in nitrogen-doped carbon frameworks for efficient hydrogen evolution in alkaline conditions[J]. Applied Catalysis B：Environmental，2019，244：568-575.

[146]　Wang X, Huang X K, Gao W B, et al. Metal-organic framework derived $CoTe_2$ encapsulated in nitrogen-doped carbon nanotube frameworks：a high-efficiency bifunctional electrocatalyst for overall water splitting[J]. Journal of Materials Chemistry A，2018，6（8）：3684-3691.

[147]　Varela A S, Ju W, Strasser P. Molecular nitrogen-carbon catalysts，solid metal organic framework catalysts，and solid metal/nitrogen-doped carbon（MNC）catalysts for the electrochemical CO_2 reduction[J]. Advanced Energy Materials，2018，8（30）：1802905.

[148]　Shao P, Yi L C, Chen S M, et al. Metal-organic frameworks for electrochemical reduction of carbon dioxide：The role of metal centers[J]. Journal of Energy Chemistry，2020，40：156-170.

[149]　Qiao J, Liu Y, Hong F, et al. A review of catalysts for the electroreduction of carbon dioxide to produce low-carbon fuels[J]. Chemical Society Reviews，2014，43（2）：631-675.

[150]　Ye L, Ying Y R, Sun D R, et al. Highly efficient porous carbon electrocatalyst with controllable N-species content for selective CO_2 reduction[J]. Angewandte Chemie International Edition，2020，59（8）：3244-3251.

[151]　Hou Y, Liang Y L, Shi P C, et al. Atomically dispersed Ni species on N-doped carbon nanotubes for electroreduction of CO_2 with nearly 100% CO selectivity[J]. Applied Catalysis B：Environmental，2020，271：118929.

[152]　Gong Y N, Jiao L, Qian Y Y, et al. Regulating the coordination environment of MOF-templated single-atom nickel electrocatalysts for boosting CO_2 reduction[J]. Angewandte Chemie International Edition，2020，59（7）：2705-2709.

[153]　Hu C, Bai S L, Gao L J, et al. Porosity-induced high selectivity for CO_2 electroreduction to CO on Fe-doped ZIF-derived carbon catalysts[J]. ACS Catalysis，2019，9（12）：11579-11588.

[154]　Hall A S, Yoon Y, Wuttig A, et al. Mesostructure-induced selectivity in CO_2 reduction catalysis[J]. Journal of the American Chemical Society，2015，137（47）：14834-14837.

[155]　Zhao K, Liu Y M, Quan X, et al. CO_2 electroreduction at low overpotential on oxide-derived Cu/carbons fabricated from metal organic framework[J]. ACS Applied Materials & Interfaces，2017，9（6）：5302-5311.

[156]　Zhang Y Y, Li K, Chen M M, et al. Cu/Cu_2O nanoparticles supported on vertically ZIF-L-coated nitrogen-doped

graphene nanosheets for electroreduction of CO_2 to ethanol[J]. ACS Applied Nano Materials, 2020, 3(1): 257-263.

[157] Sun X F, Lu L, Zhu Q G, et al. MoP nanoparticles supported on indium-doped porous carbon: outstanding catalysts for highly efficient CO_2 electroreduction[J]. Angewandte Chemie International Edition, 2018, 57(9): 2427-2431.

[158] Cao C S, Ma D D, Gu J F, et al. Metal-organic layers leading to atomically thin bismuthene for efficient carbon dioxide electroreduction to liquid fuel[J]. Angewandte Chemie, 2020, 132(35): 15124-15130.

[159] Shipman M A, Symes M D. Recent progress towards the electrosynthesis of ammonia from sustainable resources[J]. Catalysis Today, 2017, 286: 57-68.

[160] Bauer N. Theoretical pathways for the reduction of N_2 molecules in aqueous media: thermodynamics of $N_2 H_n^1$ [J]. The Journal of Physical Chemistry, 1960, 64(7): 833-837.

[161] Xue X L, Chen R P, Yan C Z, et al. Review on photocatalytic and electrocatalytic artificial nitrogen fixation for ammonia synthesis at mild conditions: Advances, challenges and perspectives[J]. Nano Research, 2019, 12(6): 1229-1249.

[162] Singh A R, Rohr B A, Schwalbe J A, et al. Electrochemical ammonia synthesis—the selectivity challenge[J]. ACS Catalysis, 2017, 7(1): 706-709.

[163] Geng Z G, Liu Y, Kong X D, et al. Achieving a record-high yield rate of 120.9 for N_2 electrochemical reduction over Ru single-atom catalysts[J]. Advanced Materials, 2018, 30(40): 1803498.

[164] Tao H C, Choi C, Ding L X, et al. Nitrogen fixation by Ru single-atom electrocatalytic reduction[J]. Chem, 2019, 5(1): 204-214.

[165] Luo S J, Li X M, Gao W G, et al. An MOF-derived C@NiO@Ni electrocatalyst for N_2 conversion to NH_3 in alkaline electrolytes[J]. Sustainable Energy & Fuels, 2020, 4(1): 164-170.

[166] Qin Q, Zhao Y, Schmallegger M, et al. Enhanced electrocatalytic N_2 reduction via partial anion substitution in titanium oxide-carbon composites[J]. Angewandte Chemie International Edition, 2019, 58(37): 13101-13106.

[167] Luo S J, Li X M, Wang M Y, et al. Long-term electrocatalytic N_2 fixation by MOF-derived Y-stabilized ZrO_2: insight into the deactivation mechanism[J]. Journal of Materials Chemistry A, 2020, 8(11): 5647-5654.

[168] Song P F, Kang L, Wang H, et al. Nitrogen (N), phosphorus(P)-codoped porous carbon as a metal-free electrocatalyst for N_2 reduction under ambient conditions[J]. ACS Applied Materials & Interfaces, 2019, 11(13): 12408-12414.

[169] Liu Y M, Su Y, Quan X, et al. Facile ammonia synthesis from electrocatalytic N_2 reduction under ambient conditions on N-doped porous carbon[J]. ACS Catalysis, 2018, 8(2): 1186-1191.

[170] Mukherjee S, Cullen D A, Karakalos S, et al. Metal-organic framework-derived nitrogen-doped highly disordered carbon for electrochemical ammonia synthesis using N_2 and H_2O in alkaline electrolytes[J]. Nano Energy, 2018, 48: 217-226.

[171] Bao C, Fang C L. Water resources flows related to urbanization in China: challenges and perspectives for water management and urban development[J]. Water Resources Management, 2012, 26(2): 531-552.

[172] Zhang Y F, Qiu L G, Yuan Y P, et al. Magnetic Fe_3O_4@C/Cu and Fe_3O_4@CuO core-shell composites constructed from MOF-based materials and their photocatalytic properties under visible light[J]. Applied Catalysis B: Environmental, 2014, 144: 863-869.

[173] Fu H, Wu L, Hang J, et al. Room -temperature preparation of MIL-68 and its derivative In_2S_3 for enhanced photocatalytic Cr(VI) reduction and organic pollutant degradation under visible light[J]. Journal of Alloys and Compounds, 2020, 837: 155567.

[174] Luo S Q, Song H, Philo D, et al. Solar-driven production of hydrogen and acetaldehyde from ethanol on Ni-Cu

bimetallic catalysts with solar-to-fuels conversion efficiency up to 3.8%[J]. Applied Catalysis B: Environmental, 2020, 272: 118965.

[175] Liu M, Qiao L Z, Dong B B, et al. Photocatalytic coproduction of H_2 and industrial chemical over MOF-derived direct Z-scheme heterostructure[J]. Applied Catalysis B: Environmental, 2020, 273: 119066.

[176] Fujishima A, Honda K. Electrochemical photolysis of water at a semiconductor electrode[J]. Nature, 1972, 238 (5358): 37-38.

[177] Zhao X X, Feng J R, Liu J W, et al. Metal-organic framework-derived ZnO/ZnS heteronanostructures for efficient visible-light-driven photocatalytic hydrogen production[J]. Advanced Science, 2018, 5 (4): 1700590.

[178] Zhang Q, Lima D Q, Lee I, et al. A highly active titanium dioxide based visible-light photocatalyst with nonmetal doping and plasmonic metal decoration[J]. Angewandte Chemie International Edition, 2011, 50 (31): 7088-7092.

[179] Liang P, Zhang C, Sun H Q, et al. Photocatalysis of C, N-doped ZnO derived from ZIF-8 for dye degradation and water oxidation[J]. RSC Advances, 2016, 6 (98): 95903-95909.

[180] He H M, Perman J A, Zhu G S, et al. Metal-organic frameworks for CO_2 chemical transformations[J]. Small, 2016, 12 (46): 6309-6324.

[181] Li J Y, Yan P, Li K L, et al. Cu supported on polymeric carbon nitride for selective CO_2 reduction into CH_4: a combined kinetics and thermodynamics investigation[J]. Journal of Materials Chemistry A, 2019, 7 (28): 17014-17021.

[182] Chen S Q, Yu J G, Zhang J. Enhanced photocatalytic CO_2 reduction activity of MOF-derived ZnO/NiO porous hollow spheres[J]. Journal of CO_2 Utilization, 2018, 24: 548-554.

[183] Xia H C, Xu Q, Zhang J N. Recent progress on two-dimensional nanoflake ensembles for energy storage applications[J]. Nano-Micro Letters, 2018, 10 (4): 122-151.

[184] Yang W P, Li X X, Li Y, et al. Applications of metal-organic-framework-derived carbon materials[J]. Advanced Materials, 2019, 31 (6): 1804740.

[185] Cao X H, Tan C L, Sindoro M, et al. Hybrid micro-/nano-structures derived from metal-organic frameworks: preparation and applications in energy storage and conversion[J]. Chemical Society Reviews, 2017, 46 (10): 2660-2677.

[186] Xie X C, Huang K J, Wu X. Metal-organic framework derived hollow materials for electrochemical energy storage[J]. Journal of Materials Chemistry A, 2018, 6 (16): 6754-6771.

[187] Zhao Y, Song Z X, Li X, et al. Metal organic frameworks for energy storage and conversion[J]. Energy Storage Materials, 2016, 2: 35-62.

[188] Wang J, Wang Y L, Hu H B, et al. From metal-organic frameworks to porous carbon materials: recent progress and prospects from energy and environmental perspectives[J]. Nanoscale, 2020, 12 (7): 4238-4268.

[189] Wang L, Han Y Z, Feng X, et al. Metal-organic frameworks for energy storage: batteries and supercapacitors[J]. Coordination Chemistry Reviews, 2016, 307: 361-381.

[190] Liu B, Shioyama H, Jiang H L, et al. Metal-organic framework (MOF) as a template for syntheses of nanoporous carbons as electrode materials for supercapacitor[J]. Carbon, 2010, 48 (2): 456-463.

[191] Salunkhe R R, Kamachi Y, Torad N L, et al. Fabrication of symmetric supercapacitors based on MOF-derived nanoporous carbons[J]. Journal of Materials Chemistry A, 2014, 2 (46): 19848-19854.

[192] Yu G L, Zou X Q, Wang A F, et al. Generation of bimodal porosity via self-extra porogenes in nanoporous carbons for supercapacitor application[J]. Journal of Materials Chemistry A, 2014, 2 (37): 15420-15427.

[193] Zhu Q L, Pachfule P, Strubel P, et al. Fabrication of nitrogen and sulfur co-doped hollow cellular carbon

nanocapsules as efficient electrode materials for energy storage[J]. Energy Storage Materials，2018，13：72-79.

[194] Zhao K M，Liu S Q，Ye G Y，et al. High-yield bottom-up synthesis of 2D metal-organic frameworks and their derived ultrathin carbon nanosheets for energy storage[J]. Journal of Materials Chemistry A，2018，6（5）：2166-2175.

[195] Tang J，Salunkhe R R，Liu J，et al. Thermal conversion of core-shell metal-organic frameworks：a new method for selectively functionalized nanoporous hybrid carbon[J]. Journal of the American Chemical Society，2015，137（4）：1572-1580.

[196] Salunkhe R R，Kaneti Y V，Yamauchi Y. Metal-organic framework-derived nanoporous metal oxides toward supercapacitor applications：progress and prospects[J]. ACS Nano，2017，11（6）：5293-5308.

[197] Zhang Y Z，Wang Y，Xie Y L，et al. Porous hollow Co_3O_4 with rhombic dodecahedral structures for high-performance supercapacitors[J]. Nanoscale，2014，6（23）：14354-14359.

[198] Meng F L，Fang Z G，Li Z X，et al. Porous Co_3O_4 materials prepared by solid-state thermolysis of a novel Co-MOF crystal and their superior energy storage performances for supercapacitors[J]. Journal of Materials Chemistry A，2013，1（24）：7235-7241.

[199] Xu J，Liu S C，Liu Y. Co_3O_4/ZnO nanoheterostructure derived from core-shell ZIF-8@ZIF-67 for supercapacitors[J]. RSC Advances，2016，6（57）：52137-52142.

[200] Kaneti Y V，Tang J，Salunkhe R R，et al. Nanoarchitectured design of porous materials and nanocomposites from metal-organic frameworks[J]. Advanced Materials，2017，29（12）：1604898.

[201] Huang C，Hao C，Ye Z，et al. *In situ* growth of ZIF-8-derived ternary ZnO/ZnCo$_2$O$_4$/NiO for high performance asymmetric supercapacitors[J]. Nanoscale，2019，11（20）：10114-10128.

[202] Jiang Z，Lu W J，Li Z P，et al. Synthesis of amorphous cobalt sulfide polyhedral nanocages for high performance supercapacitors[J]. Journal of Materials Chemistry A，2014，2（23）：8603-8606.

[203] Ma X，Zhang L，Xu G C，et al. Facile synthesis of NiS hierarchical hollow cubes via Ni formate frameworks for high performance supercapacitors[J]. Chemical Engineering Journal，2017，320：22-28.

[204] Zhai M K，Wang F，Du H B. Transition-metal phosphide-carbon nanosheet composites derived from two-dimensional metal-organic frameworks for highly efficient electrocatalytic water-splitting[J]. ACS Applied Materials & Interfaces，2017，9（46）：40171-40179.

[205] Li Y，Xu Y X，Yang W P，et al. MOF-derived metal oxide composites for advanced electrochemical energy storage[J]. Small，2018，14（25）：1704435.

[206] Guan C，Liu X M，Ren W N，et al. Rational design of metal-organic framework derived hollow NiCo$_2$O$_4$ arrays for flexible supercapacitor and electrocatalysis[J]. Advanced Energy Materials，2017，7（12）：1602391.

[207] Zhou M，Pu F，Wang Z，et al. Nitrogen-doped porous carbons through KOH activation with superior performance in supercapacitors[J]. Carbon，2014，68：185-194.

[208] Paraknowitsch J P，Thomas A，Antonietti M. A detailed view on the polycondensation of ionic liquid monomers towards nitrogen doped carbon materials[J]. Journal of Materials Chemistry，2010，20（32）：6746-6758.

[209] Fan L，Yang L，Ni X Y，et al. Nitrogen-enriched meso-macroporous carbon fiber network as a binder-free flexible electrode for supercapacitors[J]. Carbon，2016，107：629-637.

[210] Shi X Y，Yu J C，Huang J L，et al. Metal-organic framework derived high-content N，P and O-codoped Co/C composites as electrode materials for high performance supercapacitors[J]. Journal of Power Sources，2020，467：228304.

[211] Debe M K. Electrocatalyst approaches and challenges for automotive fuel cells[J]. Nature，2012，486（7401）：

43-51.

[212] Zhong M, Kong L J, Li N, et al. Synthesis of MOF-derived nanostructures and their applications as anodes in lithium and sodium ion batteries[J]. Coordination Chemistry Reviews, 2019, 388: 172-201.

[213] Mahmood N, Tang T, Hou Y L. Nanostructured anode materials for lithium ion batteries: progress, challenge and perspective[J]. Advanced Energy Materials, 2016, 6 (17): 1600374.

[214] Huang M, Mi K, Zhang J H, et al. MOF-derived bi-metal embedded N-doped carbon polyhedral nanocages with enhanced lithium storage[J]. Journal of Materials Chemistry A, 2017, 5 (1): 266-274.

[215] Ji D, Zhou H, Tong Y L, et al. Facile fabrication of MOF-derived octahedral CuO wrapped 3D graphene network as binder-free anode for high performance lithium-ion batteries[J]. Chemical Engineering Journal, 2017, 313: 1623-1632.

[216] Li H, Liang M, Sun W W, et al. Bimetal-organic framework: one-step homogenous formation and its derived mesoporous ternary metal oxide nanorod for high-capacity, high-rate, and long-cycle-life lithium storage[J]. Advanced Functional Materials, 2016, 26 (7): 1098-1103.

[217] Zheng F C, Yang Y, Chen Q W. High lithium anodic performance of highly nitrogen-doped porous carbon prepared from a metal-organic framework[J]. Nature Communications, 2014, 5: 5261.

[218] Li X X, Zheng S S, Jin L, et al. Metal-organic framework-derived carbons for battery applications[J]. Advanced Energy Materials, 2018, 8 (23): 1800716.

[219] Zou F, Hu X L, Li Z, et al. MOF-derived porous ZnO/ZnFe$_2$O$_4$/C octahedra with hollow interiors for high-rate lithium-ion batteries[J]. Advanced Materials, 2014, 26 (38): 6622-6628.

[220] Jin J, Zheng Y, Kong L B, et al. Tuning ZnSe/CoSe in MOF-derived N-doped porous carbon/CNTs for high-performance lithium storage[J]. Journal of Materials Chemistry A, 2018, 6 (32): 15710-15717.

[221] Zhang X, Qin W, Li D, et al. Metal-organic framework derived porous CuO/Cu$_2$O composite hollow octahedrons as high performance anode materials for sodium ion batteries[J]. Chemical Communications, 2015, 51 (91): 16413-16416.

[222] Wang Y, Wang C Y, Wang Y J, et al. Superior sodium-ion storage performance of Co$_3$O$_4$@nitrogen-doped carbon: derived from a metal-organic framework[J]. Journal of Materials Chemistry A, 2016, 4 (15): 5428-5435.

[223] Kaneti Y V, Zhang J, He Y B, et al. Fabrication of an MOF-derived heteroatom-doped Co/CoO/carbon hybrid with superior sodium storage performance for sodium-ion batteries[J]. Journal of Materials Chemistry A, 2017, 5(29): 15356-15366.

[224] Ren W N, Zhang H F, Guan C, et al. Ultrathin MoS$_2$ Nanosheets@Metal organic framework-derived N-doped carbon nanowall arrays as sodium ion battery anode with superior cycling life and rate capability[J]. Advanced Functional Materials, 2017, 27 (32): 1702116.

[225] Manthiram A, Fu Y Z, Chung S H, et al. Rechargeable lithium-sulfur batteries[J]. Chemical Reviews, 2014, 114 (23): 11751-11787.

[226] Bai S Y, Liu X Z, Zhu K, et al. Metal-organic framework-based separator for lithium-sulfur batteries[J]. Nature Energy, 2016, 1: 16094.

[227] Shi W H, Xu X L, Zhang L, et al. Metal-organic framework—derived structures for next-generation rechargeable batteries[M]//Functional Materials for Next-Generation Rechargeable Batteries. World Scientific Publishing Co Pte Ltd, 2021: 179-200.

[228] Chen K, Sun Z H, Fang R P, et al. Lithium-sulfur batteries: metal-organic frameworks(MOFs)-derived nitrogen-doped porous carbon anchored on graphene with multifunctional effects for lithium-sulfur batteries[J].

Advanced Functional Materials，2018，28（38）：1870274.

[229] Li Z Q，Li C X，Ge X L，et al. Reduced graphene oxide wrapped MOFs-derived cobalt-doped porous carbon polyhedrons as sulfur immobilizers as cathodes for high performance lithium sulfur batteries[J]. Nano Energy，2016，23：15-26.

[230] Jung K N，Kim J，Yamauchi Y，et al. Rechargeable lithium-air batteries：a perspective on the development of oxygen electrodes[J]. Journal of Materials Chemistry A，2016，4（37）：14050-14068.

[231] Yang C P，Xin S，Yin Y X，et al. An advanced selenium-carbon cathode for rechargeable lithium-selenium batteries[J]. Angewandte Chemie International Edition，2013，52（32）：8363-8367.

[232] Cui Y J，Abouimrane A，Lu J，et al.（De）Lithiation mechanism of Li/SeS$_x$（$x = 0 \sim 7$）batteries determined by *in situ* synchrotron X-ray diffraction and X-ray absorption spectroscopy[J]. Journal of the American Chemical Society，2013，135（21）：8047-8056.

[233] Luo C，Zhu Y J，Wen Y，et al. Carbonized polyacrylonitrile-stabilized SeS$_x$ cathodes for long cycle life and high power density lithium ion batteries[J]. Advanced Functional Materials，2014，24（26）：4082-4089.

[234] Qin J X，Tan P，Jiang Y，et al. Functionalization of metal-organic frameworks with cuprous sites using vapor-induced selective reduction：efficient adsorbents for deep desulfurization[J]. Green Chemistry，2016，18（11）：3210-3215.

[235] He Q X，Jiang Y，Tan P，et al. Controlled construction of supported Cu$^+$ sites and their stabilization in MIL-100（Fe）：efficient adsorbents for benzothiophene capture[J]. ACS Applied Materials & Interfaces，2017，9（35）：29445-29450.

[236] Khan N A，Shin S，Hwa Jhung S. Cu$_2$O-incorporated MAF-6-derived highly porous carbons for the adsorptive denitrogenation of liquid fuel[J]. Chemical Engineering Journal，2020，381：122675.

[237] Bhadra B N，Ahmed I，Kim S，et al. Adsorptive removal of ibuprofen and diclofenac from water using metal-organic framework-derived porous carbon[J]. Chemical Engineering Journal，2017，314：50-58.

[238] An H J，Bhadra B N，Khan N A，et al. Adsorptive removal of wide range of pharmaceutical and personal care products from water by using metal azolate framework-6-derived porous carbon[J]. Chemical Engineering Journal，2018，343：447-454.

[239] Liu Q T，Liu X F，Feng H B，et al. Metal organic framework-derived Fe/carbon porous composite with low Fe content for lightweight and highly efficient electromagnetic wave absorber[J]. Chemical Engineering Journal，2017，314：320-327.

[240] Liu W，Shao Q，Ji G，et al. Metal-organic-frameworks derived porous carbon-wrapped Ni composites with optimized impedance matching as excellent lightweight electromagnetic wave absorber[J]. Chemical Engineering Journal，2017，313：734-744.

[241] Wang K F，Chen Y J，Tian R，et al. Porous Co-C core-shell nanocomposites derived from Co-MOF-74 with enhanced electromagnetic wave absorption performance[J]. ACS Applied Materials & Interfaces，2018，10（13）：11333-11342.

[242] Huang X H，El-Sayed I H，Qian W，et al. Cancer cell imaging and photothermal therapy in the near-infrared region by using gold nanorods[J]. Journal of the American Chemical Society，2006，128（6）：2115-2120.

[243] Ethirajan M，Chen Y H，Joshi P，et al. The role of porphyrin chemistry in tumor imaging and photodynamic therapy[J]. Chemical Society Reviews，2011，40（1）：340-362.

[244] Wang S H，Shang L，Li L L，et al. Metal-organic-framework-derived mesoporous carbon nanospheres containing porphyrin-like metal centers for conformal phototherapy[J]. Advanced Materials，2016，28（38）：8379-8387.

[245] Nakatsuka M A，Mattrey R F，Esener S C，et al. Aptamer-crosslinked microbubbles：smart contrast agents for thrombin-activated ultrasound imaging[J]. Advanced Materials，2012，24（45）：6010-6016.

[246] Pan X T，Bai L X，Wang H，et al. Metal-organic-framework-derived carbon nanostructure augmented sonodynamic cancer therapy[J]. Advanced Materials，2018，30（23）：1800180.

[247] Muppidathi M，Perumal P，Ayyanu R，et al. Immobilization of ssDNA on a metal-organic framework derived magnetic porous carbon（MPC）composite as a fluorescent sensing platform for the detection of arsenate ions[J]. The Analyst，2019，144（9）：3111-3118.

[248] Li A，Zhang J，Sun S H，et al. Anion-exchangeable modulated fluorescence strategy for sensitive ascorbic acid detection with luminescent Eu hydroxy double salts nanosunflowers derived from MOFs[J]. Sensors and Actuators B：Chemical，2019，296：126636.

[249] Shu Y，Yan Y，Chen J Y，et al. Ni and NiO nanoparticles decorated metal-organic framework nanosheets：facile synthesis and high-performance nonenzymatic glucose detection in human serum[J]. ACS Applied Materials & Interfaces，2017，9（27）：22342-22349.

[250] Song Y P，Duan F H，Zhang S，et al. Iron oxide@mesoporous carbon architectures derived from an Fe（ⅱ）-based metal organic framework for highly sensitive oxytetracycline determination[J]. Journal of Materials Chemistry A，2017，5（36）：19378-19389.

第7章

总结与展望

在可持续发展的迫切要求下，利用绿色、生态友好的可再生能源是在能源和环境问题日益严峻的情况下解决危机的必由之路。为了促进能源转换和存储技术的发展，开发和利用新型纳米功能材料是有效手段之一。在过去十几年里，MOF及MOF衍生材料的合成和应用得到快速发展，这主要依赖于科研工作者大量的时间和资金投入以及新的表征技术的突破。

本书分别对MOF及其衍生材料的设计、合成和应用做了相应的介绍。总结了从传统MOF的合成到新型微纳米MOF及MOF复合物的合成方法，并根据实例对各种合成策略的优劣进行了解析。总之，利用不同合成方法特有的优势，可以针对性地合成具有特定结构的一维、二维、三维及其复合结构的MOF材料。原料的浓度、溶剂、pH、反应温度和反应时间对MOF的形貌和晶态有着重要影响。采用适当的合成技术，可以调控MOF材料的成分、结构和尺寸，使之更好地应用于不同的环境。作为一种多孔的晶态材料，MOF目前最为突出的应用体现在气体的存储和分离方面。利用MOF独特的三维孔通道和精准的孔尺寸，对提纯和分离不同尺寸大小的气体分子极其有效。在催化应用领域，MOF的催化位点均匀地分散在整个基体内部，有助于催化位点的利用。又因其明确的晶体结构，对催化反应的机理研究，特别是结构与性能之间关系的了解有着不可替代的作用。此外，MOF在能源存储和转换方面的应用也有了一定进展，主要是作为超级电容器和电池的电极材料。近年来，以MOF为载体，通过孔的限域效应合成和制备高性能金属或非金属纳米颗粒或其复合材料也是一个重要方向。

当然，作为一个新的学科，MOF材料的发展和应用依然面临诸多挑战。如何将MOF材料的研究提升至实用化强的工业水平，使之更有效地为人类服务还需要研究者的共同努力。如何提升MOF功能性设计水平，合成具有特定性能的精细结构，以便揭示结构和功能的内在关联还需进一步研究；如何提高MOF的质量和产率，精简合成路径，使MOF从实验室走向工业化产生商用价值还有待研究；如何实现高性能MOF及MOF复合材料的合成以及器件化领域的应用亦是接下来需要探索的重要方向。此外，设计合成具有高导电性、良好的耐酸碱稳定性以及热稳定的新型功能化 MOF 的意义深远。虽然近年来已有许多质子导电性的 MOF 被设计和合成，但这一方面的应用尚在起步阶段。探索和开发新的质子和离子导电 MOF 并对其导电机理的深入研究是这一崭新领域面临的巨大挑战。

与纯 MOF 材料相比，MOF 衍生材料的应用显得更为广泛，尤其是 MOF 衍生碳基复合材料，已成为近年来能源材料中的佼佼者。MOF 衍生碳基材料不仅继承了原有 MOF 高比表面、高孔隙率和均一孔分布的特点，还极大地提升了其导电性和酸碱稳定性，使之在特定的应用环境下更具竞争力。MOF 由金属节点和有机配体连接而成，金属种类的多样性以及配体的可修饰性赋予了其独特的优势，使我们更容易对 MOF 衍射材料的成分和功能基团进行设计和优化。目前，MOF 被广泛用作前驱体来制备多孔碳、金属氧化物、氮化物、磷化物及其复合材料，这些多组分的复合材料在电催化、热催化、能源器件和传感方面具有良好的应用前景。当然，在 MOF 衍生材料的研究中，如何控制衍生材料的形貌结构、成分和活性基团的分布，维持 MOF 原有的孔道结构仍值得深入研究。MOF 衍生材料在实现工业化生产的进程中面临的最大问题在于：用来制备 MOF 衍生材料的 MOF 种类依然较少且价格高昂。因此，开发廉价的 MOF 前驱体（模板）用作大批量生产衍生材料是其能否实现工业应用的基础。值得一提的是，MOF 和 MOF 衍生材料被广泛应用于电池领域，然而其较高的比表面积和孔隙率就像一把双刃剑。当用作电池电极材料时，这些材料往往具有较高的比容量和质量能量密度，却又因其高的比表面积和孔隙率而导致了电池的体积能量密度小、可逆容量较低。为此，如何平衡材料的结构和性能之间的关系，还需进一步研究。将 MOF 或其衍生物与其他功能材料（如导电基体、石墨烯等）结合，以获得高性能的复合或是克服 MOF 材料缺点的一条有效途径，为进一步扩大 MOF 材料的应用提供了可能。这些复合材料大大提升了 MOF 的导电性和结构稳定性，使其能更好地应用于催化和电池领域。作为一个热门研究，MOF 衍生单分散金属位点催化剂的研究近年来备受关注，这得益于其高的比表面积和孔隙率能够更好地暴露活性位点、提高金属位点的利用率，从而提高催化剂的活性。

总之，作为一种新兴的纳米材料，MOF 及其衍生材料将会越来越受到重视。经过科学家的不断探索和研究，我们有理由相信，MOF 及其衍生材料将从众多材料中脱颖而出，为材料科学的发展和进步奠定良好的基础。

关键词索引

徐强 南方科技大学讲席教授，日本工程院院士，欧洲科学院院士，印度国家科学院院士。1994 年毕业于日本大阪大学，获理学博士学位。先后任日本国立产业技术综合研究所（AIST）首席研究员，AIST-京都大学能源化学材料开放创新实验室主任，神户大学兼职教授，京都大学兼职教授。2020 年加盟南方科技大学材料科学与工程系。兼任多个杂志的主编或编委，如 *EnergyChem* 主编，*Coordination Chemistry Reviews* 副主编，*Chem*，*Matter*，*Chemistry-An Asian Journal* 等顾问委员。

主要从事化学相关的纳米多孔材料及其催化与能源应用研究。2014～2021 年连续入选汤森路透-科睿唯安全球高被引科学家名录，2012 年获汤森路透社前沿科学奖（Thomson Reuters Research Front Award），2019 年获洪堡研究奖（Humboldt Research Award）及市村地球环境学术奖（Ichimura Prize）。

庞欢 扬州大学化学化工学院教授、中国化学会高级会员。兼任 *EnergyChem* 管理编辑，*National Science Review* 第一届学科编辑工作组成员，以及 *Nano Research*，*eScience* 等期刊青年编委。

主要从事基于配合物框架材料的能源化学研究。发表 SCI 论文 200 余篇，主持或完成国家自然科学基金 3 项，其中联合重点项目 1 项。出版英文专著 3 部，并在高等教育出版社出版省重点教材《能源化学》。2020 年入选科睿唯安全球高被引科学家名录，先后入选教育部"青年长江学者"，教育部"新世纪优秀人才"，江苏省杰出青年。曾获教育部自然科学奖一等奖、江苏省教育教学与研究成果奖二等奖等奖励。

邹如强　北京大学博雅特聘教授，材料科学与工程学院副院长，科睿唯安全球高被引学者，国家重点研发计划首席专家，中国化学会能源化学专业委员会秘书长。主要从事新能源材料与器件研究。入选日本学术振兴会（JSPS）特别研究员（DC），荣获国家优秀青年科学基金、国家"万人计划"青年拔尖人才、教育部"长江学者奖励计划"青年学者、国家杰出青年科学基金等重要荣誉与奖项。发表 SCI 论文 200 余篇，专利 10 余项。现任 *EnergyChem*、*Scientific Reports*、*Chinese Chemical Letter* 编委，*Advanced Energy Materials*、*APL Materials* 客座编辑。

朱起龙　中国科学院福建物质结构研究所博士生导师，研究员。2012 年毕业于中国科学院福建物质结构研究所获博士学位（导师：吴新涛院士），2012～2017 年在日本产业技术综合研究所进行博士后研究工作，2017 年开始在中国科学院福建物质结构研究所任课题组长并独立开展工作。先后获得日本学术振兴会（JSPS）基金（2013 年）、国家海外高层次人才项目（2017 年）支持，并入选福建省引才"百人计划"（2018 年）、福建省首批青年人才托举工程（2018 年）、福建省杰出青年（2021 年）等。主要从事纳米多孔材料的催化和绿色能源应用研究。迄今，在 *Nature Reviews Materials*、*Chemical Society Reviews*、*Chem*、*Journal of the American Chemical Society*、*Angewandte Chemie International Edition*、*Advanced Materials*、*Energy & Environmental Science* 等国际知名期刊上发表论文 120 余篇。目前主持承担国家、福建省和中国科学院人才、国家自然科学基金青年和面上项目等课题。